Eurocode 8 设计指南：桥梁抗震设计

EN 1998-2

[希]巴兹尔·科里亚斯

[希]麦克·N.法迪斯

[法]阿兰·派克

欧洲结构设计标准译审委员会 **组织翻译**

卫 璞 王 巍 徐梁晋 **译**

唐光武 **一审**

管仲国 **二审**

人民交通出版社股份有限公司

北 京

Translation from the English language original, by arrangement with Thomas Telford Ltd.

图书在版编目(CIP)数据

Eurocode 8 设计指南. 桥梁抗震设计 EN 1998-2 / (希) 巴兹尔·科里亚斯, (希) 麦克·N. 法迪斯, (法) 阿兰·派克著 ; 卫璞, 王巍, 徐梁晋译. — 北京 : 人民交通出版社股份有限公司, 2020.4

ISBN 978-7-114-16217-6

Ⅰ. ①E… Ⅱ. ①巴… ②麦… ③阿… ④卫… ⑤王… ⑥徐… Ⅲ. ①建筑结构—结构设计—建筑规范—欧洲②桥梁工程—防震设计—建筑规范—欧洲 Ⅳ. ①TU318 ②U443

中国版本图书馆 CIP 数据核字(2019)第 295717 号

著作权合同登记号:图字 01-2019-7826

Eurocode 8 Sheji Zhinan:Qiaoliang Kangzhen Sheji EN 1998-2

书　　名: **Eurocode 8 设计指南:桥梁抗震设计　EN 1998-2**
著 作 者: [希]巴兹尔·科里亚斯　[希]麦克·N. 法迪斯　[法]阿兰·派克
译　　者: 卫　璞　王　巍　徐梁晋
总 策 划: 朱伽林　韩　敏　孙　玺
责任编辑: 岑　瑜　钱　堃
责任校对: 刘　芹
责任印制: 张　凯
出版发行: 人民交通出版社股份有限公司
地　　址: (100011)北京市朝阳区安定门外外馆斜街 3 号
网　　址: http://www.ccpress.com.cn
销售电话: (010)59757973
总 经 销: 人民交通出版社股份有限公司发行部
经　　销: 各地新华书店
印　　刷: 北京虎彩文化传播有限公司
开　　本: 880 × 1230　1/16
印　　张: 17
字　　数: 396 千
版　　次: 2020 年 4 月　第 1 版
印　　次: 2020 年 6 月　第 2 次印刷
书　　号: ISBN 978-7-114-16217-6
定　　价: 1200.00 元
(有印刷、装订质量问题的图书,由本公司负责调换)

出 版 说 明

包括本设计指南在内的欧洲结构设计标准(Eurocodes)及其英国附件、法国附件和配套设计指南的中文版,是2018年国家出版基金项目“土木工程欧洲规范翻译与比较研究出版工程(一期)”的成果。

在对欧洲结构设计标准及其相关文本组织翻译出版过程中,考虑到标准的特殊性、用户基础和应用程度,我们在力求翻译准确性的基础上,还遵循了一致性和有限性原则。在此,特就有关事项作如下说明:

1. 本设计指南中文版根据托马斯·特尔福德有限公司(Thoms Telford Ltd.)提供的英文版进行翻译,仅供参考之用,如有异议,请以原版为准。

2. 中文版的排版规则原则上遵照外文原版。

3. Eurocode(s)是个组合再造词。本设计指南及相关标准范围内,Eurocodes特指一系列共10部欧洲标准(EN 1990 ~ EN 1999),旨在为房屋建筑和构筑物及建筑产品的设计提供通用方法;Eurocode与某一数字连用时,特指EN 1990 ~ EN 1999中的某一部,例如,Eurocode 8指EN 1998结构抗震设计。经专家组研究,确定Eurocode(s)宜翻译为“欧洲结构设计标准”,但为了表意明确并兼顾专业技术人员用语习惯,在正文翻译中保留Eurocode(s)不译。

4. 书中所有的插图、表格、公式的编排以及与正文的对应关系等与外文原版保持一致。

5. 书中所有的条款序号、括号、函数符号、单位等用法,如无明显错误,与外文原版保持一致。

6. 在不影响阅读的情况下书中涉及的插图均使用英文原版插图,仅对图中文字进行必要的翻译和处理;对部分影响使用的英文原版插图进行重绘。

7. 书中涉及的人名、地名、组织机构名称以及参考文献等均保留外文原文。

8. 书中的seismic action在Eurocode 8中并不单指地震作用,与其他抗震标准类似,其含义根据地震及其影响分为地震动、地震作用和地震作用效应,但并未从术语上严格区分使用,seismic action具体含义可根据上下文确定,本次翻译从尊重原文出发未进行主动区分。

特别致谢

本设计指南的译审由以下单位和人员完成。上海市政工程设计研究总院(集团)有限公司卫璞、王巍,重庆大学徐梁晋承担了主译工作,招商局重庆交通科研设计院有限公司唐光武、同济大学管仲国承担了主审工作。他(她)们分别为本标准的翻译工作付出了大量精力。在此谨向上述单位和人员表示感谢!

欧洲结构设计标准译审委员会

主 任 委 员:周绪红(重庆大学)
副主任委员:朱伽林(人民交通出版社股份有限公司)
杨忠胜(中交第二公路勘察设计研究院有限公司)
秘 书 长:韩 敏(人民交通出版社股份有限公司)
委 员:秦顺全(中铁大桥勘测设计院集团有限公司)
聂建国(清华大学)
陈政清(湖南大学)
岳清瑞(中冶建筑研究总院有限公司)
卢春房(中国铁道学会)
吕西林(同济大学)
(以下按姓氏笔画排序)
王 佐(中交第一公路勘察设计研究院有限公司)
王志彤(中国天辰工程有限公司)
冯鹏程(中交第二公路勘察设计研究院有限公司)
刘金波(中国建筑科学研究院有限公司)
李 刚(中国路桥工程有限责任公司)
李亚东(西南交通大学)
李国强(同济大学)
吴 刚(东南大学)
张晓炜(河南省交通规划设计研究院股份有限公司)
陈宝春(福州大学)
邵长宇[上海市政工程设计研究总院(集团)有限公司]
邵旭东(湖南大学)
周 良[上海市城市建设设计研究总院(集团)有限公司]
周建庭(重庆交通大学)
修春海(济南轨道交通集团有限公司)
贺拴海(长安大学)
黄 文(航天建筑设计研究院有限公司)
韩大章(中设设计集团股份有限公司)
蔡成军(中国建筑标准设计研究院)
秘书组组长:孙 玺(人民交通出版社股份有限公司)
秘书组副组长:狄 谨(重庆大学)
秘书组成员:李 喆 卢俊丽 李 瑞 李 晴 钱 堃
岑 瑜 任雪莲 蒲晶境(人民交通出版社股份有限公司)

欧洲结构设计标准译审委员会总体组

组　　　　长：余顺新（中交第二公路勘察设计研究院有限公司）
成　　　　员：（按姓氏笔画排序）
王敬烨（中国铁建国际集团有限公司）
车　铁（大连理工大学）
卢树盛［长江岩土工程总公司（武汉）］
吕大刚（哈尔滨工业大学）
任青阳（重庆交通大学）
刘　宁（中交第一公路勘察设计研究院有限公司）
宋　婕（中国建筑标准设计研究院）
李　顺（天津水泥工业设计研究院有限公司）
李亚东（西南交通大学）
李志明（中冶建筑研究总院有限公司）
李雪峰［上海市城市建设设计研究总院（集团）有限公司］
张　寒（中国建筑科学研究院有限公司）
张春华（中交第二公路勘察设计研究院有限公司）
狄　谨（重庆大学）
胡大琳（长安大学）
姚海冬（中国路桥工程有限责任公司）
徐晓明（航天建筑设计研究院有限公司）
郭　伟（中国建筑标准设计研究院）
郭余庆（中国天辰工程有限公司）
黄　侨（东南大学）
谢亚宁（中设设计集团股份有限公司）
秘　　　　书：李　喆（人民交通出版社股份有限公司）
卢俊丽（人民交通出版社股份有限公司）

Eurocode 设计指南系列

Eurocode 设计指南:结构设计基础　EN 1990（第 2 版）. H. 古尔班尼西亚,J. -A. 卡尔加罗, M. 霍利基. 彭君义,郭骞,译. ISBN 978-7-114-16202-2. 2020 年 4 月出版.

Eurocode 1 设计指南:桥梁上的作用　EN 1991-2,EN 1991-1-1、-1-3 至 -1-7 和 EN 1990 附录 A2. J. -A. 卡尔加罗, M. 楚米,H. 古尔班尼西亚. 任青阳,刘浪,译. ISBN 978-7-114-16210-7. 2020 年 4 月出版.

EN 1991-1-4 设计指南　Eurocode 1:结构上的作用　第 1-4 部分:一般作用——风荷载. N. 库克. 管青海,都浩,译. ISBN 978-7-114-16203-9. 2020 年 4 月出版.

EN 1992-1-1 和 EN 1992-1-2 设计指南　Eurocode 2:混凝土结构设计　一般规定、房屋建筑规定和结构防火设计. A. W. 毕比,R. S. 纳拉亚南. 李元松,孙莉,刘波,译. ISBN 978-7-114-16211-4. 2020 年 4 月出版.

EN 1992-2 设计指南　Eurocode 2:混凝土结构设计　第 2 部分:混凝土桥梁. C. R. 亨迪, D. A. 史密斯. 徐腾飞,胡志坚,冀伟,勾红叶,译. ISBN 978-7-114-16212-1. 2020 年 4 月出版.

Eurocode 3 设计指南:房屋建筑钢结构设计　EN 1993-1-1,-1-3 和 -1-8(第 2 版). L. 加德纳, D. A. 内瑟科特. 王敬烨,黄羿,译. ISBN 978-7-114-16213-8. 2020 年 4 月出版.

EN 1993-2 设计指南　Eurocode 3:钢结构设计　第 2 部分:钢结构桥梁. C. R. 亨迪, C. J. 墨菲. 常江,贺君,蒋垠龙,译. ISBN 978-7-114-16204-6. 2020 年 4 月出版.

Eurocode 4 设计指南:钢与混凝土组合结构设计　EN 1994-1-1(第 2 版). 罗杰・P. 约翰逊. 赵灿晖,占玉林,译. ISBN 978-7-114-16205-3. 2020 年 4 月出版.

EN 1994-2 设计指南 Eurocode 4:钢与混凝土组合结构设计　第 2 部分:一般规定和桥梁规定. C. R. 亨迪,罗杰・P. 约翰逊. 狄谨,秦凤江,徐骁青,译. ISBN 978-7-114-16206-0. 2020 年 4 月出版.

Eurocode 5 设计指南:房屋建筑木结构设计　EN 1995-1-1. 杰克・波蒂厄斯,彼得・罗斯. 杨会峰,凌志彬,译. ISBN 978-7-114-16214-5. 2020 年 4 月出版.

EN 1997-1 设计指南 Eurocode 7:岩土工程设计　第 1 部分:一般规定. R. 费兰克, C. 鲍德温,R. 德里斯科尔, M. 卡瓦达斯, N. 克富布斯・奥维森, T. 奥尔, B. 舒伯纳. 张寒,等,译. ISBN 978-7-114-16215-2. 2020 年 4 月出版.

Eurocode 8 设计指南:桥梁抗震设计　EN 1998-2. 巴兹尔・科里亚斯,麦克・N. 法迪斯,阿兰・派克. 卫璞,王巍, 徐良晋,译. ISBN 978-7-114-16217-6. 2020 年 4 月出版.

EN 1998-1 和 EN 1998-5 设计指南　Eurocode 8:结构抗震设计　一般规定、地震作用、房屋建筑规定、基础和支挡结构. 麦克・法迪斯, E. 卡瓦略, A. 尔纳斯海, E. 费西奥利, P. 平托, A. 普鲁米尔. 沈文爱,译. ISBN 978-7-114-16216-9. 2020 年 4 月出版.

前言

设计指南的目的

EN 1998-2:2005 标准的设计指南旨在阐明桥梁抗震的基本原则,主要针对标准中的要点进行解释和评述,并介绍相应的背景和应用案例。指南未对每个标准的每条条款进行评述,也未严格遵照其条款的先后顺序。

本指南格式约定

所有引用 EN 1998-2 和 EN 1998-5 中的章节、条款、子条款、段落、附录、图表和公式均采用斜体字,从 EN 1998-2 和 EN 1998-5 中直接引用的文字也使用斜体(而从其他来源的引用,如其余 Eurocodes 或本指南其余章节等,则采用罗马字体)。当采用交叉引用时,会在相应的页面边栏处列出方括号数字,分别表示 EN 1998 的第 1、2、5 部分:EN 1998-1 为[1],EN 1998-2 为[2],EN 1998-5 为[3]。仅在本指南中使用的公式,其公式号以 D 开头,如式(D3.1),以与 EN 1998 中的公式号进行区分。

致谢

EN 1998-2:2005 的顺利完成为本指南的出版奠定了基础。参与该规范编制的成员包括:

- CEN/TC250 第 8 委员会的国家代表和国家技术联络小组;
- 为从 ENV 向 EN 转换的 CEN/TC250/SC8 工作小组,即 PT4,由 Alex Plakas 召集。

目录

1 说明及适用范围

1.1 引言

在桥梁工程的设计实践中,其抗震设计要晚于建筑结构。主要源自以下几方面:首先,桥梁抗震设计主要关注墩柱结构,主梁相对次之,然而主梁结构对桥梁功能和整体造价更为重要,设计施工难度也更高,因此在设计实践中更受关注,而墩柱属于桥梁的次要构件,常被置于低优先级。其次,很多桥梁对地震作用并不敏感,如大跨度桥,虽然备受关注且需要大量的设计工作,但由于其结构较柔,自振周期较长,可以有效地避开地震动的强能量频段;另一种状况则是仅有单跨或少数几跨的短桥,它们能在地震中同地面保持共同运动,因此受力较小,损伤也较轻。但随着交通网络的快速发展,对土地利用重视程度的提高(尤其是在城市)以及近年来对环境保护的敏感,桥梁已不仅仅是传统意义上用于跨越河流、峡谷和其他天然屏障,或上下穿行既有道路的短接通道,更常见的是长线高架桥,并经常需要穿越地基和地质条件迥异的区域。1989 的旧金山地震和 1995 年的阪神地震中,此类桥梁遭受重创,充分显示了其地震敏感性。近年来更多的经验表明,合理的抗震设计对桥梁工程的抗震安全至关重要。

近几十年来,桥梁抗震技术已取得了长足的进步。可以自信地说,现阶段桥梁工程的抗震设计完全赶上了建筑工程的水平,无论是体现在日常的设计工作中还是在相关标准的建立方面。在欧洲,即使是位于中、高地震活动区的南部国家,过去也缺乏现代桥梁抗震设计标准。近年来,整个欧洲见证了 EN 1998-2:2005 这一现代桥梁抗震设计标准的发展与完善,它与美国加州、日本和新西兰的相关标准的发展基本同步。就其前沿性和技术性而言,Eurocode 8 第 2 部分(CEN, 2005a)毫不逊色,不仅是与早期的各国家标准相比,还可与欧洲抗震设计标准(EN Eurocode 8)中针对其他土木工程结构的分册相比。欧洲工程界应在桥梁工程的抗震设计中充分利用好这本标准,以提高欧洲新建桥梁的抗震能力,同时也有利于提高该标准的世界竞争力。本设计指南旨在帮助工程界熟悉 Eurocode 8 第 2 部分,并能在工程实践中恰当地加以运用。

1.2 Eurocode 8 的适用范围

条款1.1.1(1)
1.1.1(2)[1]

Eurocode 8 涵盖建筑及桥梁等工程结构物的抗震设计及施工,但不包括核电 *条款1.1.1(1)[2]*

站、海洋工程及大坝。其目的在于保护地震条件下人民生命财产安全和重要基础设施的正常运营。

条款1.1.1(4),1.1.3(1)[1]

Eurocode 8 包括 6 个部分,列于表 1.1 中。其中,本指南只涵盖第 2 部分(CEN, 2005a)。

Eurocode 8 组成部分　　表 1.1

部　分	编　号	名　称
第 1 部分	EN 1998-1:2004	结构抗震设计　一般规定、地震作用和房屋建筑规定
第 2 部分	EN 1998-2:2005	结构抗震设计　桥梁
第 3 部分	EN 1998-3:2005	结构抗震设计　房屋建筑的评估与改造
第 4 部分	EN 1998-4:2006	结构抗震设计　筒仓、储罐和管道
第 5 部分	EN 1998-5:2004	结构抗震设计　基础、支挡结构和岩土工程
第 6 部分	EN 1998-6:2005	结构抗震设计　塔、桅杆和烟囱

1.3　Eurocode 8 第 2 部分的适用范围

条款1.1.1(2)~1.1.1(4),1.1.1(6) [2]

Eurocode 8 第 2 部分旨在指导新建桥梁的抗震设计。它主要关注上部结构支承于竖直或接近竖直的混凝土或钢桥墩、桥台上的桥梁。斜拉桥、拱桥的抗震设计仅部分涉及,而悬索桥、木桥(严格来说仅指木墩桥)、圬工桥、开启桥及浮桥则完全未涉及。此外,Eurocode 8 第 2 部分还包括桥梁的隔震设计。

与建筑结构 Eurocode 8(CEN, 2005b)标准不同,前者还包含现有建筑的抗震性能评估和改造内容,而 Eurocode 8 第 2 部分并不包含对现有桥梁的内容。

1.4　Eurocode 8 第 2 部分与其余 Eurocodes 的配合使用

条款1.1.2(1)~1.1.2(3) [1]

Eurocode 8 第 2 部分以第 1 部分的下述通用条款为基础:

- 总体性能要求;
- 地震作用;
- 适用于全部结构类型的分析方法和过程。

条款1.1(1),1.1(2) [3]

Eurocode 8 第 5 部分的下述通用及专用条款也同样适用于本部分:

- 结构选址;
- 地基土的性质和抗震验算;
- 基础和挡土结构的抗震设计;
- 地基土与结构的地震相互作用。

条款1.2.1[1,2]
条款1.2.2,1.2.4[2]

Eurocode 8 并非是一套孤立的标准。它与其他 Eurocodes 配合使用,这些标准依据土木工程结构类型和工程材料划分为不同序列。对于桥梁,主要包括 4 个 Eurocode 序列:

- 2/2:混凝土桥;
- 3/2:钢桥;
- 4/2:组合桥;

■ 5/2:木桥。

为了形成完整体系,每个序列均包含设计中需要的全部 Eurocode 部分,如下所示:

■ 部分 Eurocodes 在所有桥梁标准序列中均须涉及:

EN 1990:结构设计基础(包括 A2 修订版:桥梁应用)

EN 1991-1-1:结构上的作用 一般作用——房屋建筑的密度、自重和外加荷载;

EN 1991-1-3:结构上的作用 一般作用——雪荷载;

EN 1991-1-4:结构上的作用 一般作用——风荷载;

EN 1991-1-5:结构上的作用 一般作用——温度作用;

EN 1991-1-6:结构上的作用 一般作用——施工荷载;

EN 1991-1-7:结构上的作用 一般作用——偶然作用;

EN 1991-2:结构上的作用 桥梁上的交通荷载;

EN 1997-1:岩土工程设计 一般规定;

EN 1997-2:岩土工程设计 岩土工程勘察和试验;

EN 1998-1:结构抗震设计 一般规定、地震作用和房屋建筑规定;

EN 1998-2:结构抗震设计 桥梁;

EN 1998-5:结构抗震设计 基础、支挡结构和岩土工程。

■ 混凝土桥梁序列(2/2)中还涉及下述 EN-Eurocodes:

EN 1992-1-1:混凝土结构设计 一般规定和房屋建筑规定;

EN 1992-2:混凝土结构设计 混凝土桥梁——结构设计与细则。

■ 钢桥序列(3/2)中还涉及下述 EN-Eurocodes:

EN 1993-1-1:钢结构设计 一般规定和房屋建筑规定;

EN 1993-1-5:钢结构设计 板结构;

EN 1993-1-7:钢结构设计 承受面外荷载的板式结构;

EN 1993-1-8:钢结构设计 节点设计;

EN 1993-1-9:钢结构设计 抗疲劳设计;

EN 1993-1-10:钢结构设计 材料韧性和厚度方向性能;

EN 1993-1-11:钢结构设计 受拉构件的设计;

EN 1993-2:钢结构设计 钢结构桥梁。

■ 组合桥梁序列(4/2)中还涉及下述 EN-Eurocodes:

EN 1992-1-1:混凝土结构设计 一般规定和房屋建筑规定;

EN 1992-2:混凝土结构设计 混凝土桥梁——结构设计与细则;

EN 1993-1-1:钢结构设计 一般规定和房屋建筑规定;

EN 1993-1-5:钢结构设计 板结构;

EN 1993-1-7:钢结构设计 承受面外荷载的板式结构;

EN 1993-1-8:钢结构设计 节点设计;

EN 1993-1-9:钢结构设计 抗疲劳设计;

EN 1993-1-10:钢结构设计 材料韧性和厚度方向性能;

EN 1993-1-11:钢结构设计 受拉构件的设计;

EN 1993-2:钢结构设计 钢结构桥梁;

EN 1994-1-1:钢与混凝土组合结构设计 一般规定和房屋建筑规定;

EN 1994-2:钢与混凝土组合结构设计 一般规定和桥梁规定。

尽管序列 5/2,即木结构桥梁,也包括 Eurocode 8 的第 1、2 和 5 部分,但 EN 1998-2:2005 本身并不涉及木结构桥梁。

1.5 与 EN 1998-2:2005 共同使用的其余欧洲标准

条款1.2.4 [2]

Eurocode 8 第 2 部分特别标明参考了以下产品标准:

- EN 15129:2009:'Antiseismic Devices';
- EN 1337-2:2000:'Structural bearings—Part 2:Sliding elements';
- EN 1337-3:2005:'Structural bearings—Part 3:Elastomeric bearings'。

尽管并未特别标明引用 EN 1337-5 'Structural bearings—Part 5:Pot bearings',但也根据需要进行使用。

1.6 假定

条款1.3(1), 1.3(2)[1, 2]

Eurocode 8 参考 EN 1990(CEN, 2002)的一般假定,同时也参考了其他 Eurocodes。另外,Eurocode 8 要求结构物在施工中及完工后进行的任何更改(即使是增加了构件承载力),均必须进行合理的验证及验算。

1.7 原则性规定与应用性规定的区别

条款1.4 [1, 2]

Eurocode 8 参考 EN 1990,区分原则性规定和应用性规定。同时,也参考其他 Eurocodes。需要注意的是,实际操作中,原则性规定和应用性规定并无实质区别,由于所有标准正文都是强制性的,任何与应用性规定不一致的设计,也都会被认为是没有完全按照 EN Eurocodes。

1.8 术语与定义/符号

条款1.5, 1.6[2]

术语和符号在本设计指南各章节中首次出现时定义。

参考文献

CEN (Comité Européen de Normalisation) (2002) EN 1990: Eurocode—Basis of structural design (including Annex A2: Application to bridges). CEN, Brussels.

CEN (2004a) EN 1998-5: 2004 Eurocode 8—Design of structures for earthquake resistance—Part 5: Foundations, retaining structures, geotechnical aspects. CEN,

Brussels.

CEN (2004b) EN 1998-1:2004. Eurocode 8—Design of structures for earthquake resistance—Part 1: General rules, seismic actions and rules for buildings. CEN, Brussels.

CEN (2005a) EN 1998-2:2005 Eurocode 8—Design of structures for earthquake resistance—Part 2: Bridges. CEN, Brussels.

CEN (2005b) EN 1998-3:2005 Eurocode 8—Design of structures for earthquake resistance—Part 3: Assessment and retrofitting of buildings. CEN, Brussels.

2 性能要求及遵从准则

2.1 基于性能的桥梁抗震设计

fib 2010 Model Code ib,2012 中对于桥梁的抗震设计要求:桥梁必须进行合理的设计、施工和维护,以使其在施工和运营期间,在可能遇到的地震作用下保持满足预期的性能要求,且经济合理。具体而言,桥梁结构性能应满足:

■ 维持其原设计功能。

■ 能够经受其寿命内预期的极端、偶然和多遇地震作用,并避免由超设防地震作用下造成与地震作用水平不相称的破坏。

■ 对人类的自然、社会、经济和健康方面的需求起到积极作用。

相应地,*fib* 2010 Model Code(*fib*, 2012)提出三类性能要求:

■ 使用性:桥梁及其结构部件,在使用周期内发生预期的地震作用及震后,均能以合适的可靠度水平,维持其正常使用性能。

■ 结构安全性:桥梁及其结构部件,在特定基准期内遭遇预期的偶然、极端,甚至是超设防地震作用时,均能以合适的可靠度水平,保证其整体稳定性、足够的变形能力和极限承载能力。

■ 可持续性:桥梁应既能服务当前人类在自然、社会和人文方面的需求,而又不损害后代人类相似的需求。

基于性能的设计中,针对桥梁业主对性能和使用周期的需求,可通过特定的验算过程对桥梁性能进行评估,使桥梁经合理设计后,能够在其整个使用周期内满足预期性能要求。只有当桥梁的全部性能需求,包括使用性、结构安全性和可持续性均得到满足时,性能设计才算完成。如果结构或结构部件的性能存在不满足性能要求之处,则表明设计存在“缺陷”。

Eurocodes 引入极限状态来进行使用性和安全性的性能验证(CEN,2012)。极限状态标志着结构或部件功能达到临界状态,超过极限状态即意味着一项或多项性能无法满足要求。对于桥梁抗震设计,极限状态在概念上涵盖其设计寿命期和施工过程中在地震作用、相关持久和短暂作用及环境影响下的全部状态。这些状态可表征为若干个在特定作用组合下的结构响应,这些特定的作用组合一般与结构的特定损伤状态相关联。设计实践中,常采用简化模型来表征这些特定的作用组合和结构响应(*fib*, 2012)。

欧洲结构设计标准定义了两种极限状态（CEN,2002）：

■ 正常使用极限状态（SLS）；

■ 承载能力极限状态（ULS）。

正常使用极限状态，是指桥梁或其结构部件保持正常使用功能的极限状态。如果发生了永久性的局部损伤或过度变形，其后果是不可逆的，此时，可认为正常使用状态失效，需要通过维修来恢复其正常使用。根据*fig*2010 Model Code（*fib*，2012），在抗震设计中必须明确考虑至少一种（有时两种）正常使用极限状态，每一种对应一种不同的地震作用取值：

■ 正常运营（OP）极限状态：如果结构设施（桥梁或者其他结构物）几乎没有损伤，可以不经维修而继续维持其原有功能，或者即使需要维修也可推迟延后而不影响其正常使用，则满足正常运营极限状态要求；

■ 短暂使用（IU）极限状态：如果结构设施符合下述全部要求，则满足短暂使用极限状态。

—结构自身仅受轻微损伤（如钢筋局部屈服、混凝土局部开裂或剥落，没有残余变形或其他永久性结构变位）；

—结构设施的正常使用仅暂时受到破坏，且无安全问题；

—威胁生命安全的风险可以忽略不计；

—结构完全具有之前的强度、刚度和承载能力；

—非结构部件或系统的（轻微）损伤可以随后修复，且修复工作简单经济。

承载能力极限状态指结构倒塌或接近倒塌的多种状态，实践中常归于一类。承载能力极限状态的超越几乎总是不可逆的，一旦发生，便会造成结构安全度的不足，从而导致失效。承载能力极限状态主要包括（CEN,2002；*fib*,2012）：

■ 生命安全；

■ 结构保护。

在抗震设计中，承载能力极限状态需要考虑下述情况（*fib*,2012）：

■ 剩余承载力下降至特定限值；

■ 永久变形超过特定限值；

■ 结构或部分结构作为刚体失去平衡（例如：倾覆）；

■ 滑动距离超过限值或倾覆。

在抗震设计中，有若干种承载能力极限状态，对应不同的结构失效状态：严重或中等。根据*fig*2010 Model Code（*fib*,2012），在抗震设计中必须考虑至少一种（通常是两种）承载能力极限状态，每一种都对应一种不同的地震作用取值：

■ 生命安全（LS）极限状态：符合（但不超越）以下任一条件时，处于该极限状态。

—结构严重破坏，但结构整体及局部均未倒塌，整体性完好；

—结构虽然无法提供正常使用时的安全度，但作为临时设施足够安全；

—次要或非结构部件受损严重，但并不影响应急使用，也不会发生坍塌而危

及生命安全;

—虽然结构保留了足够的承载力和足够的剩余强度和刚度,以保证在修复完成之前的使用期内的安全,但它已处于丧失承载力的临界点;

—进行维修经济性欠佳,进行拆除可能更为合适。

■ 接近倒塌(NC)极限状态:符合以下任一条件时处于该极限状态。

—结构受损严重,处于倒塌边缘;

—在承载过程中,生命安全基本可以保障,但不能完全排除碎片掉落造成的生命安全威胁;

—即使作为应急设施,结构也不够安全,可能在附加荷载作用下坍塌;

—结构剩余承载力和刚度较低,但仍能承担准永久荷载。

对于每一种极限状态,都需要根据其设计寿命期的超越概率来确定地震作用的代表值。根据*fig*2010 Model Code (*fib*,2012),适用于常规结构的各地震作用代表值取值如下:

■ 正常运营(OP)极限状态:"多遇"地震作用,设计使用寿命内期望超越次数至少1次(即平均重现期小于设计使用寿命);

■ 短暂使用(IU)极限状态:"偶遇"地震,该地震水平在设计使用寿命内预期超越少于1次(平均重现期约为2倍设计使用寿命);

■ 生命安全(LS)极限状态:"罕遇"地震作用,在设计使用寿命期超越概率较低(10%);

■ 接近倒塌(NC)极限状态:"极罕遇"地震作用,结构设计使用寿命内超越概率极低(2% ~5%)。

对于失效损失很大的结构设施,生命安全极限状态宜使用"极罕遇"地震。对于震后需要马上投入使用的重要结构设施,"短暂使用"甚至"正常运营"极限状态宜使用"罕遇"地震作用。

按照*fig*2010 Model Code (*fib*,2012)列出的上述条款进行基于性能的桥梁抗震设计,可以很好地满足业主的要求,它明确规定了桥梁在多遇、偶遇、罕遇及特殊地震下,对应不同运营状况(包括损失)时的验算项目。但是,桥梁的设计过程将会过于复杂和冗长。因此,即使是*fig*2010 Model Code (*fib*,2012)也认可:根据结构设施的使用要求和重要性,主管部门可以选择对哪些极限状态进行验算,以及采用哪种地震作用代表值。桥梁的抗震设计可能会受其中的一种极限状态控制。但是,这主要取决于场地条件,因为场地的地震危险性决定了需要考虑的地震作用强度。

在结束基于性能的桥梁抗震设计讨论之前,需要对可持续性的问题作一点补充:它在第一版 Eurocodes 中并未详细讨论,但在下一版标准中会有所论述,因为欧盟近期在工程产品"力学承载力和稳定性"及"抗火能力"两项重要指标中加入了"资源的可持续性利用"要求,这一要求必须要在欧洲结构设计标准中有所体现。*fig*2010 Model Code (*fib*,2012)虽然将可持续性能与正常使用性能和结构安全性能置于同等位置，但仍只是进行了概要性的论述。无论如何，具有可持续性理念的桥梁设计师应在概念设计阶段考虑美学问题和如何降低环境影响（包括在施工过程中），以及从概念设计到详细设计的所有阶段考虑如何节约材料。

2.2 Eurocode 8 中对新建桥梁的性能要求

Eurocode 8 第 2 部分（CEN, 2005）对新建桥梁采用单一阶段抗震设计方法，需满足以下性能目标： *条款2.1(1) 2.2.2(1), 2.2.2(4)[2]*

■ 在罕遇地震作用下，即 Eurocode 8 第 1、2 部分明确规定的“设计地震作用”下，桥梁必须保持结构整体性，且剩余强度充足，不经维修即可承担震后紧急交通功能；在该地震水平下的任何损伤都易于修复。

尽管称为“防倒塌要求”，但在实际情况中，由于需要提供足够剩余强度以保障设计地震后的紧急交通功能，因此在上文所述基于性能的抗震设计基本框架中，该要求对应生命安全极限状态，而非接近倒塌极限状态。

在本指南 3.12.2 的中等重要结构的“设计地震作用”也称为“基准地震作用”，其平均重现期称为“基准重现期”，记作 T_{NCR}。Eurocode 8 推荐“设计地震作用”按照 50 年超越概率 10% 进行，即“基准重现期”为 475 年。 *条款2.1(1)[1,2]*

如果地震活动性较低，在桥梁设计寿命内对于“设计地震作用”的超越概率远低于 10%，则难以量化。在这种情况下，Eurocode 8 将地震作用视为“偶然作用”，允许桥梁上部结构和次要构件，以及其余控制损坏的桥梁部件在“设计地震作用”下承受更多的损伤。 *条款2.2.2(5)[2]*

对于区域交通或公众安全非常重要的桥梁，Eurocode 8 对其性能提出了更高要求，但在具体的实现方式上并非是在基于性能的抗震设计框架中提高桥梁的性能水平，而是通过修改“设计地震作用”的风险水平（即增加平均重现期），并满足“防倒塌要求”来实现。即在“基准地震作用”上乘以“重要性系数”γ_I，对于中等重要桥梁，$\gamma_I = 1.0$（即采用基准重现期确定的地震作用），详见本指南 3.12.2。 *条款2.1(2) ~ 2.1(6)[2] 条款3.2.1(3)[1]*

Eurocode 8 第 2 部分对于超越概率较高的地震作用下的损伤进行了限定，此类损伤应微弱，且只能发生在次要构件和“设计地震作用”下用于控制损伤的桥梁部件上。然而，这一要求对设计没有多大影响：如果所有上述“防倒塌要求”的标准都通过验证并满足，那么它就可以被认为是隐含满足的。这与新建建筑不同，在 Eurocode 8 第 1 部分（CEN, 2004）中，明确要求要对详细规定的“有限损伤”地震作用进行验算。但这些损伤验算（层间位移）通常只与非结构构件有关，而这些构件一般在桥梁中并不存在。 *条款2.2.1(1), 2.2.3(1), 2.3.1(1)[2]*

尽管没有明文论述，基于“设计地震作用”确定的结构延性和耗能能力，在极端和极罕遇地震（尚未定义）作用下，可防止其进入接近倒塌极限状态。这一隐含的性能目标需要通过能力保护的设计理念充分控制非弹性响应机制来实现。 *条款2.3.4(1), 2.3.4(2)[2]*

2.3 防倒塌要求及其应用的遵从准则

2.3.1 满足桥梁性能要求的设计方案

条款2.2.2(3),2.3.2.2(4)[2]

为了保障桥梁在“设计地震作用”后能持续使用(如紧急交通),桥梁上部结构必须保持在弹性工作范围内。结构只发生局部损伤,并仅限于发生在非结构或次要构件上,如伸缩缝、栏杆或者桥面连接结构上(通常用于预制混凝土梁)。其中桥面连续结构可在桥梁横向弯曲作用下屈服。

条款2.2.2(5)[2]

如果桥梁的“设计地震作用”在使用周期中的超越概率远低于10%或者无相关数据,则相应地震作用在国家附件中定义为“偶然作用”。Eurocode 8 允许主梁发生一定的非弹性行为或损伤。

条款2.4(3),2.4(4),6.6.2.3(1)[2]

现代桥梁抗震设计的一个基本共识,即结构应主要适应地震作用下的动力位移(主要是水平方向),而非直接抵抗动力荷载。实际上,结构的地震损伤也主要源自动力位移。因此,抗震设计的首要任务是如何适应这些水平位移,并保持可控的结构损伤。简单结构体系的桥梁可采用如下方案:

(1)将桥梁上部结构通过滑动或水平柔性支座(或类支座装置)搁置在下部结构(桥台和全部桥墩)顶端,通过该接触面释放水平位移。

(2)将上部结构与至少一个桥墩固接或水平刚性连接,在其他支承位置(包括桥台)可滑动或通过柔性支座移动。与上部结构刚性连接的桥墩需要通过受弯承担水平地震位移。如果此类桥墩高度和柔度不足以在弹性范围内承受该水平位移,则可通过“塑性铰”形成塑性转动,以提高其位移能力。

(3)基于基础和地基中的地震水平位移,可主要通过基底的滑动或桩-土系统的非线性变形来承受。

(4)可将主梁与桥台刚性连接(整体浇筑或通过固定支座、连接),形成整体结构体系跟随地面一起运动,结构自身的相对变形较小。在这种体系中,主梁与中墩浇筑成整体或采用支座支承无明显差别。

条款4.1.6(9)4.1.6(10)[2]

方案(4)(常被称为“整体桥”或“无伸缩缝桥梁”)仅应用于单跨或跨数较少的短桥。该方案作为特例在本指南5.4中进行讨论。

条款5.4.1.1(7),5.4.2(7)[3]
条款4.1.6.(7)[2]

Eurocode 8 第5部分明确允许承台发生水平滑动(只要绕水平轴的残余转动和倾覆得到控制),但这是一种如大型桥梁的非常规设计方案,如著名的里翁-安蒂里翁(Rion-Antirrion)桥,该桥采用2.45km长连续主梁,设计地面加速度为0.48g。对于常规桥梁,不可逆的基底滑动通常会造成严重的后果。Eurocode 8 第5部分及第2部分,允许基桩发生非弹性变形,但这一般仅适用于桥墩与主梁为整体式且桥墩为类似墙式墩的刚性墩方案。

条款2.3.2.1(10),4.1.6(11)[2]

实际工程中最常用的是方案(1)和方案(2),因此这两个方案可被认为是桥梁抗震设计的基本方案。在 Eurocode 8 第2部分中,方案(1)被归为减隔震设计,此时桥墩需在“设计地震作用”下保持弹性。

方案(2)中,桥墩通常设计为在非弹性范围内可以良好工作,并能够通过延性和耗能承受地震作用。基于延性和耗能能力的设计是先进的抗震设计方法,是Eurocode 8 第 2 部分的核心内容,称之为"延性性能设计"。 *条款2.2.2(2),2.2.2(4),2.3.2.2(1),2.3.2.2(2),2.3.2.2(7),4.1.6(6)[2]*

Eurocode 8 第 2 部分要求桥墩在"设计地震作用"下具有延性和耗能能力,这同时也会导致塑性铰部位一定程度的损伤(保护层可以剥落,但纵筋不发生屈曲或断裂,核心混凝土不压溃)。该损伤为可修复损伤,因此需发生在易于检修的部位。常水位以上的部位(套筒或套管中)是理想的选择,地面以下埋深较浅、常水位以上部分也是可达的,埋深较深但仍在常水位以上的部位虽然可达,但难度较大。Eurocode 8 第 2 部分并未对上述情况详细区分,但它认为在填土范围内的桥墩根部也是可达的,而深水区域的桥墩及大型承台下的桩基为不可达区域,为减小在"设计地震作用"下的损伤,规定当塑性铰产生于上述部位时,地震力需除以系数 0.6。 *条款2.2.2(4),2.3.2.2(3)[2]*

2.3.2 桥梁耗能与延性设计

2.3.2.1 简介

2.3.2 提到桥梁抗震设计中的方案(2):桥梁在至少一个墩顶水平方向固接,但在桥台处可以滑动,通过桥墩弯曲适应地震水平位移,桥墩两端形成弯曲"塑性铰"以实现延性和耗能。

2.3.2.2 桥梁结构耗能与延性设计

前文已经指出,地震为动力作用,要求结构可以承受其位移和变形需求,而非特定的力。Eurocode 8 允许桥梁在设计地震作用下形成显著的塑性变形,只要相应的构件和结构的整体性未严重受损。尽管如此,Eurocode 8 在验算"设计地震作用"下的防倒塌性能时,仍采用基于力的设计方法。 *条款2.3.5.2(1),2.3.5.2(2),2.3.6.1(8)[2]*

基于力的延性与耗能抗震设计,以单调荷载作用下、具有理想非弹性力-位移(F-δ)本构关系的单自由度(SDoF)系统的非弹性反应谱为基础。对于给定系统周期 T,弹性单自由度系统的非弹性谱的两个关键物理量为:

- 线弹性单自由度系统地震响应峰值力 F_{el} 与系统屈服力 F_y 的比值:$q = F_{el}/F_y$;
- 非弹性单自由度系统的最大位移需求 δ_{max} 与屈服位移 δ_y 的比(即位移延性系数:$\mu_\delta = \delta_{max}/\delta_y$)。

Eurocode 8 第 2 部分采用 Vidic 等(1994)提出的改进的非弹性反应谱:

当 $T \geqslant 1.25T_C$ 时, $$\mu_\delta = q \tag{D2.1a}$$

当 $T < 1.25T_C$ 时, $$\mu_\delta = 1 + (q-1)\frac{1.25T_C}{T} \leqslant 5q - 4 \tag{D2.1b}$$

当 $T < 0.033\text{s}$ 时, $$\mu_\delta = 1 \tag{D2.1c}$$

式中,T_C 为弹性谱的特征周期,位于等加速度谱和等速度谱之间(见 3.1.3)。式(D2.1)为著名的 Newmark"等位移原则",即经验观察表明,在等速度谱范围内,单自由度系统的非弹性峰值位移与弹性位移几乎相等。

令 F 为结构的总水平力(基底剪力,仅考虑水平地震作用),比值 $q = F_{el}/F_y$ 在 Eurocode 8 中被称为"性能系数"(在北美地区被称为"荷载折减系数"或"地震响应调整系数")。这一系数可用于对阻尼比为5%的弹性结构的地震内力进行整体折减,或者等价地对该弹性结构的地震惯性力进行折减,因为结构地震内力是由该惯性力产生的。这样,结构的地震内力就可以通过线弹性分析获得。同时,结构需具有能承受地震峰值位移需求的位移能力,其值不小于其整体屈服位移乘以位移延性系数 μ_δ,该系数取决于折减系数 q[即按照式(D2.1)计算]。这即是"延性能力"或"耗能能力",这种能力表现为结构在循环荷载作用下通过其滞回性能耗散了部分地震输入能量。

2.3.2.3 塑性铰耗能与延性设计

条款2.3.3(1)[2]

在基于力的抗震设计中,塑性铰的尺寸和构造设计需要综合考虑承载力与延性,延性的安全系数需达到1.5~2.0以应对水平抗力的损失。为此,先需要确定塑性铰的尺寸以提供足够的弯矩和轴向承载力 R_d,其中 R_d 应不小于抗震设计状况下的作用效应 E_d:

$$E_d \leqslant R_d \tag{D2.2}$$

式(D2.2)中 E_d 的值为地震作用与准永久荷载组合(即永久荷载和车辆荷载的准永久值,见5.4和计算桥梁质量的式(D5.6a)]。由于通常采用线性分析,E_d 可以通过分别计算地震作用和准永久荷载的作用效应后叠加得出。

条款2.3.2.1(1)
2.3.5.3(1),
2.3.5.3(2)
2.3.6.1(3),
附录B,附录E[2]

按照式(D2.2)确定尺寸后,需确定桥墩弯曲塑性铰构造,以满足指定 q 值下的变形和延性需求。塑性铰延性能力由桥墩端部截面的曲率延性系数来度量,其值为:

$$\mu_\phi = \phi_u/\phi_y \tag{D2.3}$$

式中,ϕ_y 为截面的屈服曲率;ϕ_u 为极限曲率。此外,桥梁整体位移需求可用整体位移延性系数 μ_δ 来表示。在基于非弹性反应谱的桥梁设计中,该值与系数 q 相关,见式(D2.1)所示。

介于 μ_ϕ 与 μ_δ 之间的是桥墩端部(塑性铰处)的弦转角延性系数 μ_θ。桥墩端部的弦转角,为反弯点相对于端部塑性铰处的墩轴线的切线相对位移,再除以反弯点至塑性铰的距离(又称剪跨长,记为 L_s)。所以,弦转角 θ 表征的是构件的位移,而非不同截面的转角比。如果桥墩底部固接且无法转动,与上部结构固定连接(整体固接或通过固定支座支承,如盆式支座),桥墩弦转角即可与主梁位移直接关联,具体如下列情况所述:

(1)墩柱顶端与刚性上部结构固接,墩顶转角几乎为0,反弯点位于桥墩中部高度[(式D5.4)中讨论了上部结构在纵桥向相对于桥墩不能视为刚性的情况];此时,该点水平位移为上部结构水平位移 δ 的一半,而剪切跨度 L_s 为桥墩净高 H_p 的一半:$L_s \approx H_p/2$;这样,在桥墩两端形成的塑性铰处,$\theta \approx 0.5\delta/L_s = \delta/H_p$。

(2)多柱墩墩顶与刚性上部结构或盖梁固接,这种情况与情况(1)类似,因此在横桥向，$L_s \approx H_p/2$，$\theta \approx 0.5\delta/L_s = \delta/H_p$。

(3)桥墩墩顶通过固定支座(如盆式支座)支承上部结构，受力状态类为竖直的悬臂梁，其剪切跨度约等于桥墩净高，$L_s \approx H_p$，$\theta = \delta/L_s = \delta/H_p$。

(4)独柱墩与上部结构固接，横桥向受力状态为竖直悬臂梁；如果上部结构绕纵轴的转动惯量和墩顶至上部结构惯性力作用点的距离均可忽略不计[式(D5.5)讨论了这两个条件不满足的情况]，这与情况(3)接近，因此在横桥向有 $L_s \approx H_p$，$\theta = \delta/L_s = \delta/H_p$。

设计优良的桥梁中，所有桥墩应该同时屈服，整座桥形成充分发展的塑性机构。这样，上述4种情况中，$\mu_\delta = \delta/\delta_y$ 均(约)等于 $\theta = \theta/\theta_y$：

$$\mu_\delta \approx \mu_\theta \tag{D2.4}$$

在桥墩塑性铰模型中，假定所有塑性变形都发生在塑性铰内，并且在一个有限长度 L_{pl} 范围内拥有恒定的非弹性曲率。这样，对于具有线性弯矩图(剪力恒定)的桥墩，屈服端的弦转角为：

$$\theta = \phi_y \frac{L_s}{3}(\phi - \phi_y)L_{pl}\left(1 - \frac{L_{pl}}{2L_s}\right) \tag{D2.5}$$

当桥墩处于弹性纯弯状态，有 $\theta_y = \phi_y L_s/3$，则：

$$\mu_\theta = 1 + (\mu_\phi - 1)\frac{3L_{pl}}{L_s}\left(1 - \frac{L_{pl}}{2L_s}\right) \tag{D2.6}$$

(式D2.6)也可表达为：

$$\mu_\phi = \frac{\phi_u}{\phi_y} = 1 + \frac{\mu_\delta - 1}{3\lambda(1 - 0.5)\lambda} \tag{D2.7}$$

式中，$\lambda = L_{pl}/L_s$。这样，如果桥墩塑性铰长度 L_{pl} 通过合理的经验公式确定后，式(D2.1)和式(D2.7)则可将桥梁设计中的系数 q 转变为桥墩的曲率延性系数。注意到 Eurocode 8 第1部分中，对于建筑混凝土构件，对式(D2.6)和式(D2.7)采用下述保守估算式：

$$\mu_\theta = 1 + 0.5(\mu_\phi - 1) \text{ 即 } \mu_\phi = 2\mu_\theta - 1 \tag{D2.8}$$

该式源自 Eurocode 8 混凝土建筑部分的 ENV 版本(ENV 1998-1-3:1994)。

当基于系数 q 并采用线性分析方法时，如果桥墩设计符合 Eurocode 8 第2部分的构造规定(强制性或非强制性条文)，则所需曲率延性系数可视为自然满足。而如果采用非线性分析，所获得的非线性弦转角需求要和弦转角能力设计值相比较，其中弦转角能力可通过令式(D2.5)中 $\phi = \phi_u$ 得到。这部分内容将在第6章中详细讨论。 *条款2.3.5.4(1)，2.3.5.4(2)[2]*

2.3.2.4 延性体系的能力保护设计

对于在设计地震作用下桥梁各构件的峰值位移需求，在 Eurocode 8 中是通过“能力保护设计”把这种需求限定在最适合承受的构件上。 *条款2.3.3(1) 2.3.4(1)，2.3.4(2)，2.3.6.2(2)[2]*

能力保护设计在相邻的构件或区域间，以及相同构件的不同传力途径间设置了不同的强度等级，使得延性和滞回性能较好的构件最先发生非弹性变形。更重要的是，通过这种方式，可以避免非弹性变形发生在延性和滞回耗能较差的构件、区域或传力机制中。

能力保护设计中，适合承担延性结构体系位移和变形能需求的构件、区域或传力机制，需要考虑以下因素来进行选择：

（1）确定的整体延性性能。能力保护设计可确保非弹性变形和耗能发生在延性构件、区域或传力机制中，避免发生脆性破坏。就传力机制而言，弯曲是一种比剪切更佳的延性传力机制，尤其是当构件的轴压比和纵横向钢筋的材性、数量以及布置等构造细节都进行了精心设计时。

（2）构件在保证桥梁结构整体性和满足其自身性能要求中所起的作用。基础和连接构件（支座、连杆、压重构造等）对于保障结构整体稳定性和完整性最为重要，上部结构的完整性则决定了震后桥梁是否能够继续通行。

（3）检测维修时的可达性与难度。桥墩地面及水位以上的部分是最容易检修的部位，而且不会中断交通。

根据上述分析，桥梁构件和传力机制的优先级已经非常明确。由此可以确定地震时各构件进入非弹性范围的先后顺序：主梁、连接构件和基础应避免发生非弹性效应，而最优先的延性机制应为在桥墩的易检修部位产生塑性铰。能力保护设计可以保证结构的实际响应遵循这一顺序，它的工作原理如下（后续还将进一步讨论）：

对需要避免发生非弹性响应的构件、区域和传力机制，其抗力并非由地震响应分析而得，而是通过简单的计算（通常仅基于平衡条件），即所有塑性铰在其塑性机制充分发挥的情况下均不会使前述构件的相关内力需求达到预设的承载力，从而避免其进入塑性。

2.3.2.5 柔性支座或地基弹性变形对桥梁整体延性的影响

附录B[2]

假设上部结构支承于延性桥墩，塑性铰曲率延性系数为 $\mu_{\phi o}$，弦转角延性系数为 $\mu_{\theta o}$，对应底部固接时的水平刚度为 K_p：

（a）对于独柱墩，竖直平面内横桥向弯曲刚度为 $(EI)_c$，上部结构对形心轴回转半径为 $r_{m,d}$（$r_{m,d}^2$ = 上部结构质量对形心轴的转动惯量与该质量的比值）：

$$K_p \approx \frac{3(EI)_c}{H\left[\left(\frac{9r_{m,d}^2}{8L_s}\right)(H+y_{cg})+y_{cg}^2\right]} \tag{D2.9a}$$

式（D2.9a）中，y_{cg} 为上部结构梁底至截面形心的距离；L_s 为墩的剪跨［另见 5.4 的式（D5.5）］。

（b）墩柱数量 $n \geqslant 1$ 的排架墩，立柱高均为 H，在相关平面内的弯曲刚度为 $(EI)_c$，固接于刚性上部结构：

$$K_p = 12\sum_n (EI)_c / H^3 \tag{D2.9b}$$

上文（a）中的式（D2.9a）已讨论了独柱墩（$n=1$）横桥向弯曲，本式不包括该情况。

(c)上述(b)的多柱墩,其 $n \geq 1$ 个墩柱在顶部与上部结构铰接而非固接时:

$$K_p = 3\sum_n (EI)_c / H^3 \tag{D2.9c}$$

假设有一个或多个位于上部结构和地基之间与桥墩串联的附加构件,它们在桥墩屈服前后均保持弹性(如通过上文的能力保护设计方法),它们的整体弹性刚度记为 K_{el}。这些构件可以是:

■ 基础柔度。如果基础自身水平刚度为 K_{fh}(底部剪力除以基础水平位移),转动刚度 $K_{f\phi}$引起墩顶水平刚度为 $K_{f\phi}/H^2$;

■ 弹性(如橡胶)支座,水平刚度为 K_b($K_b = GA/t$,式中 A 为支座水平截面面积,t 和 G 分别为支座橡胶层的总厚度和剪切模量)。显然,这种情况不会和上文中(b)情况组合,因为其墩顶固接于上部结构底缘。

上部结构的全部支承刚度如下所示:

$$\frac{1}{K} = \frac{1}{K_p} + \sum \frac{1}{K_{el}} = \frac{1}{K_p} + \frac{1}{K_b} + \frac{1}{K_{fh}} + \frac{H^2}{K_{f\phi}} \tag{D2.10}$$

若桥墩底部的屈服剪力为 V_y,则屈服时的上部结构位移为:

$$\delta_y = \frac{V_y}{K} = \frac{V_y}{K_p} + \sum \frac{V_y}{K_{el}} \tag{D2.11}$$

桥墩屈服后,塑性铰的非弹性转动会引起附加水平位移,导致桥墩发生下述非弹性位移:

$$\mu_\delta \delta_y = (\mu_{\theta o} - 1)\frac{V_y}{K_p} + \delta_y \tag{D2.12}$$

式中,μ_δ为桥梁整体位移延性系数。根据式(D2.4)、式(D2.6)和式(D2.7),$(\mu_\delta - 1)$,$(\mu_\theta - 1)$和$(\mu_\phi - 1)$成正比关系,由式(D2.9)~式(D2.11)可知:为使上部结构位置处的桥梁整体位移延性系数达到目标值μ_δ,需桥墩塑性铰处的曲率延性需求从$\mu_{\phi o}$增加到:

$$\mu_\phi = 1 + (\mu_{\phi o} - 1)\left(1 + \sum \frac{K_p}{K_{el}}\right) \tag{D2.13}$$

通常情况下,弹性支座的水平刚度比常规桥墩小很多。所以,式(D2.13)表明,桥墩上的塑性铰可能需要较大的曲率延性需求,才能达到桥梁抗震设计中需要的系数 q 值。因此,如果桥墩想要通过延性与耗能抵抗设计地震作用,则不应该使用弹性支座。与此相类似,延性桥墩应与地基尽量固接,否则在满足延性抗震设计的目标系数 q 的过程中,塑性铰的功效会受到基础柔度的折损。

从能量的角度出发,也会得到相同的结论。桥墩由一系列串联构件组成,只有一项(刚度为 K_p的墩柱)具有滞回耗能能力,其余构件(墩顶弹性支座和基础柔度,叠合刚度为 K_{el})处于弹性工作状态。由于串联构件的剪力相同,无论地震作用如何,每个构件的应变能与其柔度(即 $1/K_p$和 $1/K_{el}$)成正比。如果耗能构件分配的能量与串联系统的整体能量输入相比较小,则整体耗能能力相对较弱。换句话说,这类构件在力学性能上更接近于弹性。

2.3.3 基于强度而非延性的桥梁抗震设计:有限延性性能

条款2.3.2.2(1),2.3.2.3(1),2.3.3(2),2.3.4(3),2.3.5.4(3)[2]

Eurocode 8 第 2 部分允许桥梁单独通过强度来抵抗地震作用,而非依靠延性和耗能能力。这种方案的设计方法如下所述:

■ 将地震作用作为静力荷载考虑(如风荷载),按照 Eurocodes 2、3、4 和 7 进行设计;

■ 除了非延性的连接或结构构件(固定支座、主缆和斜拉索的锚头和锚固件)以外,不需要考虑能力保护设计;

■ 需考虑:

—钢筋及钢截面延性、墩柱潜在塑性铰区域的箍筋约束及钢筋防屈服约束等应满足最低要求;

—基于简化准则进行承载能力极限状态下的抗剪验算。

水平地震力通过设计反应谱和性能系数 q 获得,考虑材料超强效应,q 值不超过 1.5。对于以下情况,性能系数 q 取 1.0:

条款2.3.2.3(2),4.1.6(3),4.1.6(5)[2]

(a)地震响应由高阶模态控制的桥梁(如斜拉桥);

(b)满足下述条件的混凝土桥墩:

—轴压比 $\eta_k = N_d/A_c f_{ck}$(设计地震作用和重力荷载组合的设计轴力 N_d 除以桥墩截面面积与混凝土强度标准值的乘积 $A_c f_{ck}$)大于或等于 0.6;

—在弯曲方向的剪跨比 L_s/h 小于或等于 1.0。

因为地震力由性能系数 q 确定的,其值可能大于 1.0,因此,当结构主要基于强度而不是延性及耗能能力进行抗震设计时,称其为“有限延性”。

条款2.3.7(1),2.3.2.1(1),2.4(2),2.4(3),4.1.6(3),4.1.6(4)~4.1.6(11)[2]

Eurocode 8 第 2 部分建议,在低地震活动条件下的桥梁可以采用“有限延性”设计,但并不建议在其他情况下也采用这一方案。它还规定在以下两种情况下不论是否为低地震活动,都采用这一方案,这两种情况虽然特殊,但也较为常见。

(1)桥梁上部结构完全通过滑动系统或水平弹性支座(或类似支座的装置)支承在下部结构(桥台和全部桥墩)顶端,以此适应水平位移[见上文 2.3.1 的方案(1),及 2.3.2.5 中关于非耗能构件的影响]。

(2)上部结构固接或通过固定支座、连杆等刚性连接固定于桥台[列于本指南 2.3.1 的方案(4)中]。

2.3.4 强度与延性平衡设计

条款2.3.2.1(1)

2.3.3 中讨论的设计方案,即仅基于强度设计而不考虑延性和耗能能力,属于极端情况,仅适用于 2.3.3 中所述的(a)、(b)、(1)、(2)等情况。除此之外,设计师可以选择高强度低延性方案(如“有限延性”性能)或低强度高延性方案(如“延性”性能)。

从式(2.1)可以看出,除了短周期桥梁外,设计地震力随着整体位移延性系数 μ_δ 的增加而降低。所以,提高整体延性,降低内力水平,从而减小桥梁构件尺寸,可以获得明显的经济优势。此外，如果桥梁地震水平力减小（由弹性水平力需求除以较高的系数 q 值而得），地基的验算也更易通过，因为该项验算是基于强度而非延性和变形能力的。最后一点同样重要，当桥梁延性提高时，对地震作用的大小、频谱等的敏感性会有所降低，因此，考虑桥梁使用周期内地震作用的不确定性，提高延性是提高结构抗震能力的优先选择。

另一方面，抗震设计中采用较小的延性和耗能能力而提供较高的水平抗力也是合理可行的。因为延性必然导致结构损伤，所以桥梁强度越高，结构的损伤程度就会越低，这不仅适用于多遇地震水平，也适用于设计地震作用。从施工的角度，提高桥墩强度的构造措施比提高延性更简单易行，况且有些桥梁本身就具有较高的横向强度。对于另外一些结构类型（尤其是上部结构刚性支承于柔性高墩上），其控制振型可能落在反应谱的长周期段，相应的反应谱加速度可能很小（甚至 $q \leqslant 1.5$），这种情况下桥墩的抗力很容易满足地震的强度需求。最后值得一提的是，对于不属于 Eurocode 8 中讨论的常规结构（如拱桥、斜墩桥梁、墩高度差异较大尤其当桥墩高度非单调变化时），当设计人员基于线性分析确定的结构尺寸和设计地震作用下的非线性分析结果差异较小时（例如，$q \leqslant 1.5$），该方案也更易被接受。

2.3.5 “低地震活动性”状况

条款2.3.7(1)[2]

Eurocode 8 建议属于“低地震活动性”状况的桥梁按照“有限延性”进行设计。尽管何种结构形式、地基类型和地震区域组合属于“低地震活动性”情况需要由各个国家在附件中自行定义，标准建议基于以下列变量指标来确定：A 类场地（如岩石地基）设计地震加速度 a_g（包括重要性系数 γ_I），或同时考虑桥址地基类型 a_gS（S 值为场地系数，参见本指南 3.1.2.3），并建议 $a_g = 0.08g$ 或 $a_gS = 0.10g$ 作为低地震活动性判别的临界值。

2.4 不必采用 Eurocode 8 的状况

条款2.2.1(4)，3.2.1(5)[1]

Eurocode 8 指出“极低地震活动性”状况不必根据其条款进行设计。与“低地震活动性”类似，何种结构形式、场地类型和地震区域组合属于“极低地震活动性”情况，也需要由相关的国家在附件中明确。标准同样也提出了基于 A 类场地（如岩石）设计地面加速度 a_g或同时考虑桥址场地类型 a_gS 的建议指标：$a_g = 0.04g$ 或 $a_gS = 0.05g$，作为极低地震活动性判别的临界值。由于 a_g 包含重要性系数 γ_I，因此，在同一地区，某些普通桥梁可以不采用 Eurocode 8 进行验算，但更为重要的桥梁则可能不行。这一规定基于以下概念：不必采用 Eurocode 8 验算的结构，即使不考虑延性与耗能能力，仅基于非地震作用下的设计也会使结构具备一定的水平抵抗力。这是因为 Eurocode 8 认为，由于材料超强效应，任何结构都允许 1.5 以上的性能系数 q，而极低地震活动性的推荐上限值 a_gS 为 0.05g，这样就隐式地假定了横向承载力为 $0.05 \times 2.5/1.5 = 0.083g$。

如果某个国家在其附件中指明该国全境均按“极低地震活动性”考虑,则该国完全不必要基于 Eurocode 8(全部 6 个部分)进行设计。

参考文献

CEN (Comité Européen de Normalisation) (2002) EN 1990: Eurocode—Basis of structural design (including Annex A2: Application to bridges). CEN, Brussels.

CEN (2004) EN 1998-1:2004: Eurocode 8—Design of structures for earthquake resistance—Part 1: General rules, seismic actions and rules for buildings. CEN, Brussels.

CEN (2005a) EN 1998-2: 2005 Eurocode 8—Design of structures for earthquake resistance—Part 2: Bridges. CEN, Brussels.

fib (*2012*) *Model Code 2010*, vol. 1. *fib Bulletin 65*. Fédération Internationale du Béton, Lausanne.

Vidic T, Fajfar P and Fischinger M (1994) Consistent inelastic design spectra: strength and displacement. *Earthquake Engineering and Structural Dynamics* **23**:502-521.

3 地震作用和岩土工程

3.1 设计地震作用

3.1.1 简介

本指南2.2中指出,Eurocode 8对新建桥梁采用一阶段抗震设计,即仅验算在“设计地震作用”下是否满足防倒塌的性能要求,所以,3.1中的地震作用均指“设计地震作用”。对于建筑及其他采用两阶段抗震设计的结构,Eurocode 8第1部分采用相同形状的反应谱,对不同的地震风险水平则采用不同的峰值加速度对应不同的性能水准。 *条款2.1(1)[2]* *条款2.1(1),2.2.1(1)[1]*

地震作用应同时考虑3个正交方向的地震动作用:即竖直和两个水平方向的分量。地面运动应施加于结构和地面的交界面处,如果采用弹簧模拟扩大基础的基底、桩基或沉井(沉箱)的底部及(或)四周的基础柔度,则地震动应施加于相应的弹簧连接地基土的一侧。 *条款3.1.1(2),3.1.2(1)~3.1.2(3)[2]*

3.1.2 弹性反应谱

3.1.2.1 简介

Eurocode 8中基准地震动作用是一个5%阻尼比的弹性单自由度系统的反应谱。其他形式的地震动作用(如加速度时程)应在指定阻尼比下与相应的弹性反应谱保持一致。 *条款3.2.2.1(1)[1]* *条款3.2.1(1)[2]*

由于:

■ 地震地面运动通常记录为加速度时程; *条款7.5.4(3),表7.1[2]*

■ 抗震设计过程是基于地震力进行的,而地震力较容易通过加速度求取。

因此,通常采用伪加速度反应谱$S_a(T)$。如果想确定位移谱$S_d(T)$,可通过简谐振动假设,由$S_a(T)$获得:

$$S_d(T)=(T/2\pi)^2S_a(T) \tag{D3.1}$$

同样,伪速度谱也可由$S_a(T)$获得:

$$S_v(T)=(T/2\pi)S_a(T) \tag{D3.2}$$

注意,伪加速度值和伪速度值并非真实的峰值谱速度和加速度,但当阻尼比不大于10%,固有周期在0.2~1s间时,伪速度谱与实际的相对速度谱非常接近。

3.1.2.2 设计地面加速度——重要性分类 *条款3.2.1(2),3.2.2.1(1),3.2.2.3(1)[1]*

Eurocode 8中,不同的弹性反应谱根据相应的地震动峰值加速度进行缩放

获得:

- 水平峰值加速度记为 a_g;
- 竖向峰值加速度记为 a_{vg}。

条款2.1(3)[2]
条款3.2.1(3)[1]

Eurocode 8 中桥梁抗震设计要求在“设计地震作用”下应满足防倒塌的性能要求。设计地震作用通过水平“设计地面加速度”a_g来确定,它等于国家区划图中岩石地基上的“基准峰值地面加速度”与桥梁重要性系数 γ_I的乘积:

$$a_g = \gamma_I a_{gR} \tag{D3.3}$$

对中等重要桥梁(属于 Eurocode 8 中的重要性类别Ⅱ类),γ_I取 1.0。

条款2.1(4)~2.1(6)[2]

Eurocode 8 建议,应列入重要性类别Ⅲ类的桥梁:对当地交通,尤其是对震后紧急交通(包括应急设施的交通)至关重要的桥梁;无法通行会造成严重经济损失和社会后果的桥梁;结构失效会导致大量人员伤亡的桥梁;设计目标寿命大于常规桥 50 年寿命的重要桥梁。对于重要性类别为Ⅲ类的桥梁,建议取 $\gamma_I = 1.3$。

对交通影响较小或被认为按照 50 年设计寿命并不经济的桥梁,Eurocode 8 建议为重要性类别Ⅰ类,并推荐取 $\gamma_I = 0.85$。

条款2.1(3),附录A[2]

基准地震动峰值加速度 a_{gR},对应于中等重要桥梁在设计地震作用下的基准重现期 T_{NCR}。

条款2.1(1),2.1(3),2.1(4)[1]

基于地震事件满足泊松分布假定(一定时间内的地震发生次数仅与该时间段长度有关,而与时间前后无关),则超越一定临界值的地震事件重现期 T_R,与设计基准期 T_L内超越该值的概率 P 之间存在以下关系:

$$T_R = -T_L/\ln(1-P) \tag{D3.4}$$

因此,对于给定的 T_L(如常规设计寿命 T_L = 50 年),地震作用可以用地震重现期 T_R,或 T_L内的超越概率 P_R来表示。

结构重要性系数大于或小于 1.0,则分别相当于平均重现期长于或短于 T_{NCR}。各国主管部门可以通过合理权衡其国内的经济状况和公共安全要求选取不同的 T_{NCR}值,以及通过考虑地震风险的区域特点,选取不同的重要性系数。Eurocode 8 第 1 部分推荐 T_{NCR} = 475 年。

地震动峰值加速度超越某一特定值 a_g的平均重现期 $T_R(a_g)$,与超越该加速度水平的年超越频率 $\lambda_a(a_g)$成反比。

$$T_R(a_g) = 1/\lambda_a(a_g) \tag{D3.5}$$

其中 $\lambda_a(a_g)$常表达为:

$$\lambda_a(a_g) = K_o(a_g)^{-k} \tag{D3.6}$$

如果指数(对数坐标上“风险曲线”的斜率)接近常数,则两组不同峰值加速度水平 a_{g1}和 a_{g2},与其对应的平均重现期 $T_R(a_{g1})$和 $T_R(a_{g2})$有如下关系:

$$\frac{a_{g1}}{a_{g2}} = \left[\frac{T_R(a_{g1})}{T_R(a_{g2})}\right]^{1/k} \tag{D3.7}$$

k 值反映了桥址处的地震活动性。对于多遇地震与极罕遇地震的峰值地面加速度相差很大的区域,k 值较小(约为 2 左右)。当 k 值较大时($k>4$),该区域的高地面加速度地震与低地面加速度地震几乎同样频繁。

施工期间的独立高墩、悬臂施工或顶推施工的主梁等对地震作用的敏感性远大于成桥状态，需要由桥梁设计者或业主确定项目施工阶段的抗震性能要求及对应的屈服和验算准则。将式(D3.4)中的 T_L 替换为 T_c，可用来确定给定施工期 T_c 内超越概率 P(如 $P=0.05$)的地震作用的平均重现期。计算得到的平均重现期可作为式(D3.7)中的 $T_R(a_{g1})$，从而求得施工期超越概率为 P 的峰值加速度 a_{g1}。计算中，取 $a_{g2}=a_{gR}$，$T_R(a_{g2})=T_{NCR}$。 *附录A[2]*

3.1.2.3　水平弹性反应谱

Eurocode 8 反应谱包括： *条款3.2.2.1(3)，3.2.2.2.2(1)[1]*

■ 固有周期在 T_B 和 T_C 之间时的等加速度谱；

■ 固有周期在 T_C 和 T_D 之间时的等速度谱；

■ 固有周期大于 T_D 时的等位移谱。

Eurocode 8 第1、2部分中，地震作用的水平弹性反应谱加速度如下列所示：

短周期范围：

$$0\leqslant T\leqslant T_B:\quad S_a(T)=a_gS\left[1+\frac{T}{T_B}(2.5\eta-1)\right] \tag{D3.8a}$$

等加速度谱范围：

$$T_B\leqslant T\leqslant T_C:\quad S_a(T)=a_gS\times 2.5\eta \tag{D3.8b}$$

等速度谱范围：

$$T_C\leqslant T\leqslant T_D:\quad S_a(T)=a_gS\times 2.5\eta\cdot\left(\frac{T_C}{T}\right) \tag{D3.8c}$$

等位移谱范围：

$$T_D\leqslant T\leqslant 4s:\quad S_a(T)=a_gS\times 2.5\eta\cdot\left(\frac{T_CT_D}{T^2}\right) \tag{D3.8d}$$

式中，a_g 为岩石场地设计地面加速度；S 为“场地系数”。

$\eta=\sqrt{10/(5+\xi)}\geqslant 0.55$(Bommer 和 Elnashai，1999)为黏滞阻尼比 ξ 的修正系数，当其不等于参考值5%（Eurocode 8 第1、2部分的阻尼参考值)时使用；$\xi=5\%$ 是带裂缝的钢筋混凝土结构的代表值。不同材料构件的黏滞阻尼比取值列于 Eurocode 8 第2部分表3.1中。 *条款3.2.2.2(3)[1] 条款4.1.3(1)，7.5.4(3)[2]*

不同结构材料的黏滞阻尼比取值　　表3.1

材　料	阻尼比[%]
钢筋混凝土构件	5
预应力混凝土构件	2
焊接钢构件	2
栓接钢构件	4

场地系数 S 是其他场地对岩石场地反应谱的整体放大系数，对岩石地基，$S=1$。a_gS 代表有效地面加速度，在等加速度谱平台段，加速度谱值恒等于 $2.5a_gS$。

条款3.2.2.2.2(2), 3.1.2(1),[1]

T_B、T_C和 T_D等周期值(即等加速度谱、等速度谱和等位移谱区段的边界点)及场地系数 S 的取值主要和场地类别有关。在 Eurocodes 中,术语“场地”表示任意种类的岩土。Eurocode 8 中定义了 5 种标准场地类别,这 5 种类别及另外两种特殊类别场地的 T_B、T_C、T_D和 S 的推荐值列于表 3.2 中。

Eurocode 8 第 1 部分中确定地震作用时所依据的场地类别　　表 3.2

	描　述	$v_{s,30}$[m/s]	N_{SPT}	c_u[kPa]
A	岩石出露,或小于 5m 的弱覆盖层	>800	—	—
B	由极密实的砂土、砂砾或极硬黏土形成的厚达数十米的沉积层,力学指标随深度逐渐增加	360 ~ 800	>50	>250
C	密实或中密的砂土、砂砾或硬黏土的深厚沉积层,厚度从数十米到上百米	180 ~ 360	15 ~ 50	70 ~ 250
D	松散到中密砂土或砂砾,或软硬黏土	<180	<15	<70
E	厚度为 5 ~ 10m 的 C 类或 D 类地表冲积层,下卧土层较硬(v_s >800m/s)			
S1	10m 以上厚软黏土或淤泥层,塑性指数 >40,含水率较高	<100	—	10 ~ 20
S2	液化土层;高灵敏性黏土;或非 A ~ E 和 S1 的其他类土层			

条款3.1.2(1) ~ 3.1.2(3)[1]

场地类别划分主要基于 30m 覆盖层的平均剪切波速值 $v_{s,30}$:

$$v_{s,30} = \frac{30}{\sum_{i=1}^{N} \frac{h_i}{v_i}} \tag{D3.9}$$

式中,h_i和 v_i分别为 N 层土中第 i 层的厚度(以 m 为单位)和小剪应变(小于 10^{-6})剪切波速。如果无法测得 $v_{s,30}$,对于 B、C、D 类岩土,Eurocode 8 第 1 部分允许采用替代指标来进行场地分类:对无黏性土,可采用 SPT(标准贯入试验)锤击数[即利用 Ohta and Goto(1976)中提出的 SPT 和 $v_{s,30}$的换算关系];对于黏性土,则采用不排水黏聚力指标(c_u)。

条款3.1.2(4)[1]

对于两类特殊的场地类别 S1 和 S2,要求对场地进行具体研究以确定地震作用(CEN, 2004a)。对于场地类别 S1,需要研究软黏土和淤泥层的厚度及 v_s值,以及其与下卧土质的差异,进而定量分析其对弹性反应谱的影响。需要注意,场地类别 S1 内部阻尼较低,在较大应变范围内呈线性力学特性,会对基岩运动产生放大作用,并导致异常或特殊的土-结构相互作用效应。针对场地进行的详细研究还应包括设计地震作用下引起地基土失效的可能性(尤其是场地类别 S2 中存在的可液化土层和高灵敏黏土)。

条款3.2.2.2(2)[1]

在 A ~ E 五种标准场地类别下,T_B、T_C、T_D和 S 的值应由 Eurocode 8 中的各个国家依据风险最大的地震等级加以确定,列于相应的国家附件中。在确定上述各值时,还应考虑桥址处的地质条件。原则上,谱值增加会导致系数 S 减小,这主要是地基土的非线性效应引起的。在美国标准中,设计谱的放大系数随着设计加速度(谱值或地面加速度)的增加而减小。与此不同,Eurocode 8 第 1 部分推荐了两类设计谱：

■ 类型 1：适用于中等地震或强震；

■ 类型 2：适用于距离较近的低等级地震（如震级低于 5.5），此类地震在软土地基中产生较多高频运动。

Eurocode 8 第 1 部分在注释中对场地类型 A ~ E 的 T_B、T_C、T_D和 S 等参数提供了推荐值，见表 3.3 中，这些数据是基于文献[Rey（2002）]和欧洲的强震记录。欧洲有些地区并不适合采用上述两种推荐反应谱，如受到瓦兰恰（Vrancea）区域影响的巴尔干东部部分地区，其危害性较大的地震为强度较高、震源深度中等的地震。类型 1 反应谱中 S 值较低，这主要是因为中、高强地震下的地面运动较强，地基土的非线性效应较为显著。图 3.1 显示了推荐的第一类反应谱形状。

Eurocode 8 第 1 部分中标准水平方向弹性反应谱相关参数推荐值 表 3.3

场地类别	反应谱类型 1				反应谱类型 2			
	S	T_B[s]	T_C[s]	T_D[s]	S	T_B[s]	T_C[s]	T_D[s]
A	1.00	0.15	0.4	2.0	1.00	0.05	0.25	1.2
B	1.20	0.15	0.5	2.0	1.35	0.05	0.25	1.2
C	1.15	0.20	0.6	2.0	1.50	0.10	0.25	1.2
D	1.35	0.20	0.8	2.0	1.80	0.10	0.30	1.2
E	1.40	0.15	0.5	2.0	1.60	0.05	0.25	1.2

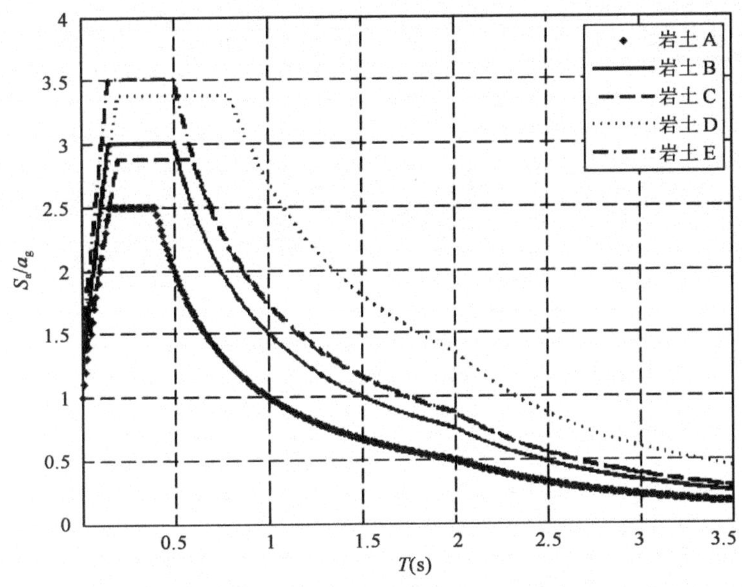

图 3.1 Eurocode 中推荐的第一类弹性反应谱，岩石场地峰值地面加速度为 1g，阻尼比为 5%

根据 Eurocode 8 第 1 部分，当超过等位移区段的起点值 T_D后，反应谱的取值就很小。这对于柔性桥梁，如采用滑动支座的高墩桥梁，可能导致设计偏于不安全。为此，Eurocode 8 第 2 部分提醒桥梁设计者和各国主管部门，应注意隔震结构的安全性主要取决于隔震系统的位移需求，而其位移需求与 T_D直接相关。为此，参照 Eurocode 8 第 1 部分对隔震和耗能设计容许特殊考虑，第 2 部分中也鼓励各

条款7.4.1(1)[2]

条款 3.2.2.2.5(8)[1]

国对此类设计设定更为保守(即更大)的 T_D 值,而不是直接采用第 1 部分国家附件中的值。如果 Eurocode 8 第 2 部分未予以考虑,则设计者可补充考虑,以适应隔震桥梁的特殊性。

条款3.2.2.5(4)[1]

为防止 $T > T_D$ 时弹性反应谱下降过快,Eurocode 8 第 1 部分还对设计加速度谱设置了下限值 $0.2a_g$,以确保结构抗震安全[见下文式(D3.12c)和式(D3.12d)]。

3.1.2.4 竖向弹性反应谱

条款4.1.7(1)~4.1.7(3)[2]

仅在以下构件的抗震设计中需要考虑竖向地震作用分量(CEN, 2005):

- 预应力混凝土上部结构(作用方向向上时);
- 所有支座;
- 所有抗震连接;
- 桥墩位于高地震活动区域,且:

—上部结构的恒载作用会在桥墩中存在一定的弯矩作用;

—桥梁位于活动断层(定义为历史平均错动速率不小于 1mm/年且有地质证据表明近 11000 年间有地震活动)5km 内,此时应根据场地情况确定设计谱以反映近场效应。

条款3.2.2.3(1)[1]
条款3.2.2.2(1)[2]

Eurocode 8 第 1 部分的竖向弹性反应谱如下所示:

短周期范围:

$0 \leqslant T \leqslant T_B$:
$$S_{a,vert}(T) = a_{vg}\left[1 + \frac{1}{T_B}(3\eta - 1)\right] \quad \text{(D3.10a)}$$

等加速度谱范围:

$T_B \leqslant T \leqslant T_C$:
$$S_{a,vert}(T) = a_{vg}3\eta \quad \text{(D3.10b)}$$

等速度谱范围:

$T_C \leqslant T \leqslant T_D$:
$$S_{a,vert}(T) = a_{vg}3\eta\left(\frac{T_C}{T}\right) \quad \text{(D3.10c)}$$

等位移谱范围:

$T_D \leqslant T \leqslant 4$:
$$S_{a,vert}(T) = a_{vg}3\eta\left(\frac{T_C T_D}{T^2}\right) \quad \text{(D3.10d)}$$

水平谱与竖向谱的主要差别在于:

- 等加速度段平台内的放大系数不同,竖向谱为 3,水评谱为 2.5;
- 竖向谱无岩土类别放大系数。

控制周期 T_B、T_C、T_D 等也与水平谱不同。Eurocode 8 第 1 部分在注中推荐采用下列 T_B、T_C、T_D 及竖向设计地面加速度 a_{vg} 值:

- $T_B = 0.05$s;
- $T_C = 0.15$s;
- $T_D = 1.0$s;
- 第 1 类设计谱 $a_{vg} = 0.9a_g$;
- 第 2 类设计谱 $a_{vg} = 0.45a_g$。

Eurocode 8 推荐的竖向反应谱是基于针对欧洲地区的相关工作和数据(Ambraseys 和Simp-son, 1996;Elnashai 和 Papazoglou,1997)。比值 a_{vg}/a_g 随震中矩的减小而增加。但由于 Eurocode 8 在确定地震作用时并未将距离作为输入参数,因此这一比例实际上是通过选择设计谱的类型来确定的,相关研究(Ambraseys 和 Simpson,1996;Abrahamson 和 Litehiser,1989)显示 a_{vg}/a_g 随着震级的提高而提高,这反过来又可确定采用何种类型的设计谱。

3.1.2.5　弹性谱的地形放大系数

Eurocode 8 对各类结构的地震作用规定了地形放大系数(山脊效应等)。根据 Eurocode 8 第 1 部分,对于重要结构(包括桥梁),必须采用地形放大系数。Eurocode 8 第 5 部分在一个资料性附录中建议,对于孤立悬崖或(水平)倾角小于 30°的长山脊,地形放大系数取 1.2,坡度超过 30°的山脊取 1.4。然而,由于建于山脊上的桥梁非常罕见,通常并不需要考虑这种效应。 *条款3.2.2.1(6)[1]* *附录A[3]*

3.1.2.6　近场效应

在靠近发震断层且平行于断裂带的地质条带中,经常能观察到沿破裂走向的“方向性”效应,导致在垂直断层方向上产生显著的长周期速度脉冲。Eurocode 8 第 1 部分在一般性规定中并未涉及近场效应,但 Eurocode 8 第 2 部分(CEN, 2005)规定,如果桥梁与已知活动断层水平距离小于 10km,且该断层可能导致 6.5 级以上的地震,则设计谱需考虑近场效应,并根据场地条件修正反应谱。该标准对活动断层进行了定义,即历史滑动速率不小于 1mm/年,且有地质证据表明其在全新世(即近 11000 年间)存在地震活动。 *条款3.2.2.3(1)[2]*

美国加州运输局抗震设计标准(Caltrans Seismic Design Criteria)(Caltrans, 2006)对距离活动断层小于 15km 的桥梁,设计谱周期 1s 以上的值应增加 20%,小于 0.5s 的谱值保持不变,中间部分线性插值。尽管该标准并未明确,但这种放大操作实际上就是针对方向性效应进行的调整,所以实际应用中应仅对垂直于断层的地震分量进行调整,而不改变平行于断层的分量(Sommerville 等,1997)。

需要注意的是,在地震易发地区,近场效应是相当常见的。

3.1.2.7　设计地面位移和速度

对于设计地面加速度 a_g,Eurocode 8 第 1 部分给出了设计地面位移 d_g的值,采用等位移谱段的谱位移,由式(D3.8c)取 $T=T_D$,即$(T/2\pi)^2\ S_a(T_D)$,这样地面位移的放大系数为 2.5,与地面加速度 a_g一致。令$(2\pi)^2\approx 40$,可得(a_g单位取 m/s²,而非 g): *条款3.2.2.4(1)[1]* *条款3.3(6),6.6.4(3)[2]*

$$d_g = 0.025 a_g S T_C T_D \qquad (D3.11)$$

由式(D3. 11)可得 d_g/a_g的比值,与 Bommer 和 Elnashai (1999)及 Ambraseys 等(1996) 将该比值表征为震级和震中距的函数的预测模型相比,结果更偏高一些。

设计地面速度由设计地面加速度按下式计算: *条款6.7.4.(3)[2]*

$$v_g = ST_C a_g/(2\pi) \tag{D3.12}$$

3.1.3 设计谱

条款2.1(2),3.2.4(1),4.1.6(1)[2]

对于地震作用水平分量,Eurocode 8 中的设计谱为:

短周期范围:

$$0 \leqslant T \leqslant T_B: \quad S_{a,d}(T) = a_g S\left[\frac{2}{3} + \frac{T}{T_B}\left(\frac{2.5}{q} - \frac{2}{3}\right)\right] \tag{D3.13a}$$

条款3.2.2.5(4)[1]

等加速度谱范围:

$$T_B \leqslant T \leqslant T_C: \quad S_{a,d}(T) = a_g S\frac{2.5}{q} \tag{D3.13b}$$

等速度谱范围:

$$T_C \leqslant T \leqslant T_D: \quad S_{a,d}(T) = a_g S\frac{2.5}{q}\left(\frac{T_C}{T}\right) \geqslant \beta a_g \tag{D3.13c}$$

等位移谱范围:

$$T_D \leqslant T: \quad S_{a,d}(T) = a_g S\frac{2.5}{q}\left(\frac{T_C T_D}{T^2}\right) \geqslant \beta a_g \tag{D3.13d}$$

式(D3.13)中的性能系数 q,反映了结构的延性和耗能能力,同时也包括阻尼比不等于5%的影响(见本指南2.3.2)。

式(D3.13a)中的2/3 为超强系数1.5 的倒数,Eurocode 8 认为即使没有进行任何延性和耗能设计,该超强系数也总是可达成的。式(D3.13c)和式(D3.13d)中的系数 β 为水平设计谱的下限,该做法原因是:如果设计中由于体系柔性估计过高(无论是确实很柔还是由于计算假定导致的)而使得地震力折减过度时,该系数可使设计偏于安全。Eurocode 8 第1 部分中推荐 $\beta = 0.2$。注意 Eurocode 8 推荐的反应谱在等位移段起点 T_D 处的谱值相对较低,因此该系数的引入对实际应用非常重要。

条款3.2.2.5(5)[1]
条款4.1.6(12)[2]

竖向设计谱的获取,需要通过在式(D3.13)中将有效地面加速度 $a_g S$ 替换为竖向地面设计加速度 a_{vg},a_{vg}在3 个特征周期点处的取值参见3.1.2.4。由于在竖向地震作用下还没有可靠的耗能机制,因此竖向分析时的性能系数 q 取1.0。

3.1.4 地震作用时程

条款3.2.3(1),3.2.3(2)[2]
条款3.2.3.1.1(1),3.2.3.1(2)
3.2.1.2(4)[1]

对于线性或非线性静力分析,采用5% 阻尼比的反应谱来表示地震水平均足够。对于非线性动力(响应时程)分析,需要提供地面运动的时程,该地震运动时程在平均意义上应与相应的5% 阻尼比弹性反应谱一致。Eurocode 8 第1 部分和第2 部分要求,在进行响应时程分析时至少使用3 组地震波记录作为输入,考虑2 个方向同时作用时每组包含1 对不同记录,考虑3 个方向同时作用时每组包含3 条不同记录。

条款3.2.3.1.1(3),3.2.3.1.2(3),3.2.3.1.3(1)[1]

进行上述分析时,Eurocode 8 第1 部分允许使用所谓地震记录、"人工"和"模拟"地震作用时程,而第2 部分仅提及实震记录、"修订的实震记录"和"模拟"地震作用时程。

条款3.2.3(1), 3.2.3(2), 3.2.3(4), 3.2.3(8) [2]

“人工”(或“合成”)地震作用时程是通过随机振动理论以数学方式生成,可与对应的反应谱完美拟合(Gasparini 和 Vanmarcke, 1976)。通过调整人工地震波各正弦分量的相位及相应的振幅变化(“包络函数”),可使人工波与特定的地震记录非常相似,这就是 Eurocode 8 第 2 部分中提到的“修订的实震记录”类型。图 3.2 给出了一个样例,图 8.47 中还提供了另一个样例。需要注意的是,尽管这种记录与实震记录具有同样丰富的频谱成分,但并不能代表真实的地震记录。另外,如果一条地震波对应的反应谱平滑而缺乏高低起伏的话,会使结果偏于保守,因为这无法使结构通过非线性响应从谱值的峰值处跳跃到较长周期处的谷值处。因此,Eurocode 8 第 2 部分更倾向于实震时程记录。

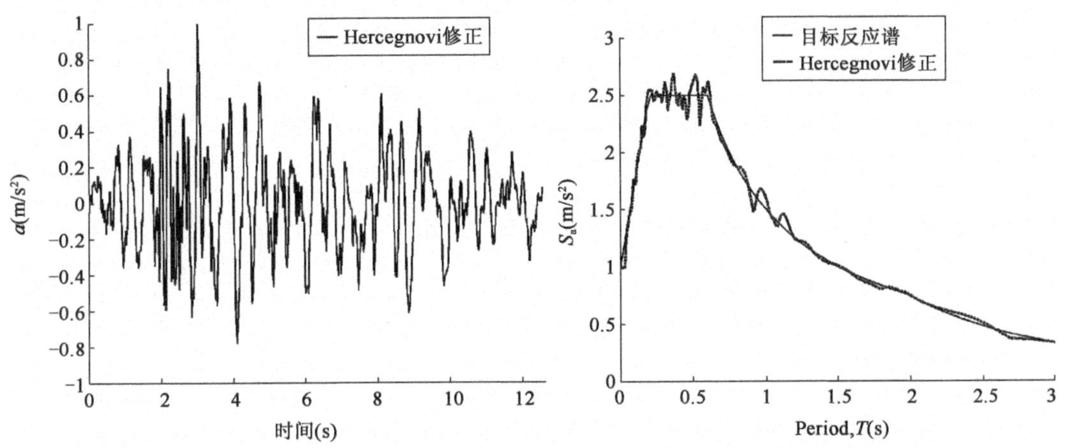

图 3.2 根据 1979 年黑山地震中的 Hercegnovi X 地震记录进行修正,以匹配 Eurocode 8 第 1 类反应谱(场地类别为 C 类,峰值地面加速度为 0.1g)

基于数学模型,模拟地震破裂,以及相应的地震波从基岩传递至桥址,再通过覆盖层到达地表,由此建立的地震动输入即为“模拟”地震作用时程,由于最终获得的“模拟”地震作用时程与天然地震波很相似,并且其求解过程是基于物理模型求取的,因此比“人工”波更具合理性。当然,要与目标设计谱在平均意义上更好地相符,就需要比“人工”波更多数量的合适的强震记录和“模拟”地震作用时程。根据 Eurocode 8 第 1 部分,所有实震记录和“模拟”地震作用时程都“*应在震源特性和场地岩土条件相符合*”(Eurocode 8 第 1 部分)。就是说,这些地震记录和“模拟”地震动时程应与设计场地具有一致的震级、断层距离和破裂机制等(Eurocode 8 第 2 部分),传播路径和下覆土性质还应严格模拟桥址处的情况。这些要求不仅难以满足,而且还可能与设计目标反应谱存在冲突。

Eurocode 8 第 1 部分中通过对实震记录和“模拟”地震作用时程进行缩放,以使其峰值加速度(PGA)与设计地震作用的 a_gS 在平均意义上相符,这一做法可能并不符合实际情况。更合理的做法应该是采用 PGA 原本与目标值 a_gS 相匹配的地震记录和“模拟”地震作用时程。由于 PGA 值可被人为地增大或减小,但又不影响结构地震响应,所以,更合理的做法是在选择地震记录时,仅要求与 Eurocode 8 第 2 部分的目标谱值保持一致,具体如下:

条款3.2.3(3),3.2.3(6),3.2.3(7) [2]

如果采用2条或3条地震记录作为2个或3个方向的地震作用分量同时输入时,为了使其与5%阻尼比的目标谱一致,可单独缩放各条记录的幅值,如下所述(图8.48和图8.49中提供了相关示例):

■ 如果地震作用包含3方向分量,则水平分量记录的一致性检验与竖直分量分开。

■ 如果采用多条竖向分量记录,则经缩放后各条记录的5%阻尼比弹性谱的平均值,在$0.2T_v \sim 1.5T_v$区段内应全部不小于5%阻尼比的目标竖向谱的90%,这里的T_v指竖向振型参与系数高于2个水平方向的最低阶振型周期。

■ 在同时考虑2个水平分量,每组记录中的2个水平分量对应的5%阻尼比弹性谱在各周期点采用SRSS组合。所有记录的2个水平方向的"SRSS谱"平均值,在$0.2T_1 \sim 0.5T_1$区段应全部达到5%阻尼比目标水平谱的$0.9\sqrt{2} \approx 1.3$倍,其中T_1为结构任意水平方向的低阶振型周期(隔震桥梁为隔震系统的等效周期)。如果上述条件无法满足,所有水平分量都要放大,使得在$0.2T_1 \sim 1.5T_1$范围内的"SRSS谱"平均值均能超过5%阻尼比水平弹性谱的1.3倍以上。

条款3.2.3.1.2(4) [1]

此外还需注意,Eurocode 8第1部分要求,对于一个水平分量作用下的分析,在$0.2T_1 \sim 2T_1$范围内,地面运动输入所对应的5%阻尼比弹性谱平均值不得低于设计谱的90%。

条款4.2.4.3(1) [2]
条款4.3.3.4.3(3) [1]

如果通过7组以上地面运动记录(3条一组或2条一组)进行非线性时程分析得到地震响应,各条记录均满足上述各项要求,则相关验算可取各组响应值的平均值作为作用效应。否则,需要采用各组(3~6组)响应值中的最不利值。

3.1.5 地震作用的空间变异性

条款3.3(1)~3.3(8),附录D [2]

与常规建筑不同,桥梁是水平长线结构。因此,地震运动的空间变异性可能导致桥梁的基础支承经历不同的地面运动。这种现象被称为"解相关"。地震运动的解相关来源于以下3方面因素:

(1)行波效应:除了垂直传播的波外,其余各种地震波在水平方向呈现出视波速,即使沿桥梁各处的幅值相同,但相位却不同。

(2)波的散射,尤见于高频范围:当波穿越不均匀的土介质时,会在每个土介质变化处发生散射(衍射或反射,或两者同时发生),无论是小块的棱体或介质力学参数突变处。当频率增加波长减小时,地震波更易受小范围的土质突变的影响。散射会导致相邻位置的运动产生差异。

(3)各个桥墩处的土层状况不同:如果桥梁基础彼此距离较远,它们下面的土层状况有所不同,进而使得基岩的土层放大系数不同。

对于效应(1)和效应(3),如果地震波传播方向给定,土层状况准确可知,在理论上是可以求解的。效应(2)则很难计算,除非拥有从震源到桥址场地范围内的全部岩土信息。效应(1)最容易模拟,只需要在各个桥墩处的地面运动时程间引入时间差,该值等于桥墩距离除以地震波的视波速。理论研究和经验观察均表明,地震波视波速并不等于上覆土层内的传播速度,而更接近于较大深度处(断裂发生的岩层内)的速度;常见值一般超过1000m/s。效应(3)可通过一维场地响应分析计算。对于效应(2),则仅能基于随机振动模型,并采用经验参数进行计算。

Eurocode 8 第2部分的资料性附录D中,提供了生成非黏性地面运动的理论,同时包含了上述3类效应,并提供了多点激震下桥梁响应分析的数学方法。但是由于上述理论过于复杂,需要采用特殊工具才能完成相应的数值计算,并需要场地统计数据来确定模型参数。因此,标准宜采用简化方法考虑桥梁结构的地震运动的空间变异性。当存在下列情况时必须考虑空间变异性:当沿桥梁的土层性质不同且不同桥墩处依据表3.2确定的场地类别不同时;或者连续的上部结构长度超过 $L_g/1.5$,其中 L_g 为相关距离(超过这一距离时可认为地面运动完全不相关)。相关距离的推荐值见表3.4。

Eurocode 8 第5部分推荐的相关距离 表3.4

场地类别	A	B	C	D	E
L_g(m)	600	500	400	300	500

简化方法是通过SRSS(平方和开平方)将下列两种效应进行组合:每个基础位置采用均匀地面运动的动力效应和按照静力方式施加于每个基础点的差值位移效应。对于这种静力施加的位移,采用下面两种形式,并取最不利结果:

■ 第1种形式:所有地面位移加载方向相同,量值与桥墩沿桥梁的距离和地面运动成正比,与相关距离成反比,同时对各中间桥墩叠加一个小偏移量;

■ 第2种形式:位移沿着桥墩交替变化。

在进行伸缩缝处的上部结构落梁验算时,也附加了上述位移模式,但安全系数有所提高[见6.8.1.2中式D6.34]。

与真正的动力分析方法不同,上述简化方法无法得到地震作用空间变异性的动力特征,因为它实际上仅是附加支承位移的伪静力补充。尽管如此,它在一定程度上近似于3种主要的地震空间变异性效应(Sextos 等,2006;Sextos 和 Kappos,2009)。

3.2 场地和地基土

3.2.1 简介

与地基土有关的震害现象可能导致基础发生严重破坏,如断层破裂、桥梁附近边坡失稳、由地面震动引起的液化和地基土压实等。除了极少数情况外,上述震害现象通常难以通过基础设计克服。因此,宜详细调查场地风险源,并尽最大能力减轻震害。 *条款4.1.1(1) [3]*

条款 4.1.2(1),(2)[3]

3.2.2 地震活动断层

条款 3.2.2.3(1)[2]

地震学研究表明,地震活动一般局限在地壳20km深度内,只有当矩震级达到

6.5 级以上,才会发生地表破裂。因此在欧洲,地表破裂是很少发生的(土耳其除外,希腊和意大利也有可能发生)。Eurocode 8 第 5 部分指出,场地地表破裂评估需要开展特殊的地质调查,确认场地周围无活动断层。部分国家主管部门可能已绘制了地震活动断层的分布情况。但是对于如何判断断层是否为地震活动断层,以及如何考虑场地是否属于临近断层,至今仍没有明确的标准。Eurocode 8 第 5 部分建议,将第四纪晚期是否有地震活动作为判别标准;而 Eurocode 8 第 2 部分将活动断层定义为:历史平均滑移速率大于 1mm/年,且在全新世(即距今 11000 年)内有地震活动的地质证据。短程距离(数十米)可作为邻近断层的判别标准。

3.2.3 边坡稳定

条款4.1.3.1(1), 4.1.3.1(2), 4.1.3.3(1), 4.1.3.3(3)~4.1.3.3(6), 4.1.3.3(8), 4.1.3.4(4) 附录A[3]

当结构修建在自然或人工边坡上时,需要验算地震作用下的边坡稳定性。尽管 Eurocode 8 第 5 部分推荐的稳定验算方法以保证预设的安全系数为目标,但实际上仍是极限状态法(ULS),即永久性位移不能超过该极限状态值。所以在 Eurocode 8 第 5 部分中,为达到 1.0 以上的安全系数,采用伪静力方法计算地震力,即等于潜在滑动质量乘以土体表面 PGA 值 a_gS 的 50%,如果涉及 3.1.2.5 中的地形放大系数,也需一并考虑。50% 的系数是基于经验和地震作用下观测到的边坡性能进行反演分析得到的。采用 $0.5a_gS$ 这一推荐地面加速度值时,预期位移一般仅为数厘米。此外,这也反映了 Newmark 在 1965 年的朗金讲座中首次指出的观察结果,即当稍微超过最大地震作用(潜在滑动质量与 PGA 的乘积)时,只发生永久性变形,而不会导致灾难性的事故。

水平和竖向设计地震惯性力按下式计算:

$$F_H = 0.5a_gSM \quad \text{(D3.14)}$$

当 $a_{vg} > 0.6a_g$ 时,

$$F_v = \pm 0.5F_H \quad \text{(D3.15a)}$$

当 $a_{vg} \leq 0.6a_g$ 时,

$$F_V = \pm 0.33F_H \quad \text{(D3.15b)}$$

式中,M 为潜在滑动质量,a_gS 需考虑第 3.1.2.5 中的地形放大系数。岩土的地震抗力通过其强度指标除以合适的分项系数进行计算,这些参数的取值详见 Eurocode 8 第 5 部分的国家附件。

需要注意这种伪静力分析方法的适用条件,即:

■ 地质及地形几何分布较为规整;

■ 边坡土质和地基材料浸水后,不会产生严重的孔隙水压力增长进而导致地震作用下的剪切强度损失和刚度退化的现象。该条件也适用于一些特殊岩土,如高灵敏性土(虽然其强度退化机制并不相同)。

当 a_gS 取值较高时,采用伪静力法进行边坡稳定验算难以实现。此时,设计者倾向于计算实际的永久性位移,并验算是否可以接受。一种简化方法是采用 Newmark 滑块法。这种方法预先指定一个最不利滑动面和相应的 a_gS 临界值。通过合理选择地面运动时程,并在地震加速度超过临界加速度的时间区段内对两者的加速度差进行两次积分,结果即可作用为临界圆弧滑动面的永久位移。更精细化的分析还可考虑刚体加速度作用对滑坡地震响应的影响。

进行伪静力分析或采用 Newmark 滑块法时，都需要满足一项基本条件，即土体强度不能在地震期间大幅变化。如果强度因为孔隙水压力的增长而减小时，可通过下式计算：

$$\tan\phi_r = \left(1 - \frac{\Delta u}{\sigma'_v}\right)\tan\phi \tag{D3.16}$$

式中，ϕ_r为减小后的摩擦角；Δu 为孔隙水压力增加值，通过经验关系式或实验数据获得；σ'_v 为竖向有效应力。

3.3 岩土性质与参数

3.3.1 简介：岩土性质参数的意义

很多岩土测试，尤其是现场测试，并不能直接测得基本岩土参数或系数的值，尤其是强度和变形指标。事实上，这些参数值是通过理论或经验关系式推导得出，Eurocode 7 第 2 部分定义导出指标为：

“岩土参数和/或系数的导出值，通过实验结果经理论、相关性和经验推导得出。按照 Eurocode 7 第 1 部分确定相关参数标准值时，该岩土参数导出值可作为输入参数，进一步使用分项系数（‘材料系数’）后，可获得该参数的设计值”。

Eurocode 7 第 1 部分中（CEN, 2003），关于岩土参数标准值的定义遵循以下思路：

“岩土参数的标准值需考虑其对极限状态的影响而谨慎选择……控制参数通常为场地大面积或体积范围内相关参数的平均值。而标准值应是该平均值的保守估计”。

这些来自 Eurocode 7 的条文摘录反映的思路是：即我们宜能够继续使用传统的岩土参数值，但这些参数的确定过程不是标准化的（它们通常需依赖岩土工程师的判断）。但是在这一点上还需要强调：一方面，在确定标准值之前，引入了岩土参数“导出值”的概念，而另一方面，现行标准明确强调了使用极限状态法和空间平均值而非局部值，这体现了岩土设计的一个特征：涉及“大”面积区域或“大”体积岩土体。

Eurocode 7 中将统计学方法作为处理该问题的一种可能选项：

“如果采用统计学方法，确定标准值的原则为：当该参数控制某种极限状态的发生且该极限状态需要考虑时，该参数取更不利值的概率不得超过5%”。

总体思路还是使岩土参数的标准值与过去使用的数值相差不大。事实上，对于大多数工程，其地勘工作并不能提供统计工作所需的足够数据。对于规模非常大的工程项目，数据较为充足，使用统计方法才合理。

3.3.2 岩土性质

条款3.1(1)～3.1(3)[3]

Eurocode 8 同时考虑强度性能和变形特征，由于地震持续时间较短，因此大部分土体处于不排水状态。另外,一些土体性能还受加载速率的影响。

3.3.2.1 强度参数

对于黏性土,相关强度参数为不排水剪切强度 c_u。大多数情况下该值可取通常的“静力”剪切强度。但是,有的塑性黏土强度在循环加载下会退化,而有的黏土剪切强度却在一定加载速率下提高,所以在选择相关的不排水剪切强度时,最好能考虑这些问题。c_u的分项系数 γ_M推荐值取 1.4。

对于无黏性土,相关强度指标为排水内摩擦角 φ'和排水黏聚力 c'。它们可直接用于干燥或部分饱和土,对于饱和土则需要知道往复荷载作用下孔隙水压 u 的变化情况,孔隙水压力和剪切强度的关系可通过莫尔-库仑失效准则描述:

$$\tau = (\sigma - u)\tan\varphi' + c' \quad \text{(D3.17)}$$

由于确定 u 值非常困难,因此,Eurocode 8 第 5 部分推荐了一种备选方法:采用循环荷载下的不排水剪切强度指标$\tau_{cy,u}$,该值可通过土体相对密度或标准贯入试验(SPT)中的锤击数 N 等其他试验指标关系获得。

分项系数 γ_M的建议值为:

■ 对 $\tan(\varphi')$和$\tau_{cy,u}$,$\gamma_M = 1.25$;

■ 对 c',$\gamma_M = 1.4$。

3.3.2.2 刚度和阻尼参数

条款 3.2(1)~3.2(4),4.2.3(1)~4.2.3(3)[3]

土体刚度可用剪切波速 v_s 来表示,或等效采用土体剪切模量 G 来表示。该项参数的主要作用是按照本指南 3.1.2.3 的表 3.2 确定土层类别。其他需要使用土层剪切刚度的情况包括:

■ 计算土-结构相互作用;

■ 对某些特殊类别场地(S1)进行场地响应分析以确定地表响应。

在进行上述工作时,需要注意土体为强非线性材料,因此计算中采用的刚度值并非弹性刚度,而是地震引起的平均应变范围内的割线值,该应变范围的数量级通常为 $5\times10^{-4}\sim10^{-3}$。Eurocode 8 第 5 部分推荐采用表 3.5 中的数据,依照峰值地面加速度进行取值。注意决定折减系数的直接参数应为剪切应变而非峰值地面加速度,但是为了设计者的使用方便,应变值通过与峰值地面加速度的对应关系来体现。

Eurocode 8 第 5 部分中表层 20m 范围内(对 $v_s < 360$m/s 的土层)的平均土体阻尼比及剪切波速 v_s和剪切模量 G 的折减系数(±1 标准差) 表 3.5

地面加速度 $a_g S[g]$	阻尼比[%]	$v_s/v_{s,max}$	$G_s/G_{s,max}$
0.1	3	0.9(±0.07)	0.8(±0.1)
0.2	6	0.7(±0.15)	0.5(±0.2)
0.3	10	0.6(±0.15)	0.36(±0.2)

除了刚度参数外,土-结构相互作用分析中尚需考虑土体的内部阻尼。土体阻尼比也依赖于平均剪切应变,进而可与刚度折减系数相关联,如表 3.5 所示。

3.4 液化、侧向滑移及相关现象

3.4.1 此类现象的性质和后果

条款4.1.4(1) ~ 4.1.4(3) [3]

液化是指在强震作用下，位于水位以下的无黏性土或颗粒状沉积物暂时失去强度、力学形态类似黏滞液体而非固体的现象。饱和土、级配差的土、松散土及缺乏细粒成分的颗粒沉积物最容易发生液化。液化并非随机发生，它仅见于特定的地质和水力环境中，多发生于高水位下的新近沉积砂土和淤泥区域。而密实和黏性较高的土，包括充分压实的填土都很难发生液化。

液化现象本身并不一定导致破坏或风险。就工程目的而言，液化现象本身并不重要，重要的是这一过程发生的可能性，以及与其相关的造成结构损伤的风险事件。液化的不利影响总结如下：

■ 流动破坏，当土体完全液化或者有完整的实体块搁置于液化土层上时发生。土体流动范围可能很大且多发生于中等至陡峭的坡段。

■ 侧向滑移：由于下伏土层的液化，导致上覆土体块发生水平位移。滑移常发生于缓坡，并朝自由界面移动，如河槽岸坡或海岸线。对于浅层液化土层，由于存在自然或人工填挖，其地表部分受到较强的竖向荷载作用而失效时，也可能发生这种现象。

■ 地面振动：地层平顺或坡度很缓时，水平滑移难以发生，一定深度处的液化作用会导致上覆土层与下伏地层脱离，导致上覆土层前后往复振动，形成地面波。这类振动经常伴随有地裂现象及刚性延伸结构的开裂，如路面和管道等。

■ 支承能力的丧失或降低：地震产生的振动会增加孔隙水压力，进而导致土体失去强度和支承能力。

■ 土层沉降：液化结束后，孔隙水压力消散，土体压密。由于前述支承能力减小或地面运动，也可能导致结构发生沉降。对于桩基，震后由于孔隙水压力消散产生液化层沉降，可能导致桩体在液化层以上各土层中产生负摩阻力。

■ 挡墙水平力增加：当墙后土体液化后，其力学性能类似“重”液体而无内摩擦力存在。

■ 埋置结构漂浮：存储罐和管道等埋置结构在液化土体中发生漂动。

其他液化表现形式，如喷水和冒砂等也会发生，并可能对结构造成危害，常见为承载力丧失或沉陷。

自 1964 年以来，液化现象得到了广泛的研究，并形成了较好的理论体系，并可以可靠地预测液化现象的发生。Eurocode 8 第 5 部分对该部分内容进行了全面论述，并在资料性附录中提供了利用标准贯入试验测量无黏性土不排水动强度的方法。除了标准贯入试验外，也允许采用其他试验方法确定土体强度，如静力触探法(CPTs)和剪切波速测量法等。为了准确估计液化抵抗能力，需要采用非常特殊的钻孔和采样技术，对于一般工程项目，该预算难以承受，因此不推荐采用室内试验。

但值得注意的是,近年来,液化评估方法取得了很多新的成果(如 Seed 等,2003 ;Idriss 和 Boulanger,2008)。而 Eurocode 8 第 5 部分中提供的方法可能并不保守,尤其是对细粒成分较高的土体材料。因此,建议进行液化评估时需聘请相关专家参与。

3.4.2 液化评价

条款4.1.4(3)-4.1.4(6),4.1.4(10),4.1.4(11),附录B [3]

场地液化评估尽管是基于现场条件进行的,但应考虑结构建造后在其使用周期内常态化运营状况。比如,场地内拟建高平台以防洪,或者长期降低地下水位,则应在评估中有所体现。

地震作用下推荐采用总应力分析法,其中地震需求表征为地震应力,并与抗震能力相比较(即土体的不排水动剪切强度,也称为液化抗力)。剪应力需求表示为循环应力比(CSR),抗力则表示为循环抗力比(CRR)。上述两个比值均是以竖向有效应力 σ'_v 作为分母进行归一化的。

当土体的 CRR < λCSR 时,则认为有液化可能,式中 λ 为安全系数,推荐值为 1.25。CSR 通过简化的 Seed-Idriss 公式估算,可快速计算出沿深度的附加应力,而不需要进行场地动力响应分析:

$$\mathrm{CSR}=0.65(a_g S)\sigma_v/\sigma'_v \tag{D3.18}$$

式中,σ_v 和 σ'_v 分别为计算深度处的自重应力和竖向有效应力。式(D3.18)不适用于 20m 以上的深度。液化抗力比 CRR 可通过指标参数,如标准贯入锤击数、静力触探点抗力和剪切波速等,并由经验公式进行计算。需要注意的是,所有上述方法都需要对测得的指标参数进行适当的修正,以考虑观测深度处的上覆土压、细粒含量、标准贯入试验中传递到锤杆的能量等因素的影响。Eurocode 8 第 5 部分的附录 B 中,CRR 以修正的标准贯入试验锤击数为基础,使用经验性的液化分析图表,由修正的标准贯入试验锤击数 $N_{1(60)}$ 查找地表震级为 7.5 时的对应值 CRR $=\tau/\sigma'_v$。其他震级下的修正系数列于附录 B[3] 中。

条款4.1.4(7),4.1.4(8) [3]

当土体呈现出某些强度敏感性特征或地震强度较大时,则可能存在液化倾向。Eurocode 8 第 5 部分由此提出了土体可判别为无液化倾向或不需要进行液化评价的判定标准:

■ 地表加速度较低,$a_g S<0.15g$,且满足以下条件之一:

—土体黏土含量大于 20% 且塑性指数大于 10 ;

—土体淤泥含量大于 35% 且修正后的标准贯入试验锤击数大于 20 ;

—修正后的标准贯入试验锤击数大于 30 的纯净砂土。

基底 15m 以下的土层也不需要进行液化评估。这并不表示此类土层不会发生液化,而是因为这种深度的土层液化不会对结构造成影响。尽管 Eurocode 8 未对此进行说明,但这一条件并不充分,还应进一步考虑基础的尺寸。

条款4.1.4(12)~4.1.4(14)[3]

如果地基土被判别为可能液化,则需要考虑采取治理措施,如地基加固或打桩(将荷载传递至非液化土层),以保证基础稳定性。如仅采用桩基础时,需要注意下述问题:

■ 由于失去液化层的土体支撑,桩身内力更大;

■ 震后液化层以上各土层由于沉降而对桩体产生的负摩阻力;

■ 确定上述土层位置和厚度时的不确定性。

3.4.3 液化治理

当场地被判别为有液化倾向,且对结构的影响不可接受(过大的沉降,丧失支承能力等)时,则需对地基进行处理。提升土体抗液化能力的措施包括:压实地基、置换土层、挤密砂桩、排水(砂砾排水井)、深层搅拌(石灰水泥混合)、砂石桩、爆破和高压旋喷等。这些方法中最常用的是砂石桩和压实地基,后者常采用振冲法、动力压实和压密注浆方法。有些措施可具有多种效应,如砂石桩可同时起到压密和排水的作用。 *条款4.1.4(12)~4.1.4(14)[3]*

这些技术手段并非适用于所有土质条件,需要根据处理深度、土体细粒含量及周边结构物情况选择最合适的处理手段。此外尚需考虑处理方案的效率、耐久性及经济性。例如,动力压实更适用于浅层纯砂层;旋喷法和砂石桩可用于浅基础下土层的改善和承载能力提升;压密注浆法虽然成本较高,但几乎适用于全部土层。基于排水固结的方法需要详细考查,因为排水条件随时间变化且有可能发生堵塞现象,尤其是在地下水位剧烈变动的环境中。

上述处理方法均已积累了丰富的实践经验,处理得当的建筑在实际地震中均表现良好。

3.4.4 沉降

当地基浅层存在松散、非饱和无黏性土质构成的大范围土层或较厚夹层时,需要对地震引起的沉降值进行评估。此外,软弱黏土层在长时间的地面振动作用下,也可能由于剪切强度退化而发生较大的沉降。当压密或动力退化作用下产生的沉降可能影响基础稳定时,则需要考虑地基处理措施。 *条款4.1.5(1)~4.1.5(4)[3]*

地震引起的沉降可通过体积应变和标准贯入试验锤击数(考虑上覆土层修正)之间的经验关系,并考虑液化安全系数确定。例如,Tokimatsu 和 Seed(1987)提出的方法就是基于体积应变、动剪切应变和标准贯入试验锤击数之间的关系,通过一维响应分析计算得到的峰值剪应变和修正后的标准贯入试验锤击数 N 作为输入数据,可从 Tokimatsu 和 Seed 图表(图 3.3)中读出体积应变值。然后通过将上述应变在深度方向积分确定总沉降值。

3.4.5 侧向滑移

侧向滑移是一种不可预测的现象,但仍可采用相关经验公式估算液化作用下的地面水平位移 D_H(以 m 计,Youd 等,2002):

$$\lg D_H = -16.713 + 1.532M - 1.406\lg R^* - 0.012R + 0.592\lg W + 0.540\log T_{15} + 3.413\lg(100 - F_{15}) - 0.795\lg(D50_{15} + 0.1\text{mm}) \quad \text{(D3.19)}$$

式中,M 为地震的矩震级;R 为震源至场地的最近水平距离,当 $R < 0.5$km 时取 $R = 0.5$km;$R^* = R + 10^{(0.89M - 5.64)}$;$T_{15}$ 为标准贯入修正锤击数$(N_1)_{60}$小于 15 的

饱和砂质层的累积厚度;F_{15}为T_{15}厚度砂质材料中的平均细粒含量(通过200号筛的成分比例);$D50_{15}$为T_{15}厚度砂质材料中沙粒的平均粒径;W为自由面比,定义为自由面高度H占自由面基点到计算点距离L的百分比。

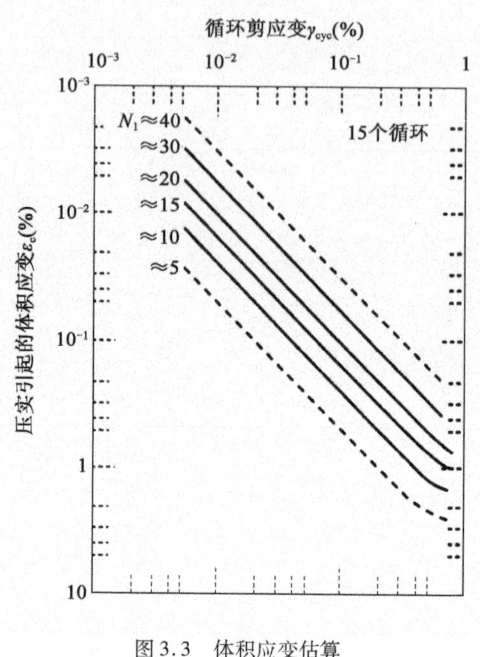

图3.3　体积应变估算

此类关系式宜由经验丰富的工程师谨慎使用,因为目前还没有物理理论来加以证实。此外还需注意,超过6m的大位移不宜应用于工程实践中,因为此范围内缺乏相关数据支撑(Youd等,2002)。

参考文献

Abrahamson NA and Litehiser JJ (1989) Attenuation of peak vertical acceleration. *Bulletin of the Seismological Society of America* **79**:549-580.

Ambraseys N, Simpson K and Bommer JJ (1996) Prediction of horizontal response spectra in Europe. *Journal of Earthquake Engineering and Structural Dynamics* **25(4)**:*371-400*.

Ambraseys NN and Simpson KA (*1996*) Prediction of vertical response spectra in Europe. *Earthquake Engineering and Structural Dynamics* **25(4)**:*401-412*.

Bommer JJ and Elnashai AS (*1999*) Displacement spectra for seismic design. *Journal of Earthquake Engineering* **3(1)**:*1-32*.

Caltrans (*2006*) *Seismic Design Criteria*, version 1.4. California Department of Transportation, Sacramento, CA.

CEN (Comité Européen de Normalisation) (2003) EN 1997-1:2003:Eurocode 7—Geotechnical design—Part 1:General rules. CEN, Brussels.

CEN (2004a) EN 1998-1: 2004: Eurocode 8—Design of structures for earthquake resistance—Part 1:General rules, seismic actions and rules for buildings. CEN, Brussels.

CEN (2004b) EN 1998-5:2004: Eurocode 8—Design of structures for earthquake resistance—Part 5: Foundations, retaining structures, geotechnical aspects. CEN, Brussels.

CEN (2005) EN 1998-2:2005 Eurocode 8—Design of structures for earthquake resistance—Part 2:Bridges. CEN, Brussels.

CEN (2007) EN 1997-2:2007: Eurocode 7—Geotechnical design—Part 2: Ground investigation and testing. CEN, Brussels.

Elnashai AS and Papazoglou AJ (1997) Procedure and spectra for analysis of RC structures subjected to strong vertical earthquake loads. *Journal of Earthquake Engineering* **1(1)**:121-155.

Gasparini DA and Vanmarcke EH (1976) *Simulated Earthquake Motions Compatible with Prescribed Response Spectra*. Department of Civil Engineering, Massachusetts Institute of Technology, Cambridge, MA. Research Report R76-4.

Idriss IM and Boulanger RW (2008) *Soil Liquefaction During Earthquakes*. Earthquake Engineering Research Institute, Oakland, CA. MNO-12.

Ohta Y and Goto N (1976) Estimation of S-wave velocity in terms of characteristic indices of soil. *Butsuri-Tanko* **29(4)**:34-41.

Rey J, Faccioli E and Bommer JJ (2002) Derivation of design soil coefficients (S) and response spectral shapes for Eurocode 8 using the European Strong-Motion Database. *Journal of Seismology* **6(4)**:547-555.

Seed HB, Cetin KO, Moss RES *et al.* (2003) Recent advances in soil liquefaction engineering: a unified and consistent framework. *26th Annual ASCE LA Geotechnical Seminar*, HMS Queen Mary, Long Beach, CA, Keynote Presentation.

Sextos AG and Kappos AJ (2009) Evaluation of seismic response of bridges under asynchronous excitation and comparison with Eurocode 8-2 provisions. *Bulletin of Earthquake Engineering* **7**:519-545.

Sextos AG, Kappos AJ and Kolias B (2006) Computing a 'reasonable' spatially variable earthquake input for extended bridge structures. *First European Conference on Earthquake Engineering and Seismology*, Geneva, paper 1601.

Sommerville PG, Smith NF, Graves RW and Abrahamson NA (1997) Modification of empirical strong ground motion attenuation relations to include the amplitude and duration effects of rupture directivity. *Seismological Research Letters* **68**:199-222.

Tokimatsu K and Seed HB (1987) Evaluation of settlements in sand due to earthquake shaking. *Journal of Geotechnical Engineering of the ASCE* **113(8)**:861-878.

Youd TL, Hansen CM and Bartlett SF (2002) Revised multilinear regression equations for prediction of lateral spread displacement. *Journal of the Geotechnical and Geoenvironmental Engineering* **128(12)**:1007-1017.

4　桥梁抗震概念设计

4.1　引言

在概念设计阶段,需要确定结构的总体布置、各部分的材料以及相应的施工技术和流程。概念设计应先初步拟定所有构件的尺寸,以便下一阶段进行各种设计作用(包括地震荷载)下的结构内力和变形等作用效应分析,并进一步根据计算结果进行具体的构造设计(验证构件尺寸、钢筋等)、准备材料规格说明、施工图及其他设计必需的材料。

概念设计对结构的经济性、安全性及适用性至关重要,进行概念设计除了应具有一定的专业技能外,还需判断力、经验和一定的直觉。虽然概念设计难以言传身教,但还是有一些文献资料(如 *fib*,2009,2012)可为概念设计提供指导,在桥梁总体设计方面可参考 *fib*(2000)及(2004),桥梁抗震方面可参考 Priestteg 等(1996)的成果和 *fib*(2007)。

条款2.4(1)~2.4(3)[2]

桥梁的概念设计主要由上部结构所控制,而上部结构的设计又受其用途、施工技术(表4.1)、美观、场地地形及造价等因素所制约。其中,后三项因素还会对下部结构的概念设计产生影响。结构自重与施工技术控制上部结构设计,分孔布跨决定了桥墩的数量和位置。在地震区,桥墩与上-下部结构的连接一般都是由地震作用所控制的,但上部结构有时也需考虑地震作用的影响,如上部结构的连续性及其与桥台和桥墩的连接。除了对地震作用的考量以外,减少上部结构恒载也是非地震作用下桥梁概念设计最主要的目标之一,因为上部结构恒载通常是上部结构、桥墩以及基础等荷载组合(持久及短暂荷载组合)作用的主要贡献者。上部结构的恒载可以首先通过结构材料及断面选型来总体控制,进一步缩减结构尺寸还可以通过选用高强材料或施加体外预应力(如果可行)等方式。当然,虽然桥梁的抗震概念设计更多的是关注桥墩及上、下部结构,但降低上部结构的自重仍是桥梁抗震概念设计的首选,因为地震力与位移需求都是随上部结构质量的增加而增加的(大致与上部结构质量的平方根成正比)。

正如本指南2.3.1所指出的,桥梁抗震概念设计首先要明确如何协调上部结构与地面间的相对位移。其中对4种体系进行了重点阐述,具体如下:

(1)通过支座(或类似的装置)将上部结构支承在桥台和桥墩之上,使其能自由滑动或在水平方向上有很大的柔度。

不同架设技术下桥梁上部结构的跨径范围、架设速度、桥跨间及其与墩柱间的连续性　　表4.1

上部结构架设	跨径范围[m]	架设速度[m/周]	全桥连续性	桥面桥墩整体性
预制梁	10~50	25~100[a]	一般满不足	一般不满足
满堂支架施工	5~50	5-10	一般可满足	满足/不满足
移动模架逐跨施工	30~60	10-50	满足	满足/不满足
自由/平衡悬臂				
现场浇筑梁段	60~300	6-15	满足	一般可满足
预制梁段	40~160	20-60[a]		
顶推施工				
没有临时支撑	30~70	10-30	满足	一般不满足
有临时支撑	70~120	10-30		
注：[a]速度取决于预制厂的产能				

(2)将上部结构与至少一个桥墩(不是桥台)固定,并使固定墩可以通过塑性铰的转动来适应上部结构的水平地震位移。

(3)允许基础滑动,或允许桩基发生非弹性变形。

(4)将上部结构和桥台固结成整体,使桥梁在场地运动中仅有发生较小的自身相对变形,以达到将桥梁与场地锁定的效果。

上述第(3)项并非 Eurocode 8 第 2 部分的主要内容,也不在本设计指南的详述之列。第(4)项也是非常特殊的情形,仅适用于不超过 3 跨的小桥——通常仅为 1 跨,将在本指南中的 4.5.5.4 及 6.11.3 予以介绍。(1)、(2)项是主要内容:第(1)种体系是将上部结构与地震动有效地隔离,在 Eurocode 8 中定义为隔震体系;第(2)种体系则是依赖墩柱的延性和耗能,本章及其余的大部分章节都主要关注这两种体系。

概念设计中影响桥梁地震响应与抗震设计的关键构造特性为:

(1)(对多跨桥梁而言)上部结构的连续性;

(2)(对混凝土梁桥梁而言)上部结构是否与桥墩固结。

在一定程度上,这些特征与主梁的架设方法有关(见表 4.1)。在主梁连续的墩位处发生地震落梁的概率很低,甚至是不可能的。即便从支座上滑落也不太会导致非常严重的后果,同时也容易复位。落梁震害可以通过将上部结构与桥墩固结成整体的方式而彻底地避免,但这会显著影响结构的地震响应,此时,结构的抗震性能主要受桥墩的非弹性变形性能控制,相应的抗震设计也主要是桥墩的延性设计。此外,上部结构与桥墩固结还会影响桥梁在非地震作用下的性能,这种影响可能是有利的(如铁路桥梁在活载制动力及离心力作用下的受力性能),也可能是不利的(如将长梁固结于刚性墩之上,其温度或收缩变形会受到桥墩约束的影响,甚至在某些情况下是完全不可行的)。

4.2 桥梁抗震概念设计的原则

4.2.1 上部结构的连续性

条款2.4(4),2.4(9),2.4(10)[2]

桥梁抗震设计最重要的目标就是在可预计的最大地震作用下,上部结构可以保持有效的支承。对于多跨桥梁,抗震设计需要面对的一项重要风险就是上部结构在某个墩位处脱座而导致局部失去支承。避免多跨桥梁从桥墩上落梁的最好的途径就是将上部结构做成连续结构,从一端桥台连续到另一端桥台。但非常长的桥(几百米甚至上千米)因为需要设置中间伸缩缝,并不适合采用这种方式。考虑到在强震下相邻的墩位处可能会出现显著的不同步运动(特别是桥梁跨越潜在活跃构造断层或不均匀土体时),设置这样的伸缩缝非常重要。中间伸缩缝可以采用设置在跨内、具有足够支承长度的格柏型铰,更普遍的则是布置在相邻联的过渡墩处,此时伸缩缝需要有足够的空间以避免相邻梁的撞击,同时具有足够的支承长度以免落梁(见6.8.1.3)。

除了会增加落梁的风险,中间伸缩缝还会增加桥梁地震响应的不确定性,因为伸缩缝处的梁间(在美国的说法为桥梁的"分联"间)可能会出现由不同相位的振动而导致碰撞。伸缩缝的张开和闭合是一个非线性行为,要捕捉此效应需要进行非线性分析(通常是时域的)。为了考虑这些效应而又不采用非线性时程分析,Caltrans抗震设计规范(Caltrans,2006)要求除了每联桥梁采用单独的模型分析以外,还要通过两个整体模型来近似考虑相邻联的相互作用:

- 考虑所有伸缩缝都闭合的"受压"模型;
- 考虑伸缩缝张开仅通过拉索限位器顺桥向相连的"受拉"模型。

对于设有多个中间伸缩缝的桥梁,Caltrans(2006)要求采用若干个弹性多联模型进行分析,每个模型包含不超过5个计算联外加两端各一个边界联或桥台;边界联外的其余联以无质量弹簧代替,边界联的计算结果也不作为参考依据;相邻的模型除了边界联外至少还要有一联相互重叠。这一系列复杂计算分析的目的是为了更好地把握不同联间的异相运动,并获取各联的主振型及周期,而无需建立一个从一端桥台到另一端桥台的包含大量节点的整体模型。尽管这个过程非常复杂,但仍可能遗漏系统响应的某些重要特征,原因如下:

- 相邻联间的碰撞及连接相邻联的拉索限位器都是单向非线性行为,不能完全通过线性模型来估计;
- 如果桥梁非常长,即便上部结构设置了多道中间伸缩缝,地震动的空间分布也可能因非常显著而不能忽略。

Eurocode 8的第2部分没有要求上述这样复杂的计算分析,在此引述Caltrans(2006)的条款仅是为了强调设有中间伸缩缝会导致桥梁地震响应的不确定性以及所需的复杂分析。降低结构地震响应的不确定性是概念设计的重要目标,因此应尽可能地避免采用中间伸缩缝。

预制梁组成的上部结构,无论是混凝土梁、钢梁或钢 - 混凝土组合梁,一般都是简支的。虽然可以通过现浇接头转换为连续结构,但并不多见,更常见的是采用现浇桥面连续(见 5.5.1.4),如图 4.1 所示。连续桥面应有足够的面外柔度来适应活载、徐变(及其引起的弯矩重分配)及墩顶转动等引起的梁端转动。这一构造提供了铺装的连续性,提升了驾驶及行人的通行舒适性。道路接缝增加了维护工作量,但同时也形成了上部结构地震位移的连续性,避免了相邻跨的碰撞震害。此外,它还可以作为一种跨间牺牲连接构造以防止脱座后的落梁。著名的 2.3km 长的 Bolu 双线高架桥尽管在 1999 年土耳其 Duzce 地震中发生预制梁脱座,但由于桥面连续构造避免了落梁及由此引发的连续倒塌(图 4.2)。Eurocode 8 的第 2 部分(CEN,2005)对上述连续板构造及建模给出了专门的参考依据。 *条款2.3.2.2(4),4.1.3(3)[2]*

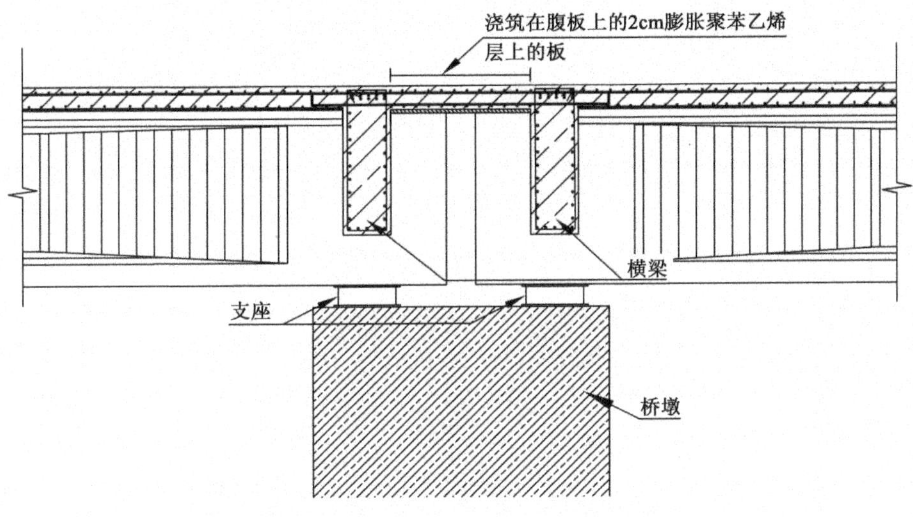

图 4.1 简支在桥墩上的预制梁间通过连续顶板相连

多片预制梁通常支撑于横向阶梯式的桥墩、盖梁或类似的混凝土基座上,以便形成桥面横坡,而无需将预制梁做成不同的高度。相反,顺桥向若是为了适应相邻简支梁的梁高差异而设置类似的台阶则并不合适,因为在顺桥向地震作用下,较高的梁会撞击这个台阶。相反应该将梁高较低的主梁在近支座处增加梁高使之与较高的梁同高,以便两者可以支承在同一个平面上。

4.2.2 不同墩高的地震需求统一性

4.2.2.1 简介

出于美学的考量,一座桥的桥墩或墩柱通常具有相同的截面尺寸。若一座桥有多个桥墩与上部结构固结或固定,如 2.3.1 和 4.1 中第(2)项。墩高的差异会导致顺桥向或横桥向桥墩的柔度差,因为柔度近似与墩高的 3 次方成正比,这就会对桥梁的顺桥向或横桥向的地震响应产生一定的影响,因此,一些不利的影响应在概念设计阶段予以避免。 *条款2.4(4),2.4(6),2.4(7)[2]*

a)预制梁支座移位

b)连续桥面板的悬吊作用避免了落梁

图 4.2 1999 年土耳其 Duzce 地震后的 Bolu 高架桥

4.2.2.2 不同墩高桥梁的顺桥向地震响应概念设计

近似为直线布置的上部结构(只要轴线的切线转角不超过 60°),其顺桥向惯性力基本上是共线的。由于上部结构的轴向刚度很大,无论惯性力源自何处,基本上都是由各桥墩按顺向刚度进行分配。若所有的墩柱具有相同的截面尺寸,较矮的墩柱将承担更大的顺桥向地震剪力和更高的地震弯矩(大致与墩高的平方成反比),进而比其他墩柱需要更多的主钢筋,而这又会进一步增加桥墩的刚度(查阅 5.8.1),并可能导致恶性循环。另外,相比其他桥墩,矮墩也会更早地发生屈服,进入延性,甚至先失效。由于矮墩通常位于长桥的两端,如果将上部结构与其刚性连接,则还会限制上部结构的温度、徐变及收缩变形,进而导致在上部结构中产生较大的拉力,同时也在桥墩中产生顺桥向的剪力。下面提出减轻桥墩顺桥向地震需求不均匀分配的改善措施,对降低顺桥向约束及其地震效应十分有效。

概念设计针对不同墩高的问题提供了多种解决方法:

■ 若墩高高差较小,可将矮墩的净高增加至与其他桥墩基本相同。增加的墩高可置于一个开口的竖井中(最好是有内衬的)。桥墩的基础应易于到达并高于地下水位,以便于检查和损伤修复,如图 4.3 示例。

■ 若墩高差别非常大,可将上部结构与少数几个墩高基本一致的桥墩——往往是最高的几个桥墩进行固结或通过固定支座固定,其余桥墩则可采用纵向柔性支座(橡胶支座或滑动支座)。由于最高的桥墩通常位于跨中部位,这一选择有助于释放上部结构的纵向温度及收缩应力，如图 4.4 所示。这座桥的上部结构从一端桥台连续至另一端，东行车道桥幅总长 848m，西行车道桥幅总长 638m，两幅桥曲率半径均为 450m，中跨跨径约为 55m，边跨跨径约为 44m，采用移动支架逐跨现浇施工法，每幅桥的上部结构与中跨最高的 5 个桥墩固结，其他桥墩和桥台则沿切线方向滑动（见图 4.5）。

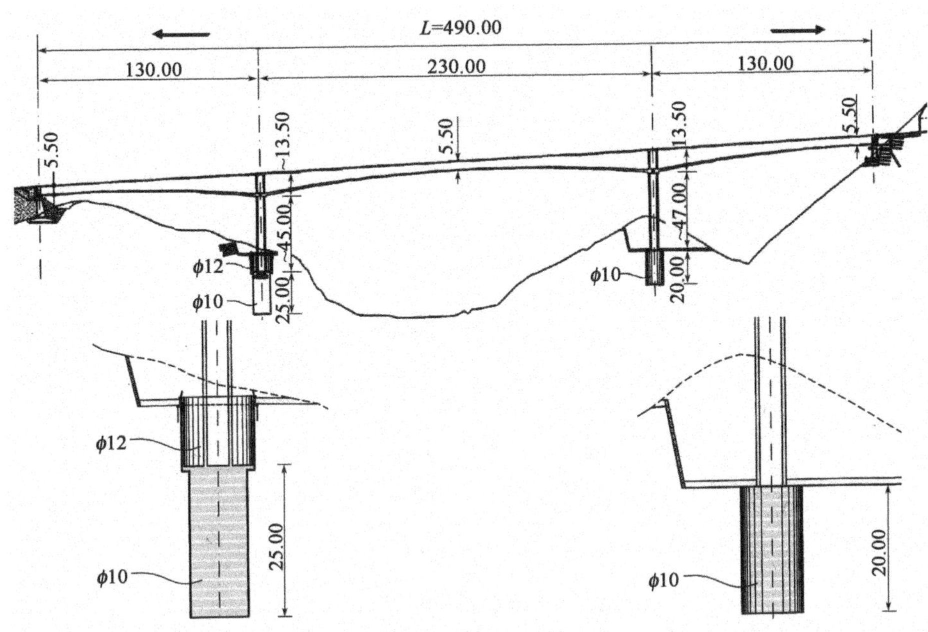

图 4.3　弗通诺斯桥（希腊）为保持桥墩高度相同将较矮的桥墩建造于竖井中［由 Stathopoulos 等提供(2004)］（尺寸单位：m）

■ 将高墩设计为上部抗推刚度远小于其下部，矮墩则可与高墩的上部截面基本一致，，如此则即使墩高不同，桥墩的顺桥向刚度可以相对较为均匀。一种常用的做法即在桥墩的上部采用双薄壁墩结构，下部采用刚性较大的箱形截面（适用于墩高差异较大时），如图 4.6 所示。图 4.7 为一个实桥案例，采用平衡悬臂浇筑施工（双薄壁墩对悬臂浇筑施工具有优势）。受桥墩的双薄壁墩部分与箱形部分相对长度的影响，塑性铰可能出现在桥墩的底部，或双薄壁墩的底部，或两部分都有。这些可能性应在桥墩的能力设计中应当考虑，所有这些潜在塑性铰区域（包括双薄壁墩的立柱）都应该进行延性设计。

■ 若采用橡胶支座，不同高度的桥墩刚度可以通过调整支座橡胶的总厚度 t 来调节（图 4.8）。支座刚度 $K_b = GA/t$ 可以平衡立柱刚度 K_p 的差异，从而使得按式(D2.10)计算的各桥墩组合刚度值大致相同［4.3.3.5 第(2)点］。这主要是因为橡胶支座的高柔度会控制体系的水平刚度（详见本指南 2.3.2.5）。

■ 若墩柱是空心截面，则可通过调整壁厚来平衡桥墩高度引起的刚度差，使各桥墩的剪力大致相当或最大弯矩大致相同。然而，由于桥墩刚度对空心截面的壁厚变化并不敏感，只有当墩高差别不大时才适用。

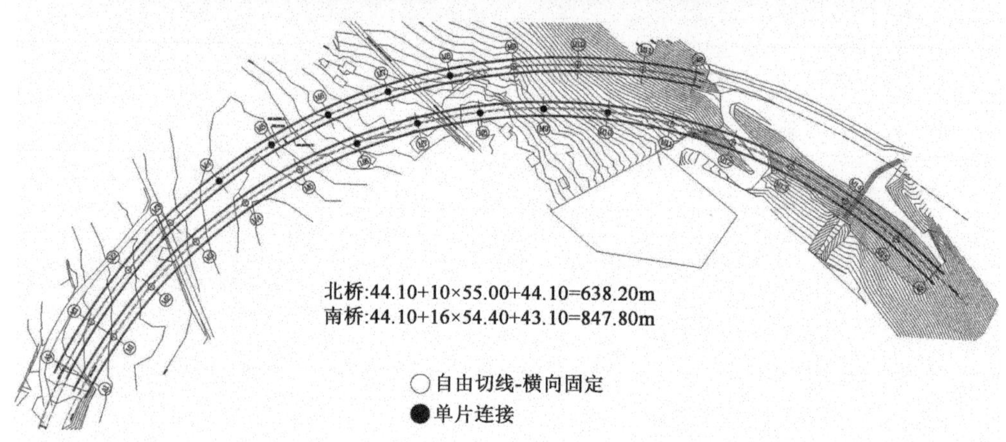

图 4.4 克里斯托罗佩吉(krystalopighi)桥(希腊),上部结构与 5 个中墩固结并在两侧一边 3 个、一边 5 个端部桥墩上沿切线方向释放约束

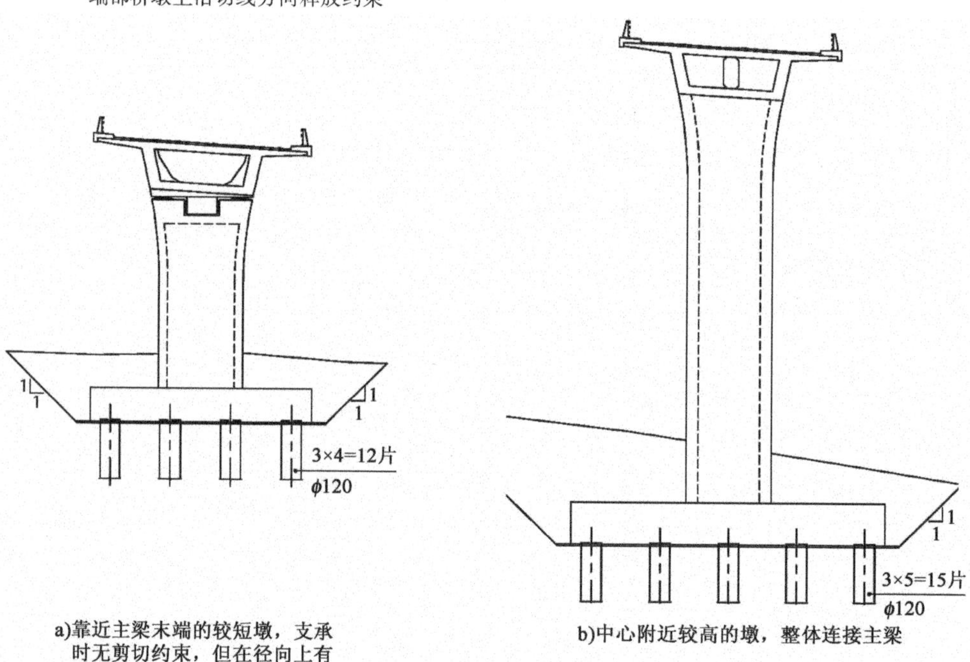

图 4.5 图 4.4 所示的桥墩

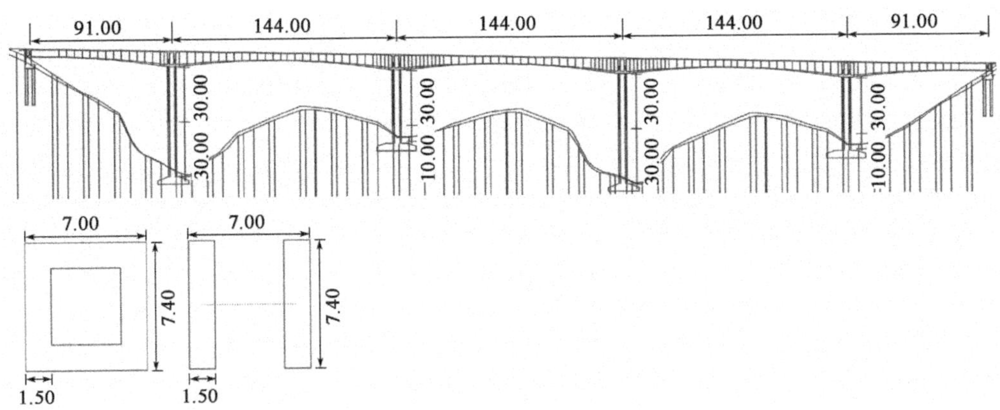

图 4.6 上段 30m 采用双薄壁墩断面、下段采用箱形断面的不等高桥墩的桥梁示意图[巴达克斯(Bardakis),2007](尺寸单位:m)

图 4.7 上段双薄壁墩施工中的阿拉索斯(Arachthos)桥(希腊),上段双薄壁墩可以降低桥墩刚度并使得各墩刚度均匀(图 4.8 是该桥外侧最矮的桥墩)

图 4.8 阿拉索斯桥(希腊)的上部结构通过 4 个橡胶支座临时与其最矮的桥墩系紧以保证自由悬臂施工过程中的稳定性(这座桥的总体说明详见图 4.7)

4.2.2.3 具有不同墩高桥梁的横向地震响应

上部结构的横向惯性力是沿全长分布的,在桥墩中产生的作用效应不仅取决于桥墩的横向相对刚度,也取决于各桥墩两侧的梁长及梁的平面内抗弯刚度。梁的平面内抗弯刚度通常都很大,但其对横桥向地震响应的影响不及梁的轴向刚度对顺桥向地震响应的主导作用。因此,除了下面列举的个别情况外,上部结构与所有桥墩横向固定连接的长桥在各桥墩中产生相对均匀的地震需求是可行的,甚至是较为理想的。其他情况及相应的概念设计建议如下:

■ 横桥向柔性墩、刚性桥台的短桥(例如3~5跨的跨线桥),若想依靠桥墩的延性抵抗地震作用(非整体式桥),上部结构应在桥台处释放横向约束。

■ 桥台及邻近的桥墩的横向刚度比其他桥墩大很多的长桥,若上部结构与这些刚性的支承固定会导致各支承间的横向剪力分配极为不利,如图4.9所示,则桥台处或邻近桥墩上的横桥向连接应具有适当的柔度。

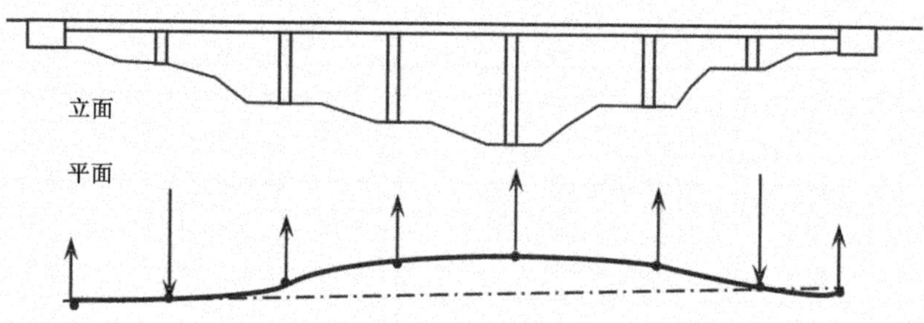

图4.9 端部桥墩及桥台(上图)横向刚度很大时桥梁各支点的地震剪力不均匀分布(下图)

■ 若存在一个或多个为考虑施工而设置的辅助墩,图4.10所示即为一个边跨跨径(左侧)大于中跨跨径的平衡悬臂梁的案例,为考虑平衡施工在左边跨增设了一个矮辅助墩,矮墩顶采用水平双向滑动以避免横向固定约束引起的不利影响。

图4.10 利用梅瑟夫尼(Mesovouni)桥(希腊)的第二矮墩进行较长跨桥的施工

4.3 上部结构和桥墩间连接方式的选用

4.3.1 引言:施工技术的影响

最基本的选择在于上部结构与桥墩的连接方式,上部结构可以和桥墩固结,也可以通过固定支座(铰支座)或活动支座(滑动支座或橡胶支座)甚至特殊隔震装置与桥墩相连。

此处所述的桥均为混凝土桥墩,上部结构为可与桥墩固结的混凝土结构。若上部结构为钢结构或组合结构(钢－混凝土),则其只能通过支座支承于桥墩之上。

混凝土梁的施工方法会影响桥墩与梁之间的连接形式选择,即固结还是通过支座连接。如表4.1所示,预制梁通常支承于支座上(除非它们与桥墩顶部通过现浇接头连为整体);从桥台开始逐跨顶推施工的上部结构在顶推过程中也借助墩顶设置的临时滑块作为支承,顶推完成后,上部结构被顶起以便将滑块更换为永久支座,这种情况下一般也不会考虑固结约束;通过支承于桥墩上并在其上运行的移动桥架逐跨现浇的梁(如图4.4右上方所示)可以选择梁墩固结或支承于任何类型的支座上;悬臂浇筑的混凝土梁往往与桥墩固结,以保持其在施工过程中的稳定性,但有些情况下,需要在成桥后改为活动连接(允许纵向位移与竖平面内的转动),尤其是考虑隔震需要时,则在架梁期间将上部结构通过支座(一般为临时的)支承于桥墩上,并将墩顶的梁节段与墩顶临时拉结(如图4.8所示);或者采用支座支撑主梁,并利用前一孔已完成的梁段进行悬臂拼装,或通过临时施工塔架进行悬拼。

4.3.2 固结连接

墩梁间最简单、最经济的连接方式就是固结连接。从美学的角度看,无论上部结构是实心板或空心板,是一整片大箱梁还是多片小箱梁,抑或是多片T梁,最佳的方式是在梁高范围内将墩柱直接与横梁相连。与桥墩固结连接的混凝土梁在日本和美国的震区很常见,但在欧洲却不多见。这种连接形式除了在施工方面的便利性以外,还具有下优势:

(1)无论用在何处,墩梁固结的连接形式都是最便宜、最便捷的,因为它省去了特殊装置(支座或隔震装置)及其检测、养护及更换的成本。相比于固定支座,它是一种较优的连接方式。

(2)是避免脱座、落梁或上部结构出现较大的残余位移的最好方式,因为这些残余位移会影响桥梁的正常运营,且复位也不简单。

(3)有助于延性设计:墩底和墩顶都能发挥耗能和延性的作用(横桥向地震作用下的独柱墩除外)。

(4)可以减小高墩的柔度及二阶效应(上部结构在桥台处没有横向约束的独柱墩在横桥向的工况除外)。

墩梁固结也有一些严重的缺点:

(a)对于两跨以上的桥梁,会限制梁在温度作用及混凝土收缩作用下的纵向变形,进而在主梁中产生显著的轴向拉力,同时墩、梁中也会产生很大的弯矩及剪力,且梁越长,产生的应力越大。在4.2.2.2中已讨论了减轻这个问题的途径。

(b)无法在上、下部结构间实施隔震、耗能措施。

(c)在墩梁固结节点处,地震作用引起的剪应力很大,为满足桥墩竖向钢筋及主梁纵向钢筋穿过或在节点区截断时的锚固要求,节点的构造细节设计并非易事。

4.3.3　支座连接

4.3.3.1　支座的类型与功能

将上部结构搁置在支座上的做法在欧洲国家和日本都很常见,但在美国的震区却很少见。

所有类型的支座都有一个共同的功能:转动能力。将传递的竖向力集中在承压面上,并在此范围内基本均匀分布,这实际上是通过释放转动而实现的。为了达到这个目的,法向力要么通过两个同心的、相互滑动的钢球面来传递(球形支座),要么通过转动刚度足够小的弹性材料来传递。这种材料要么是被横向约束的整体橡胶(例如盆式支座),要么是没有横向约束的分层橡胶(橡胶支座的转动刚度并不小,但在实际应用中却低到是可以接受的)。

根据功能不同,常用的支座类型有以下几种:

(1)"固定"支座,端承压板不允许出现相对位移的球形支座或盆式支座。盆式支座在欧洲很常见,在日本也有少量应用,但在美国却很少见;球形支座更少见。

(2)各向滑动支座,允许承压面内(滑动面内)任意方向的自由移动。活动支座在欧洲国家和日本很常见,在美国却很少用。这种支座包含两块钢板,一块不锈钢板(滑动板)可以在另一块(固定板)上滑动;固定板锚固在混凝土上,其平面尺寸比滑动板大,以适应它们之间的位移。滑动界面材料通常选用注硅油的聚四氟乙烯,以便降低摩擦力。这种支座不具备转动能力。滑动兼转动能力可以通过在球形支座或盆式支座中增设一个滑动板来实现,或在橡胶支座的顶面设置滑动板来实现(如下所述)。

(3)单向滑动支座,通过在支座的滑动板上设置导向剪力键来实现。由于导向接触面压力很高,往往由奥式不锈钢和硬性复合材料制成。

(4)分层橡胶支座,由于其抗剪刚度 $K_b = GA/t_q$ 低(A 表示支座的水平截面面积,t_q 和 G 分别为橡胶的总厚度及剪切模量),在分层平面内的位移作用下呈现出弹性的剪切变形,这是国内外最常规的支座类型(高阻尼橡胶 - HDR - 在日本很常用,以增强其耗能性能)。上部结构侧向约束刚度受橡胶支座的低剪切刚度控制[本指南2.3.1及4.1的第(1)项],桥梁的基本周期会延长,进而其地震力需求会降低，这就是隔震最简单的方式，该方式在 Eurocode 8 的第 2 部分中也被认可。

(5)剪力键。剪力键或剪力销的装置在欧洲很常见。它们可以限制单向或双向相对位移并传递剪力，导向面所用的材料同上述支座类型(3)。由于这些装置不能传递法向力，并不是严格意义上的支座。由于它们提供了固定支座除竖向承载以外的功能，因此也存在与固定支座同样的问题和局限性，这将在 4.3.3.4 中介绍。剪力键应允许在各种荷载及附加位移作用下沿两个水平轴及竖向轴的自由转动，特别是沿竖向轴的转动。曲线长桥采用不同施工阶段设置不同固定点的逐跨后张法施工时，这种沿竖向轴的转动很难预测。

以上支座中，相同承载力条件下橡胶支座最便宜，非固定的橡胶支座又比固定型便宜很多，多向滑动支座的经济性次之，包含橡胶构件以释放转动约束的支座也不太贵。单向或双向固定支座的造价随其抗剪能力的增加而增加，球形支座比盆式支座贵得多，但其具有更大转动能力的同时转动阻力小得多。

4.3.3.2 支座的特殊抗震设计与限制因素

这里所强调的设计问题和限制因素主要是从抗震需求的角度出发的，设计地震作用越高，这些需求和限制就越突出。

4.3.3.2.1 上部结构的固定

除非设置了固定支座(或等效的装置)，否则在被支承构件及支承构件间应设置足够的搭接长度。Eurocode 8 中第 2 部分对最小搭接长度的要求见本设计指南 6.8.1。抗震构造措施(例如通过混凝土剪力键)没有额外的设计要求，固定支座或等效装置应能承受设计地震作用效应[见本指南 6.3.2 中的情形(b)]。只有当抗震构造措施满足能力保护设计要求时，固定支座可直接采用抗震分析的作用效应进行设计。

4.3.3.2.2 水平力的锚固

支座的竖向力向混凝土的传递应遵循 Eurocode 2 的相关规定，一般由支座生产商在支座的通用设计中予以考虑。在相对位移受约束的水平向，应确保固定支座或等效装置及固定橡胶支座的设计剪力能安全地从支座传递至桥墩混凝土中。一般采用锚固螺栓，并由支座生产商设计。但将沿锚固螺栓法线方向的集中剪力传递至墩柱混凝土中并非易事，其复杂性在许多相关标准和指南中都有所述及(例如 CEN，2008；*fib*，2011)。这种传力是通过销栓作用和锚固螺栓的紧固作用来实现的，主要取决于锚固螺栓周围混凝土的抗力作用。常规的支座设计并不能涵盖所有的可能性，只能具体情况具体分析。

需要传递的剪力越大，锚固设计越困难。高剪力情况很常见，不仅是因为能力保护设计，同时也因为每个桥墩一般都只在其中部设置一个横向固定支座，以避免多个固定支座横向反力分配不确定及对梁变形的限制问题。相反，竖向力通常要设置 2 个或更多的支座来传递；例如，梁截面的每道腹板下方设置一个支座，尤其是最外侧的腹板下设置的支座可以减小梁的扭矩产生的竖向反力。因此，在多数情况下要通过特殊的剪力键装置将横向水平力与竖向力相分离，见 4.3.3.1

的第(5)点。如此则锚固点的水平地震剪力可以很容易达到相应竖向力的50%以上。若这种传力方式不可行，则还可采用设置侧向支座的方式来传递横向水平力，如图4.5a)所示。当然，这个解决方案也非万全之策，因为它需要考虑老化、损坏、污染等因素导致的部件更换问题。

4.3.3.2.3　脱空

为避免上部结构在同一支承位置(桥墩或桥台上)的全部支座都发生脱空，常采用特殊的压紧装置，尤其是当抗震设计中并没有考虑足够的安全余量以抵抗上述风险时。并不要求同一支承部位的每个支座都满足 Eurocode 8 第 2 部分的相关要求，但在基于设防地震作用下的分析中，每个支座都应该避免发生脱空。

4.3.3.2.4　检测、养护及更换

所有支座都应该满足震后及正常运营状况下的检测、养护及部分或全部更换(如果有必要)的需要。为此，在支座周围应留出足够的工作空间，包括预留布置千斤顶、支柱或其他临时支承和加强装置的空间。支座本身的永久部件及可更换部件之间也应有合适的拆装连接构造。

4.3.3.3　支座支承的优缺点

撇开施工技术不谈，采用支座支承上部结构既有优点也有缺点。不同的支座类型优缺点也不一样。所有支座类型都具有的优点包括：

(1)在某些情形下，施工较采用固结连接时更简便。

(2)相比墩梁固结接头在接头附近的梁体会产生较大的地震应力，采用支座支承则梁体地震应力会显著减小，其中纵向地震作用下的梁体应力基本可完全消除。

(3)独柱墩可在顺桥向及横桥向有相似的受力性能；若这两个方向的加速度反应谱接近，则桥墩的地震弯矩及剪力也相近，这将有利于桥墩设计。

也存在共性的缺点：

(a)支座需要检测、养护及不定期更换。

(b)若桥墩为盖梁(在美国称为“bent cap”)排架墩，立柱的抗震能力不能得到最优的发挥，因为纵向相当于悬臂墩，横向则近似墩顶与盖梁固结。

进一步的优缺点与支座类型有关，如下所述。

4.3.3.4　固定支座

固定支座的优势与固结连接相类似：

(1)当它们用于若干个桥墩上且在地震过程中没有失效时，可以避免脱座及落梁，也不会产生大的残余位移，有利于桥梁运营功能的恢复。然而，在某些情况下它们并没有固结那样更为可靠。

(2)除了墩梁固结外唯一可以让桥墩延性及耗能能力得以充分发挥，当然，延性及耗能能力只发生在相应桥墩的底部。

它们也有与固结连接一样的缺点，如以下(a)、(b)所示：

(a)由于顺桥向梁体温度变形及混凝土收缩变形被约束，导致梁中轴力和桥墩中的弯矩及剪力都会显著增大,但一般没有墩梁固结连接时突出,可按4.2.2.2中的第2点和第3点所建议的方法予以缓解。由于上部结构在竖向平面内相对桥墩的转动是自由的,这就使得梁内由于预应力及梯度温差产生的弯矩比墩梁固结的情况要小。

(b)与固结连接相同,采用固定支座就无法考虑隔震措施。

此外,还有:

(c)固定支座一般需要更多的检测和养护,造价也要较其他类型支座(除了一些特殊的隔震装置)要高。

单向活动支座可在横桥向提供上述(1)和(2)的优点,同时在顺桥向避免相应的缺点。

4.3.3.5 橡胶支座

分层橡胶支座有以下特殊优势:

(1)由于其水平向刚度很低,$K_b = GA/t_q$不会对梁体温度作用、混凝土收缩或徐变(对预应力混凝土梁)引起的纵向变形产生阻碍。然而,在长连续梁的端部,需要较大的支座厚度以适应梁的纵向位移[详见下述缺点(c)]。为了克服这一缺点,可以在梁端使用滑动支座(甚至可采用设有滑动顶板的橡胶支座),而在梁的中部设置橡胶支座。

(2)提供了一种调节不等高墩刚度的简便方法,即通过控制橡胶的总厚t来控制支座刚度$K_b = GA/t_q$,补偿桥墩刚度K_p的差异,最终使各桥墩的组合刚度大致相同[如式(D2.10)所列]。

(3)除非失效[详见下述缺点(f)],否则基本保持弹性受力状态;震后能自复位,残余位移很小。

(4)价格低廉且容易更换。

(5)可以轻易形成隔震作用(Eurocode 8第2部分也有述及):由于橡胶支座的水平刚度低,桥梁的基本周期被延长,进而可降低其地震力需求。实际上,橡胶支座可以被认为是最简单、经济的隔震措施。对于非高阻尼橡胶支座,若因为缺乏阻尼效应而导致地震位移增大,可设置附加的(黏滞)阻尼器,这样的组合可以和专用的隔震兼装置相媲美。

(6)滑板支座的摩阻特性受加载速率、竖向压力及滑动界面条件的影响很大,但橡胶支座的水平刚度取决于期几何形状及材料特性,因此,计算分析得到的地震作用效应结果也更可信。

橡胶支座的部分缺点[尤其是以下所列的(a)和(e)]和固结连接或固定支座的优点相反:

(a)和桥墩相比,橡胶支座的柔度要大得多,支座的变形可以满足绝大部分的地震位移需求,桥墩无法充分发挥其延性及耗散能力,因此相应的桥梁一般表现为有限延性($q = 1.5$),抗震设计应按本设计指南第7章的隔震设计要求进行,但这并不意味着其设计是不经济的。

(b)不适合在软土地基上使用,因为场地效应会使地震动富含低频成分,可能导致桥墩倾斜或非同步运动进而导致落梁。

(c)为适应长连续梁的纵向变形,梁端的橡胶支座需要很大的厚度。如上述优点(1)所提及的,这一缺点可通过在中部采用橡胶支座、端部采用滑动支座来改善。

(d)当桥墩很高,即使将墩梁刚性连接,结构的基本周期也很长,此时使用橡胶支座并不合适,也不必要。

(e)不能防止落梁(即这种支承被认为是可移动的)。为避免这种情况的发生,Eurocode 8 的第 2 部分对最小搭接长度提出了与本设计指南 6.8.1 相同的要求。

(f)如果超出了它们的变形能力(通常表现为橡胶与钢板接触面的脱黏,极少情况下会出现倾覆),上部结构会发生较大的水平向残余位移且难以复位,进而影响桥梁恢复正常运营。

(g)易于老化,且在地震过程中的受力性能会受到加载历史的影响。

(h)竖向受拉时会被撕裂。为避免这一情况,Eurocode 8 的第 2 部分包含了压紧装置的相关要求。

4.3.3.6 滑动支座

具有水平滑动面的支座,除了在 4.3.3.3 中所述的一般优点之外,还有一个特别的优点:

(1)在低速情况下的摩擦系数很低,因此在温度、混凝土收缩或徐变作用(对预应力混凝土梁而言)下梁的纵向变形阻碍很小。

然而,滑动支座也有一些严重的缺点,除了和 4.3.3.5 所列橡胶支座的缺点(a)、(b)、(d)及(e)以外,还包括:

(a)不具备弹性恢复性能,本质上会导致显著的且无法预测的残余滑移(若不与其他具备位移恢复能力的弹性装置联合使用)。如 4.3.3.5 所指出的优点(1)及缺点(c),滑动支座可与橡胶支座联合使用,当后者用于一座长连续梁桥的中部且滑动支座用于其端部时,滑动支座的这一优点就能得以发挥。

(b)比橡胶支座贵。

条款7.5.2.3.5(3)[2]

(c)动摩阻系数具有很强的不确定性且非常依赖于加载速率、正压力(当正压力低时摩阻系数增加迅速)、滑动界面情况等因素。若摩阻系数过大,则会在桥墩中引起较大的地震剪力,若摩阻系数很低,由于很难给出可靠的摩阻力下限值,因此基于滑动支座摩阻力下限值得出的设计结果(抗震或非抗震)并不可靠。同理,滑动支座也不是地震能量耗散的可靠方式[见 Eurocode 8 第 2 部分*条款7.5.2.3.5(3)*的注释]。

(d)除了摩阻系数的不确定性及其对很多因素敏感之外,摩擦力本质上具有很强的非线性,即便在滑动过程中摩擦力的大小保持不变,其方向也可能发生变化。因此,理论上只能采用非线性分析,可这在实际中并不可行,因为非线性分析需要一系列确定的外部水平作用力(制动力、风荷载或地震力)和变形作用(日温度变化及季节温度变化、混凝土的收缩和徐变),而考虑上述因素会出现大量的可能工况,显然无法准确预测所考虑单元的最不利情况。即便如此,仍可通过偏于安全却又切实可行的简化方法来获得较为可靠的分析结果,主要基于以下几方面考虑:

——由于滑动装置的摩阻力相对较低,因此在所考虑的工况中应明确其滑动方向以形成最不利作用效应。

——尽管摩阻系数μ_{max}的大小随接触压力σ_p[详见 CEN(2000)中表 11]的增大而减小,但摩擦剪应力$\mu_{max}\sigma_p$却持续增加。因此支座最大摩阻力总是与最大竖向力相对应。

因此,对于各工况摩阻力的大小和方向,都可以方便地以偏安全的方式进行估计。在抗震设计时,还应注意以下几点:

——根据 Eurocode 8 第 2 部分[*条款 7.2.5.4(7)*],μ_{max}的值可以采用 EN 1337-2(CEN,2000)所规定的取值。 *条款7.2.5.4(7)[2]*

——在抗震设计状况下,支座的最大法向力和相应的最大摩阻力大大低于在持久状况及短暂状况下的值,因为在前者中,永久作用 G_k及活载 Q_{ik}的分项系数和组合系数等于 1.0 或小于 1.0[分别见本指南 6.2 的式(D6.1)],而对于后者它们都明显大于 1.0。

——地震作用效应 A_{Ed}可能会改变上述情况。它们一般包括以下组成部分:

■ 地震作用效应的竖向分量;

■ 纵向地震作用效应(通常很小);

■ 由绕纵轴的倾覆力矩产生的横向地震作用效应。当考虑作用于桥墩、桥台或上部结构的全部摩阻力时,这一效应是微乎其微的;相比之下,对于单个支座而言,此效应却非常显著(大到与所有恒载效应相当的水平)。若支座为顺桥向单向支座或设置了 4.3.3.1 第(5)点所提及的导向剪力键,应当计入由于横向地震剪力作用引起的支座导向装置或剪力键中的摩阻力。对于这种情况,CEN(2000)规定了非抗震设计状况的$\mu_{max}=0.2$,此取值与接触压力无关。对于抗震设计状况μ_{max}应增加至 0.3。

4.3.3.7 隔震支座

4.3.3.5 已经指出,常规橡胶支座在 Eurocode 8 的第 2 部分中被认定属于一种隔震措施。若采用高阻尼橡胶或与附加的(黏滞)阻尼器以抵抗基本周期增长所导致的位移增加,可被认为是一种高级的隔震系统。后者结合了柔度支撑(可以增长周期,降低谱加速度进而降低设计地震力)和附加阻尼(可以降低伴随长周期的谱位移)两种隔震措施。阻尼可以由隔震支座本身(比如高阻尼橡胶支座、铅芯橡胶支座、摩擦特性经特殊设定的水平滑动或球面滑动支座等)提供,也可以由附加装置来提供,如黏滞阻尼器、软钢阻尼器或磁流变阻尼器等。

虽然隔震支座的优缺点取决于选择的隔震系统,但还是存在一些共性特点。其中,优点方面:

(1)如普通橡胶支座或滑板支座,隔震支座对温度作用或混凝土收缩(对预应力混凝土梁而言)与徐变作用引起的纵向变形约束很小。

(2)若技术性能满足要求,同时又进行了必要的设计,隔震设计可以成为最经济的抗震设计方案,特别是在高地震活动地区。

(3)减隔震支座的品质控制比常规支座更严格,具体性能参数更易于了解,便于归档。

(4)隔震体系(如果至少是按 Eurocode 8 第 2 部分要求设计的)具备自复位特性,使得上部结构在强震后也能充分地复位。

特殊隔震体系与橡胶支座或滑动支座除了具有 4.3.3.3 中所列的(a)和(b)项及 4.3.3.5 中所列(b)、(d)、(e)项的局限性外,其他局限性列举如下:

(a)需要专业的知识和经验进行设计和分析(通常为非线性时程分析),同时需要合适的分析软件。

(b)装置的费用相对较高,但若进行合适的设计并选择合适的隔震体系及装置,桥梁的总造价可能会更低。

(c)当实际位移超过装置的位移能力时,装置及桥梁整体的受力性能都有一定的不确定性。为此,Eurocode 8 的第 2 部分要求提高隔震装置位移能力的可靠性,即将计算分析得到的地震位移需求提高 1.50 倍。

4.3.3.8　小结

如 4.3.3 中一再强调并举例说明,可以在上部结构的不同部位设置不同的支座或连接,以最大限度地发挥各自优势并克服其缺点,例如在长的连续梁桥中部使用固结连接或橡胶支座,并在其端部使用滑动支座。如前所述,(某些)支座还可以在一个水平向设置为固定并在另一个水平向可活动。在所有可能的选项中,上部结构与下部结构固结成整体的做法可以被视为是一个平行系统,在这个系统中,刚度和强度较大的构件控制着桥梁的受力性能和位移。

4.4　桥墩

4.4.1　截面有效构造

4.4.1.1　实心圆柱

实心圆柱墩在世界各地都很常见。圆形截面在各个水平方向都有相同的强度和刚度。因此,圆形截面是双向悬臂受力墩柱的理想截面(例如当上部结构与桥墩通过固定支座或水平向柔性支座相支承时),或作为多柱式墩的截面与上部结构固结。此外,它比其他任何截面都更为有效地形成约束混凝土和约束纵筋屈曲效应——通过圆形箍筋或螺旋箍筋,截面上基本不需要设置与周边相垂直的十字拉结筋。

圆形箍或螺旋箍对斜截面受剪抗力的贡献仅为 π/2 = 1.57 肢，而不是 2 肢。然而这算不上是圆柱的严重缺点，因为它们通常比较细长，在抗剪方面并不重要。另外，若斜截面抗剪问题比较突出，可以增加内部矩形箍或十字拉结筋，并确保竖向钢筋贯穿全截面。这样的拉结筋对斜截面受剪抗力的贡献是全截面有效，相比之下圆形箍的贡献仅为其截面面积的 π/4 = 0.785。这比减少圆形箍或螺旋箍的间距或在两层竖向钢筋间增加第 2 道圆形箍（除了沿周边的外围箍外）更节省材料。

通常应避免采用大直径实心圆形截面（比如超过 3 ~ 4m），不仅是因为相比于空心圆形截面更不经济，同时也考虑到它们当中包含大体积无配筋的混凝土。

相比于截面边缘可以与基础的配筋网相平行的立柱，具有密集竖向配筋的圆形立柱与承台、扩大基础、梁底或盖梁的双向钢筋网相交时，钢筋更难布置。

4.4.1.2　实心方柱

简洁的矩形墩柱在日本很常见，在欧洲国家较为少用，在美国几乎看不到。相比圆形截面，大矩形截面塑性铰构造的经济性相对较差，因为它需要布置许多长的拉结筋勾住箍筋进而提高对混凝土的约束效应，并限制竖向钢筋的屈曲。这只有当截面相对较小且无需布置过长的交叉拉结筋或内部箍肢时才可实现。若已选定了一个大的方形截面（例如是出于模板便利的考虑），其竖向钢筋可以排列成一个环状并通过圆环或圆形螺旋箍进行约束。截面的 4 个角不配筋，设置倒角更合适。这个办法可以用于边长比为 1.5:1 的实心矩形截面，使用相互嵌套的圆形箍或螺旋箍，4 个角隅部位不配筋仅进行倒角。 *条款6.2.1.2，6.2.1.4(4)[2]*

4.4.1.3　墙式墩

长边方向沿横桥向布置的矩形墙式墩可以对上部结构提供近乎全宽的连续支承。因此，将它们设置在薄的混凝土板梁下时很方便。墙式墩在日本很流行，在欧洲国家应用也日益增多，但在美国应用较少。由于截面面积大、竖向应力水平低，因此立柱一般不需要约束，特别是在剪跨比大、对延性有利的弱轴方向。而且，立柱截面约束可以通过在垂直方向布置短拉筋或箍筋来提供。墙式墩在短边中部的竖向钢筋数量通常较少，通常可以通过短的斜筋或拉结筋与附近的竖向钢筋拉结形成横向约束。

在顺桥向，墙式墩由于长细比大而柔性非常强。在横桥向则不同，若横桥向的剪跨（弯矩与剪力的比）不到截面高度的 3 倍，且桥墩的顶部与上部结构刚接，则延性性能的系数 q 应降低（参见本指南 5.1.4 的表 5.1）。然而，尽管系数 q 降低了，这种桥墩在强轴方向的抗弯和抗剪承载力也足以抵抗设计地震作用效应。

墙式墩的主要不足之处在于它们会将很大的设计地震作用效应传递给基础。若基于能力设计，由于桥墩塑性铰等超强因素，这些作用效应会导致基础地震响应近乎弹性（即 $q = 1.5$）。一种更经济的做法是采用桩基础，并在立柱强轴方向抗震设计时允许桩基出现塑性铰（这种情况下 $q = 2.1$）。

成对平行布置的墙式墩（“双薄壁墩”）常被用于支承平衡悬臂刚构桥（见图 *条款6.2.4(2)[2]*

4.6 和图 4.7)。成对的墩柱在悬臂施工时对上部结构的稳定性很有帮助,同时每个柱子的顺桥向刚度低能减小梁内温度及收缩作用应变。正如 4.2.2 最后一点指出的,若一座桥的各个桥墩高度差异较大(如图 4.6 及图 4.7 所示),则所有的桥墩都可以在其上的某个长度范围内选用这种“双薄壁墩”,并在下部选用空心箱形截面(如图 4.6 所示)。

4.4.1.4　空心矩形墩

条款6.2.4(2),6.2.4(3)[2]

高墩需要大截面。大截面通常采用中空形式,以提高强度和刚度(同时可以抵抗二阶效应)。桥墩重量和质量的减少(在给定强度及刚度的情况下)可降低基础的惯性力及竖向荷载。空心矩形截面很常见,尤其是在欧洲国家和日本。

竖向钢筋沿着截面内外侧周边布置,并在角部集中布置。在厚度方向上成对的竖向钢筋通过短拉筋约束,角部则以闭合箍筋进行约束(如图 4.11 所示)。Eurocode 8 第 2 部分中要求塑性铰区域内腹板厚度不得小于腹板间净距的 1/8,以免腹板作为受压翼缘时出现局部屈曲。当桥墩在某个水平向较为细长时,平行于该方向的腹板厚度应由 Eurocode 2 有关中长细比和二阶效应的条款确定。若墩柱不算细长,其腹板厚度由承载能力极限状态(ULS)抗剪承载力(抵抗斜压)所控制。同时,横向钢筋通常的布置方式如图 4.11 所示,每个水平向仅有 4 根拉筋贯穿截面的全宽,主要用于截面斜拉受剪。

图 4.11　箱形柱的配筋示例[由沙特阿拉伯的麦查尼奇(Mechaniki)提供]

可以通过改变桥墩沿高度方向的截面厚度或不同的桥墩采用不同的厚度来调节桥墩对强度和刚度需求,而不用改变桥墩的外轮廓尺寸及外观。

空心多边形桥墩与空心矩形桥墩类似。

4.4.1.5　空心圆柱墩

条款6.2.4(3)[2]

高墩较少采用空心圆形(环形)截面(在欧洲更是如此)。延性桥墩采用空心圆形截面的主要问题在于环形箍筋不能约束截面的内表面,因为箍筋的环向拉力会产生背离核心约束混凝土的径向应力,进而引起内侧混凝土保护层的剥落和破裂。因此,沿内表面的箍筋仅被用作抗剪配筋。为了约束内表面,径向拉筋或勾筋肢腿应贯穿环形截面厚度，如同空心矩形截面中的情形。或者，环形截面的厚度要足够大，使得即便截面达到极限曲率且外表面混凝土剥落时，截面内表面的应变还小于无约束混凝土的极限应变（$\varepsilon_{cu}=0.0035$）。Eurocode 8 第 2 部分要求延性环形桥墩的截面壁厚下限为截面内径的 1/8，以防墩壁局部屈曲并同时预防截面达到极限曲率时内壁出现过大的应变。需要注意的是，当截面尺寸较大会降低了外围环形箍对纵筋屈曲的抑制作用，此时在厚度方向布置拉筋也是对外侧环形箍的有效补充。

如同空心矩形墩的情形，截面壁厚可以沿墩高变化或不同桥墩采用不同壁厚以适应抗震对桥墩的刚度及抗力需求，而不会影响桥梁的美观。

4.4.2 独柱墩与多柱墩

除了常用于平衡悬臂施工刚构桥的双薄壁墩以外（原因如前面章节所述），高墩通常采用独柱墩，以便控制混凝土方量同时增加刚度及强度，降低长细比。当桥墩相对较矮且主梁较宽或较矮时，可选用墙式墩（限制因素见 4.4.1.3）或横向多柱式桥墩。

若通过支座支承上部结构，无论是固定支座、铰支座、滑动支座、橡胶支座甚至是减隔震支座，独柱墩都是一种高效的选择，因为它在任何水平向都是一个竖向的悬臂梁。横向布置多个支座时，可采用有盖梁或墩帽的独柱墩。若支座在横桥向和顺桥向表现出相同的刚度时，独柱圆形墩在这两个方向的地震作用下将会产生相近的地震剪力和弯矩，结构上是经济合理的。

独柱墩简洁且受力明确，但冗余度低。

若桥墩与梁体固结，则顺桥向各立柱顶几乎被固定，立柱剪跨仅略大于它们自由高度的一半［见本指南 5.4 的式(D5.5)］。若桥墩仅有一个立柱，在横桥向则是一个竖直悬臂梁，由于梁的转动惯量作用［见 5.4 的式(D5.5)］，立柱的剪跨比其自由高度还要长一些。这样的独柱墩在横桥向的抗力和刚度应显著大于顺桥向，因此不是一个经济的选择。若横桥向有两个或多个立柱，则顶部的转动被固结，因此在纵横向的剪跨基本相当，其横桥向地震弯矩也会降低（等于地震剪力乘以立柱净高的一半，而独柱墩则要乘以净高的全部）。除此之外，横桥向和顺桥向地震作用的耗能及延性均各个立柱的柱顶和柱底的塑性铰共同分担。毋庸置疑，圆形横断面是多柱式墩的最优选择。

正如本指南 4.3.2 所述，若桥墩（立柱）与上部结构固结，从美观上考虑墩柱与横梁的连接构造最好能在梁高范围内完全覆盖。若梁高较矮且无突出的横梁，当固结节点在柱顶形成塑性铰时，节点的验算和细部构造设计将非常困难，除非柱子本身截面较小且数量较多，因为在这种情况下，每个连接节点的弯矩传力比例及节点的有效体积（部分由立柱的边界延伸进入了梁内）会降低。

通过固定支座将多柱墩的柱顶与上部结构相连不如固结简洁高效。橡胶支座较为适宜，连续板梁或箱梁可以直接通过橡胶支座或隔震支座支承于墩顶。若上部结构包含预制梁,支座通常支承在与多个立柱(在美国的术语中称之为“排架”)顶部形成框架的横梁之上,桥墩在横桥向为框架受力,在顺桥向为自由悬臂受力。盖梁通常较深,以便立柱钢筋在其梁高范围内实现直接锚固,所以盖梁很坚实。因此,多柱墩立柱横向间距较小时在多柱平面内柱顶几乎为转动固结。当盖梁仅设置水平活动支座时,多柱墩应按有限延性进行设计($q=1.5$)。即使只有一个支座为固定支座,多柱墩也应按延性构件进行设计,延性性能 q 值大于 1.5。无论如何,多柱墩通过一排支座与上部结构连接是比较简单的,但却不是最经济的。应当避免双柱间距超过梁宽且盖梁与上部结构固结成整体的门式框架的布置形式(例如全部或部分盖梁高度位于上部结构梁高范围内),虽然这样的布置在美国很常见,在日本也偶尔应用,但 Eurocode 8 的第 2 部分却并未提及。这种门式框架的主要弱点在于主梁与立柱间的外伸盖梁部分。

3 ~4 跨的高架桥通常采用多个柔性墩柱,但这些柱子很难抵抗重载车辆的撞击力。

斜桥的多柱墩(无论是与上部结构固结或通过盖梁上的支座支承上部结构)对上部结构所提供的支承条件比独柱墩要复杂得多。若桥台与主梁轴线正交且使用独柱墩,斜交的桥也可以避免做成斜桥。

4.4.3　桥墩尺寸拟定

4.4.3.1　尺寸拟定的一般原则

概念设计阶段在选定墩柱截面形状后,还需拟定其截面尺寸。本节涵盖墩柱尺寸选择的一般原则,适用于包括桥梁有限延性状况在内的一般设计状况。4.4.3.2 则主要涉及延性设计的相关要求。

正如本章反复重申,出于美学考虑,桥梁墩柱的外形尺寸通常宜保持统一,因为各桥墩具有相同的外形却有不同的横截面尺寸的景观效果,比各墩外形迥异的情况更差。

墩柱尺寸拟定的一般准则:

■ 考虑实际的可操作性,包括桥墩和主梁的施工技术和过程,以及墩与梁的连接;

■ 桥墩的长细比,应减少重力荷载二阶效应(在成桥后的永久及短暂设计状态下),或者使其小到可以忽略。

就施工过程而言,通常桥墩在上部结构未完成时的稳定性更差,可能控制桥墩的设计。另外,桥墩的几何尺寸还要适应主梁架设过程中支承特殊重型设备的需要。也就是说,为了桥梁的经济性,结构体系的选择应在施工过程与成桥后运营状态的需求间寻求合理的平衡,并通常应由后者控制设计。

桥墩截面尺寸超过承台或扩大基础的尺寸时,将难以按本指南 6.4.4 中的能力设计校核其节点区域。同样,当与上部结构固结时,在固结方向平面内(即顺桥向,对多柱墩而言也包括横桥向)的截面尺寸也不应超过上部结构梁体的尺寸。

若上部结构通过支座支承,则墩顶应有足够的宽度以适应支座、搭接长度(见6.8)、剪力键的空间需要。为达到这一点,可以在柱顶加一个T型柱头,或将桥墩向上以喇叭状展开。

长细比的确定对高墩至关重要,桥梁在抗震设计中,应使得墩柱的尺寸符合在永久和短暂荷载设计工况下二阶效应小到可以忽略的程度要求。EN 1992-1-1:2004条款*5.8.3.1(1)*(Eurocode 2第1-1部分)给出了墩柱可以不计二阶效应的长细比上限值,同时在Eurocode 2中又详细地给出了高于该上限值时考虑二阶效应的方法。桥墩的有效长度(即立柱长细比的分子)是首先要确定的要素,通常情况下,当主梁简支于桥台且在顺桥向可以自由伸缩时,墩柱的有效长度可以估算如下:

(1)对于墩梁固结的情形:

(a)在顺桥向:墩柱净高的全高(也即柱顶可以自由平动但不能转动)

(b)在横桥向:

——若梁在桥台处有横向约束且具有很大的面内刚度,取墩柱净高的一半(也即顶部对于转动和横桥向平动都固定)。

——若梁在横向可以移动(也即梁在桥台处无水平约束,或梁很长、面内刚度较低):

■ 独柱墩取桥墩净高的2倍(也即自由悬臂梁)。

■ 多柱式墩取桥墩净高(也即柱顶可以自由平动但不能转动)。

(2)对于支承于支座(固定或活动)上的梁:

(a)顺桥向取墩柱净高的2倍(也即自由悬臂梁)。

(b)在横桥向:

——若梁在桥台处受到横向约束且面内刚度大:

■ 立柱直接支承梁时,取桥墩净高的70%(也即顶部转动自由而平动受约束)。

■ 桥墩深盖梁形成框架的多柱式桥墩,取立柱净高的一半(也即柱顶部对于转动和横桥向平动都固定)。

——若梁在横向可以移动(也即梁在桥台处无水平约束,或梁很长、面内刚度较低):

■ 独柱墩取桥墩净高的2倍(也即自由悬臂梁)。

■ 桥墩深盖梁形成框架的多柱式桥墩取立柱净高(也即柱顶可以自由平动但不能转动)。

若梁至少与一侧桥台形成整体(见4.5.3),则情形(1)(b)及(2)(b)下的第1点在桥梁的横桥向及顺桥向都适用。

以上所述为成桥状态的墩柱有效长度,对自由悬臂梁,独柱墩在主梁架设过程中在顺桥向和横桥向的有效长度均取其净高的2倍(也即竖直悬臂梁);若墩柱上半部分由两片平行墙式墩(薄壁双柱墩,如图4.6及图4.7所示)构成,墩柱在顺桥向的有效长度为其净高。墩柱长细比的最不利状态是悬臂施工完成,但主梁跨中合龙段及主梁与边跨桥台的合龙段尚未施工完成的状态。此时应根据施加的永久荷载及相应墩柱混凝土龄期的徐变系数(不是指桥梁寿命的终点时),确定立柱不需要考虑二阶效应的长细比的上限值,高于该上限值时则应按 Eurocode 2 第 1-1 部分条款*5.8.3.1(1)*考虑二阶效应,另外注意该阶段的有效长度和成桥后的有效长度可能不一样。

采用墩梁固结的非细长型墩柱的截面下限值,铁路桥梁按 Eurocode 2 中第 2 部分条款*6.8.7(101)*进行承载能力极限状态下的混凝土疲劳性能验算(等效损伤应力);公路桥梁则按 Eurocode 2 第 1-1 部分条款*6.8.7(2)*(基于频遇组合的简化验算)进行验算。

4.4.3.2 延性桥墩标准

选择延性或有限延性体系(包括隔震)对桥墩的尺寸影响很大,反之亦然。因为塑性铰仅允许出现在桥墩,如果选择了延性体系,需根据抗震分析得出的弯矩及轴力按承载能力极限状态设计桥墩塑性铰的尺寸,桥墩的其他截面以及其他部分的尺寸,则应按本指南 6.4 的规定,根据塑性铰的实际抗弯承载力并考虑能力保护进行设计。如果塑性铰抗弯承载力远大于抗震分析所需的弯矩,将对桥梁的其他部分(包括桥墩抗剪本身)不利。可能存在以下原因导致塑性铰抗弯承载力过大:

■ 截面尺寸过大;

■ 竖向钢筋配筋率由非抗震设计状况(包括施工过程工况)或最小配筋率所控制。

因此,经济的延性抗震设计应为:

■ 墩柱横截面尺寸不应超过合理的需求,且其塑性铰竖向钢筋不应超过可靠施工所需的配筋。

■ 墩柱塑性铰区最终的竖向钢筋应尽可能贴近由抗震设计分析得到的双向弯矩及轴向受力所需的配筋。

■ 用于顺桥向及横桥向的系数 q 应尽可能贴近 Eurocode 8 第 2 部分 5.4 的表 5.1 中的最大值。最后:

——预期塑性铰的出现位置应是可达的和便于查看的;

——桥墩剪跨比 L_s/h,应不小于 3.0,低于此值对系数 q 不利(见本指南的 5.4);

——桥墩在抗震设计状况下的最大轴压比 $\eta_k = N_{Ed}/A_c f_{ck}$ 不应超过 0.3,超过之后系数 q 将被折减(见 5.4)。

轴压比 η_k 对抗震设计影响很大,特别是延性设计,因为它对桥墩的延性能力影响非常显著。如果轴压比较高,则塑性铰约束需求将比较大,特别是对采用延性抗震设计的桥墩(见第 6 章表 6.1 中第 18,19 及 22、23 行)。另外,延性桥墩的弯矩超强系数会随着 η_k的增加而增加[见本指南 6.4.1 的式(D6.6b)]。更重要的是,采用延性设计的系数 q 由该桥所有桥墩轴压比的最大值所控制。η_k的值由抗震设计状况下的桥墩最大轴力 N_{Ed}所决定。对于多柱墩,横桥向地震作用引起的倾覆弯矩会显著增加 N_{Ed},其值可能远超过重力荷载的效应。即便如此,η_k取值很少会控制墩柱截面尺寸,因为基于实际情况或长细比考虑而选择的墩柱尺寸在抗震设计状况下的 η_k值通常都很低。

4.5 桥台及其与上部结构的连接

4.5.1 桥台的功能

桥台有两项功能:

(1)像墩柱一样,对上部结构的端部提供竖向支承;

(2)作为桥梁端部后方填土的挡土墙。

第 2 个功能通常决定了桥台的形式、尺寸及造价。实际上,尽管桥台承受的竖向荷载较小且结构高度较低,但它的造价远比一个典型的桥墩要高。桥台的造价主要是由较高的台后填土压力控制,台后土压力与填土高度的平方成正比。由此导致的主要特性:

■ 桥台比桥墩的水平刚度大得多:

——在顺桥向由于台后填土的贡献及抵抗土压力的需要;

——在横桥向归因于桥台的耳墙。

■ 将桥台与主梁在适当高度处纵向连接以抵抗台后土压力是经济合理的,特别是填土较高的情况。主梁与两端桥台固结也非常有效,因为这可以利用桥台的支撑作用以及背后填土的抗力。

出于挡土的需要,桥台通常呈现为一个高挡土墙的形式,支撑在坚实的地基基础之上或具有足够承载力的桩基基础的承台上。有时,挡土墙由一排密布的桩幕及其上支撑的浅梁组成,上部结构坐落在浅梁上。深而连续的挡土墙或密布桩幕可能会被液化台后填土的水平向流动力推向内侧。若台后填土的性质不能排除这种可能性(例如在河岸或湖堤边),支撑浅梁的桩最好布置得稀疏而深,以便减少对桩间流动土体的约束。

4.5.2 连接方式

桥台对结构地震反应与抗震设计的影响取决于其在水平向与上部结构的连接方式。主要的连接方式有:

(1)将桥台与上部结构整体固结;

(2)将上部结构通过顺桥向活动支座或双向活动支座支承于桥台上。

方式(1)仅适用于上部结构与桥台都是混凝土结构的情形。它们在水平向位移一致。对方式(2),可以选择:

(2a)容许上部结构在桥台上水平向自由移动;

(2b)在上部结构与桥台间设置水平向约束;

(2c)预留一定的上部结构移动空间,超过该限值后与桥台硬接触然后随桥台一起移动(或固定不动)。

选项(2b)与选项(1)没有太大的差别。不同于桥台与上部结构在顺桥向与横桥向同时约束的形式,选项(2a)~(2c)可以仅在横桥向或顺桥向单方向约束。更多细节将在后文详述。

4.5.3 上部结构与桥台整体固结

条款6.7.3(1)[2]

若桥台与上部结构是固结的(整体固结),或二者间通过固定支座或固定连接以抵抗地震作用,则认为二者间的连接为刚性的。不同于桥台处设置活动支座的情况,整体式桥梁的桥台在抵抗水平地震作用时扮演主要角色。

正如4.5.1所提到的那样,桥台顶部与上部结构整体固结形成水平向可靠的连接,这对抵抗地震作用以及台后填土压力都大有裨益。取消了活动接头可以提高行车舒适性,尤其是小跨径桥梁,而且取消支座和伸缩缝也会降低初始投资及养护成本,这些费用的节省是无伸缩缝整体式桥梁的主要优势。用于铁路桥梁则可避免上部结构相对桥台的横向运动,进而可以保护轨道。

整体固结也是防止桥台上落梁的最佳方式,这对在桥台处斜交的桥梁以及支承线不平行的桥梁来说尤为重要(例如桥台构造容易引起简支梁落梁的情形,见本指南6.8.1.4的最后两段)。需注意的是,若端部支承斜交非常严重,整体固结对避免桥梁上部结构钝角处由重力荷载引起的很大且不确定的支座竖向反力的情况。另外,若桥下净空需求高,上部结构与桥台固结可以形成门式刚架,相比简支梁可以大大降低梁高,因为这可以减小跨中弯矩。

以上优势可能会被一系列的缺点所抵消:桥台约束上部结构温度作用及混凝土收缩引起的顺桥向变形,可能在主梁中产生很大的轴向拉力,并使桥台和基础承受很大的顺桥向水平力。此外,给主梁施加后张拉纵向预应力,会损失(大)部分本该加在梁上的预应力,结果转而施加到桥台上(进而传递至地基,带来不利的后果)。主梁仅仅从弯起预应力筋的竖向分量的荷载平衡效应中获益,而纵向压力分量的帮助则非常少,但同时由于桥台与台后填土的强大抗弯刚度也会导致主梁无法有效利用这些力的分量。基于以上原因,只有小跨径桥的主梁与桥台适合采用整体固结,通常单跨,偶尔是2~3跨连续梁,不会超过4跨,总长远小于100m,以为通常这样的主梁也不会是后张拉预应力梁。小跨径桥占高速公路沿线桥梁(几乎每个非常短的下穿或上跨立交桥)的很大部分,对于这些桥梁,整体式桥是一个可供选择的解决方案,非常坚固牢靠。

由于整体式桥梁的抗震性能通常由桥台控制,因此中间墩对顺桥向的抗震能力几乎无贡献。若中间墩为墙式墩且主梁相对细长(这种桥梁并不常见),则桥墩对桥梁的横桥向抗震能力才有一定的贡献。与主梁固结的排架墩,通常是中间墩的理想选择。

在两端桥台上使用固定支座来支承桥面板[见4.5.2的选项(2b)],而不是将其作为一个整体来建造,这是毫无意义的,因为这样整体连接的主要缺点仍然存在,同时跨中弯矩没有得到削弱,且一旦固定支座失效,将无法避免主梁落梁。此外,固定支座会因约束而引起的巨大的水平力。然而,那种主梁一端与桥台整体连接,另一端支承在水平弹性支座上,则在一定范围内可以使用。这种设计方案减少了由于附加变形受限制而产生的应力,同时允许采用纵桥向预应力,并且与两端简支相比,能够明显降低落梁的风险。然而,地震反应和抗震性能更加不确定,此时的计算分析也更加复杂。

正如本指南5.4中所阐释的,与桥台形成整体的桥梁可以被认为是“锁定在地面上”,跟随场地水平运动而几乎没有放大效应。如果基本周期 T 小于 0.03s,Eurocode 的第2部分允许将它们设计为弹性(即 $q=1$)或刚性的(即力等于质量乘以设计地震动峰值加速度)。然而,如果 T 大于 0.03s,Eurocode 8 要求在抗震分析时应考虑土和桥台之间的相互作用,并应使用实际的土壤刚度参数。在这种情况下,桥梁可考虑按有限延性性能来设计,此时 $q=1.5$。根据 Eurocode 第2部分,如果桥台至少有80%的台背总表面积嵌入坚硬的天然土壤中时,桥梁可被认为是嵌固的(此时 $q=1.0$,$T=0$s),则不需要估计基本周期 T。 *条款4.21.6(9),4.1.6(10),6.7.3(1)~(4),6.7.3(9)[2]*

主梁和桥台固结的整体式桥,在地震作用下的整体性和稳定性似乎得到了保证,但对它们进行建模分析重力荷载和设计地震作用效应时,模型的要求是非常苛刻的。通常要对主梁和桥台进行相当详细的有限元离散,并采用弹簧单元对台后填土进行建模。尽管为简便起见而采用线性弹簧单元,但实际上土－桥台相互作用的非线性程度很高,而且当桥台朝向土壤移动和远离时会有很大的不同。

Eurocode 8 的第2部分基于结构惯性响应的叠加,以及一种极限平衡状态和回填土壤的弹性分析的简单组合,给出了一种保守的分析方法。对于土的力学性能的不确定性推荐分别采用土刚度的上下限估计值。对于单跨箱式涵洞,详述了基于结构和周围土壤的运动相容性的分析方法图4.12。

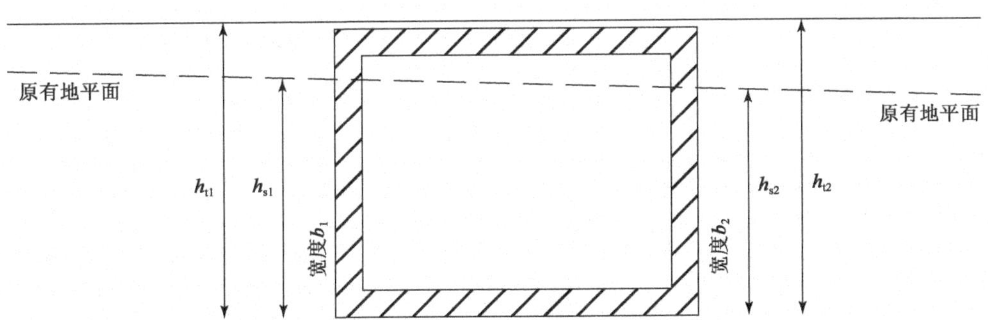

图4.12 视为嵌固状态的桥梁:桥台至少有80%的台背总表面积嵌入坚硬的天然土壤中

Caltrans 抗震设计标准(Caltrans,2006)给出了一种简单的计算规则,用于估算当桥台具有压实良好的填土时的纵桥向刚度和极限承载力。根据 Maroney 对一个1.7m高的桥台进行的静力试验报告,桥台立面投影在垂直于纵桥向的平面上的刚度大约为每平方米 7MN/m。当桥台顶部被推向回填土的位移约为桥台高度的 2% 时,将达到极限被动承载力(单位为 MN 和 m 时,该极限承载力大约等于 0.14 倍桥台立面在垂直于纵桥向的平面上的投影刚度乘以桥台的高度)。如果桥面的纵向位移小于桥台高度的 4%,则认为使用桥台在受推时的纵向刚度对桥梁进行抗震分析的结果适用;如果桥面的纵向位移超过该值的 2 倍,则认为此时桥台对纵向地震作用的抗力很小,需将桥台刚度调整为之前所述计算方法得到数值的 10%,然后再重新进行分析。对于纵向位移为 2% ~4% 桥台高度的情况,则采用两个刚度的线性插值,然后迭代分析直至收敛。除了采用一个简单的设计工具来分析桥台 - 回填土相互作用,而无需借助上一段中提到的详细分析之外,在概念设计阶段可以使用 Caltrans 简单规则(2006)来估计相对弹性的桥台对纵向地震作用的抗力。

综上所述,为选择这种桥梁设计方案,设计人员需要付出很多努力。

4.5.4 桥面支承于支座上

条款4.21.6(9),4.1.6(10),6.7.3(1) ~(4),6.7.3(9)[2]

为了避免整体连接的主要缺点,特别是限制主梁纵向变形导致的后果,通过支座支承在桥台上的主梁可以在纵桥向自由地移动[4.5.2 中的选项(2a)]。为此,需要在主梁与桥台或背墙之间预留足够的空隙,以满足以下数值之和(见本南的 6.8.2.1):

(1)由于设计地震作用导致的纵向位移;

(2)由于准永久重力作用和预应力作用导致的梁端截面的边缘向桥台方向的位移(比如,主梁中轴处的纵向位移加上端截面转动角度乘以截面边缘到中轴处距离);

(3)桥面板在设计温度作用(在桥梁寿命周期内可能发生的极限情况)下的梁端位移的 50%。

根据 Eurocode 8 的第二部分,应提供适当的间隙来保护桥梁的重要部件(此处为桥台)。如果所需的间隙太大而难以在道路面上提供,则可设置足够宽的变形缝,使其能承受上述变形(2)、变形(3)和部分变形(1)之和;也即由于设计地震作用引起的桥面纵向位移,意味着当达到这一变形比例(Eurocode 8 第 2 部分推荐为 40%,如本指南 6.8.2.2 所述)时,桥面将闭合。需制定条款以限制当变形缝在闭合时对于桥台背墙顶部的破坏。本指南 8.2.11.3 的图 8.23 和图 8.24 给出了一个实现这一目标的实用方法示例:桥面板向背墙方向伸出部分长度以减小在道路平面上的间隙,同时背墙顶部采用可牺牲设计,在受到撞击时可掉落,以免将力传递至桥台和基础中[即 4.5.2 的(2c)选项改为 (2a)选项]。有时会采用抗震连接将主梁和桥台在横桥向进行连接,布置在采用活动支座的主梁和桥台或桥墩之间,并在特定的水平方向上将两者连接起来以抵抗地震作用。这种连接(通常采用剪力键或者缆索的形式)一般在达到特定的位移,即耗尽剪力键的空隙或者缆索的松弛量(称为连接的松弛)后被激活。根据 Eurocode 8 第 2 部分,抗震连接件的设计性能最好根据其松弛度考虑以下两种极端状况：

■ 在零松弛状态下的下限值，连接性能如同固定支座。在分析中对连接按固定约束 建模并进行能力设计。

■ 在松弛的上限值时，松弛长度等于桥梁在无连接时的设计地震位移（在相关的点和方向上）。此时，在分析模型中无需考虑该连接。连接起到第二道防线的作用，来抵抗超出设计作用强度的地震作用。Eurocode 8 的第 2 部分既不要求也不推荐这种第二道防 线。但如果采用了该连接，桥梁的抗震设计并不受影响；连接件应基于相应的设计目标进行设计。

Eurocode 8 的第 2 部分对介于上述两种极端情况之间的抗震连接给出了相关规定：

（i）在分析模型中应当考虑抗震连接，至少应当使用抗震连接和支承单元组合体系屈服时的割线刚度（如果抗震连接松弛度小，并距支承单元很近）。另外，还需采用碰撞缓冲装置。

（ii）抗震连接和支承单元应按能力保护进行设计。

如果桥台设置剪力键，则主梁会受到横向约束［4.5.2 的选项（2b）］。通常情况下剪切键设置在主梁的两侧，因为居中设置的剪力键（紧靠主梁下方）不方便进行检查或维护。可在剪力键与主梁侧面之间放置橡胶支座，以确保充分的柔性接触，防止主梁端部横向转动而对接触面造成局部损坏。此时，在横向地震作用下，主梁可视为在桥墩和桥台处横向弹性支撑的梁。需注意的是，由剪力键、带有翼墙和桩的桥台和土所组成的系统的侧向力 - 变形关系是相当复杂的，其复合弹性刚度很难计算的，高估的话（更不用说横向刚性的假设）就可能使桥墩不安全。此外，虽然剪力键按能力保护设计，一旦它们破坏，则将是脆性破坏。另外，还需注意如果桥梁与桥墩刚性横向连接，并在横桥向按延性体系设计，那么当桥墩屈服而主梁和侧向支座未屈服时，还需考虑体系的理想弹塑性假定（延性设计的基础）是否仍然适用。实际上，此时系统会发生硬化，硬化率近似等于桥面在刚性或弹性端部支承下的弹性横向刚度除以桥墩系统的弹性横向刚度。基于上述原因，可以忽略剪力键或其他约束来分析桥梁的横向地震响应，并分别根据有、无剪力键情况下的作用效应的包络值来偏安全地设计桥梁。

针对上一段提出的问题，设计者可让主梁保持横向自由［4.5.2 中的（2a）选项］，并在桥台处提供足够的支承宽度，以避免在可能发生的最大地震作用下落梁。为安全起见，也可设置剪力键，但剪力键与主梁之间的间隙应大于设计地震作用产生的横向位移（除非桥梁是弯曲角度很大，一般不会因温度作用或准永久作用而产生横向位移）。如果间隙小于横向位移［4.5.2 中的（2c）选项］，则将会在设计地震动作用下接触碰撞。在这种情况下，Eurocode 8 的第 2 部分要求将主梁视为弹性支承在桥台上，弹簧刚度等于间隙闭合后剪力键屈服时的割线刚度（即剪力键的屈服力除以间隙距离与剪力键弹性变形之和）。这样做并不方便，因为剪切键在该设计阶段尚未拟定尺寸。因此，选项（2c）并不是一种应用于横桥向上的实用设计方法。

4.6 基础

现在桥梁大多采用扩大基础或桩基础,较少采用沉井基础。

采用扩大基础的桥梁支承在坚硬的土层或岩石上,在地震中一般表现良好。扩大基础直接将上部结构的荷载传递到坚实的地基上。如果基础的埋入深度与基础宽度之比不大于0.5,则视为扩大基础,埋深更深的基础则被称为沉箱基础。深沉箱基础现在通常用于地基可用的规划面积非常有限的地方,这类场地不允许使用扩大基础或群桩基础。

当场地上部土层软弱时,一般采用深基础将垂直力和侧向力转移到软质土层之下的坚硬土层中。软黏土、淤泥或松散饱和砂上的桥梁会因地震中的地面运动放大效应或土层失效而发生破坏。除非发生大规模的土层破坏,否则桩基础在过去的地震中都表现良好,即使其他桥梁构件都遭受了相当大的破坏。相比之下,在可液化土或软敏感黏土上的桥梁尤其容易受到地震影响,土壤液化会导致承载力丧失,有时还会导致下部结构的侧向移动。

条款5.4.2(1)[3]

桩基础在强地震作用下的反应非常复杂。它是由上部结构与桩之间的惯性相互作用、地基土与桩基础之间的运动相互作用,以及土和土-桩界面的非线性应力-应变特性共同决定的。此外,一些场地因地震或液化导致孔隙水压力的累积进一步增加了其复杂性。实际应用的桩基础采用了许多不同的材料和结构形式。尽管在美国加利福尼亚州仍有许多以木桩为基础的大跨度桥梁实例,但目前的趋势是使用混凝土桩(钢筋混凝土或预应力混凝土)或钢桩(H 形截面、壳体或混凝土填充壳体)。一种特殊的情况是桩柱式,即桩不与承台连接,而是向上延伸并作为墩柱。

条款2.2.4.2[1]

其他类型的结构通常使用一种基础类型,但在同一座桥中可能使用不同的基础类型。

条款5.2(1)[3]

条款5.1(1),5.3.2[3]

基础设计的基本原则要求基础能够安全地向地基传递所施加的荷载。因此,它应具有稳定的力学性能,并能够防止发生不利的位移。如有必要,还应评估土-结构相互作用,同时考虑 Eurocode 8 第 5 部分的相关规定(CEN,2004 年)。为了保证稳定性,基础必须具备抵承压、滑动和倾覆失效所需的安全系数。这些失效模式与每种基础类型的相关性如表 4.2 所示。此外,基础结构本身也应能够抵抗这些作用。

基础失效机制与稳定验算 表4.2

基础类型	承压能力	倾覆	滑移	产生水平位移
扩大基础	是	是	是	—
沉井	是	—	—	是
桩基础	是	—	—	是

由于震后很难对基础进行检查或维修,因此需要使基础的破坏风险降到最低。这样,在无需修复基础的情况下,桥梁就可以很容易地重新恢复正常使用。一般情况下,桥梁基础不应设计成耗能结构。因此,在设计地震作用下应尽可能使基础保持弹性状态。因此,如果桥梁被设计为有限延性体系,基础则应当保持弹性状态。如果桥梁被设计为延性体系,基础应按墩柱或墙式墩的塑性铰实际承载能力并考虑超强因素进行设计(译者注:即按能力保护构件设计),塑性铰假定在桥墩的底部形成。然而,在一些情况下,这种设计难以实现,例如桥梁结构在非地震荷载作用下必须具有较大的承载能力。这种情况下,桩基允许在与承台交接处出现塑性铰,即最大弯矩的位置,在承台底以下 3 倍桩径长度范围内的桩头为潜在塑性铰区。此时,应按照延性墩柱的设计要求设计桩基横向约束钢筋,这也同样适用于具有较大抗剪刚度比(抗剪模量比大于 6.0)的土层界面两侧各两倍桩径范围内的桩身横向约束钢筋设计。

条款5.8.1(1),6.4.1(1),6.4.2(1) ~ 6.4.2(4)[2]
条款5.4.2(7)[3]

不推荐使用斜桩将侧向荷载传递到地基。如果使用斜桩,则其应当能够承受因土层 沉降引起的轴向荷载和弯矩作用,另外一个不推荐采用斜桩的原因是它们在纯受弯状态下与竖直桩相比延性较差。 *条款5.4.2(1)[3]*

需要抵抗拉力或假定顶部固定不能转动的桩应锚入承台,以确保桩在土中的设计抗拔力或桩内钢筋的设计抗拉强度(两者中的较小值)充分发挥。如果桩嵌入承台的部分在承台施工前完成浇筑,则应在连接界面处设置销钉。 *条款5.8.4(3)[1]*

参考文献

BardakisV (2007) Displacement-based seismic design of concrete bridges. Doctoral thesis, De-pailment of Civil Engineering, University of Patras.

Caltrans (2006) *Seismic Design Criteria*, version 1.4. California Department of Transportation, Sacramento, CA.

CEN (Comité Européen de Normalisation) (2000) EN 1337-2:2000:Structural bearings—Part 2 :Sliding elements. CEN, Brussels.

CEN (2004) EN 1998-5:2004:Eurocode 8-Design of structures for earthquake resistance—Part 5 : Foundations, retaining structures, geotechnical aspects. CEN, Brussels.

CEN (2005) EN 1998-2,2005:Eurocode 8-Design of structures for earthquake resistance—Part 2:Bridges. CEN, Brussels.

CEN (2008) CEN/TC 1992-4-1:2009:*Design of fastenings for use in concrete.* CEN, Brussels.

fib (2000)*Guidance for Good Bridge Design. fib Bulletin 9.* Fédération Internationale du Béton, Lausanne.

fib (2004) *Precast Concrete Bridges*, *fib Bulletin* 29. Fédération Internationale du

Béton , Lausanne.

fib (2007) *Seismic Bridge Design and Retrofit-Structural Solutions. fib Bulletin* 39. Fédération Internationale du Béton, Lausanne.

fib (2009) *Structural Concrete-Textbook on Behaviour, Design and Performance*, vol. 1, 2nd edn. fib Bulletin 51. Fédération Internationale du Béton, Lausanne.

fib (2011) *Design of Anchorages in Concrete. fib Bulletin* 58. Fédération Internationale du Béton, Lausanne.

fib (2012) Model Code 2010-Final Draft, vol. 2. fib Bulletin 66. Federation Internationale du Beton, Lausanne.

Maroney BH(1995) Large scale bridge abutment tests to determine stiffness and ultimate strength under seismic loading. PhD thesis, University of California, Davis, CA.

Priestley MJ, Seible F, Calvi GM (1996) *Seismic Design and Retrofit of Bridges*. Wiley-Interscience ,New York.

Stathopoulos S, Kotsanopoulos P, Stathopoulos E *et al*. (2004) Votonosi bridge in Greece. *Proceedings of the fib Symposium: Segmental Construction*, Delhi.

5 桥梁抗震设计建模和分析

5.1 绪论:Eurocode 8 中的分析方法

抗震设计中结构分析旨在计算结构在地震作用下的内力和位移响应,为构件设计提供所需的数据,即复核构件的截面尺寸,对于钢筋混凝土构件还需要设计截面的配筋。

本章主要介绍 Eurocode 8 中桥梁抗震分析方法中涉及的关键问题。读者需掌握结构动力学基础知识,并对其在抗震设计中的应用有一定了解。

Eurocode 8 采用了基于力的抗震设计。其主要工作是基于 5.3 的设计反应谱进行线弹性分析,即将阻尼比为 0.05 的弹性反应谱除以考虑结构延性、耗能及超强的"性能系数"q。与美国标准中的"荷载折减系数"或"地震响应调整系数"R 类似。

Eurocode 8 提供了两种线弹性抗震分析方法: *条款4.22.1, 4.2.2* [2]

(a)线性静力分析[Eurocode 8 第 2 部分(CEN,2005a)中的"基本振型法"和第 1 部分(CEN, 2004a)中的"底部剪法",即"等效静力"分析];

(b)Eurocode 8 第 1 部分提到的振型反应谱分析,在第 2 部分又称为"反应谱"分析、"线性动力"分析或"完全动力模型"分析。

Eurocode 8 采用分析方法(b)作为桥梁抗震设计的基本方法,须严格遵照其计算规则和结果。除了具有强非线性的隔震体系桥梁以外,其他桥梁均采用分析方法(b)。当两种线弹性抗震分析方法都适用时,采用方法(b)计算得到的结构最大内力分布一般更加均匀,从而可以达到节约材料的目的。如果用方法(b)的分析结果指导构件设计,则全桥具有更好的非弹性性能,因为相较于方法(a),方法(b)计算的非弹性变形峰值通常更为精确。用于 3D 空间振型反应谱分析的高效可靠的计算机程序已经普及,因此可以仅采用方法(b)进行桥梁抗震设计。然而值得注意的是,有相当多的桥梁接近于单自由度(SDoF)体系。因此,基于基本振型的线性静力分析方法仍然是计算这类桥梁地震响应的重要手段,在桥梁抗震设计中也是一种不可或缺的方法。 *条款4.1.6.1(1), 4.2.1.1(1)*[2]

Eurocode 8 认识到了以下分析方法在桥梁抗震设计中的重要作用: *条款4.1.9(2), 4.2.4,4.2.5*[2]

(i)非线性静力分析(通常称为"推覆分析");

(ii)非线性动力分析(时程分析)。

然而,采用上述分析方法作为唯一分析方法的情况仅限于需要验算位移的"非规则"延性桥梁(详见本指南 5.10.2)以及隔震桥梁。上述在理论上更为合理的分析方法,其局限性在于如何正确采用,这对使用者提出了更高的要求。因为它有一套完全不同的体系以保证计算结果可靠,同时,它需要在设计阶段确定结构构件的尺寸和配筋情况,用于结构分析和验算。

条款4.2.3.1[2]

Eurocode 8 第 1 部分没有明确提及线性时程分析,而第 2 部分介绍了该分析方法。但是弹性时程分析并不能完全代替线性振型反应谱分析。

条款 2.3.1.1(5) ~ 2.3.1.1(8), 2.3.3,2.3.4, 4.2.4.4(2)[2]

采用延性抗震设计的桥梁,对于需保持弹性工作状态的构件,应按"能力设计"方法确定其尺寸,其他用于构件设计的内力值均通过采用设计反应谱的线弹性分析计算得到。地震作用产生的位移可通过对线性分析的结果进行修正得到,这些修正包括:(a)有效刚度值与最初假设值之间的差异;(b)除了 5% 默认值以外的阻尼值;(c)服从等位移原理的短周期桥梁的偏差(参见 2.3.2.2、5.8.4 和 5.9.1)。在非线性分析时,所有的地震作用效应(内力、位移和变形)都直接采用其分析结果。在根据这些需求与能力对比进行抗震验算时,要考虑安全系数的影响。

5.2 地震作用的 3 个分量

条款 3.2.3.1.1(2)[1] 条款3.1.2(1), 3.1.2(2), 3.2.3(5)[2] 条款 4.3.3.5.1(2)[1] 条款4.2.1.4(1), 4.2.2.1(3)[2]

地震作用的 3 个分量同时作用在桥梁上时,无论是采用线弹性时程分析方法还是非线性时程分析方法,应同时输入所有感兴趣的地震作用分量(两个水平分量,偶尔也包括垂直分量)。

线性静力分析或振型反应谱分析只给出了不同地震作用分量产生的效应的峰值。这些峰值在统计意义上的组合方法归纳如下。在这里用 E_X和 E_Y表示两个水平分量的地震作用效应,E_Z表示垂直分量的地震作用效应。由于它们不是同时发生的,因此 $E = E_X + E_Y + E_Z$这类组合规则是过于保守的。Eurocode 8 第 2 部分中采用的规则是 Smebby 和 Kiureghian(1985)提出的平方和开平方根(SRSS)的组合方法:

$$E = \sqrt{E_X^2 + E_Y^2 + E_Z^2} \quad (D5.1)$$

条款 4.3.3.5.2(4)[1] 条款 4.2.1.4(2)[2]

Eurocode 8 的第 2 部分还给出了一种备选组合方法:

$$E = |E_X| + \lambda|E_Y| + \lambda|E_Z| \quad (D5.2a)$$

$$E = \lambda|E_X| + |E_Y| + \lambda|E_Z| \quad (D5.2b)$$

$$E = \lambda|E_X| + \lambda|E_Y| + |E_Z| \quad (D5.2c)$$

式中,"+"的意思是叠加,当 $\lambda \approx 0.275$ 时,在整个 E_X、E_Y、E_Z的可能取值范围内,该组合方法与式(D5.1)结果的平均一致性最好。Eurocode 8 中最佳 λ 值被圆整为 $\lambda = 0.3$,此时,其组合结果和式(D5.1)的组合结果相比,可能最多被低估 9%(当 E_X、E_Y 和 E_Z 大致相等时)或被高估不超过 8%(当其中 2 个分量的地震作用效应比第 3 个分量的地震作用效应小一个数量级时)。

为了将上述地震作用分量的效应组合起来,简便的方法是采用桥梁的三维模型进行分析计算,将所有感兴趣的地震作用分量单独作用于桥梁,但须在相同的计算环境下进行分析,并对其作用效应进行组合。因此,按照 Eurocode 8 所允许的那样,使用 1 个模型来计算桥梁纵向地震响应、另 1 个模型用于计算横向地震响应、第 3 个模型用于计算竖向地震响应(如果需要的话)是不方便的。然而,由于这些地震作用分量的响应明显不同,因此使用不同的模型分别考虑它们是很有吸引力的,也很有启发意义。 *条款3.1.2(1) 4.1.1(2)[2]*

地震作用的水平分量通常考虑为与桥的纵向和横向平行。如果桥面是直的,桥台与桥面轴线成直角,这些方向的定义就很清楚了。如果桥面是弯曲的,且相当长,则可以认为"纵向"方向是连接桥面轴线与桥台支撑线相交的两点的弦的方向;"横向"则与纵向成直角。如果桥梁是斜交的,且桥面相当宽,那么将"纵向"和"横向"分别定义为与桥台垂直及平行的方向可能更有意义,因为这些方向是桥梁、桥台和桥墩(通常与桥台平行)主要工作的方向。若支座或其他装置(例如剪力键)在一个方向上约束桥面,而在另一个方向上不约束(在这个方向,约束可能具有一定的水平向柔性或可以自由移动),则这两个方向也可以定义为"纵向"和"横向"。一个非常重要的问题是,这两个方向的性能系数 q 可能不同,其取决于桥墩与桥面的连接方式,以及桥墩的剪跨比(弯矩-剪力比)与桥面深度的比值。如果这些特征在两个正交方向上完全不同,那么这两个方向也是水平地震作用分量的首选方向。

5.3 弹性分析的设计谱

对于地震作用的水平分量,线弹性分析中使用的设计反应谱是由 4 个不同周期范围内的不同表达式给出的(在 3.1.3 已给出,由于其重要性并为了方便使用,在此摘抄如下): *条款2.1(2), 3.2.4(1), 4.1.6(1)[2] 条款3.2.2.5(4)[1]*

短周期范围:

$0 \leqslant T \leqslant T_B$: $$S_{a,d}(T) = a_g S\left[\frac{2}{3} + \frac{T}{T_B}\left(\frac{2.5}{q} - \frac{2}{3}\right)\right] \tag{D5.3a}$$

恒定伪加速度谱范围:

$T_B \leqslant T \leqslant T_C$: $$S_{a,d}(T) = a_g S\frac{2.5}{q} \tag{D5.3b}$$

恒定伪速度谱范围:

$T_C \leqslant T \leqslant T_D$: $$S_{a,d}(T) = a_g S\frac{2.5}{q}\left(\frac{T_C}{T}\right) \geqslant \beta a_g \tag{D5.3c}$$

恒定位移谱范围:

$T_D \leqslant T$: $$S_{a,d}(T) = a_g S\frac{2.5}{q}\left(\frac{T_C T_D}{T^2}\right) \geqslant \beta a_g \tag{D5.3d}$$

竖向设计反应谱也已在本指南 3.1.3 中给出。

5.4 分析用的性能系数

性能系数 q 的概念和作用,已在本指南关于延性桥梁设计的 2.3.2.2 以及关于有限延性桥梁设计的 2.3.3 中概述。5.3 说明了在设计反应谱中性能系数 q 的使用。在探讨分析和建模的规则和细节之前,本节给出了 Eurocode 8 第 2 部分中为设计这两种不同类型桥梁,确定地震作用水平分量而指定的性能系数 q 的值。需要注意的是,在进行任何分析之前,应明确设计反应谱中 q 的值。

条款4.1.6(3),4.1.6(12)[2]

由于地震作用每个分量的设计反应谱是分别给出的,因此它们的系数 q 通常是不同的。先讨论竖向,桥墩和支座在承受同轴压缩和拉伸时,至少在竖向模态周期较短的情况下,不能形成延性。此外,竖向振动模态主要激发桥面在竖向平面内的弯曲,但桥面在设计地震作用下及震后仍应保持弹性(相邻简支跨之间的柔性延性连接顶板除外)。因此,我们在竖向上采用 $q=1$。

两个水平方向上的 q 值取决于桥梁为适应每个方向上桥面的水平地震位移如何布置。本指南 2.3.1 和 4.1 中强调了 3 个选项,以适应这些水平位移,选项分列如下:

(1)柔性支座类装置布置在桥面板与桥台、桥墩之间有效的水平界面上;

(2)在桥墩的底部形成弯曲塑性铰,对墩梁固结连接桥梁,也可能在桥墩的顶部形成弯曲"塑性铰";

(3)在桥墩基础与地面的交界处产生相对滑动,或在桩基础形成塑性铰。

此外,本指南还提供以下选项:

(4)通过将上部结构和桥台固定成一个整体,使得桥梁在跟随场地运动的过程中仅有少量自身附加变形,以达到将桥梁与场地锁定的效果。

条款4.1.6(3),4.1.6(12)[2]

如本指南 2.3.2.5 中所述,无论是选项(1),还是桥墩基础相对于土体滑动的选项(3),都不会让延性构件(如桥墩)产生显著的非弹性变形。因此,使用这些选项的抗震设计应该是弹性的,采用 $q=1$。在采用延性和耗能的抗震设计时,需采用大于 1 的系数 q,我们可选择剩下的选项(2)和选项(4)[还有方案(3)中在桩基础形成塑性铰时]。

条款4.1.6(3),4.1.6(7)[2]
条款4.1.6(9),4.1.6(10),6.7.3(4),6.7.3(9)[2]

Eurocode 8 中为这些选项指定的 q 的最大值如表 5.1 所示。

"锁定"桥梁,或其动力响应独立的部分,被认为是跟随地面做水平运动,而没有进行明显放大。其设计谱加速度可视为设计峰值地面加速度(即:$T=0$ 和 $q=1$)。本类别包括通过可移动支座和桥面连接的桥台,或桥面与桥台具有刚性水平连接,且水平方向上基本周期 T 小于 0.03s 的整体式桥梁。这种情况对应于表 5.1 的最后一行。它上面一行对应的是桥面刚性连接到两个桥台上的桥梁(固结连接或通过固定支座连接)。对于这种桥梁,Eurocode 8 要求考虑土与桥台之间的相互作用,使用真实的土刚度参数。如果 T 大于 0.03s,设计反应谱应根据 T 值,

按 $q=1.5$ 求取。如果桥台埋设在坚硬的天然土壤中，且桥台台背表面积的80%以上嵌入天然土壤中，则可以避免对 T 的估算，并将桥台视为“锁定”（见图4.12）。

用于地震作用的水平分量性能系数 q 表5.1

延性构件类型	抗震性能	
	有限延性	延性
钢筋混凝土墩		
受弯竖墩	1.5	3.5[a]
受弯斜撑杆	1.2	2.1[a]
桩帽下的桩		
受弯竖桩	1.0	2.1[a]
斜桩	1.0	1.5[a]
钢桥墩		
受弯竖墩	1.5	3.5
受弯斜撑杆	1.2	2.0
普通支撑墩	1.5	2.5
偏心支撑墩	—	3.5
牢固连接主梁的桥台		
一般情况	1.5	1.5
锁定桥梁	1.0	1.0
拱	1.2	2.0

注：[a] 如果所有墩的剪跨比最小值 L_s/h（其中 $L_s=M/V$ 为考虑的地震作用方向上从墩底到拐点的距离，h 为该方向上的截面深度）小于3.0，则将性能指标乘以 $\sqrt{L_s/(3h)}$。对于侧面偏离地震作用分量的墩，沿两侧使用 L_s/h 的最小值

如2.3.1中所述，如果塑性铰可能在任何桥墩不好接近的部位形成，则桥梁的设计应根据表5.1中 q 值的60%进行（但不应小于1，即最小取 $q=1$）。Eurocode 8 第2部分认为桥墩在地基深层填土中是可接近的，但在深层水或地下水中的桥墩，以及大型桩帽下的桩则是不可接近的。无论如何，桥墩在正常地下水位以下的部分，只要能以合理的支护方式将水抽干，便视为可进行维修。 *条款4.1.6(6)[2]*

表5.1给出的 q 值，对钢筋混凝土桥墩来讲，只要轴压比 η_k 的最大值（轴向荷载，包括在水平方向上设计地震作用产生的荷载和重力荷载 N_d，除以桥墩截面面积和混凝土标准强度的乘积 $A_c f_{ck}$）在所有桥墩中均不超过0.3时就可采用。如2.3.3中所述，如果这个 $\eta_k=N_d/A_c f_{ck}$ 的最大值超过0.6，则此时 q 值应取为1.0。如果 η_k 在0.3和0.6之间时，允许采用1.0和表5.1中的值进行线性插值。所有钢筋混凝土桥墩中，η_k 的最大值控制了整座桥梁系数 q 的取值。不过，需要指出的是，通常情况下 η_k 值是相当低的。此外，Eurocode 2 中对墩柱长细比设定了上限，以避免在重力荷载作用下二阶效应的烦琐计算（EN 1990 的“持久作用和暂时作用的设计工况”）会导致需进行桥梁较大墩柱的设计，因而降低了 η_k 值（见本指南4.4.3.1）。 *条款4.1.6(5)[2]*

在对任何地震作用进行分析之前，需要对桥墩纵向和横向的剪切跨度 $L_s=$

M/V 进行估计,得出塑性铰可能形成的截面处弯矩 M 和剪力 V 的值。为此,2.3.2.3中给出的 L_s 值,在(1) ~ (4)情况下均可方便地采用。其中的情况(1)(即墩柱顶与桥面在纵桥向整体连接)可做如下调整。

我们用 EI_d 表示桥面在竖向平面内的弹性抗弯刚度,EI_p 为同一平面内桥墩的总有效抗弯刚度,这可能包括 $n\geqslant1$ 个墩柱,每一个的有效刚度为 EI_n;则:$EI_p=\Sigma_n(EI)_c$(见5.8,有效刚度)。若 L_d 为桥墩两侧的平均跨长(桥台外跨采用自由支承时,跨径值取其两倍用于计算),H_p 为净墩高,则桥面与桥墩的相对刚度定义为:

$$k=\frac{EI_dH_p}{EI_pL_d} \tag{D5.4a}$$

则墩底剪切跨度为:

$$L_s=\frac{k+1/6}{k+1/12}\frac{H_p}{2} \tag{D5.4b}$$

2.3.2.3 中的情况(4)(即单柱式桥墩在横桥向可视为垂直悬臂梁)可做如下修正,以之包括:(a)桥面板在竖向平面内对横轴的旋转质量惯性矩 $I_{\theta,d}$;(b)桥墩顶部与桥面惯性力施加点之间的垂直距离。为方便起见,桥面惯性力施加点一般取桥面截面质心,与桥面底部的距离为 y_{cg}:

$$L_s=H_p+y_{cg}+\frac{1.5I_{\theta,d}}{M_d(H_p+y_{cg})} \tag{D5.5}$$

在式(D5.5)中,$I_{\theta,d}$ 与桥面质量 M_d 之比开平方即为桥面质量的回转半径 $r_{m,d}$。M_d 和 $I_{\theta,d}$ 均和全桥的平均跨径 L_d 有关,为了表述的完整性和未来参考使用,给出下式:

$$M_d=L_d\left[\rho_cA_{c,d}+\left(\frac{\psi_2q_k}{g}+\rho_{surf}t_{surf}\right)b_{surf}+\frac{g_{side}}{g}\right] \tag{D5.6a}$$

$$I_{\theta,d}=L_d\left\{\rho_cJ_{p,d}+\left(\frac{\psi_2q_k}{g}+\rho_{surf}t_{surf}\right)b_{surf}\left[\frac{b_{surf}^2}{12}+(h_d-y_{cg})^2\right]+\frac{g_{side}}{g}\left[\frac{b_{side}^2}{4}+(h_d-y_{cg})^2\right]\right\} \tag{D5.6b}$$

在式(D5.6)中,ρ_c 和 ρ_{surf} 分别为混凝土的质量密度和面层材料(或压载,用于铁路桥梁);$A_{c,d}$ 和 $J_{p,d}$ 分别为梁断面的面积和极惯性矩;ψ_{2qk} 为均布交通荷载的准永久值;b_{surf} 为桥面宽度;t_{surf} 为面层(或压载)的厚度;g_{side} 为每延米桥面两侧的扶手、栏杆和路缘的总重量;b_{side} 为路缘之间的距离;h_d 为桥面厚度;$g=9.81\ \mathrm{m/s^2}$,为重力加速度。

Eurocode 8 第 2 部分建议正常交通量的桥梁和人行天桥采用 $\psi_2=0$。对于“严重交通状况”的道路桥梁(注释中定义为具有国家重要性的高速公路和其他道路),建议 $\psi_2=0.2$。对于“严重交通状况”的铁路桥梁(注释中定义为城际铁路和高速铁路),建议 $\psi_2=0.3$。在这两种情况下,仅推荐荷载模型 1 (LM1)均匀交通荷载(UDL)的标准值 q_k,以及其在全国范围内的所有应用调整,对桥上“严重交通”的准永久部分产生影响。交通荷载的准永久值和永久作用,不仅被认为是受到地震作用时产生惯性力的质量,同时需要和“抗震设计状况”下的作用效应组合以验算结构性能要求(见本指南6.2)。

上述讨论隐含桥面板是直的,桥墩截面弯曲的主要方向与桥面平行和正交,进而与桥梁的纵向和横向平行和正交。表5.1的脚注提到有些桥墩的边与桥面轴线斜交;例如,墙式或空心矩形桥墩,其边与桥台平行和正交,但和桥面轴线斜交。这些桥墩在桥的纵向和横向两个方向要给出它们的有效刚度,也要给出耦合(交叉)刚度。在惯性矩方面,惯性矩 I_L、I_T 和 I_{LT}(交叉惯性矩)同时产生,交叉惯性矩是由主惯性矩 I_1 和 I_2 旋转到平行和正交于顺桥向的方向所产生的。对于桥梁在竖向平面内的横向弯曲,应采用 I_T 的值。这种弯曲涉及平行于其主要方向的截面的两个深度(即两个方向)。这两个深度中较大的一个和相应的剪切跨径相比,控制着墩的延性(或无延性)。因此,决定地震作用两个方向 q 取值的是两个剪跨比中最小的一个。

5.5 振型分解反应谱法

5.5.1 计算模型

5.5.1.1 简介

在介绍振型反应谱方法的同时,下面给出的建模方法也适用于5.6和5.10中重点介绍的其他分析方法。由于其本质是振型反应谱分析的简化,5.6中的线性方法,也适用于简化模型。相比之下,5.10中的非线性方法通常需要在建模时考虑结构的一些非线性因素。

5.5和5.6中的线性分析方法,除了在通过延性耗能的位置时,特别是在弯曲塑性铰中,其他地方均不考虑非线性性能。即使是这类非线性,也是通过性能系数 q 以一种传统的、近似的方式处理的。其他类型非线性的影响,即使对全局响应不太重要,也不能通过线性分析准确地获得。这包括滑动支座的摩擦,剪力键与桥面的间隙闭合时二者的突然接触,回填体和桥台及其翼墙之间的相互作用,桥面板与桥台之间或两个桥面板之间运动接头的闭合和重新打开(不仅是纵向响应,还有横向响应,横向响应可能会关闭桥面板一侧的接头)等。这些现象应该用非线性分析来处理。正如第4章所指出的,如果设计者不准备采用非线性分析,他们应该完全避免采用滑动构件和中间伸缩缝,避免桥面板与剪力键或桥台之间的缝隙在抗震设计状况下出现闭合的情况,否则就要考虑非线性影响进行设计。例如,Caltrans(2006)规范在4.5.3的最后一段中强调,桥台台背顶部和桥面板同高的部分,可以设计成在大地震作用下被撞倒的牺牲性后墙,这种设计思路可供参考。

5.5.1.2 桥面和桥墩的模型

用于振型反应谱分析的桥梁模型(或Eurocode 8第2部分所说的"完全动力模型")应能准确反映全桥的质量分布,即整个桥面、所有桥墩和基础的质量分布。对于桥墩的质量,结构设计普遍采用10%经验法则,即当桥墩质量占由其支撑的

条款4.1.1(1),4.1.2(2),4.2.1.1(2)[2]

桥面质量的10%以上时,应计入桥墩质量。无论如何,沿着桥墩的质心轴设置一串距离近似相等的中间节点,并将其连续分布的质量凝聚到这些节点,建立一个桥墩的集中质量模型无需付出多大代价。桥墩通常是一维构件,有一个直的轴线和一个恒定或变化的(锥形或喇叭形)截面。三维棱柱体梁/柱(子)单元沿其长度具有恒定的截面特性,其连接桥墩相邻的中间节点。如果桥墩截面发生变化,则中间节点的间距宜足以保证这种分段具有按等截面近似处理的精度。如果桥墩是等截面的,则至少设置3个中间节点。类似的模型可用于由单梁(通常是混凝土箱梁、钢箱梁或钢与混凝土组合箱梁)组成的桥面板。图5.1展示了一个混凝土桥墩与箱梁桥面整体连接的模型实例。

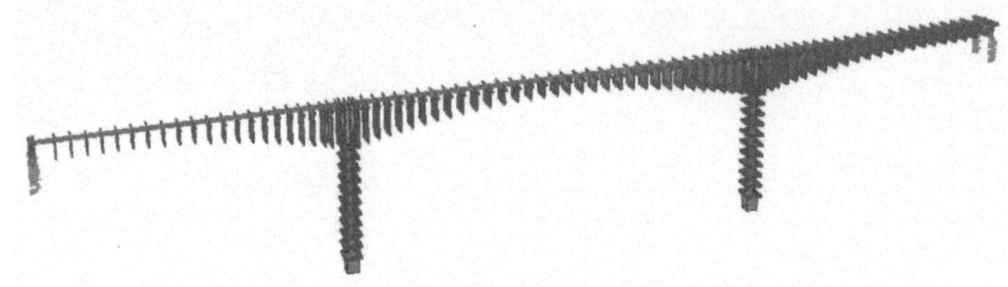

图5.1　将采用平衡悬臂施工法的某混凝土箱梁桥进行离散化处理后,得到的桥面和桥墩各节点的截面图

在等截面三维棱柱体梁/柱单元离散化中,每个节点都具有全部6个自由度(DoFs):3个平动和3个转动(支撑位置节点的某些自由度当然受到约束)。分配给每个桥面板节点的3个平动自由度的质量,它们的值由式(D5.6a)给出,式中跨径L_d应替换为节点两侧2个棱柱体桥面板单元的平均长度。分配给桥面板绕其质心轴线x转动自由度的旋转质量惯性矩$I_{\theta x}$,其值由式(D5.6b)给出,式中跨径L_d也应替换为节点两侧2个棱柱体桥面板单元的平均长度。桥墩节点的凝聚质量和绕其质心轴线x转动自由度的旋转质量惯性矩$I_{\theta x}$,计算方法和桥面板类似。由于节点在桥面板或桥墩纵轴上的间距通常很近,因此不需要将转动质量惯性矩分配给另外2个转动自由度,即截面绕质心轴y和z的转动自由度。沿着桥面和桥墩密集布置的节点给出了一个类似于质量沿桥面和桥墩连续分布的模型,并能确定反映这种分布的模态形状。例如,高阶模态可能会在墩顶与墩底之间,或在桥面的相邻接缝之间产生1个以上的拐点。除非在相邻接缝之间布置大量节点,否则这些模态无法得到。图5.2d)和图5.3d)~n),以及本指南8.2.6中的图8.6,为桥墩与箱梁桥面板整体连接的桥梁模态的示例。图5.3是一座桥墩高度显著不同的桥梁,所有桥墩的上部30m为双薄壁墩,下部(如果有的话)为空心矩形截面。8.3.3.4中的图8.32~图8.35还描述了图8.27桥梁模型的重要模态。

质量应该分配给桥墩在地面以下的所有节点,如土层刚度足够大,其(土弹簧)刚度应包含在模型中(可以是无限的)。可液化、黏性极弱或淤泥质土可不含在模型中。桩节点(或其他基础单元)位于强夯地基顶部以下,可视为无质量节点。出于同样的原因,不应考虑土或水压力对这些节点的作用。

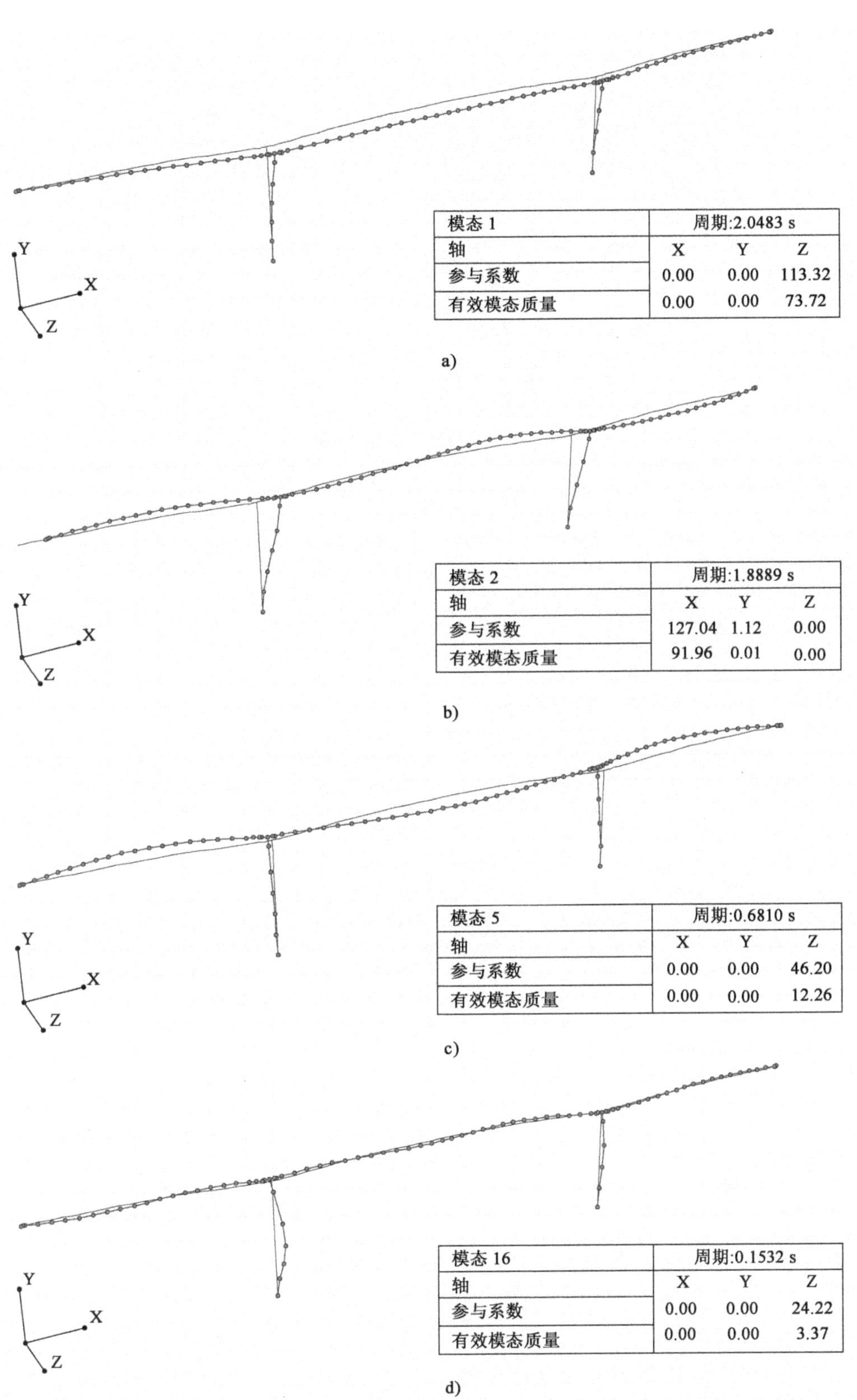

图 5.2　图 5.1 所示类型桥梁的 4 阶模态的振型、周期和参与系数,在 2 个水平方向的总参与质量约为 90%

a)、c)、d)横桥向;b)顺桥向(Bardakis, 2007)

模态 1
周期:2.6057 s
轴 X Y Z
参与系数 106.50 0.05 0.00
有效模态质量 72.23 0.00 0.00
Y
X
Z
a)
模态 2
周期:1.7494 s
轴 X Y Z
参与系数 0.00 0.00 98.08
有效模态质量 0.00 0.00 61.95
Y
X
Z
b)
模态 4
周期:0.5015 s
轴 X Y Z
参与系数 0.00 0.00 39.92
有效模态质量 0.00 0.00 10.26
Y
X
Z
c)
模态 6
周期:0.4863 s
轴 X Y Z
参与系数 45.46 0.76 39.92
有效模态质量 13.16 0.00 10.26
Y
X
Z
d)

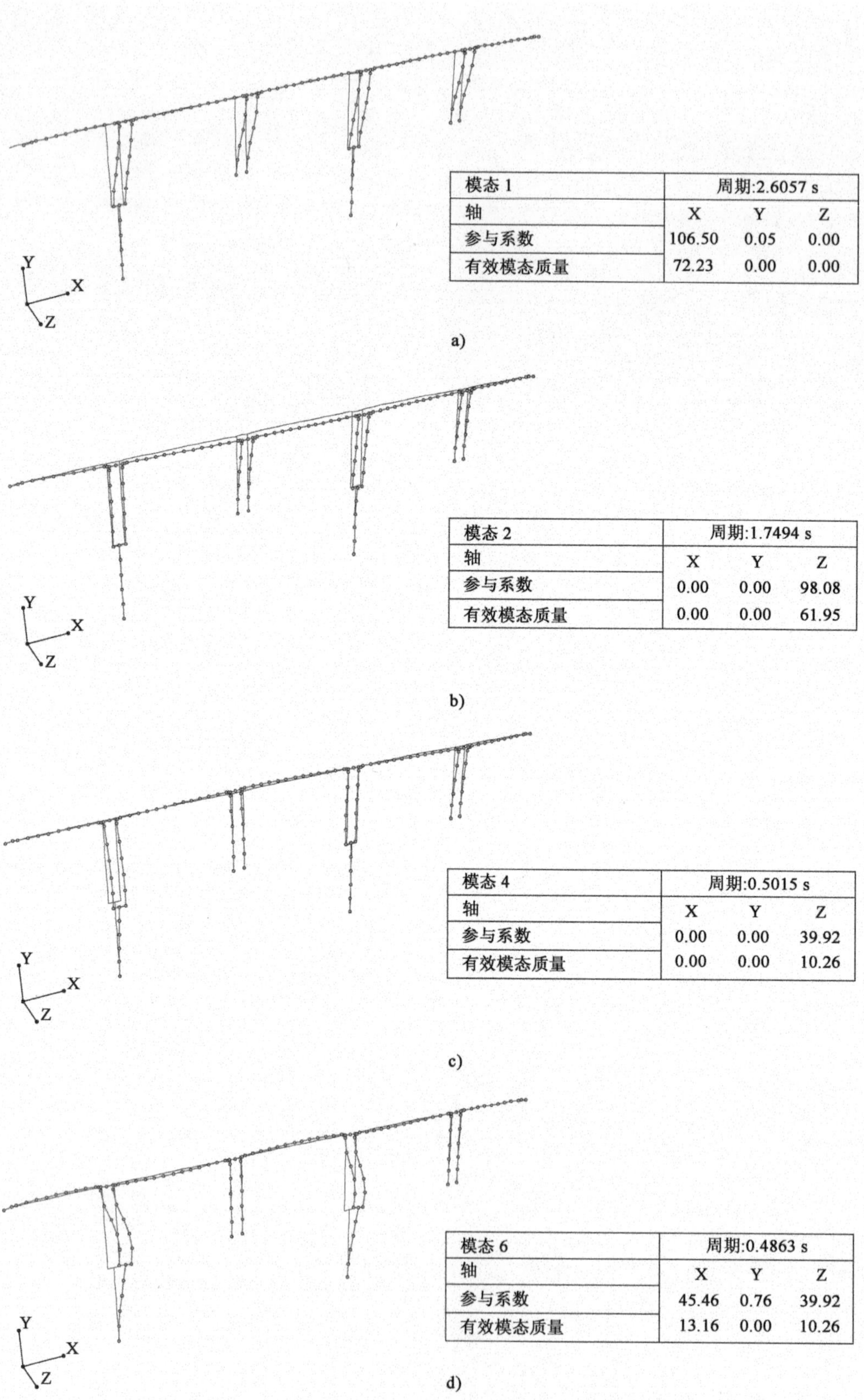

图　5.3

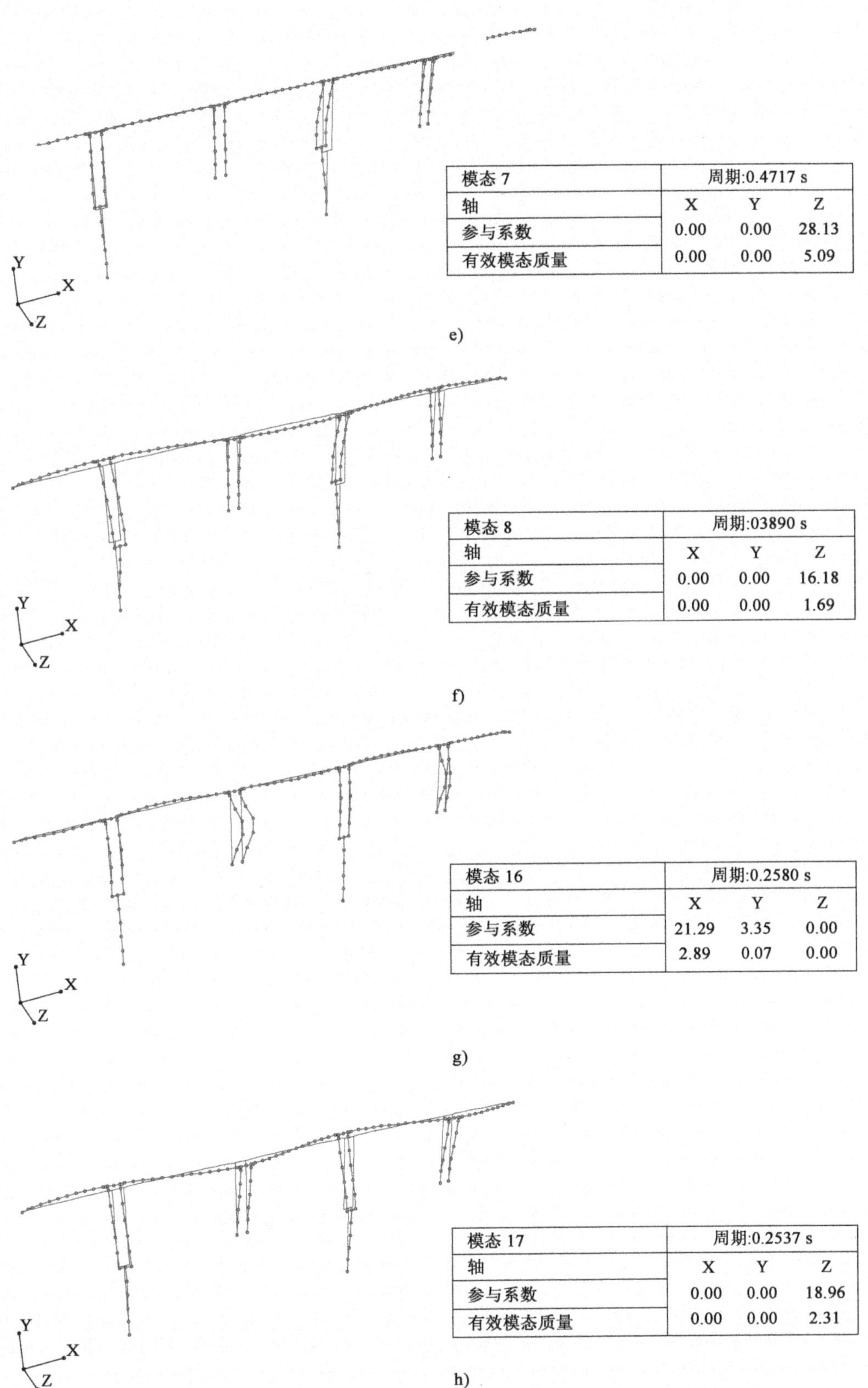

模态 7	周期:0.4717 s		
轴	X	Y	Z
参与系数	0.00	0.00	28.13
有效模态质量	0.00	0.00	5.09

e)

模态 8	周期:03890 s		
轴	X	Y	Z
参与系数	0.00	0.00	16.18
有效模态质量	0.00	0.00	1.69

f)

模态 16	周期:0.2580 s		
轴	X	Y	Z
参与系数	21.29	3.35	0.00
有效模态质量	2.89	0.07	0.00

g)

模态 17	周期:0.2537 s		
轴	X	Y	Z
参与系数	0.00	0.00	18.96
有效模态质量	0.00	0.00	2.31

h)

图 5.3

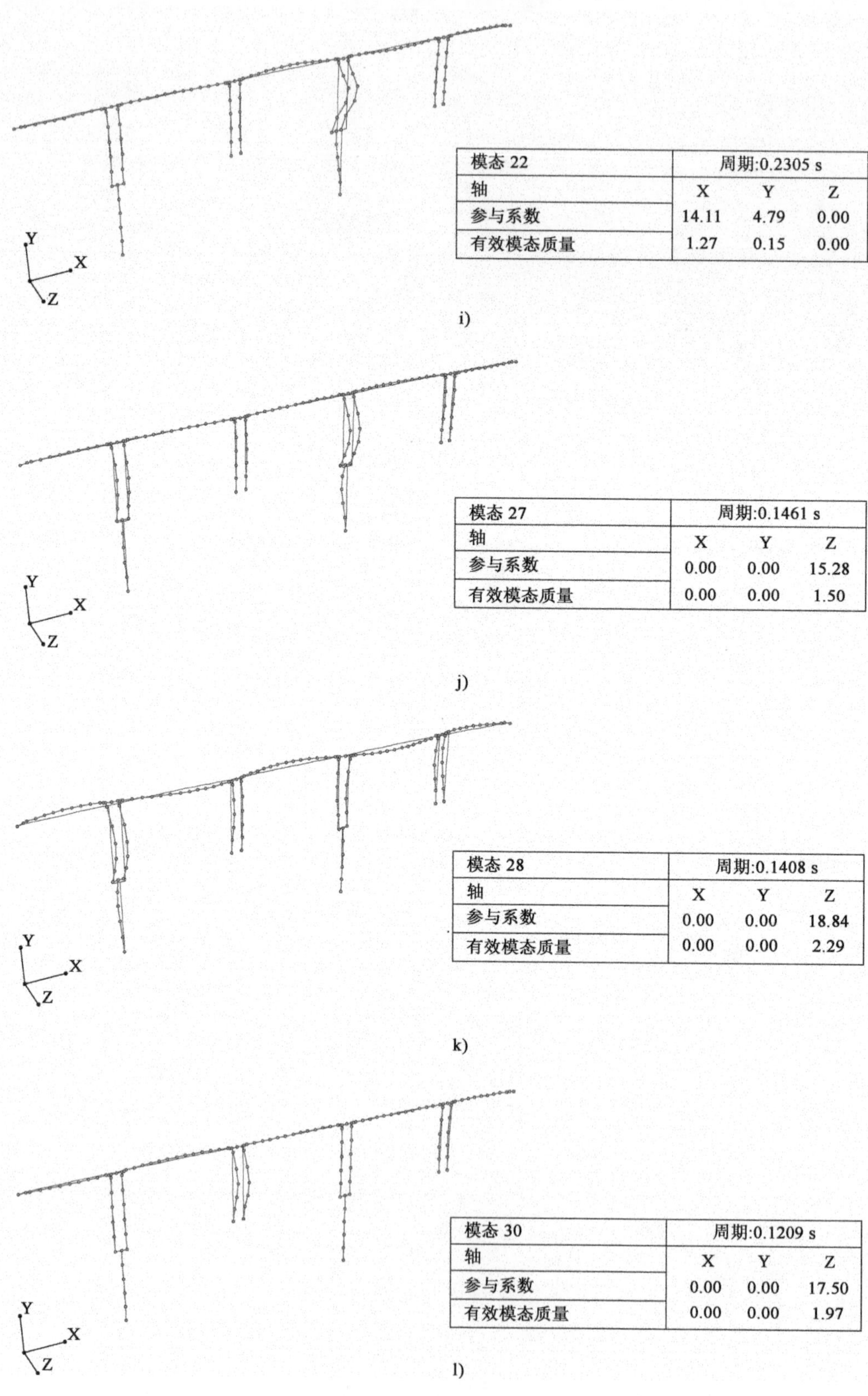

模态 22	周期:0.2305 s		
轴	X	Y	Z
参与系数	14.11	4.79	0.00
有效模态质量	1.27	0.15	0.00

i)

模态 27	周期:0.1461 s		
轴	X	Y	Z
参与系数	0.00	0.00	15.28
有效模态质量	0.00	0.00	1.50

j)

模态 28	周期:0.1408 s		
轴	X	Y	Z
参与系数	0.00	0.00	18.84
有效模态质量	0.00	0.00	2.29

k)

模态 30	周期:0.1209 s		
轴	X	Y	Z
参与系数	0.00	0.00	17.50
有效模态质量	0.00	0.00	1.97

l)

图　5.3

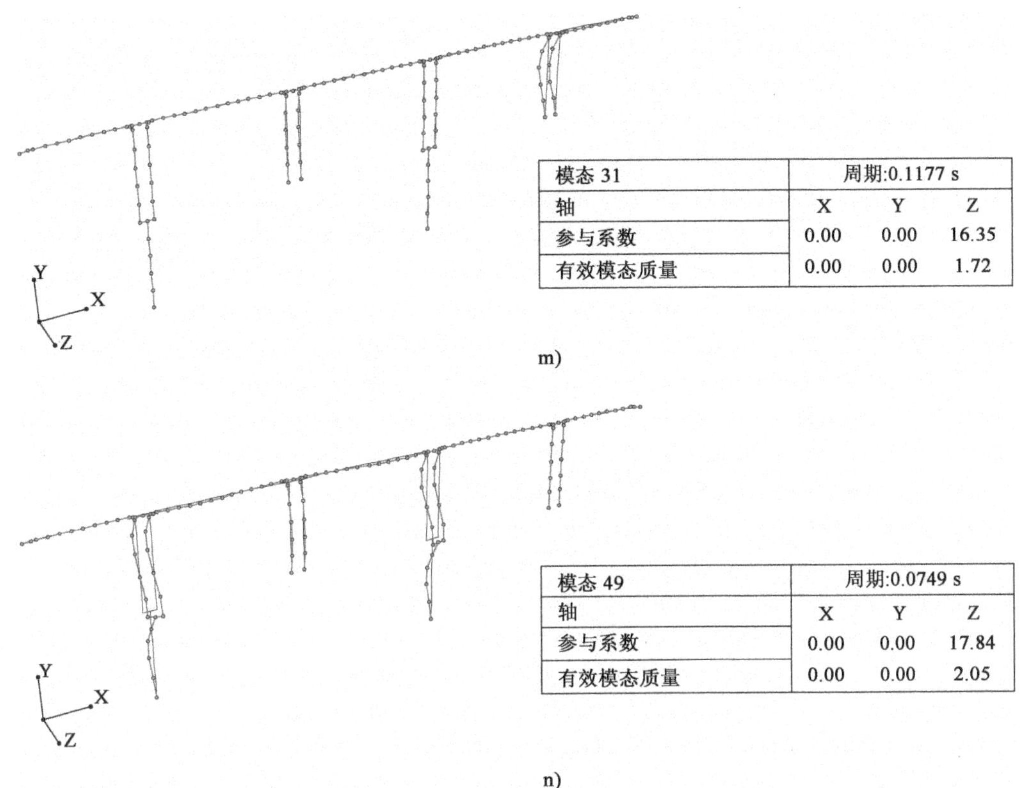

图 5.3　图 4.6 中所示桥梁的 14 阶模态的振型、周期和参与系数，在 2 个水平方向的总参与质量约为 90%

a)、d)、g)、i)顺桥向；b)、c)、e)、f)、h)、j)～n)横桥向(Bardakis,2007)

为了分析桥面板的重力荷载(永久荷载和交通荷载，交通荷载通常由于车轮或车道负荷而造成分布不均匀)效应，根据桥面板承载能力极限状态(ULS)以及由于这些作用的相关组合而导致的平面外弯曲的正常使用极限状态(SLS)(包括施工的中间阶段，并考虑到徐变对作用效应的重新分配，如桥面板部分或全部由混凝土构成)对桥面板进行设计，通常需要建立一个非常精细的桥面板模型。如果振型反应谱分析采用相同的离散化模型，其地震作用效应的计算结果可与永久作用的分析结果以及交通荷载的准永久值作用的分析结果(考虑徐变等重分布后)方便地进行组合。虽然方便，但选择相同的桥面板模型进行抗震分析也不是必须的，因为惯性地震荷载与质量和响应加速度的乘积成正比，在桥面上分布非常均匀。因此，为了进行全桥抗震分析，可以采用梁单元对桥面板建立脊梁模型。这种模型不能捕捉到墩台整体连接桥梁的连接节点处地震作用效应的详细分布，对多柱墩更是如此。如果对节点处地震作用效应的详细分布感兴趣，可根据全桥抗震分析结果得到的墩柱内力，作为静力荷载按照力和力矩的方向施加到用于重力荷载效应分析的桥面详细模型上，通过静力计算得出。还要注意，采用延性抗震设计的墩梁固结连接桥梁，桥面板及连接节点应按能力设计方法设计。

如果桥面由混凝土板组成，其重力荷载分析通常基于非常精细的壳单元有限元网格(即平面外弯曲的板单元与平面内为平面应力单元的组合)。

图 5.4 给出了一个 3 跨预应力混凝土桥梁示例，桥面点支承于 4 个墩柱上。如前面提到的，为了方便，振型反应谱分析通常采用(和静力分析)相同的有限元

模型。桥面节点位于其中表面,通常每个节点有 5 个自由度:3 个平动和 2 个转动(围绕垂直于中表面的轴旋转通常不是独立的自由度)。每个节点所有的平动自由度应考虑其凝聚质量。由于节点的密度,不需要考虑转动自由度的转动质量惯性矩。

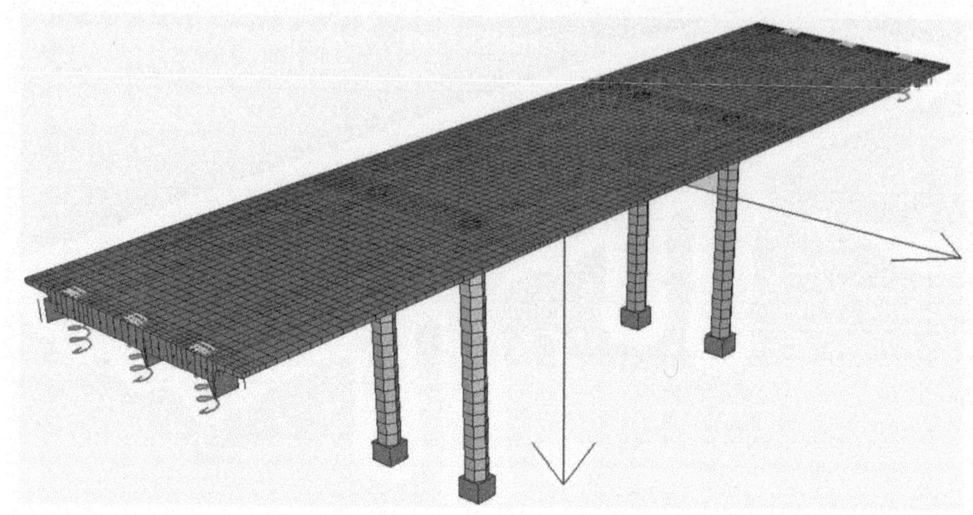

图 5.4 混凝土桥面板采用壳单元的精细化有限元网格

当桥面由多片平行的梁(无论是预制混凝土梁还是钢梁,或者钢-混凝土组合梁)组成时,通常采用梁格模型进行重力荷载分析(包括交通荷载)。在该模型中,每根梁都要设置中间节点,梁被建模为由三维棱柱体梁单元构成的脊梁模型,每个单元具有一个 T 形或 I 形截面的横梁,横梁的长度为该梁与相邻梁之间距离的一半。同样,采用三维棱柱体梁单元的横梁(子)单元,连接相邻脊梁相对应的中间节点。只要桥面上有这种构件,它们就代表横梁,包括桥墩或桥台支承上的横隔板。在这种情况下,横梁(子)单元有一个 T 形、I 形或倒 L 形截面,与实际的截面相似,包括顶部(有时在底部)桥面板的任何有效翼缘宽度(见 8.3.3.2 中图 8.27的示例,桥面由两根平行的带钢质横梁的组合梁组成)。在所有其他中间节点上,任何连接横梁(子)单元都表示相邻梁通过顶部和底部的桥面板(如果有的话)的横向耦合。然后,对于矩形截面横梁(子)单元,其面积和对水平轴的惯性矩等于上、下桥面板的面积和惯性矩之和。

对于平行空芯的混凝土板桥面板,可以采用类似的模型代替连续的二维壳体有限元网格(在这种情况下,空芯的影响通过各向异性的特性来反映)。

上面所强调的用于重力荷载分析的桥面梁格模型也可以用于振型反应谱分析。为此,每个节点的 3 个平动自由度都分配了节点质量,但转动自由度没有转动质量惯性矩,这与前面两段所述的壳体单元桥面板有限元模型完全相同。在该模型中,桥面板整体的抗拉刚度和抗弯刚度作为一个整体能够被单元真实地反映出来。在梁格模型中,除非有特别的规定,它不能完全真实地被反映出来。桥面板的面内刚度最受关注。如果采用的(子)单元簇的每一组在纵向和横向上保持了桥面的总截面面积，则抗拉刚度就有足够的代表性。由在纵向（子）单元族中沿宽度分布的轴向刚度 EA，可以近似地得到桥面板的平面内抗弯刚度，条件是横梁（子）单元的平面内弯曲和剪切刚度应认为是无限的，从而使这些横向（子）单元保持垂直于桥面板的纵轴（与截面的纤维模型一样，平面截面假设将纤维轴向刚度 EdA 的平面分布转换成截面的弯曲刚度，$\int Ey^2 dA$）。最后，如果梁（子）单元被指定为无限剪切刚度（零剪切面积），但它们的长度（沿梁的中间节点间距）ΔL 约为 $\Delta L = b\sqrt{2}(1+\nu)$（式中 b 为桥面梁之间的间距，ν 为泊松比），则可以有效地得到梁（子）单元在横向平面内的剪切刚度。这样，梁（子）单元平面内弯曲刚度（对平面内无限刚性横梁两侧固定）等于 $12E(tb^3/12)/\Delta L^3$，即等于 $G(tb)/\Delta L$。

为保证混凝土桥面在设计地震作用下的预期弹性性能，Eurocode 8 规定在线性分析中应采用其未开裂的全截面弯曲、剪切和轴向刚度，但 5.5.1.4 提到的相邻简支预制梁间接缝处的连接板除外。同样，对采用有限延性设计的桥梁的钢筋混凝土桥墩，线性分析中也应采用全截面刚度。对采用延性设计的桥梁，应采用有效抗弯刚度，即截面屈服点的割线刚度（见 5.8.1）。混凝土桥面板的扭转刚度会因为沿对角线的裂缝而降低，其特殊规定见 5.8.3。

条款2.3.6.1(1)～2.3.6.1(3)，2.3.2.2(4) [2]

5.5.1.3 桥面板与桥墩之间连接的建模

5.5.1.2 所述的建模方法，同样适用于以下情况：

(1)桥面板与桥墩整体固结；

(2)桥面通过刚性支座水平固定在桥墩顶部，但可以自由旋转；

(3)在桥墩顶部和桥面板之间设置活动支座。

在第(1)种情况下，桥墩的顶部和紧接其上的桥面板可以共用同一节点，该节点位于桥面板与桥墩（或墩柱）之间物理节点的理论中心。该节点与物理节点表面（桥面板或桥墩的末端部分）之间桥面板或桥墩部分被建模为刚性的。注意，与美国标准（Caltrans, 2006）不同，Eurocode 8 在模型中包含了墩梁固结连接节点及其附近区域桥面板的全宽度，以反映其弯曲特性。在第(2)种情况中，通常引入单独的节点：一个位于墩顶，另一个位于桥面质心轴上（如果桥面为混凝土板，则为桥面中部）。这两个节点被限制为平移相同，但转动不同。在第(3)种情况中，在桥墩顶部和其上方的桥面板上各引入一个单独的节点，并通过一个模拟支座的特殊单元连接。这可能是一个具有抗拉刚度（kN/m）的桁架单元，在每个方向上，支座都具有柔性。隔震专用支座具有非线性的受力变形特性，应在合理的分析框架内进行建模（即非线性方法）。虽然普通的叠层橡胶支座也起到了隔震作用，但它们被认为是弹性的，在振型反应谱分析中占有一席之地。弹性刚度在垂直方向为 $E_v A_b/t_q$，水平方向为 GA_b/t_q，式中 E_v 为弹性体在与层压成直角时的有效弹性模量，G 为剪切模量，A_b 为支座水平表面积，t_q 为支座中弹性体层的总厚度。剪切模量 G 可以认为是一个材料常数，其取值如本指南 6.10.4.1 所述。与此相反，当有效弹性模量 E_v 与贴片成直角时，其取值很大程度上取决于其尺寸（其形状因子 S

和体积模量 K 等,见 6.10.4.1 和 6.10.4.2)。常用的橡胶支座在与贴片成直角时具有较高的刚度,通常可以假定其在该方向上是刚性的,至少在第一次近似时是刚性的。如果支座在一个水平方向上是固定的(刚性的),那么它所连接的桥墩和桥面节点在这个方向上的位移是相同的。

注意,一个整体或刚性连接到某些桥墩或桥台的桥面板,相对于通过可移动支座的桥墩或桥台,可能具有非相位响应。这种响应将反映在更高的模态中;5.5.4的模态组合规则将适当地捕捉到承载力变形的增加及其所需要的桥墩受力。

条款
6.6.1(2)[2]

剪力键通常安装在桥墩或桥台的桥面两侧,桥面由活动支座(如滑动或弹性支座)支承,以防止其横向脱位或脱落。桥面与剪力键间隙在设计地震作用下的闭合是一种非线性现象,并且不能在线性分析中得到真实的反映:在 Eurocode 8 第 2 部分中,允许地震连接的割线刚度,等于剪切键的侧向阻力除以剪力键达到侧向阻力时桥面板的位移,这在确定剪力键的尺寸之前很难确定。为了绕过这个问题,可以用放置在桥面和剪切键之间的垂直弹性体支座来填补空隙。弹簧的横向刚度等于一侧垂直支座的总弹性刚度 $\sum E_{v}A_{b}/t_{q}$,可在桥墩或桥台被使用。如果没有间隙或松弛,这种连接相当于一个固定的支座,支承的横向刚度为桥墩或桥台的横向刚度。典型的壁式支台具有相当高的横向刚度和阻力,甚至可以不考虑土体/回填体不确定的横向设计。桥面与桥台的这种横向连接可视为刚性支承。

5.5.1.4　预制梁桥面跨间连接板的建模与分析

条款
4.1.3(3)[2]

预制的桥面(可以是许多平行梁,也可以是单箱梁)通常只是简单地支承在桥墩上。橡胶支座通常用于跨的两个支座,虽然可选择一个支座采用固定支座,另一个支座采用活动支座,但是,不建议采用这种方法,因为它会引起有关桥面隔震的一些问题,特别是在与梁间连接板一起使用时。

正如本指南 4.2.1 所提到的那样,连接板(或连续板)通常在相邻跨梁之间的连接处现场浇筑(详细的例子见图 4.1)而成。连接板提供了与桥面顶板的连续性,以避免连接缝隙,提高驾驶人的舒适性,并在相邻的桥面板跨之间创建刚性膜片连接,使整个长度上的桥面作为一个单一的延展性弹性体响应横向地震作用。此外,它还充当了两个跨之间的抗震连接,以防止落梁和跨脱落。节点上方的连接板应包括在模型中。它在由简支梁组成的桥面板跨度末端和所述相邻跨的节点之间延伸,其可以建模为连接所述梁单元端节点的三维梁单元(桥墩顶部支承节点上方的节点)。对于连接板,最好使用沿桥轴的单个梁单元,其矩形截面的垂直尺寸与连接板的实际深度相同,而水平尺寸与桥面板整宽相同。这适用于桥面跨度的梁不是集中成沿桥轴的单个梁单元,而是单独建模的情况,如 5.5.12 倒数第二段中突出显示的格栅桥面模型。在这种情况下,单环板单元将沿着梁单元的脊柱连接中点节点,模拟每个桥面板跨度支撑节点上的膜片梁。模型需要考虑梁轴线和连接板之间的偏心距。为了反映节点上方连接板中集中塑性变形的影响,Eurocode 8 第 2 部分规定损伤后连接板的有效刚度为未开裂时的 25%。折减系数

0.25 既需要在计算顺桥向响应时对连接板平面外抗弯刚度$(EI)_s$进行折减，又需要在计算横桥向响应时对平面外和连接板外构件的刚度进行折减。

连接板需要考虑以下作用和作用效应：

(1)重力荷载和附加变形。

—计算由车轮荷载引起的连接板局部弯曲，应该将连接板视为支承在桥梁净跨径L_c以外的桥面板上（即连接板横向支承在预制主梁上，见图4.1）。

—预制主梁的端部和连接板间相对转角φ_d的影响[图5.5a)]。相对转角在净跨径L_c上产生了恒定弯矩$M_{c,d}$，其近似计算公式为：

$$M_{c,d}=\frac{(EI)_s\varphi_d}{L_c} \tag{D5.7}$$

式中，$(EI)_s$是连接板面外弯曲刚度。由于徐变会引起应力重分布，相对转角φ_d由两部分荷载产生，一部分是连接板硬化后，作用在连接板上的永久荷载（路面、人行道等的重量）；另一部分是连接板硬化前已经施加的荷载（约占总荷载的75%），如主梁和连接板施工前现浇板的自重。轴心拉力二次效应的计算公式为：

$$N_{c,d}=\frac{GA_b}{t_q}\varphi_d\frac{h_d}{2} \tag{D5.8}$$

式中，G、A_b和t_q分别是该跨径内支座的剪切模量、总面积以及橡胶层总厚度，h_d是主梁的高度[如图5.5a)所示]。由于混凝土收缩和温度变化会引起主梁缩短，支座对主梁的约束使得主梁内有轴向拉力。上文中提到的轴心拉力二次效应应计入主梁缩短产生的轴向拉力中。需要注意的是，如果采用上述推荐模型的连接板，所有重力作用产生的响应需要通过分析得到。如果连接板不是上述类型，则需要将重力荷载作用在简支梁上计算转角φ_d，并通过式(D5.7)和式(5.8)来确定。

(2)地震荷载。

—对于顺桥向地震作用，其作用效应主要是墩顶转角φ_p。由于连接板长度L_c比两侧跨径小很多，因此假设连接板两侧的桥面板保持水平。因此，墩顶的转动将在连接板处产生一个转动，即在连接板两端有一对反对称弯矩[见图5.5b)]，其大小为：

$$M_{c,p}=\frac{6(EI)_s\varphi_p}{L_c} \tag{D5.9}$$

大小为$M_{c,p}$的反对称弯矩反过来将作用在主梁的桥面板上。如果预制主梁的跨径为L_g，那么主梁内剪力为$2M_{c,p}/L_g$，该剪力传递到连接板后，支座将产生一个竖向的反力。假设相邻跨支座间顺桥向的间距为L_b，反对称弯矩作用下传递到桥墩的弯矩为：

$$M_p=2M_{c,p}L_b\left(\frac{1}{L_g}+\frac{1}{L_c}\right)\approx 2M_{c,p}\frac{L_b}{L_c} \tag{D5.10}$$

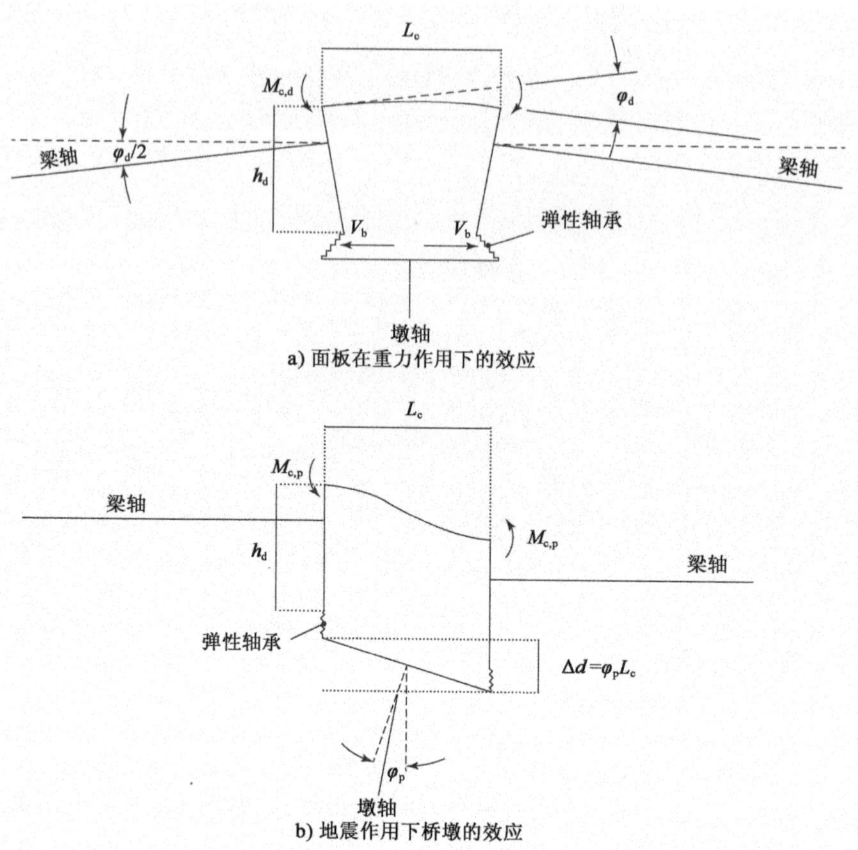

图 5.5　在预制主梁之间的连接板施加强制转角产生的作用效应

该弯矩作用在墩顶,与墩底弯矩异号,表明连接板在桥墩顶部和桥面之间产生了次生的“框架效应”。注意,如果模型包括如上所述的连续性板以及在距离 L_b 处两排支座的桥墩顶部的单独节点,则所有这些地震作用效应都来自地震分析。如果模型不包括这些,则可以通过式(D5.9)和式(5.10)从由地震分析产生的 φ_p 值估算它们,其中桥墩被认为是支承梁质量的垂直悬臂。

桥墩和桥台在纵向上的不同刚度产生的轴向力二阶效应,其影响橡胶支座对惯性力的(否则相等的)水平反力。由于这些支座具有较大的剪切柔度,因此这种影响很小。

对于横向的地震作用,其效应通常很小:由于各个桥墩和桥台的刚度不同,其重要性因支座起主导作用柔度降低。然而,在这种情况下,由于桥面板质量和横向刚度在整个长度上的分布,可能存在高阶模态效应。由于桥面板内弯曲(桥面板的整个宽度)的可用截面深度较大,连接板可不关注所产生的地震作用效应。只有当其两侧的支座(弹性支座、滑动支座或其他支座)在横桥向上具有差异很大的刚度时,连接板中的地震作用效应才值得注意。

5.5.1.5　浸入水中桥墩的动水效应建模

条款4.1.2(5),附录F [2]

5.5.1.5.1　简介

当桥墩浸没在深水中时,动水效应对水平地震作用响应的影响很重要。就竖向分量的地震作用响应而言,它们可忽略不计。对于竖向墩,可通过加在水下部分桥墩上的“附加质量”来估计水平分量地震作用效应的影响。本节强调的这种方法基于:在涉及浸入水中桥墩的地震响应时,以下假设通常能够得到满足:

■ 水是不可压缩的;

■ 由于地震运动引起的表面波效应可忽略不计。

在浸没结构的地震响应期间的动水效应是由水-结构界面上水压的变化引起的,因此是结构相对于水的运动的函数。这些压力的合力可以方便地表示为粘附在结构上的“附加的”质量矩阵 $\mathbf{M}_a$ 和结构在考虑方向上相对于水的负加速度矢量 $\ddot{\boldsymbol{U}}_{sw}$ 的乘积(即 $-\mathbf{M}_a\ddot{\boldsymbol{U}}_{sw}$)。结构的运动方程为

$$\mathbf{M}\ddot{\boldsymbol{U}}_A+\mathbf{C}\dot{\boldsymbol{U}}+\mathbf{K}\boldsymbol{U}=-\mathbf{M}_a\ddot{\boldsymbol{U}}_{sw} \tag{D5.11}$$

式中,**M**、**C** 和 **K** 分别是结构的质量、阻尼和刚度矩阵;对于空心墩,封闭在墩内的水的质量包括在 **M** 中;$\boldsymbol{U}_A$ 和 $\boldsymbol{U}$ 分别是结构节点的绝对位移矢量和相对于地面的位移矢量,$\dot{\boldsymbol{U}}$ 和 $\ddot{\boldsymbol{U}}$ 分别是结构节点的伪速度矢量和伪加速度矢量。

绝对加速度 $\ddot{\boldsymbol{U}}_A$、相对加速度 $\ddot{\boldsymbol{U}}$ 和地面加速度 $\ddot{\mu}_g$ 与 $\ddot{\mu}_g$ 之间的关系为 $\ddot{\boldsymbol{U}}_A=\ddot{\boldsymbol{U}}+\ddot{u}_g\boldsymbol{I}$,其中单位矢量 $\boldsymbol{I}$ 在所考虑的地面运动方向上的值等于 1,在所有其他方向上的值为 0。因此,运动方程变为:

$$\mathbf{M}\ddot{\boldsymbol{U}}+\mathbf{C}\dot{\boldsymbol{U}}+\mathbf{K}\boldsymbol{U}=-\mathbf{M}\boldsymbol{I}\ddot{u}_g-\mathbf{M}_a\ddot{\boldsymbol{U}}_{sw} \tag{D5.12}$$

5.5.1.5.2 为水平地震作用分量考虑的附加质量

水的剪切刚度为 0,所以水不能跟随地面的水平运动。因此,结构相对于水的加速度等于其绝对加速度:$\ddot{\boldsymbol{U}}_{sw}=\ddot{\boldsymbol{U}}_A$。因此,式(D5.12)可改写为:

$$(\mathbf{M}+\mathbf{M}_a)\ddot{\boldsymbol{U}}+\mathbf{C}\dot{\boldsymbol{U}}+\mathbf{K}\boldsymbol{U}=-(\mathbf{M}+\mathbf{M}_a)\boldsymbol{I}\ddot{u}_g \tag{D5.13}$$

这相当于将质量矩阵增加到 $\mathbf{M}+\mathbf{M}_a$。由于它延长了周期,增加的质量可能会降低谱加速度,但同时,它也会增加地震响应的力和位移。它的值可能相当大,特别是在空心墩上。轴长为 $2a_x$ 和 $2a_y$ 的椭圆截面桥墩,受到与 x 轴成角度 θ 的水平分量地震作用,每单位浸入水中长度的附加质量等于:

$$m_a=\rho\pi(a_y^2\cos^2\theta+a_x^2\sin^2\theta) \tag{D5.14}$$

式中,ρ 为水的密度。圆形截面桥墩墩具有 $a_x=a_y=R$。Eurocode 8 第 2 部分的资料性附录 F 中给出了浸入水中的矩形墩在其侧面方向上的附加质量,作为墩身截面长宽比的函数。注意,椭圆形或矩形墩的附加质量在截面的两个正交主方向上是不同的。

上述方法给出了在地震动水平分量作用下由于桥墩侧面上的水压变化产生的力和相关力矩。如果这些面不是垂直的,那么由这些水压变化产生的水平力分量可以很好地通过简化的附加质量方法来近似,但是不能得到压力变化的垂直分量及其影响。这些垂直分量在水平地震分量的垂直平面内产生力矩,如果墩的外表面如图 5.6a)所示向下逐渐变细(即地震作用下会增加基座上的倾覆力矩),这

将导致稳定性降低。如果它们向上逐渐变细,如图 5.6b)所示,将会使稳定性增加。如果墩的非垂直侧表面相对于与水平地震作用分量成直角的垂直平面对称,则垂直压力分量合力为零。对于具有倾斜侧面的浸入水中桥墩,建议采用能够处理浸没结构的地震响应的一般"耦合"问题的特殊有限元方法。

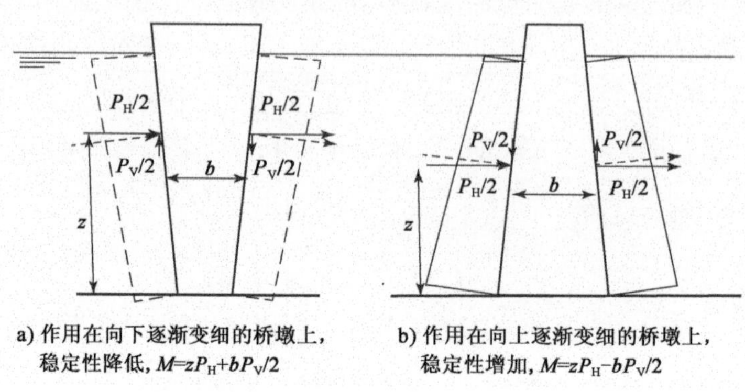

a) 作用在向下逐渐变细的桥墩上,稳定性降低, $M=zP_H+bP_V/2$

b) 作用在向上逐渐变细的桥墩上,稳定性增加, $M=zP_H-bP_V/2$

图 5.6 水压垂直分量对非垂直外表面浸入水中桥墩的影响

5.5.1.5.3 竖向分量

由于不可压缩,水与地面在垂直方向会一起移动,加速度为 $\ddot{\boldsymbol{U}}$。因此,结构相对于水的加速度等于相对于地面的加速度。与垂直相对运动相关联的附加质量矩阵表示为 $\mathbf{M}_{av}$。水压变化对浸入水中的桥墩侧表面的额外影响不是源于结构相对于水的运动,因此与"附加"质量无关。这是由于水的垂直加速度 $\ddot{u}_{gv}$,使其表观单位重量产生变化。由此产生的在结构上的浮力的变化可以方便地表示为 $\mathbf{M}_b\boldsymbol{I}\ddot{u}_{gv}$,其中 $\mathbf{M}_b$是由桥墩排开的水的质量。

在写运动方程之前,应指出以下内容:

显然,在垂直方向上,墩的"附加"质量 $\mathbf{M}_{av}$ 与水平方向的附加质量无关;实际上,如果墩的侧面是垂直的,则 $\mathbf{M}_{av}$ 为零。

■ 垂直方向上的附加质量来自浸入水中的物体与水接触的边界面,如果该边界面在水平面上的投影面积较大(例如,支撑在桥墩上的水下管道或隧道),则会产生显著的附加质量。

■ 即使对于具有倾斜侧面的桥墩($\mathbf{M}_{av}$ 非零),相对加速度矢量,$\ddot{\boldsymbol{U}}_{sw}=\ddot{\boldsymbol{U}}$,也是由于墩的轴向变形产生的;因此其大小也远小于与弯曲变形相关的水平方向的 $\ddot{\boldsymbol{U}}_{sw}$的大小。

■ 对于普通桥墩,由垂直方向上的"附加"质量引起的水动力效应非常小。

同时考虑附加质量和"浮力"质量的影响,式(D5.12)可以写成:

$$(\mathbf{M}+\mathbf{M}_{av})\ddot{\boldsymbol{U}}+\mathbf{C}\dot{\boldsymbol{U}}+\mathbf{K}\boldsymbol{U}=-(\mathbf{M}-\mathbf{M}_b)\boldsymbol{I}\ddot{u}_{gv} \tag{D5.15}$$

上式表明只有总振动质量 $\mathbf{M}+\mathbf{M}_{av}$ 的一部分 $\mathbf{M}-\mathbf{M}_b$ 被 $\ddot{u}_{gv}$激发。因此,为了分析,质量矩阵增加到 $\mathbf{M}+\mathbf{M}_{av}$,但必须修改模态激励因子以对应于激发质量 $\mathbf{M}-\mathbf{M}_b$而不是总质量。另外,垂直方向上的有效模态质量之和小于结构总质量。

总之，如 Eurocode 8 第 2 部分所允许的那样，对常规桥梁，忽略垂直地震分量的水动力效应是合理的。在应该包括这种影响的特殊情况下，要么通过求解方程(D5.15)解决，要么采用特殊的有限元软件解决。

5.5.1.6 基础和土壤的线性建模

桥梁基础是大型的浅基础、深层(沉箱)或桩基础。对于这些类型的基础，Eurocode 8(CEN，2004b)的第 5 部分要求在抗震分析中考虑土-结构相互作用。桥梁基础应考虑土壤-结构相互作用的条款是强制性的。

条款4.1.4(1)，4.14(3)，6.7.3(2)[2]

线性土-结构相互作用的严格处理基于弹性动力学理论。在直接(或完全)相互作用分析时，其中土壤和结构都用有限元建模，在计算上非常苛刻，并且不适合设计，特别是采用三维模型时更是如此。子结构方法可将问题简化到更易控制的程度，如果修改上部结构，不一定需要重复整个分析。这种方法从数学上来讲，具有很好的便捷性和严谨性，根据线性系统的叠加定理(Kausel 和 Roesset，1974)，整个系统的地震反应可分两个阶段计算(图 5.7)：

条款4.22.3(1)，4.2.3(3)，5.4.2(1)，5.4.2(3)，6(1)，6(2)，附录D[3]

(1)运动相互作用效应的确定，假定一个系统，其上部结构的质量等于零(这与实际系统是不同的)，计算该系统对地面加速度的响应。

(2)惯性相互作用效应的计算，计算完整的土-结构系统对与基础加速度相关的力的响应，基础加速度等于由运动相互作用产生的加速度。

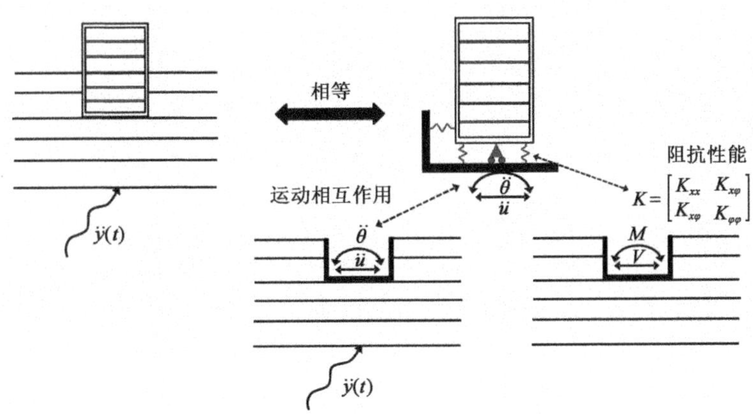

图 5.7 土-结构相互作用中的叠加定理

第二步又分为两个子任务：

■ 计算基础的动力阻抗；基础的动力阻抗表示在谐波力直接加载时，其在基础底面产生的反作用力。

■ 计算支撑在动力阻抗上的上部结构在运动相互作用产生的加速度(也称为有效基础输入运动)作用下的动力响应。

对于刚性基础，如桥梁的基础，动态阻抗可视为一组与频率相关的弹簧和阻尼器，集中在基础底部或桩帽的下侧。对于刚性基础，最一般情况下的复值阻抗矩阵是完整的 6×6 矩阵。然而，对于具有两个对称轴和水平分层土壤剖面的常规几何形状，一些非对角线项等于零，此时阻抗矩阵可采用简化形式：

$$K=\begin{bmatrix} k_{11} & 0 & 0 & 0 & k_{15} & 0 \\ 0 & k_{22} & 0 & k_{24} & 0 & 0 \\ 0 & 0 & k_{33} & 0 & 0 & 0 \\ 0 & k_{42} & 0 & k_{44} & 0 & 0 \\ k_{51} & 0 & 0 & 0 & k_{55} & 0 \\ 0 & 0 & 0 & 0 & 0 & k_{66} \end{bmatrix} \tag{D5.16}$$

自由度1~3为三个正交方向的平动,自由度4和5为绕两个正交水平轴的摇摆转动(图5.8)。自由度3是垂直方向的平动,对角线项k_{33}代表该自由度,k_{66}代表扭转自由度,这两个自由度相对于其他自由度是解耦的。对于桩基础或嵌入式基础,两个平动自由度总是与两个摇摆自由度耦合;只有在基础为表面基础或很浅的嵌入式基础时这种耦合才可以被忽略。

在大多数商业软件代码中,可能不能在刚度矩阵中引入耦合(即非对角线)项。然而,通过将刚度矩阵转换到位于刚度矩阵变为对角线的基础下方的深度z(>0)处的点,并且在所有方向上用简单的弹簧建模来考虑耦合项是可行的。例如,对方向1和5,具有平移弹簧刚度k_{11}和转动刚度$k_{55}-z^2k_{11}$的对角线刚度矩阵,通过刚性梁单元在深度$z=-k_{15}/k_{11}$处连接到基础,可在基础上产生正确的刚度矩阵(图5.8)。

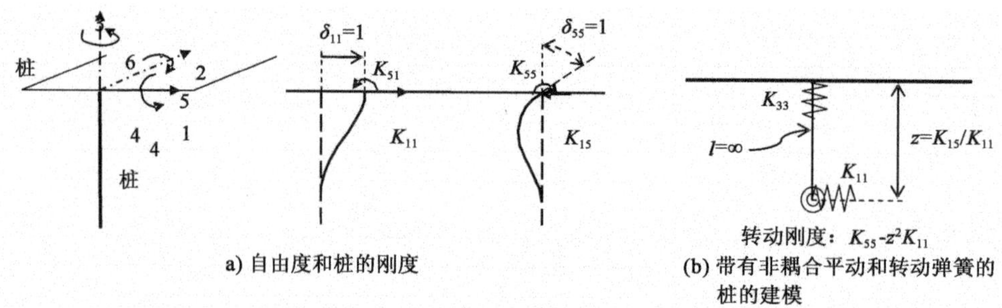

图5.8　桩中平动-转动耦合的建模

阻抗矩阵的不同项的解析表达式,式(D5.16),对于各种几何形状的浅基础,嵌入式基础或桩基础可以在技术文献中找到(Novak,1974;Gazetas,1983,1991)。Eurocode 8第5部分的资料性附录C提供了各种桩的头部刚度的表达式,用于土壤模量随深度变化的各种情况。请注意,桩头刚度可能受到桩群效应的强烈影响,它反映了桩-土-桩相互作用。这种效应取决于桩的横截面尺寸和间距,以及土特性和激励频率。与静态加载不同,即使在大的桩间距时,该效应也可能是重要的。目前已经开发出计算地震荷载下群桩效应的简化方法(Dobry 和 Gazetas,1988)。对于常见的桩尺寸和间距,群桩效应对刚度的影响通常在2.5~6之间。

式(D5.16)中的每一项都是一个复数,可以写成:

$$k_{ij}=k_{ij}^{s}(k_{ij}^{d}+ia_0c_{ij}^{d})=k_{ij}^{s}\left(k_{ij}^{d}+i\frac{\omega B}{v_s}c_{ij}^{d}\right) \tag{D5.17}$$

式中,k_{ij}^{s}为阻抗的静态分量;括号中的项,k_{ij}^{d}和c_{ij}^{d}对应于阻抗的动态贡献,并且是频率相关的；$a_0 = \omega B/v_s$ 是无量纲频率；ω 是激励的圆频率；B 是基础的标准尺寸（半径、宽度等）；v_s 是土壤剪切波速；$i^2 = -1$。

式（D5.17）中的术语具有以下物理含义：$k_{ij}^s k_{ij}^d$ 代表弹簧和 $k_{ij}^s c_{ij}^d B/v_s$ 代表阻尼器。系统的等效阻尼比为：

$$\zeta_{ij} = \frac{\omega B}{v_s} \frac{c_{ij}^d}{2k_{ij}^d} \tag{D5.18}$$

在振型反应谱分析的实际应用中，通常和推荐的做法是，将按式（D5.18）计算的等效阻尼比的上限值设为30%。

虽然上述关于下部结构的计算方法对于线性土-结构相互作用的处理是严格的，但其实际实施需要经过几个简化：

■ 假设系统具有完全线性性能。然而，众所周知，这是一个很强有力的假设，因为土壤本身和土壤-基础界面存在非线性（滑动、顶升、桩头附近的间隙等）。根据 Eurocode 8 第 5 部分的建议，可以部分考虑土壤的非线性，方法是在计算阻抗矩阵时选择反映自由场土壤非线性性能的土壤特性折减值（详见本指南的3.3.2.2）。这隐含地假设在土-基础界面（桩身、基础边缘）处发生的附加非线性不会显著影响整体地震反应。对于桩，建议进一步降低顶部的土模量，从桩顶几乎为零开始，在桩身深度为桩平均横截面尺寸的 4 ~ 6 倍时将其提高到“完全折减”值。3.3.2.2 的表 3.5 列出了土壤模量的建议折减系数。

■ 运动相互作用通常会被忽略。这意味着用于结构动力响应计算的输入运动仅仅是自由场运动。虽然这个假设对于受垂直传播体波影响的浅基础是精确的，对于更复杂的地震环境中的浅基础或柔性桩也是基本精确的，但对于嵌入式基础或非常坚硬的桩基而言，这种假设变得非常不准确。特别是，嵌入式基础的真实输入运动不仅包括平移分量，还包括旋转分量。

■ 刚度矩阵的频率相关项近似为常数。除了非常罕见的均质土壤剖面外，这一条件很难满足。刚度项的常数值的合理近似是对应于土-结构相互作用模态的频率的近似值。为了得到该值，宜对每个振动模态进行弹簧常数迭代，直到所选择的值对应于计算的频率。包含附加质量和弹簧的更精细模型也可表示阻抗项的频率依赖性，例子如图 5.9 所示。模型参数可拟合阻抗项的精确变化（如图 5.10所示），或者基于锥模型的简化假设进行估算（Wolf 和 Meek，2004）。或者，也可以采用频域内的解决方案：它有若干优点，如频率相关阻抗矩阵的严格处理，以及可充分考虑由阻抗矩阵虚部表示的辐射阻尼。目前已经开发了专用软件工具来解决频域中的土-结构相互作用问题（Lysmer 等，2000），这在业界广为人知。

基于弹簧和阻尼器概念的各种文克尔模型已被广泛使用，以模拟土壤对基础的影响。它们采用分布在基础底部或沿桩身分布的弹簧和阻尼器，来表示与土壤的相互作用。虽然从概念上讲，土壤反作用力仍然由弹簧和阻尼器的荷载来表示，但与阻抗矩阵方法不同，没有科学合理的方法来定义这些弹簧和阻尼器。它们的参数值特别是它们在基础上的分布,随频率变化;没有特别的分布可再现基础所有自由度的整体刚度。例如,可选择均匀分布用于垂直刚度,但不能精确地匹配摇摆刚度。此外,桩基还有两个难题如下:

- 弹簧和阻尼器的选择应反映群桩效应。
- 地震运动是随深度变化的,因此应在桩和土壤之间共享的所有节点上定义不同的输入运动;宜采用单独的分析来确定这些输入运动。

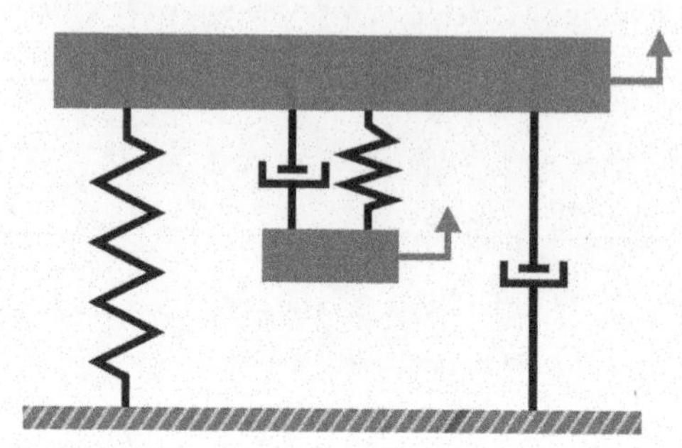

图 5.9 基础阻抗的简单流变模型示例

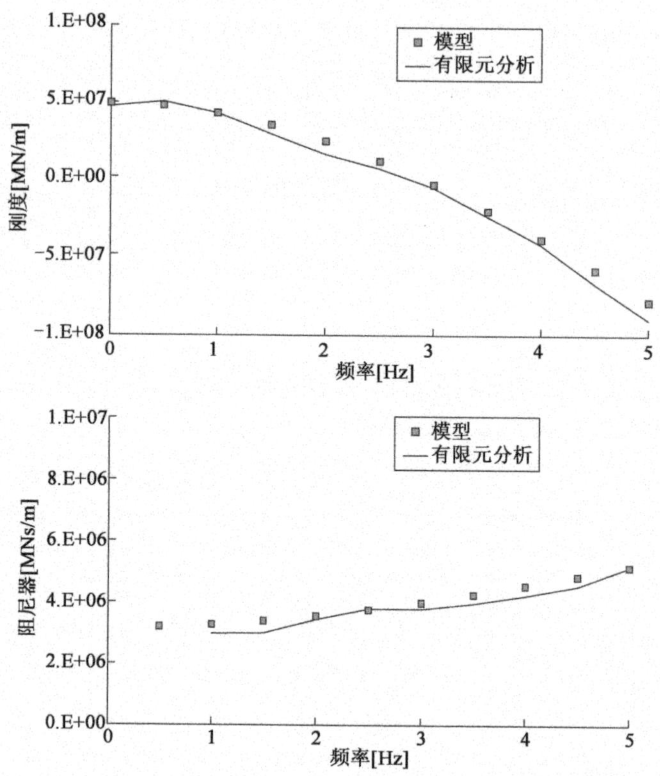

图 5.10 图 5.9 的流变模型模拟 RionAntirion 大桥基础的动态摇摆阻抗的精度(Pecker,2006)

因此,鉴于其参数选择的各种不确定性,文克尔模型虽然具有吸引力,但仍需严谨慎采用。图 5.11 描绘了两种类型的建模:

- 基于阻抗矩阵的概念,这在线性系统的框架中是严格的。
- 近似文克尔模型。

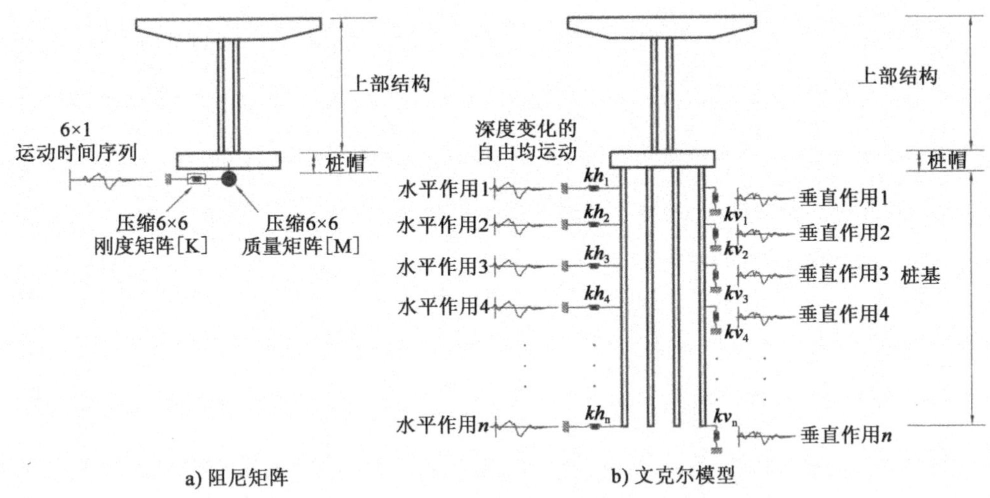

图 5.11 线性土-结构相互作用的建模技术

5.5.2 模态分析结果

在振型反应谱分析中，首先计算三维模态振型（本征值）和固有频率（本征值）。在完整的三维模型中，每阶模态振型通常在所有节点 i 处沿 X、Y 和 Z 三个方向上都有位移和旋转。特征分析可给出每阶模态的以下参数（以第 n 阶为例）：

（1）固有周期 T_n 和相应的圆频率 $\omega_n=2\pi/T_n$。

（2）模态振型矢量 $\boldsymbol{\Phi}_n$。

（3）X、Y 或 Z 方向对地震作用分量响应的振型参与系数，分别表示为 Γ_{Xn}、Γ_{Yn} 或 Γ_{Zn}。Γ_{Xn} 的计算方法是：

$$\Gamma_{Xn}=\boldsymbol{\Phi}_n^{T}\mathbf{M}\boldsymbol{I}_X/\boldsymbol{\Phi}_n^{T}\mathbf{M}\boldsymbol{\Phi}_n=\sum_i\varphi_{Xi,n}m_{Xi}/\sum_i(\varphi_{Xi,n}^2m_{Xi}+\varphi_{Yi,n}^2m_{Yi}+\varphi_{Zi,n}^2m_{Zi}) \tag{D5.19}$$

式中，i 代表与自由度相关的节点，$\mathbf{M}$ 为质量矩阵，$\boldsymbol{I}_X$ 是一个矢量，该矢量在平行于方向 X 的平移自由度的元素为 1，所有其他元素等于 0，$\varphi_{Xi,n}$ 是 $\boldsymbol{\Phi}_n$ 中对应于节点 i 与 X 平行的平移自由度的元素，而 m_{Xi} 是质量矩阵的相关元素。类似地，对于 $\varphi_{Yi,n}$、$\varphi_{Zi,n}$，m_{Yi} 和 m_{Zi}，其含义也一样。如果 $\mathbf{M}$ 包含旋转质量惯性矩，$I\theta_{Xi,n}$，$I\theta_{Yi,n}$ 和 $I\theta_{Zi,n}$，则相关项包含在 Γ_{Xn} 的分母的求和表达式中。Γ_{Yn}、Γ_{Zn} 的定义相似。

（4）X、Y 和 Z 方向的有效模态质量分别为 M_{Xn}、M_{Yn} 和 M_{Zn}，其中 $M_{Xn}=(\boldsymbol{\Phi}_n^{T}\mathbf{M}\boldsymbol{I}_X)^2/\boldsymbol{\Phi}_n^{T}\mathbf{M}\boldsymbol{\Phi}_n=(\sum_i\varphi_{Xi,n}m_{Xi})^2/\sum_i(\varphi_{Xi,n}^2m_{Xi}+\varphi_{Yi,n}^2m_{Yi}+\varphi_{Zi,n}^2m_{Zi})$；$M_{Yn}$ 和 M_{Zn} 的计算类似。第 n 阶模态沿 X、Y 或 Z 方向的峰值力分别为：$V_{bX,n}=S_a(T_n)M_{Xn}$，$V_{bY,n}=S_a(T_n)M_{Yn}$ 和 $V_{bZ,n}=S_a(T_n)M_{Zn}$。所有模态在 X、Y 或 Z 方向的有效模态质量之和等于总质量。

X、Y 或 Z 方向上的地震作用分量的作用效应峰值可按下述方法计算：

（1）对于第 n 阶模态，谱位移 $S_{dX}(T_n)$ 可由地震作用分量的设计加速度谱计算得到；例如，对于 X 方向，$S_{dX}(T_n)=(T_n/2\pi)2S_{aX}(T_n)$。

（2）在计算方向上的地震分量作用下，第 n 阶模态产生的结构节点位移矢量（如 X 方向），U_{Xn}，可按 $U_{Xn}=S_{dX}(T_n)\Gamma_{Xn}\boldsymbol{\Phi}_n$ 计算。

(3)在计算方向上的地震分量作用下,每阶模态作用效应的峰值,可根据步骤(2)计算得到的模态位移矢量计算;如构件的模态变形(即曲率或弦转角)可直接由第 n 阶模态的节点位移矢量得到;通过将构件模态变形乘以构件刚度矩阵,可以得到构件端部处的模态内力,等等。

按上述方法计算的峰值振型响应是精确的,但是不同阶次模态的峰值响应出现的时间是不同的,因此只能进行近似的组合。5.5.4 给出了峰值振型响应的统计组合规定。

5.5.3 最小振型数

条款4.2.1.2(1),4.2.1.2(2)[2]

振型反应谱分析应考虑所有对任何感兴趣的响应量有显著贡献的模态。这在实践中很难实现。因为要考虑的模态的数量应被设定为标准值分析的输入,因此可能必须从一开始就设定一个非常大的阶数,否则,如果设定的模态阶数不够,则必须根据需要设定一个更高的阶数重新进行标准值分析。

Eurocode 8 将在每个地震作用分量方向上产生的总力作为感兴趣的主要响应量,并将标准值分析的目标设定为至少捕获其总值的 90%。这被转化为参与模态质量的标准:Eurocode 8 要求考虑的 N 阶模态,应能使在每个地震作用分量方向上的总参与模态质量,至少达到总质量的 90%。在图 5.3 的例子中,3 阶模态就足以满足纵桥向的要求,但横桥向需要 9 阶模态;这需要计算到桥梁的第 49 阶模态。

条款4.2.1.2(3)[2]

如果上述标准难以满足,Eurocode 8 第 2 部分允许采用一种替代方法,计算周期大于 0.033s 的所有模态,前提是它们在每个意向分量方向上的总参与模态质量至少达到总质量的 70%。然后,宜采用总质量与总参与模态质量之比的系数,放大所有计算模态地震作用效应,以弥补损失质量的影响。如果周期大于 0.033s 的所有模态不能满足总参与模态质量至少达到总质量 70% 的要求,则宜计算更多的模态,直到满足要求。很明显,上述对计算结果放大的替代方法,对设计来讲是非常保守和不经济的,因此设计者宜尽量考虑采用尽可能多的模态来满足至少达到 90% 总质量的要求。

5.5.4 模态结果的组合

条款4.2.1.3[2]

在振型反应谱分析中,宜将两阶不同模态的弹性响应考虑为相互独立的。模态 i 和 j 之间的相关性大小可通过它们的相关系数 ρ_{ij} 来评估。以下近似值(derKiureghian,1981;Wilson 等,1981)被 Eurocode 2 采用:

$$\rho_{ij} = \frac{8\sqrt{\xi_i \xi_j}(\xi_i + \lambda\xi_j)\lambda^{3/2}}{(1-\lambda^2)^2 + 4\xi_i\xi_j\lambda(1+\lambda^2) + 4(\xi_i^2+\xi_j^2)\lambda^2} \tag{D5.20}$$

式中,$\lambda = T_i/T_j$;ξ_i 和 ξ_j 表示模态 i 和 j 的黏性阻尼比。如果两阶模态的固有周期非常接近($\lambda \approx 1.0$),则 ρ_{ij} 也接近 1。并且两阶模态的响应不能被认为是彼此独立的。如果模态 i 和 j 的周期之比 λ 的值在 $[1+10\sqrt{(\xi_i\xi_j)}]$ 和 $1/[1+10\sqrt{(\xi_i\xi_j)}]$ 之间,则 Eurocode 8 第 2 部分认为它们不是独立的。对于 $\xi_i = \xi_j = 0.05$

和 λ 等于极限值,式(D5.20)确实给出了一个非常低的 ρ_{ij} 值:$\rho_{ij}=0.05$。

当所有振型响应可被视为相互独立时,随机振动理论给出地震作用效应的最大值的期望值 E_E[等于振型响应平方和的平方根(SRSS 准则)](derKiureghian,1981):

$$E_E=\sqrt{\sum_N E_{Ei}^2} \tag{D5.21}$$

式中,求和是对所考虑的 N 阶模态中的所有模态求和;E_{Ei}是模态 i 的地震作用效应峰值。如果任何两阶模态 i 和 j 的响应不是相互独立的,则 SRSS 准则不保守,并且宜采用更精确的方法来组合峰值振型响应。随机振动理论给出了完全二次组合(CQC 准则)(Wilson 等,1981)方法,该方法已被 Eurocode 8 采用,用于评估对相关模态引起的地震作用效应最大值的期望值 E_E:

$$E_E=\sqrt{\sum_{i=1}^{N}\sum_{j=1}^{N}\rho_{ij}E_{Ei}E_{Ej}} \tag{D5.22}$$

式(D5.22)中,E_{Ei}和 E_{Ej}是模态 i 和 j 的地震作用效应峰值。模态 i 和 j 的相关系数 ρ_{ij}可按式(D5.20)计算。如果对 $i\neq j$(对 $i=j,\rho_{ij}=1$)时,$\rho_{ij}=0$,则 CQC 准则回归使用 SRSS 准则的式(D5.21)。

SRSS 准则和 CQC 准则仅给出峰值响应估计的绝对值,在将其与非地震作用效应(如重力荷载效应)组合时宜同时考虑负和正。模态内力在任何级别下均满足平衡要求,但由 SRSS 准则或 CQC 准则确定的构件端部内力值,在单个构件或节点的级别上却不一定满足平衡要求。

5.6 基本振型分析(或等效静力分析)

5.6.1 定义和适用范围

振型反应谱分析可简化为在每个相关地震作用分量方向上的“等效”力作用下的独立的线性静力分析,桥梁在所考虑的计算方向上被简化为一个等效单自由度系统,其基本周期和桥梁在该方向的基本周期 T_1 相同。这种简化总是可以单独应用于垂直地震作用分量,即使对两个水平方向进行了多振型反应谱分析也是如此。原则上,简化可以很好地应用于两个水平地震作用分量中的一个,而不应用于另一个。但是,同时应用它们或同时不应用它们是更有意义和方便的。

条款4.2.2.1(1),4.2.2.1(2),4.2.2.2(1),4.1.7(4)[2]

将振型反应谱分析简化为地震作用分量方向的等效静力分析的条件是:

(i)相关构件的响应由某一阶振动模态主导,即在该方向上具有最大有效模态质量。

(ii)可很好地识别需要考虑的这一阶模态的振型。

如果桥梁的桥墩质量远小于桥墩承担的桥面质量(Eurocode 8 第 2 部分的限值是小于其承担的桥面质量的 20%),并且桥梁属于以下几种特殊情况,上述条件可认为得到满足:

(a)在纵桥向,如果桥面是连续的并且大致是直线的,并且在该方向上没有被桥台约束。这是 Eurocode 8 第 2 部分的“刚性桥面板模型”在桥梁纵向上的应用。

(b)在横桥向,如果桥面板是连续的并且大致是直线的,其质心与各桥墩支撑的横向刚度大致同心。Eurocode 8 第 2 部分将后一条件量化为偏心距的上限值为桥面板长度的 5%,偏心距为支承件的横向刚度中心与桥面板质量中心(严格地说,是桥面板上所有质量以及与其刚性连接的桥墩的上半部分质量的质心)之间的理论偏心距 e_o。它还给出了在横桥向也可以应用"刚性桥面板模型"的具体条件(见 5.6.4)。如果不满足这些条件,则应采用"柔性桥面板模型"(5.6.5)。

(c)在横桥向,如果横向刚度仅由支承(有或没有支座的桥墩)提供,并且没有通过桥面板耦合,则可以认为是动态独立的。Eurocode 8 第 2 部分将这种情况限制在由简支梁组成的桥跨上,给出了桥墩可考虑为动态独立的具体条件(见 5.6.2),并将分析模型称为"单墩模型"。

在上述情况(c)中,Eurocode 8 第 2 部分是将每个独立桥墩的质量与其承受的桥面板质量之比的限值设定为 20%。在(a)和(b)状况下,则是将桥墩总质量与桥面总墩质量之比的限值设定为 20%。

请注意,与建筑不同,Eurocode 8 对基本振型分析的适用条件,不采用基本周期的值不应比反应谱的角点(标准)周期长得多来判断。只有刚度和质量在整个桥梁范围内的分布才是最重要的,而不是它们的绝对大小。

以下 4 节专门讨论上述 3 种特殊情况。对刚性桥面板模型或柔性桥桥面板模型的应用分别进行了讨论。Eurocode 8 第 2 部分的这些章节提供了建模指导,通过这些指导可以在没有计算机的情况下完成分析。5.6.4 和 5.6.5 标题中的"近似对称支承"一词,表示桥梁的理论偏心距 e_o 满足 Eurocode 8 第 2 部分规定的 0.05L 的上限要求,作为刚性桥面板和柔性桥面板模型在桥梁横向上的适用性条件。

5.6.2 单墩模型

条款 4.2.2.6(1)[2]

Eurocode 8 第 2 部分规定,单墩模型的应用仅限于在横桥向桥梁的初步抗震设计阶段,而且相邻的桥墩之间没有明显的相互作用时。常见的例子就是多跨简支梁桥(采用可移动的支座,可能其中一些是刚性的支座)。

在单墩模型中,每个桥墩,用 j 表示,被认为是一个弹性弹簧,具有刚度 K_j,由其支撑的桥面质量为 M_j。唯一的自由度是桥面板相对于地面(即桥墩底面)在横桥向的平动。刚度 K_j 是支座-桥墩-基础体系的组合刚度 K[见本指南中 2.3.2.5 的式(D2.10)]。支座通常是柔性的。所以,桥面板(即自由度)的平动主要是由它们的变形引起的,而不是桥墩或基础的变形。因此,单自由度系统的质量 M_j 可认为只需考虑桥面本身的质量。桥墩的上部不会与桥面板一起振动,其质量也应折减(无论如何,质量占比相当小,因为要满足桥墩总质量小于桥面质量 M_j 的 20% 要求)。

一旦确定了单自由度系统的周期 T_j,就可根据设计加速度反应谱确定谱加速度为 $S_{a,d}(T_j)$,据此计算支座和桥墩上的设计剪切力为 $M_j S_{a,d}(T_J)$。支座的水平变形等于桥面板相对于地面的水平平动位移乘以支座的柔度 $1/K_b$ 与总柔度 $1/K_j$ 之比。

条款 4.2.2.6(2)[2]

即使对桥面在桥墩 j 和 $j+1$ 上简支的桥跨,也会通过分担的两个质量 M_j 和

M_{j+1}，在相应的单自由度系统之间引起一定程度的耦合。因此，只有当任何两个相邻单自由度系统的周期 T 和 T_{j+1} 相差不超过 10% 时，Eurocode 8 第 2 部分才允许采用单墩模型。有时，如果要采用单墩模型，则可能需要将桥跨质量的贡献重新分配给 M_j 和 M_{j+1}，以使 T_j 和 T_{j+1} 的新值最多相差 10%。例如，如果最初 $T_j < 1.1T_{j+1}$（译者注：该式原文可能写反了，应为 $T_j > 1.1T_{j+1}$），则 M_j 应该增加，而 M_{j+1} 则应减少相同的量。

5.6.3 近似直线的连续梁桥在纵桥向的刚性桥面板模型

在这种情况下，唯一的自由度是桥面板相对于地面在纵向方向上的平动。M 是结构的等效总质量，等于桥面总质量加上所有与桥面刚性连接（通过整体或固定支座连接）的桥墩的上半部分质量总和；其刚度是纵桥向上各个支承的刚度 K_j 的总和 $K_{tot,j}$，包括桥台处的纵向可移动支承。如果支承包括在墩顶部或在纵向柔性的桥台上的支座，则 K_j 是支座-墩-基础系统的组合刚度 K，例如，可由 2.3.2.5 的式（D2.10）给出，其中墩的刚度 Kp，可由式（D2.9c）求取。刚性支座的特殊情况可通过将其柔度设置为零来实现：$1/K_b = 0$。对纵向刚性桥台上支承可移动支座情况的组合刚度 K_{tot}，$K_j = K_b$。如果桥墩的顶部与桥面整体连接，它对 K_{tot} 的贡献仍然可以按 2.3.2.5 的式（D2.10）估算，此时，$1/K_b = 0$，同时根据式（D2.9b），并考虑桥面板的柔性，可得：

条款 *4.2.2.3(1)*，*4.2.2.3(2)*[2]

$$K_p \approx \frac{12\sum_n (EI)_c}{H^3}\,\frac{k+1/12}{k+1/3} \tag{D5.23}$$

式中，k 是按式（D5.4a）定义的桥面板对桥墩的相对刚度；$EI_p = \sum_n (EI)_c$、EI_d、H_p 和 L_d 分别为桥墩刚度、桥面板刚度，桥墩高度和平均跨径，同式（D5.4a）定义。

一旦确定了桥梁的单自由度系统在纵桥向的周期 T_1，则总的地震剪切力 $V_{tot} = MS_{a,d}(T_1)$，按照 K_j 成比例地分配给各个支承 j（即每个支承分配 $V_{tot}K_j/K_{tot}$）。在所有支承处桥面板相对于地面的水平平动是相同的。它按照桥墩或其顶部的任何可移动支座的柔度成比例地分配到桥墩和支座上。

5.6.4 水平不可弯曲、近似对称支承和近似直线的连续梁桥，在横桥向的刚性桥面板模型

Eurocode 8 第 2 部分允许假设在满足下列条件之一的情况下，桥面板在其总长度 L 内在横桥向具有相同的平动：

条款 *4.2.2.3(1)* ~ *4.2.2.3(3)*[2]

(a) L 不超过桥面板宽度 B 的 4 倍：$L/B \leqslant 4$；

(b) 任何两个桥墩在横桥向的墩顶水平位移之差不超过所有桥墩的平均横向位移的 20%；这可在静力分析基础上进行检查，桥面板模拟为柔性且受到横向力近似于第一阶横向模态下的惯性荷载[即力 $F_i = m_i g$ 作用于桥面板上的节点质量 m_i 上，同用于瑞利熵的力，参见 5.6.5 和式（D5.26）]。

条件（a）容易核查。但是，条件（b）需要考虑桥面板的可变形性进行建模和计算（即类似于柔性桥面板模型建模）。因此，至少在一般情况下，简化分析过程

是否有益处是值得怀疑的。无论如何,在特定情况下,刚性桥面板模型的应用可能只需通过简单的计算来证明,甚至可以通过检查和判断来排除。

刚性桥面板模型在横桥向的应用与纵桥向应用的差异很小。通常,在支承构件的横向刚度中心和桥面板的质量中心之间存在理论上的偏心距 e_o[小于桥面板长度 L 的5%,对于刚性桥面板模型来说是适用的,见 5.6.1 中的情况(b)],由此可能引起刚性桥面板在水平面内旋转。因此,桥面板的横向平动在其整个长度上不一定相同,单自由度是其相对于地面的平均横向平动。质量 M 还是桥面板的总质量加上与桥面板刚性连接的所有桥墩的上半部分的质量总和(整体连接或通过刚性支座连接);刚度 K_{tot} 是所有支承构件 j 在横桥向的刚度 K_j 的总和,包括在桥台处可横向移动的支承构件。如果支承包括在桥墩顶部或在横桥向为柔性的桥台上的支座,则 K_j 是支座-墩-基础系统的组合刚度 K,可按 2.3.2.5 的式(D2.10)计算,其中墩的刚度 K_p,可由式(D2.9c)求取。刚性支座的柔度为零:$1/K_b=0$。对横向刚性桥台上支承可移动支座情况的组合刚度 K_{tot},$K_j=K_b$。独柱墩对组合刚度的贡献可按式(D2.10)计算,其中 K_p 按式(D2.9a)求取,多柱墩按式(D2.9b)求取。

条款
4.2.2.5(1)~
4.2.2.5(2),
4.1.5(3)[2]

与纵桥向不同,在横桥向上产生的总地震力 $F_{tot}=MS_{a,d}(T_1)$ 不与 K_j 成比例地分配给各个支撑 j。因为 V_{tot} 是由桥面板质量的惯性力(通常沿着桥的长度方向变化)和与桥面刚性连接的桥墩的上半部分质量的惯性力产生的,所以它按这些质量的大小成比例地分布到这些质量上。这可能会在这些质量的质心和支撑件的横向刚度的中心之间产生自然偏心(在 Eurocode 8 第 2 部分称为"理论"偏心)e_o。在刚性桥面板模型中,其值可按下式估计:

$$e_o \approx \frac{\int_L x m(x)\,\mathrm{d}x + \sum_j x_j M_j}{\int_L m(x)\,\mathrm{d}x + \sum_j M_j} - \frac{\sum_j x_j K_j}{\sum_j K_j} \tag{D5.24}$$

式中,$m(x)$ 表示桥面板质量沿其长度 L 的分布;M_j 为支承 j 上的墩的上半部分的质量,如果支承是通过水平可移动的支座连接,则取为零;K_j 是支承 j 的横向刚度,按上一段重点介绍的方法确定;x_j 为支承 j 沿着桥梁的坐标,通过与用于桥面板质量分布的坐标 x 相同的原点测量(例如在 $L/2$ 处)。

按式(D5.24)计算的 e_o 值,有一个必须在任何后续计算[例如式(D5.25)]中保留的符号。在 5.7.2 我们将会看到,对于在横桥向上进行基本振型分析的桥梁,Eurocode 8 第 2 部分假设另一个偏心距 e_a 等于 $0.05L$,以考虑在该方向上的偶然的动力放大效应,该附加偏心距叠加在偏心距 e_o 上,具有相同的符号。然后,在横桥向上产生的总地震力 $F_{tot}=MS_{a,d}(T_1)$ 被分配给各个支撑 j,其值为:

$$F_j \approx F_{tot}\left(\frac{K_j}{\sum_j K_j} + (e_a + e_0)\frac{x_j K_j}{\sum_j x_j^2 K_j}\right) \tag{D5.25}$$

根据式(D5.25),一旦将 F_{tot} 分配到各个支撑后,即可根据平面内的平衡条件求得桥面板内的剪力和力矩。

5.6.5　水平柔性、近似对称支撑和近似直线的连续梁桥，在横桥向的柔性桥面板模型

条款*4.2.2.4(1)～4.2.2.4(3)*[2]

5.6.4 指出，与刚性桥面板模型在横向上的适用性条件(a)不同，一般来讲，如果不进行详细计算就不容易证明是否满足了条件(b)。因此，在大多数实际应用情况中，在该方向上的基本振型分析原则上需要对桥面板进行离散化，以便考虑其在水平面内的柔性对第一阶振型的影响。尽管实际上可以采用如 5.5.1 所述的与振型反应谱分析相结合的精细网格，特别是如果已经建立了用于分析重力荷载和交通荷载的桥面板模型，更简单的替代方案可能做得很好，这与使用振型反应谱分析的大幅简化的一般形式是一致的，目的是捕捉几阶重要的模态。在这方面应注意的是，对于每个桥面板节点，仅需要考虑三个平面内的自由度(两个水平平移和围绕垂直轴的旋转)。只有当桥墩的截面在桥墩顶部和基础之间发生变化时，才需要桥墩的中间节点，并不需要模拟桥墩沿其轴线的质量分布。把桥墩质量的一半凝聚在桥墩两端就已足够。

柔性桥面板模型的分析与建筑物的"底部剪力"或"等效静力分析"相对应，由于结构工程师对静力弹性分析更为熟悉和具有经验，所以其长期以来一直是实际抗震设计的工作重点。它是在横桥向上施加到桥面板上的一组侧向力作用下的桥梁的线性静力分析，用于模拟当地震作用的相应水平分量激励时，由桥梁在该方向上的基本振型引起的峰值弹性惯性荷载。弹性节点惯性荷载等于节点上的集中质量乘以振型加速度，而振型加速度又与振型矢量的分量成比例。因此，需要估计横桥向上基本振型的形状。当桥面板的节点质量 m_i 受到横向力 $F_i = m_i g$（g 为重力加速度）作用时，它的横向挠度 δ_i 是一个很好的选择。这些水平力和变形可用于众所周知的瑞利熵中：

$$T_1 = 2\pi\sqrt{\frac{\sum_i m_i\delta_i^2}{\sum_i F_i\delta_i}} = 2\pi\sqrt{\frac{\sum_i m_i\delta_i^2}{g\sum_i m_i\delta_i}} \quad \omega_1 = \sqrt{\frac{g\sum_i m_i\delta_i}{\sum_i m_i\delta_i^2}} \tag{D5.26}$$

上式给出了桥梁在横桥向的基本周期 T_1 和圆频率 ω_1 相当准确的估值。

一旦得出横桥向基本周期 T_1 的估值，即可得到第一阶振型产生的峰值力估值为：

$$F_{t,tot} = \frac{(\sum_i m_i\delta_i)^2}{\sum_i m_i\delta_i^2} S_{a,d}(T_1) \tag{D5.27}$$

式中，$S_{a,d}(T_1)$ 是设计加速度反应谱在基本周期 T_1 处的谱加速度。与它相乘的分数是一阶振型的参与质量，可用作为横桥向基本振型形状的桥面板的横向挠度 δ_i 估计[如式(D5.26)中所做的那样]。

式(D5.27)的峰值力结果，被转化为一组横向惯性力，作用于桥面板节点 i 上的横向方向，通过回顾可知，在单一振型中，节点 i 上的峰值横向惯性力与 $\Phi_i m_i$ 成正比，其中 m_i 为节点 i 处的节点质量，Φ_i 为节点 i 处的振型矢量值。将第一阶振型的 Φ_i 取为与 δ_i 成正比，则 $F_{t,tot}$ 分配给桥面板节点 i 的力为：

$$F_{t,i}=F_{t,tot}\frac{\delta_i m_i}{\sum_i \delta_i m_i} \quad (D5.28)$$

上式中,分母中的总和是对桥面板的所有节点求和。式(D5.28)是Eurocode 8第1部分中第一阶振型侧向力的常见形式,而式(D5.27)在结构动力学中也很常见。将它们与式(D5.26)相结合,即可得到Eurocode 8第2部分中的表达式:

$$F_{t,i}=\frac{\omega_1^2 S_{a,d}(T_1)}{g}\delta_i m_i \quad (D5.29)$$

上式是式(D5.28)更为人熟知的表现形式。

5.6.6 地震作用的竖向分量

条款 4.1.7(1)~4.1.7(4)[2]

本指南的3.1.2.4指出了应考虑地震作用竖向分量的情况。竖向分量可很好地包括在采用振型反应谱分析的完全动力模型中。然而,可能必须计算非常多阶次的模态,因为它们在竖向方向的总参与模态质量至少应占总质量的70%,甚至90%,这是Eurocode 8第2部分对在计算模态结果中有无折减情况要求的最低标准(见上文5.5.3)。因此,Eurocode 8第2部分允许通过柔性桥面板模型的基本振型分析单独考虑竖向分量,即使对两个水平分量进行了完全动力模型的振型反应谱分析(在这种情况下,90%的限制仅适用于完全动态模型中的两个水平方向)。当然,每个节点的竖向平移应该包括在后一个模型中作为一个自由度,但是不一定要为其分配节点质量(这样的质量不会乘以地震作用的竖向分量)。然而,从竖向平移自由度中移除节点质量可能是不方便的,并且将它们保持在模型中也没有任何不利。

无论对两个水平分量的分析是采用完全动力模型的振型反应谱分析类型还是采用具有刚性桥面板或柔性桥面板模型的基本振型分析类型,对于竖向分量都可进行单独的基本振型分析,且没有任何限制条件(例如,在桥墩的相对质量上)。然而,由于这种分析旨在获取桥面板竖向振动的影响,因此只能采用柔性桥面板模型。这在下文中将特别强调。

条款4.2.2.4(2),4.2.2.4(3)[2]

在一组竖向力作用下进行桥梁的线性静力分析,该竖向力模拟由桥梁的基本振型在竖向方向上引起的峰值弹性惯性荷载。由于弹性节点惯性荷载等于节点质量乘以竖向振型加速度,而竖向振型加速度又与基本振型在该方向上的形状成正比,此形状与节点上施加了相应的重量 $W_i=m_i g$ 产生的垂直挠度 δ_i 的形状相同。为确定桥梁准永久重力荷载的作用效应,可能已经对这些重量的作用进行了分析,可根据5.4和6.2的规定将其叠加在地震作用效应上。然后,可用式(D5.26)估计竖向上的基本周期 T_1 和圆频率 ω_1。随后即可估计峰值竖向力为:

$$F_{v,tot}=\frac{(\sum_i m_i\delta_i)^2}{\sum_i m_i\delta_i^2}S_{av,d}(T_1) \quad (D5.30)$$

式中,$S_{av,d}(T_1)$是竖向设计加速度反应谱在基本周期 T_1 处的谱加速度(参见5.3),而 δ_i 和式(D5.26)中一样,仍表示由于节点上施加了相应的重量 $W_i=m_i g$ 产生的竖向挠度。

按式(D5.30)计算的峰值力结果转化为一组竖向节点力,它与节点质量 m_i 及节点处第一阶振型向量的值(在此假定为 δ_i)成正比:

$$F_{v,i}=F_{v,tot}\frac{\delta_i m_i}{\sum_i \delta_i m_i} \tag{D5.31}$$

上式中,分母中的总和是对桥梁的所有节点求和。根据式(D5.26)、式(5.30)和式(5.31),可以给出一个和式(D5.31)等价的表达式:

$$F_i=\frac{\omega_1^2 S_{av,d}(T_1)}{g}\delta_i m_i \tag{D5.32}$$

5.7　线性分析中的扭转效应

5.7.1　斜交或超宽桥面板的特殊情况

Eurocode 8 第 2 部分规定,无论分析类型如何,以下情况都必须考虑桥梁绕竖向轴的扭转响应影响(图 5.12):　*条款4.1.5(1),4.1.5(2)[2]*

■ 桥梁轴线与桥台支撑线的法线之间的角度(斜交角)$\varphi>20°$的斜交桥梁。

■ 与桥台支撑线平行的桥面宽度 B,是沿着桥面板边缘测量的总跨长 L 的两倍以上时,即 $B/L>2$。

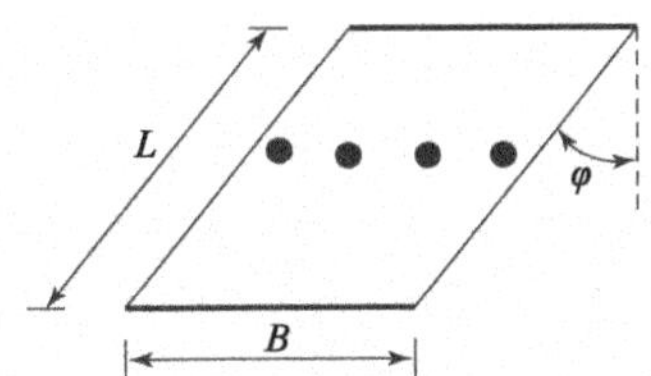

图 5.12　桥面板在平面内的几何参数

之所以必须考虑桥梁绕垂直轴的扭转响应(通常称为"扭曲"),是因为由于桥梁的横向响应,当桥台(或其背墙)与桥面板的一端之间在接头部位闭合时,桥梁将会有围绕桥面板在其桥台支撑的钝角处旋转的趋势。这种非预期的但相当刚性的横向支撑将会通过它的反作用力,打破桥梁质量绕其质心垂直轴的扭转力矩的平衡。随之而来的是相当不可预测的扭转响应。另外,如果两个钝角之间的对角线与桥台支撑桥面板处的两个相对的边缘的角大于 90°(即如果 $\sin\varphi>B/L$),桥面板的任何扭曲都将增加沿支撑宽度 B 的接头宽度,并且桥面板可能会脱落。由于这些原因,根据 Eurocode 8 第 2 部分的规定,在高地震活动区,通常应避免设计斜交角 $\varphi>45°$的桥梁。如果斜交角 φ 没有超过 45°,并且这种斜桥是通过支座支撑在桥台上,模型应反映支座的实际水平刚度,与其受垂直反力大小的影响(它们集中在钝角附近,接近锐角处很小甚至为零)。作为这种更精确的支座模型的替代方案,Eurocode 8 第 2 部分允许将偶然偏心距增加到与所考虑的地震动水平分量垂直的方向上桥面板尺寸的 3% 的常规值以上(见下文),但是,没有规定增加的幅度。正如本指南的 4.5.3 所指出的,斜交桥面板与桥台的整体连接具有明显的优势。

桥台(或其背墙)与非常宽但很短的桥面板的端部之间的接缝可能非常窄,并且,即使对于小的斜交角($\varphi < 20°$),接缝也可能在一个角处闭合。因此,Eurocode 8第2部分要求对它们采用与斜交角 $\varphi > 20°$的桥梁相同类型的措施。

条款4.1.5(3),4.1.5(4)[2]

Eurocode 8 第2部分为涵盖上文所强调的由不可预测的影响而采取的措施,相当于在设计桥梁及其支撑时,考虑了一个在任何水平方向上质量从其正常位置发生的意外错位 e_a;对于所考虑的水平地震作用分量(横向或纵向),e_a 可以方便地看作是在桥梁上产生的总水平地震力的偶然偏心。其大小通常取与所考虑的水平分量方向垂直的桥面板尺寸的3%。它的效应可以通过采用用于水平地震作用分量抗震分析的桥梁模型的线性静力分析来方便地计算,但此时加载的扭矩等于 e_a乘以感兴趣的水平地震作用分量在桥梁上产生的总水平地震力。如果严格按照式(D5.1)的 SRSS 准则对各个地震作用分量的峰值效应进行组合,对偶然偏心也应采用相同的组合方法。单个扭矩可以应用于两个水平分量方向,其总的作用效应按 SRSS 准则组合,等于下述(a)和(b)的平方和的开平方:

(a)纵向地震作用分量在桥梁上产生的地震力乘以偶然偏心距,其值为与纵轴成直角的桥面宽度的3%。

(b)横向地震作用分量所产生的地震力乘以偶然偏心距,其值为纵向上的桥面尺寸的3%。

这应该作为一个额外的荷载工况,它的作用效应应按最不利原则,考虑正号或负号,和水平分量作用下按式(D5.1)组合的结果叠加。相比之下,如果通过简化的式(D5.2)规定将各个地震作用分量的峰值效应进行组合,那么由于它们的偶然偏心引起的效应也应该以相同的方式组合:每个水平方向的不同扭矩分量,等于其自身的地震力结果乘以与该分量方向成直角的桥面板尺寸的3%,可应用于不同的加载工况,其结果按最不利原则考虑加号或减号,与水平地震作用分量的峰值作用效应叠加。然后可以采用式(D5.2)来组合两个水平地震作用分量的峰值作用效应,每个作用分量包括了其自身的偶然偏心。

条款4.1.5(3)[2]

如果对这种类型的桥梁采用基本振型分析方法进行分析,Eurocode 8 第2部分规定,应将上述偏心距从与水平地震作用分量成直角的桥面板尺寸的3%提高到8%,以便考虑平动振动和扭转振动的动力耦合的影响,因为在基本振型的静力分析中忽略了这一点。

5.7.2 柔性桥面板模型中的偶然扭转和扭转的动力放大

条款4.2.2.5(1),4.2.2.5(2),4.1.5(3)[2]

5.6.4 已经引入了 Eurocode 8 第2部分中假定的附加偏心距,$e_a = 0.05L$,以考虑采用基本振型分析方法时,在横桥向地震作用下偶然的动力放大效应的影响。当在横桥向采用刚性桥面板模型时,这种采用偏心距的处理方法已在5.6.4中与式(D5.25)有关的内容中涉及。

当采用柔性桥面板模型时,Eurocode 8 第2部分允许用相同的方法和式(D5.25)考虑 e_a 和自然偏心距 e_o(Eurocode 8 第2部分中的“理论”偏心距,即质量的质心和支撑的横向刚度中心之间的距离)。然而,柔性桥面板模型自动考虑了任何自然偏心。此外,在这样的模型中,这种偏心很难分离和量化,因为和桥面板整体连接的支撑的横向刚度与其刚度和几何特征不是独立的。因此,如果在横桥向采用柔性桥面板模型,则仅需要单独考虑偶然的动力放大效应,并且实际上不考虑由式(D5.25)表示的简化假设。为了考虑附加的偏心距,$e_a=0.05L$,由式(D5.28)[或与其等价的式(D5.29)]计算得到的力 $F_{t,i}$,其作用点应相对于桥面板节点 i 移位 $\pm e_a = \pm 0.05L$。根据 Eurocode 8 第 2 部分,在质量的质心处(或附近)施加一个绕垂直轴的扭矩,似乎可以得到相同的效果。其幅值等于 $T_a=0.05LF_{t,tot}$,其中 $F_{t,tot}$ 按式(D5.27)计算。它的作用效应应加一个正负号,以考虑由式(D5.28)[或与其等价的式(D5.29)]计算得到的力 $F_{t,i}$ 对称施加在节点 i 两边的效应。这会导致桥面板在水平面内的力矩图在扭矩施加点处产生一个阶跃。为避免这种情况,可以在整个桥面板上的所有节点 i 施加单个扭矩 $T_{a,i}=0.05LF_{t,i}$。它们被认为是一个单独的荷载工况,其作用效应宜加一个正负号,以考虑 $F_{t,i}$ 对称施加在节点 i 两边的效应。计算结果被认为是横桥向水平分量的总作用效应,它与按式(D5.1)或式(D5.2)计算的纵桥向地震作用分量的总作用效应进行组合。

多振型反应谱分析被认为自动考虑了动力放大效应及桥面板的平移和转动之间的耦合。因此,对采用这种分析方法的桥梁,不考虑附加的偏心距 $e_a=0.05L$。但对斜交桥梁或具有非常宽的桥面板的桥梁例外,它们宜按上面的 5.7.1 考虑。在这种情况下,e_a 的值较小,但与地震作用的两个水平分量相关。

5.8 分析中的有效刚度

条款2.3.5.2(2), 2.3.6.1(1), 2.3.6.1(2), 4.1.3(2)[2]

条款4.3.1(6)[1]

5.8.1 有效弯曲刚度

基于力的延性抗震设计,采用 5% 阻尼比的弹性谱除以一个弹性力折减系数(即"性能系数"q)进行线性分析,隐含假定了整体结构,特别是那些产生了非弹性和延性变形的构件,具有近似双线性的单调力-变形特性,即接近理想弹塑性特性。因此,分析中采用的弹性刚度应对应于延性构件的双线性力-变形响应的弹性分支的刚度。当在设计地震作用下预期会屈服的构件的实际单调力-变形曲线(无论是用构件端部的转角 θ 还是截面曲率 ϕ 表达,见图 5.13)可近似为双线性,抗震分析应采用到屈服点的割线弯曲刚度作为弹性刚度,在此用 $(EI)_{eff}$ 表示。这尤其适用于按延性性能设计的桥梁中顶部刚性连接到桥面板(与其整体连接或通过刚性支座连接)的桥墩(无论是钢还是结构混凝土),在这种情况下,根据 Eurocode 8 第 2 部分的设计要求,$q>1.5$(见本指南的 2.3.2)。就桥面板而言,其抗震设计的性能目标要求防止非弹性变形并保持在弹性范围内,应采用全截面理论弹性刚度,而不考虑任何混凝土的开裂(非预应力桥面板或钢和混凝土的组合桥面板同此)。

条款 2.3.6.1(3)[2]

如果桥梁设计为"有限延性性能"(见第 2.3.3,即 q 值介于 1.0 ~ 1.5 之间),对混凝土桥墩,Eurocode 8 第 2 部分允许采用以下任何一种刚度:

■ 混凝土未开裂的全截面弯曲刚度 $(EI)_c$;

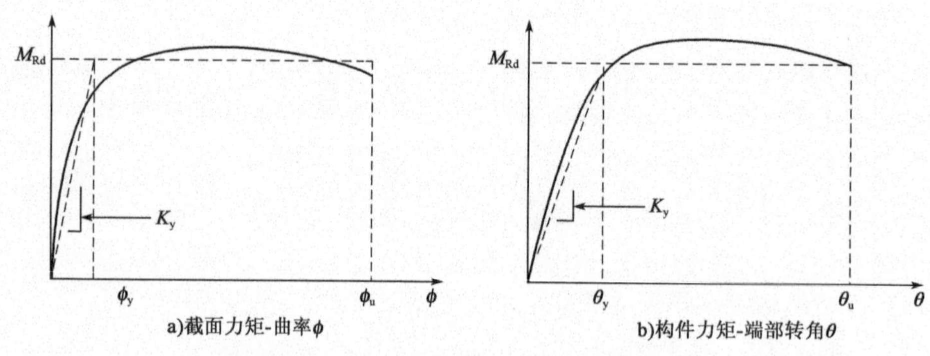

图 5.13 延性构件的力-变形响应的理想弹塑性近似

■ 到屈服点的割线弯曲刚度$(EI)_{eff}$。

如果桥墩内的平均压应力水平较高和/或在设计地震作用下不期望桥墩形成塑性铰,则第一种选择更接近实际。此外,在基于力的抗震设计背景下,它是偏于安全的。第二种选择可更好地逼近地震位移需求,适合在设计地震作用下具有低压应力或预期屈服的桥墩。

附录C[2]

Eurocode 8 第 2 部分中的资料性附录 C 给出了混凝土桥墩到屈服点的割线弯曲刚度$(EI)_{eff}$的估算指导。它提出了两种方法:

(1)方法 1 基于以下表达式,它是对等截面空心矩形或圆形(实心或空心)的悬臂墩的简化非线性模型的参数分析结果进行拟合得出的:

$$(EI)_{eff} = 0.08(EI)_c + M_y/\phi_y \quad (D5.33a)$$

式中,M_y 和 ϕ_y 是从截面分析得到的受拉钢筋屈服时的弯矩和曲率;$(EI)_c$ 是混凝土截面的未开裂弯曲刚度。

(2)方法 2 在实际应用时更为方便:它通过将到屈服点的割线刚度提高 20%,以考虑桥墩其余部分应变硬化的影响。此外,它允许将 M_y 近似为 $M_y = M_{Rd}$,其中 M_{Rd}是截面的抗弯承载力设计值:

$$(EI)_{eff} = 1.2M_{Rd}/\phi_y \quad (D5.33b)$$

此外,它允许 ϕ_y 采用以下近似值:

$$\phi_y = a\varepsilon_{sy}/d \quad (D5.34)$$

式中,d 为截面的有效深度;ε_{sy}为桥墩拉伸钢筋的屈服应变;a 为经验系数,等于:

矩形截面: $a = 2.1$ (D5.35a)

圆形截面: $a = 2.4$ (D5.35b)

上述两种方法均基于过去的参数分析研究。它们只考虑弯曲变形而不考虑其他变形,例如由于锚固区域(基础或桥面板内部)竖向钢筋滑移导致的桥墩剪切或固定端转动引起的变形。就受拉钢筋的屈服曲率 ϕ_y 本身而言,更为广泛的研究表明,通过超过 2000 个紧凑型矩形截面、超过 130 个矩形墙和约 160 个空心矩形截面或类似截面(T、C 或 H 型)的试验,测试 M_y 及对应的 ϕ_y 值,对这三种类型的截面(Biskinis 和 Fardis,2010),式(D5.34)中的系数 a 的平均值分别为 1.54,1.34和 1.47。这些值表明有效刚度远小于按式(D5.33b)、式(D5.34)和式(D5.35a)计算的值。然而,式(D5.33a)中第一项的刚度增加值,或式(D5.33b)中的系数1.2,以及式(D5.33)未考虑的柔性(特别是锚固区域内钢筋的滑移导致的桥墩剪切变形或固定端转动)部分地补偿了这种不匹配。更具体地说,实验得到的到屈服点的割线刚度与按式(D5.33a)计算的值之比,作为剪跨比的函数,如图5.14所示。图5.15显示了同样的关系,但这次采用了式(D5.33b)、式(D5.34)和式(D5.35)。由于在式(D5.33b)的分子中用到了抗弯承载力设计值,在分母中也应采用材料特性的设计值[即式(D5.34)中]。相比之下,图5.14中显示了采用材料特性的设计值或平均值按式(D5.33a)计算的结果。平均而言,当采用材料特性的设计值时,按式(D5.33)~式(5.35)计算,相对实验刚度会高估近40%,而如果采用材料强度平均值,按式(D5.33a)计算,则几乎会高估50%。这两种方案都高估了较短桥墩的有效刚度,并低估了更细长的桥墩的有效刚度。

图5.16表明,Eurocode 8第3部分(关于建筑物的评估和加固)(CEN,2005b)给出的$(EI)_{eff}$的简单表达式,尽管仍有明显的分散,但对于短墩或长墩及所考虑的4种截面类型,仍提供了比式(D5.33)~式(D5.35)更好的整体拟合。

5.8.2 在设计时估算有效弯曲刚度

要采用式(D5.33)或Eurocode 8第3部分中$(EI)_{eff}$的表达式,宜先知道竖向钢筋的数量及其在桥墩截面的布置。然而,只有在根据设计地震作用分析得到地震弯矩和其他作用效应确定桥墩的尺寸后,才能确定最终的配筋。因此,绕过这一问题的一种方法是,首先根据桥梁设计中的非地震作用[其分析采用未开裂的桥墩刚度,$(EI)_c$]要求,同时考虑Eurocode 8第2部分关于桥墩细部构造和最小配筋率(通常起控制作用)的要求,对桥墩进行配筋,然后在式(D5.33)中采用。此外,一个替代方案是,设计者可以采用$(EI)_{eff}$的纯经验表达式,采用的参数仅包括在分析之前就可获得的信息:

- 桥墩截面的几何形状。
- 桥墩的轴向载荷N。
- 剪切跨度(力矩与剪力之比)Ls。

例如(Biskinis和Fardis,2010):

$$\frac{(EI)_{eff}}{(EI)_c}=a\left(0.8+\ln\frac{L_s}{h}\right)\left(1+0.048\frac{N}{A_c}\right)\qquad [\mathrm{MPa}]\qquad (D5.36)$$

式中,A_c和h分别为桥墩截面的面积和深度,a取值如下:

圆形或矩形墩: $a=0.081$ (D5.37)

空心矩形墩: $a=0.09$ (D5.38)

式(D5.36)、式(D5.37)和式(D5.38),严格应用于它们所拟合的参数值范围内:

- 对于圆形桥墩:剪跨比L_s/D为1.0~8.5(平均值3.25),混凝土强度f_c为19~90MPa(平均值约为35MPa),轴压比N/A_cf_c为-0.1~0.7(平均值约为0.15),竖向钢筋配筋率为0.5%~5.7%(平均2.5%)。

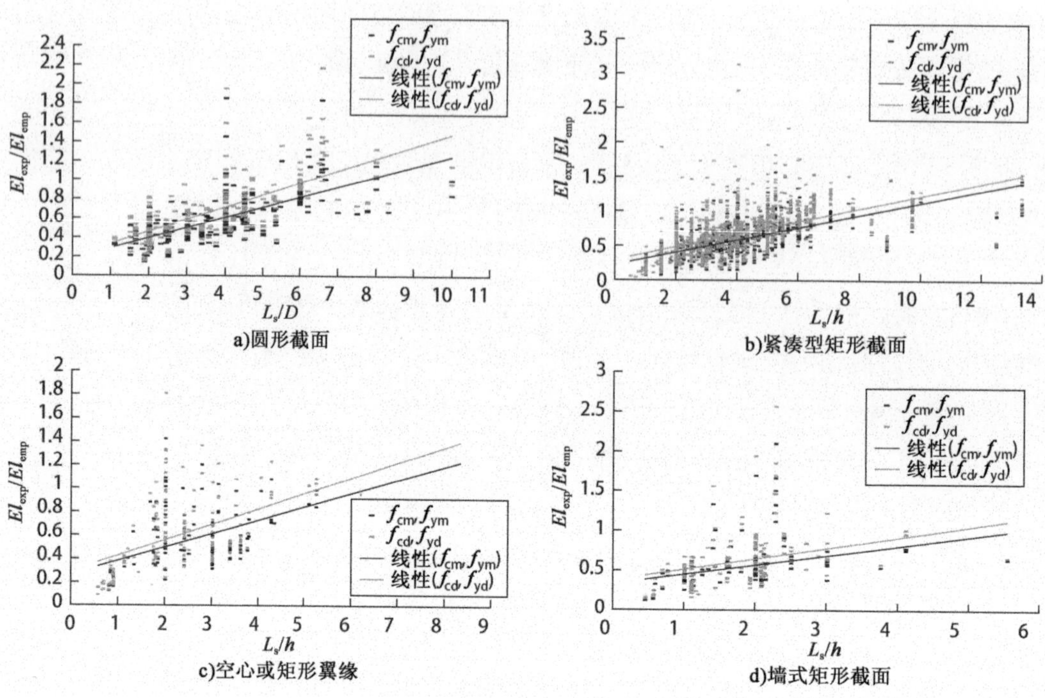

图 5.14 实验得到的到屈服点的割线刚度与采用材料强度的平均值或设计值按式(D5.33a)计算的值之比,作为剪跨比的函数

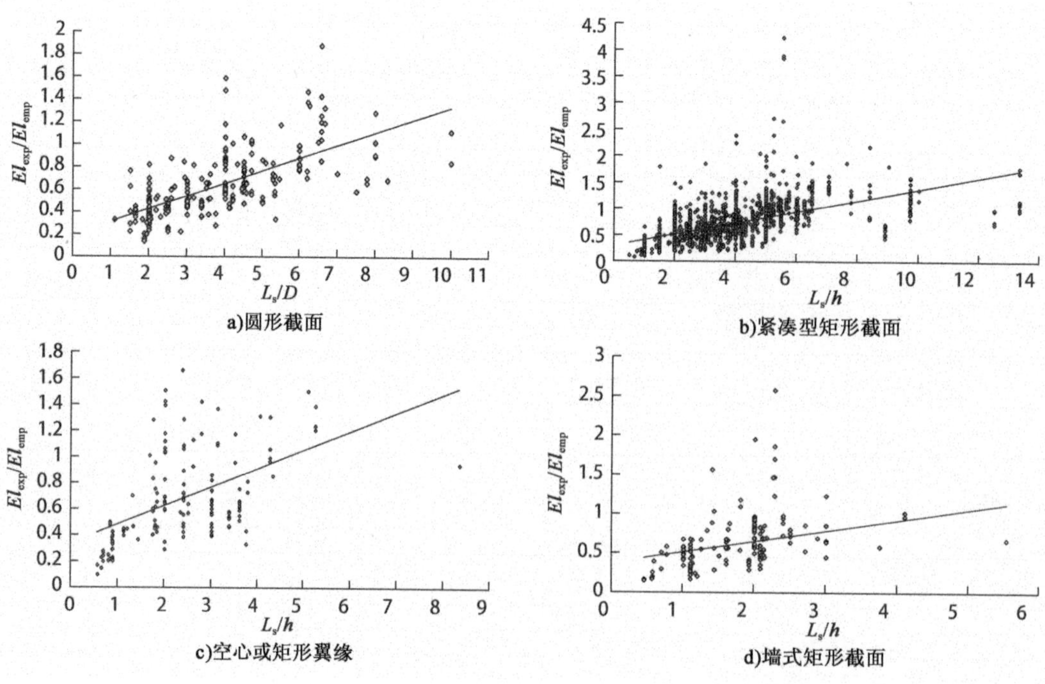

图 5.15 实验得到的到屈服点的割线刚度与采用材料强度的设计值按式(D5.33b)、式(D5.34)和式(D5.35)计算的值之比,作为剪跨比的函数

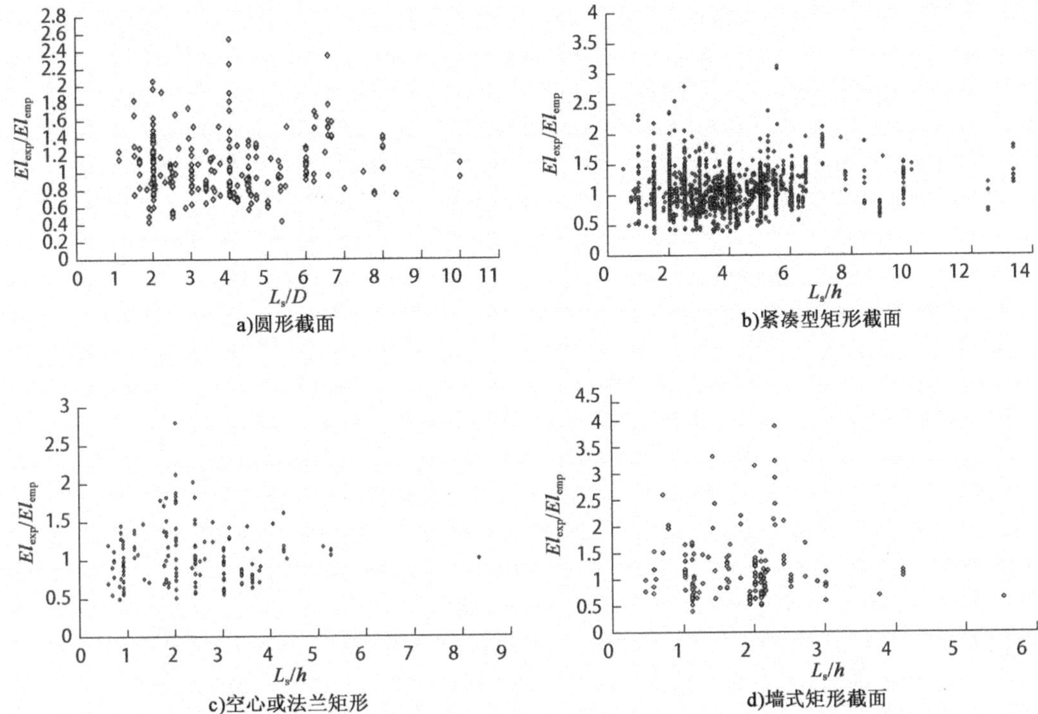

图 5.16 实验得到的到屈服点的割线刚度与按 Eurocode 8 第 3 部分给出的公式计算的有效刚度之比，作为剪跨比的函数

■ 对于矩形桥墩：剪跨比 L_s/h 为 1.0～13（平均值 4），$N/A_c f_c$ 为 −0.05～0.9（平均值约为 0.125），截面长细比 h/b_w 为 0.2～4（平均值 1.3），竖向钢筋配筋率在 0.11%～8.5% 之间（平均 1.97%），f_c 为 9.6～118MPa（平均值37.2MPa）。

■ 对于空心矩形桥墩：剪跨比 L_s/h 为 0.6～8.3（平均值 2.6），$N/A_c f_c$ 为 0～0.5（平均值约为 0.075），壁厚 b_w 介于 50～500mm 之间（平均 120mm），壁墙长细比 h/b_w 为 2.5～36（平均值 12.5），竖向钢筋配筋率在 0.34%～6.2% 之间（平均 1.35%），f_c 为 20～102MPa（平均值 43MPa）。

如图 5.17 所示，式（D5.36）与 Eurocode 8 第 3 部分的表达式一样，对数据提供了很好的平均拟合，分散度只增加了很小一点。

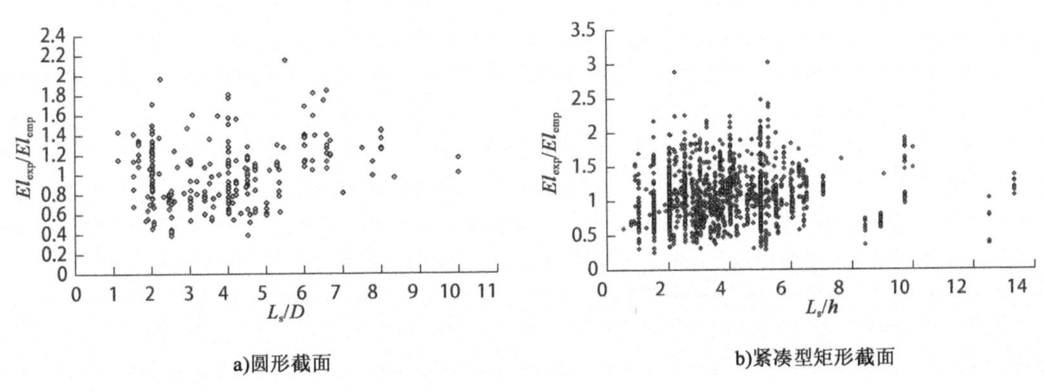

图 5.17

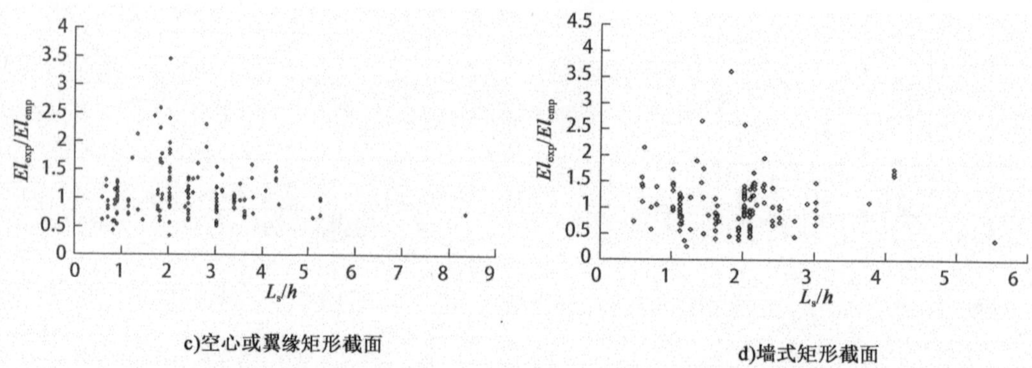

图 5.17 实验得到的到屈服点的割线刚度与按式(D5.36)计算的结果之比,作为剪跨比的函数

如果设计地面加速度 a_gS 较高,则与桥面板刚性连接的桥墩的竖向钢筋配筋的数量、间距和配筋率,可能会由抗震设计状况下的承载能力极限状态控制,而非其他设计状况或细部构造要求。对于这种情况,为确定桥墩的尺寸,从延性性能设计中最大程度受益(参见本指南 4.4.3.2),可以采用以下的迭代过程:

(1)M_{Rd}是根据桥墩的初拟尺寸计算得出的,它可按抗震设计状况下由于重力荷载作用对竖向钢筋的配筋要求和轴力的合理估算来拟定(由于地震作用对桥墩轴力的影响通常很小)。

(2)应用式(D5.33b)、式(D5.34)和式(D5.35)或类似公式来估算桥墩的有效刚度。

(3)进行抗震分析。

(4)在抗震设计状况下,按弯曲承载能力极限状态对桥墩截面进行验算,并根据需要修改其竖向钢筋配筋率(甚至墩尺寸)。

(5)重复步骤 2 到步骤 4 的过程,直到收敛。

为避免进行全桥抗震分析,设计者可采用 5.6.2 的单墩模型,获得满足承载能力极限状态要求并与式(D5.33b)、式(D5.34)和式(D5.35)一致的 M_{Rd} 的粗略估值。更具体地说,如果桥墩的分担质量为 M,其净高为 H,桥墩包括 n 个墩柱,则其刚度可按式(D2.9b)或式(D2.9c)计算,并确定更准确公式,刚度$(EI)_n$ 等于按式(D5.33b)、式(D5.34)和式(D5.35)计算的有效刚度$(EI)_{eff}$。单墩模型的基本周期为:

$$T=2\pi\sqrt{\frac{M}{k\dfrac{1.2nM_{Rd}d}{a\varepsilon_yH^3}}} \tag{D5.39}$$

式中,对两端固结(和基础以及桥面板均固结)的桥墩,$k=12$,对垂直悬臂墩,则 $k=3$(也就是说,如果它们的顶部与桥面板的底面销接,或者与桥面整体连接的单柱墩的横桥向)。n 根墩柱提供的总设计弯矩抗力至少达到:

$$nM_{Rd}=\lambda HS_{a,d}(T)M \tag{D5.40}$$

式中,$S_{a,d}(T)$是按式(D5.3)计算的设计谱加速度;对两端固结墩(和基础以及桥面板均固结),$\lambda=0.5$,对垂直悬臂墩,$\lambda=1$。可区分以下几种情况:

(1)较高的设计地面加速度：

$$\frac{a_g S T_C}{q} > \left(\frac{2\pi H}{3}\right)^2 \frac{\lambda a \varepsilon_y}{T_C d} \tag{D5.41a}$$

所需的 nM_{Rd}值为：

$$nM_{Rd} = \lambda H \frac{2.5 a_g S}{q} M \qquad (T_C \geqslant T) \tag{D5.41b}$$

并且，单墩模型的周期比反应谱的控制周期 T_c更短。

(2)中等的设计地面加速度：

$$\left(\frac{2\pi H}{3}\right)^2 \frac{\lambda a \varepsilon_y}{T_C d} \geqslant \frac{a_g S T_C}{q} > \left(\frac{2\pi H}{3}\right)^2 \frac{\lambda a \varepsilon_y}{T_D d} \tag{D5.42a}$$

所需的 nM_{Rd}值为：

$$nM_{Rd} = 22.5\left(\frac{a_g S T_C}{2\pi q}\right)^2 \frac{Md}{a\varepsilon_y H} \qquad (T_\beta \geqslant T_D \geqslant T \geqslant T_C) \tag{D5.42b}$$

单墩模型的周期为：

$$T = \left(\frac{2\pi H}{3}\right)^2 \frac{\lambda q a \varepsilon_y}{a_g S T_C d} \tag{D5.43}$$

T 介于 T_C 和控制周期 T_D 之间，其中 T_D 为反应谱的恒定谱位移段的起始点。如果按式(D5.43)计算的周期长于某个周期，在此周期之后，式(D5.3c)中 $S_{a,d}(T)$ 的值将由下限 βa_g 控制，即：

$$T_\beta = 2.5 \frac{S T_C}{\beta q} \leqslant T_D \tag{D5.44}$$

则所需的 nM_{Rd}值的第一个估值为：

$$nM_{Rd} = \lambda H \beta a_g M \qquad (对于\ T_D \geqslant T_\beta \geqslant T \geqslant T_C) \tag{D5.45}$$

注意，由式(D5.44)给出的周期 T_β 的值，确定了式(D5.42b)和式(D5.45)的适用范围。

(3)较低的设计地面加速度：

$$\left(\frac{2\pi H}{3}\right)^2 \frac{\lambda a \varepsilon_y}{T_D d} \geqslant \frac{a_g S T_C}{q} \tag{D5.46}$$

这种情况几乎没有实际意义，因为 nM_{Rd}的结果值小于非抗震设计状况所需的值，或者其配筋要求低于细部构造设计的配筋要求。然而，如果 T_D 短于某个周期，则 βa_g 决定式(D5.3d)中 $S_{a,d}(T)$的值，即：

$$T_\beta = \sqrt{2.5 \frac{S T_C T_D}{\beta q}} > T_D \tag{D5.47}$$

则所需的 nM_{Rd}值的第一次估值仍可由式(D5.45)给出[这相当于式(D5.44)中的不等式反过来]。

5.8.3 混凝土桥面板的有效扭转刚度

条款4.15(5)，2.3.6.1(4)[2]

单个构件的扭转通常对其自身行为和抗震性能或全桥地震反应都不重要。

单个构件的扭转可能非常重要的唯一情况是平衡扭转,在这种情况下,构件的扭矩的大小由平衡确定,而与其扭转刚度无关。例如:

■ 具有倒 L 形的单柱墩,通过支架支撑桥面板。在桥墩中将产生平衡扭转,以将与支架成直角的任何水平地震力传递到地面。

■ 桥面板仅与一个单柱墩整体固接,所有其他支撑在横桥向均采用可移动的支座。如果横桥向地震作用在与桥墩偏心的情况下,墩柱将产生平衡扭转。如果横桥向地震作用位置与桥墩存在偏心,桥梁墩柱将产生平衡扭转。

上述情况的地震反应是不可预测的:在所有可能的情况下,表现将是不利的。因此,可通过概念设计来避免出现这种情况(例如,在第二种情况下,可增加一些横向刚性的支撑)。

更常见的扭转情况是相容性扭转,其中构件的扭矩大致与其扭转刚度成比例。不管是否存在剪切的同时作用,当构件由于扭转而产生对角开裂时,混凝土构件的扭转刚度将急剧下降,远大于其剪切或弯曲刚度下降的程度。对角线开裂时,相容性扭矩急剧下降。为了反映这种影响,对混凝土构件,分析应该采用适当小的有效扭转刚度$(GC)_{eff}$值。如果采用过高的值,设计可能会过度依赖构件的扭矩抗力,而低估其他更重要的地震作用效应(弯矩、剪力、支座反力等)。

如果桥面板与(一些)桥墩整体固接,或者通过一个以上支座支撑在每个墩上,在横桥向地震作用下,相邻桥墩顶部的不同转动将引起相容性扭转。如果其扭转刚度较高,则在桥面板扭矩值达到两个支座上的总垂直反力乘以其一半距离时,通过一对支座支撑在桥台上的桥面板可以立即从一个支撑抬起。这种提升会对桥面板上可能产生的扭矩大小设置上限,但如果没有通过适当的设计处理,则可能对支座有害。为了考虑这种现象和各种可能性,并捕获由桥面扭转引起的不同桥墩之间的耦合,应该采用桥面板有效扭转刚度的代表值。为此,Eurocode 8 第 2 部分要求,在分析中应考虑由于开裂导致的混凝土桥面板的扭转刚度的降低。如果不能更准确地估算这种刚度的降低,Eurocode 8 第 2 部分允许按下述方法将未开裂的全截面扭转刚度进行折减,作为有效扭转刚度$(GC)_{eff}$:

■ 对于开口截面(即由一片或多片具有实心截面的梁组成的截面)和板:$(GC)_{eff}=0$。

■ 对于混凝土箱梁,取 30% 未开裂的全截面刚度:$(GC)_{eff}=0.3(GC)_c$。

■ 对于预应力箱梁,取 50% 未开裂的全截面刚度:$(GC)_{eff}=0.5(GC)_c$。

对不同尺寸的预应力箱梁进行了参数分析(Katsaras 等,2009),分析了不同纵向、横向配筋和预应力的预应力箱梁,结果表明:在扭转开裂时,$(GC)_{eff}$下降到$(GC)_c$的 10% ~30% [$0.2(GC)_c$为代表平均值],并随着进一步的扭转变形,下降后的最终值远低于该值。确切的下降幅度取决于截面的尺寸、横向钢筋和预应力筋的数量,但非预应力纵向钢筋的数量影响不大。这些结果,以及为得到这些结果而进行的分析,为 Eurocode 8 第 2 部分对箱梁桥面板建议的$(GC)_{eff}$的粗略(并且显然是高侧)估算提供了良好的基础。

5.8.4 分析和迭代后有效刚度的确认

条款2.3.6.1(5)[2]

当采用基于力的抗震设计方法时,如果刚度值被高估(从而导致模态周期被低估),则线性抗震分析得到的内力通常是偏安全的,但这种分析会低估地震位移和变形。如果分析是基于低估的刚度值,则情况正好相反。因此,Eurocode 8 第 2 部分建议,分析以后应检查最初假设的构件刚度值是否与预测的力矩水平一致。如果发现刚度值明显偏低,则应更新刚度值,并重新分析。如果发现刚度值偏高,则 Eurocode 8 的第 2 部分认为只需将构件变形乘以分析中采用的构件刚度与分析得到的内力对应的刚度之比即可。当然,这种修正对于局部变形可能是足够好的,但对于可能是几个构件变形总体影响的位移,可能不太适用。

5.9 采用线性分析的地震位移需求计算

5.9.1 计算过程

条款2.3.6.1(6)~2.3.6.1(8),4.1.3(1)[2]

当采用基于力的抗震设计方法时,抗震分析的主要目的是估计地震作用效应,并根据得到的内力确定构件尺寸或对构件进行验算。所有现行规范,包括 Eurocode 8 第 2 部分,都认为在通常情况下,基于 5% 阻尼比的弹性谱除以性能系数 q 的线性分析,可很好地达到这一目的。地震位移和变形需求在平均意义上用于确定构件尺寸和细部构造设计,并且间接地用到了延性系数,它被用于构件的细部构造设计,并且和用于估计地震内力的 q 值有关。位移的绝对大小仅用于验算桥梁各部分之间不相互固接处的连接的完整性(伸缩缝和水平移动支座等处的间隙和搭接长度等)。它们对于计算二阶(P-Δ)效应也具有一定的重要性。

为估算桥梁的地震位移需求,Eurocode 8 第 2 部分对等位移准则进行了修正。更具体地说,它允许采用设计地震作用下通过线性分析计算得到的位移 d_{Ee} 估计实际的位移。(译者注:下式中 $\mu\delta$ 应为 μ_δ)

$$d_E = \eta\mu\delta d_{Ee} \tag{D5.48}$$

式中,η 是本指南 3.1.2.3 中给出的当阻尼比 ξ 不为默认的 5% 时的修正系数。本指南的表 3.1 列出了 Eurocode 8 第 2 部分给出的不同材料的阻尼值。根据 Eurocode 8 的第 2 部分,如果桥梁包括几种材料的构件,则它们的阻尼值可以根据每个构件(在此用 i 表示)对由地震响应引起的变形能量 E_{di} 的贡献来加权,即:

$$\xi_{eff} = \frac{\sum_i \xi_i E_{di}}{\sum_i E_{di}} \tag{D5.49}$$

此外,根据 Eurocode 8 第 2 部分,可以基于 E_{di} 的相关值为每阶模态分别确定阻尼比。在弹性状态下,变形能等于 $K\delta^2/2$,其中 K 为刚度,δ 为(相对)位移,则:

$$\xi_n = \boldsymbol{\Phi}_n^T \mathbf{K}_\xi \boldsymbol{\Phi}_n / \boldsymbol{\Phi}_n^T \mathbf{K} \boldsymbol{\Phi}_n \tag{D5.50}$$

式中,$\boldsymbol{\Phi}_n$ 为第 n 阶模态的振型向量;$\mathbf{K}$ 为整体刚度矩阵,它由桥梁结构的所有离散单元(这里用 i 表示)的单元刚度矩阵组合而成;$\mathbf{K}_\xi$ 是以与 $\mathbf{K}$ 相同的方式组合的矩阵,但是单元 i 的刚度矩阵的所有项都应乘以单元材料的阻尼值 ξ_i。然后,按 3.1.2.3 的方法,根据模态阻尼值 ξ_n 为每阶模态建立单独的修正系数 η_n,并且模态位移在通过式(D5.9)组合之前,将它们相乘。

在大多数桥梁中,桥墩的材料对加权平均阻尼值贡献最大。在这方面请注意,对于最常见的桥墩材料,即钢筋混凝土,本指南的表 3.1 给出了 $\xi=5\%$(即默认值)。还要注意,无论用于计算地震位移的阻尼值是多少,地震力总是基于默认值 $\xi=5\%$ 来计算。在设计谱中采用的 q 值可能也适用于除 5% 以外的阻尼。

在式(D5.48)中采用的位移延性系数 μ_δ 的值,与设计中采用的 q 值相关,两者通过 Eurocode 8 第 2 部分[式(D2.1)]采用的 q-μ-T 关系("非弹性谱")进行关联。为计算式(D5.48)而在式(D2.1)中采用的 T 值,是桥梁在考虑的地震分量方向上的基本周期。至少在水平方向上,T 通常比过渡周期 $1.25T_C$ 长;然后,$\mu_\delta=q$,式(D5.48)相当于从线性分析结果 d_{Ee} 中去除 q 系数,给出与用弹性谱进行线性分析得到的位移相同的位移[本指南 3.1.2.3 的式(D3.8)或 3.1.2.4 的式(D3.10),分别代替设计频谱式(D5.3)]。实际上,如果线弹性分析是基于 $q=1.0$ 的弹性谱,Eurocode 8 第 2 部分规定 $d_E=d_{Ee}$。对于周期非常短的桥梁,式(D5.3a)特别是括号中出现的系数 2/3,当与式(D5.48)一起使用时,可能会给出可疑的位移估值。但是,对于这样的桥梁,Eurocode 8 第 2 部分通常规定 $q=1.0$,而式(D2.1c)给出 $\mu_\delta=1$。在这种情况下,最好直接采用 $q=1.0$ 的弹性谱,如果阻尼比不是 5%,则同时考虑修正系数 η。

5.9.2 线性方法计算位移的适用性

当变量具有如式(D2.1)的 q-μ-T 关系时,等位移准则是对双线性单自由度系统中整体位移需求的精确逼近,可认为和精确算法是等效的。然而,如果仅根据在基于力的抗震设计方法中,位移是次要的,将等位移准则普遍推广应用到节点位移和构件变形,可能理由并不充分。这种推广隐含假定了在整个结构系统中都存在非弹性变形需求。实际上,规范的目的是要防止桥面板产生非弹性变形,并将非弹性变形集中在桥墩上。Bardakis 和 Fardis(2011)对一座具有相当长连续桥面板的混凝土桥梁进行了研究,该桥桥面与桥墩固接,在桥台处横向约束但在纵向上可自由滑动,将数百个非线性动力分析的地震变形需求(即桥面板中的曲率,桥墩端部的转角)与 5% 阻尼比的线性(振型反应谱法或时程法)分析结果进行了对比分析。研究了 8 种桥梁布置方案,桥面为预应力箱梁,桥跨布置考虑了三跨和五跨两个方案,桥墩考虑了各种类型横截面,桥墩高度大致相同或非常不同等方案。每个方案考虑了两个桥梁版本:一个为按 Eurocode 8 设计的桥墩最小配筋率为 1% 的版本,另一个为桥墩的超强小得多的版本(根据 Eurocode 2 设计,最小配筋率为 0.2%,见表 6.1 的注 23),与 Eurocode 8 设计方案相比,在桥面板上的非弹性作用更少,但在桥墩中更多。结论如下(图 5.18 和图 5.19):

■ 对于规则桥梁,5% 阻尼比的振型反应谱分析(平均来讲),可以对桥墩和桥面中的非弹性变形进行良好或至少偏安全侧的预测,特别是在纵向地震作用下;但是,通常情况下,如果在设计地震作用下,在桥面板和桥墩上只会产生有限的非线性,那么,在该水平地面运动附近或低于该水平地面运动时,会低估非弹性变形,而在更强烈的地面运动作用下,在桥梁上会引起广泛的非弹性作用时,会过高估计非弹性变形。

■ 对各桥墩高度差异很大的桥梁,振型反应谱谱分析会低估非弹性变形,即使在所有桥墩的同一高度之上,采用了双薄壁截面来协调它们的刚度也是如此。

■ 如果桥墩的超强减小,且桥面和桥墩更均匀地分担非弹性作用,则非弹性变形的弹性预测与非线性动力分析结果更为一致。

■ 即使在中等强度的地面运动作用下,桥面板上的减压(译者注:即预应力降低)和/或开裂也会使其线弹性性能出现偏差。在纵桥向高于设计地震作用的地面运动作用下,可能导致截面预应力筋中线对侧的非预应力钢筋屈服。如果由于竖向钢筋的最小配筋率要求,桥墩的超强越高,则桥面板线弹性性能,出现偏差的程度和幅度越大。这使人们对 Eurocode 8 的建议产生了一些疑问,因为该建议将预应力混凝土桥面板视为在设计地震作用下未开裂,这也对目前通常的设计实践中不验算桥面板抗弯强度提出了一疑问。

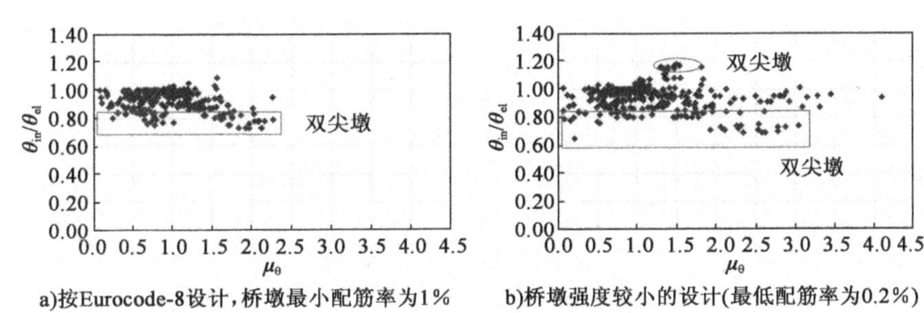

图 5.18 非线性动力分析与弹性时程分析得到的桥墩端部最大转角需求之比(Bardakis;2007)

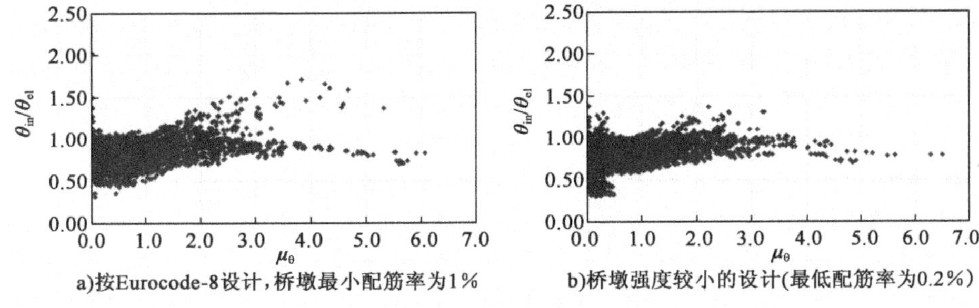

图 5.19 非线性动力分析与弹性时程分析得到的桥面板截面的最大曲率需求之比(Bardakis;2007)

5.9.3 中间可动接头处桥面板端部的相对位移

4.2.1 重点介绍了 Caltrans 抗震设计规范(Caltrans,2006)中对具有中间伸缩缝的长桥面桥梁所要求的两种模型("拉伸"和"压缩"模型)和分析方法。在 Eurocode 8 第 2 部分的线性分析框架中,可通过下列方法之一估算由此类接头分隔的桥面板端部的可能相对位移:

■ 可以建立包含整个长度的桥面板和所有中间伸缩缝的单个模型进行分析。在相邻桥面板端部节点之间引入虚拟桁架单元,并对这些单元规定一个可以忽略的低轴向刚度。如果只关注接头的打开和关闭以及桥面板端部之间的撞击,则这种桁架单元可仅沿纵桥向(切向)布置。如果还对横桥向相对位移感兴趣,则可以在每个接头处沿该方向添加一个(Y 字形)桁架单元(或者可以在横桥向采用下面的替代方法)。可以根据相应的虚拟桁架元件的轴力变化及其轴向刚度来估计最大和最小相对位移。

■ 将桥梁中由中间伸缩缝隔开的部分作为单独的独立振动单元进行建模和分析。桥面板端部的相对地震位移可估值为伸缩缝两侧桥面板端部的相关位移的平方和的平方根。

如果在纵桥向(切向)无法实现本指南 6.8.2 所述的 Eurocode 8 第 2 部分所要求的间隙,则可能发生撞击(并引起非线性)。在 6.8.1.3 中阐述了跨内中间伸缩缝处的墩梁搭接长度要求。如果在桥面板和墩顶之间采用了缆索限位器,则可根据在限位器启动时施加在墩顶上的位移和墩的刚度来估计其能力。

5.10　非线性分析

5.10.1　桥梁非线性分析的范围

条款 4.1.8(4),4.2.4.5(1)[2]

Eurocode 8 第 2 部分规定,在下列设计中估计所有地震作用效应(不仅仅是位移需求)均可采用非线性分析方法:

■ 延性的“非规则桥梁”(即设计为延性性能的桥墩,不同桥墩的强度差异非常大)(5.10.2)。

■ 桥面板支撑在隔震装置上的桥梁,遵循非线性力-变形规律。

5.10.2　非线性分析在不规则延性桥梁中的应用

5.10.2.1　非规则桥梁的定义

条款 4.1.8(1),4.1.8(2)[2]

延性抗震设计的目的是使延性需求在预期的塑性铰中相当均匀地分布。如果设计地震作用的分析是弹性的,那么弯曲时的需求-能力比 D/C 是一种方便的估计局部延性需求的方法,其中:

■ D 为构件端部的弹性弯矩,是由抗震设计状况下不采用 q 系数折减的设计地震作用和重力载荷作用产生的。

■ C 为对应的弯矩抗力。

如果等位移准则适用,则在抗震设计状况下,D/C 约等于转角延性系数 μ_θ 的需求值。为方便起见,可认为在预期塑性铰位置 i 处的 D 值等于 $qM_{\mathrm{Ed,i}}$,其中 $M_{\mathrm{Ed,i}}$ 是抗震设计状况下用 5.3 的设计反应谱进行弹性分析得到的设计弯矩的最大值;C 可认为等于在同一塑性铰位置上的设计抗弯承载能力 $M_{\mathrm{Rd,i}}$,可根据其实际配筋和在抗震设计状况下由于非地震作用而产生的轴力求取:

$$\mu_{\theta,\mathrm{i}} \approx r_{\mathrm{i}} = \frac{D_{\mathrm{i}}}{C_{\mathrm{i}}} = \frac{qM_{\mathrm{Ed,i}}}{M_{\mathrm{Rd,i}}} \tag{D5.51}$$

Eurocode 8 第 2 部分描述为“非规则”的桥梁,是指在抗震设计状况下,设计为延性性能的桥梁，由于各桥墩的强度差异非常大，从而导致非弹性变形需求在各桥墩的预期延性区域之间的分布是非常不均匀的。为此，定义以下比值：

$$\rho = \frac{r_{max}}{r_{min}} \tag{D5.52}$$

式中，r_{max}和r_{min}分别为所有预期塑性铰位置 i 中的 r 的最大值和最小值。如果式（D5.52）的 ρ 值，超过限值 ρ_o，它是由国家附件确定的参数，推荐值为 2.0，Eurocode 8 第 2 部分将桥梁视为"非规则"的。

桥梁在纵向或横向分别被描述为"非规则"或"规则"。为方便起见，可在桥墩截面的两个主要方向应用式（D5.51）和式（D5.52）。与所考虑的水平方向（纵向或横向）最接近的垂直弯曲平面的 r_i 值（即与 $M_{Ed,i}$和 $M_{Rd,i}$向量成直角），可以与该方向相关联。在桥墩的两个主要方向上的 $M_{Ed,i}$的值，可通过式（D5.1）或通过式（D5.2a）和式（D5.2b）将两个水平分量的作用效应进行组合而获得。

为避免在较次要的延性桥墩上因过大或过低的强度（即 r_i 的值）而对桥梁进行过度苛刻的设计，Eurocode 8 第 2 部分允许一些桥墩免于比较 r_i值，以得到 r_{min}和 r_{max}，前提是在所考虑的水平方向上，它们的集体贡献不超过总地震剪切力的 20%。　*条款4.1.8(3)[2]*

5.10.2.2　非规则延性桥梁的分析与设计

如果桥梁在水平方向上被描述为"非规则"的，则具有最低 r_i 值的桥墩将不能利用被认为与根据表 5.1 在该方向上的设计适用的最大 q 值相关联的延性能力，具有最高 r_i 值的那些桥墩将能充分利用延性能力。更重要的是，采用 5.3 的设计反应谱进行线性分析的结果不能反映桥墩之间延性需求的巨大分散，因此其有效性可能难以满足要求。Eurocode 8 第 2 部分对这类桥梁给出了两种选择。　*条款4.1.8(4)，4.1.9(1)～4.1.9(3)[2]*

（1）采用线性分析和 5.3 的设计反应谱来设计，但采用一个折减的 q 系数：

$$q_r = q\frac{\rho_o}{\rho} \geqslant 1.0 \tag{D5.53}$$

式中，ρ 由式（D5.41）给出，ρ_o 是其极限值（国家附件确定的参数，推荐值为 2.0）。

（2）采用 5.10.3 或 5.10.4 重点介绍的两种非线性分析方法之一设计桥梁。

对普通设计者来讲，选项（1）的使用较为方便。另外，如果桥梁仅在一个水平方向上被认为是"非规则"的，则 q 系数的折减也仅针对该方向。选项（2）在专业知识、工作量和计算工具方面要求更高，但如果实施得当，它通常会产生更高的成本效益和更平衡的设计。

5.10.3　非线性动力分析

由于非线性静力分析的固有局限性，动力（响应历程）法是桥梁非线性分析的首选方法。它在具有隔震和/或耗能能力的桥梁中实际应用最多，因为其响应是由少数几个装置控制，它们的力-变形和能量耗散特性是复杂、强非线性的，而且每个装置的特性往往是特定的。它有时也应用于具有延性桥墩的桥梁，用来识别在　*条款4.2.4.4(1)，4.2.4.5(1)[2]*

设计地震作用下塑性铰可能出现的位置,估计其预期的峰值非线性变形或残余变形,以及在结构系统中由力控制部分(包括基础)的力分布。

非线性动力分析不需要先验算和近似确定整体非线性地震需求(参见5.10.4.3,在推覆分析中用于"目标位移")。整体位移需求是在响应分析过程中确定的。此外,与振型反应谱谱或非线性静力分析不同,它们只提供峰值响应的最佳估计(通过统计方法,如 SRSS 准则和 CQC 准则),只要满足结构非线性建模的可靠性和代表性的限制条件,非线性动力分析确定的峰值响应量是精确的。它唯一的缺点是它的复杂性和结果对输入地震动的选择有一定的敏感性。

在非线性动力分析中,地震作用以地震动时程(记录)的形式表示。Eurocode 8 第 2 部分规定了这些记录的最小数量及其符合性的相关要求,包括单个记录的要求和平均意义上的要求,在 3.1.4 中重点介绍了用 5% 阻尼比的弹性反应谱定义地震作用。

条款 4.2.4.1(2)[2]

根据 Eurocode 8 第 2 部分的规定,振型反应谱分析应与非线性动力分析同时进行,以便进行总体校核。如果非线性动力分析被认为是最优秀的方法,不管桥梁是否安装了隔震和/或耗能装置,或者按照 5.10.2.1 所强调的标准被定为非规则延性桥梁,则 Eurocode 8 第 2 部分仅允许使用非线性动力分析结果,不管其是否比振型反应谱分析结果更有利(在安全方面来讲是否更有利)。但是,如果 Eurocode 8 第 2 部分允许采用振型反应谱分析,则不能使用非线性分析的更有利结果来代替反应谱分析的结果。

注意,虽然它主要用于检查非线性分析的结果,但是前一段的振型反应谱分析将事先进行,以识别出整个桥梁在设计地震作用下可能进入非线性状态的构件或区域。正如 5.10.5 所强调的,用于非线性分析的非线性建模,特别是动力分析,应限于尽可能少的构件和区域,以减少数值问题的风险,并提高结果的保真度。振型反应谱分析可以帮助识别那些肯定会保持在弹性范围并且可能被排除在非线性建模之外的构件和区域。

5.10.4　非线性静力分析

5.10.4.1　引言和适用范围

条款 4.2.5(1), 4.2.5(2)[2]

非线性静力分析(通常称为"推覆分析"),是在恒定的重力荷载下进行的单调增加侧向力作用的分析,这些侧向力施加在结构模型的节点质量位置,以模拟由地震作用的单个水平分量引起的惯性力。该方法实质上是将基本振型分析法扩展到非线性分析中。它只能处理地震作用的水平分量,而不能处理竖向分量。

在 Eurocode 8 第 2 部分中,非线性静力分析的作用取决于力-位移曲线(称为"能力曲线"),该曲线将某一水平方向的基底剪力与等效位移或桥梁代表点在同一方向上的位移联系起来。这条曲线被构造成至少要达到一个特定的位移值,称为"目标位移",该位移被认为代表了在感兴趣的水平方向上的设计地震作用分量。在构建这条曲线的过程中,塑性铰将依次形成,随后整个桥梁的内力将重新分布,直至塑性铰转动的发展要求达到目标位移为止。塑性铰转动需求的最终值(即在目标位移处的转角)被用于评估桥梁在所考虑的水平方向上的设计地震作用下的性能。

由于它的简单性和直观性,以及大量具有“推覆分析”能力的计算机程序,这种类型的分析现在很流行。然而,它的局限性也是众所周知的,因此,一旦可靠的计算机程序得到广泛应用,它最终将会被非线性动力(时程)分析所取代。

5.10.4.2 非线性静力分析中的侧向力模式

当前应用的推覆分析最初是针对二维分析发展起来的。即使在三维结构模型的应用中,施加的侧向力也只模拟桥梁在纵桥向或横桥向地震作用分量作用下的惯性力,即在“推覆”分析过程中,施加在质量 M_i 上的力 F_i,仅作用在某一水平分量方向上,并且在该方向上保持与某一位移模式 Φ_i 成正比: *条款H.2(1),H.2(2)[2]*

$$F_i = \alpha m_i \Phi_i \tag{D5.54}$$

根据 Eurocode 8 第 2 部分,应采用以下两种侧向荷载模式进行推覆分析:

(1)在桥面板上施加均布力模式,对应于均匀的单向侧向加速度[即对应于沿着桥面板,式(D5.54)中 $\Phi_i = 1$]。

(2)主要振型模式,此模式中,式(D5.54)中 Φ_i 在感兴趣的水平方向上取具有最大参与质量的振型的水平位移形状。即使这阶振型不是纯粹的平移,Φ_i 和侧向力 F_i 的形状,仍被认为沿着所考虑的地震作用分量方向是单向的。

以上所指的是沿桥面板施加的力的模式。对于这两个选项,每个桥墩力的模式仍然遵循式(D5.54),但在桥墩上,Φ_i 被认为是“倒三角形”(即沿纵桥向或横桥向,按从桥墩底部的位移为零到桥墩顶部的位移等于相应的桥面板位移进行线性插值)

应采用上述两种侧向力模式(均布力模式和主要振型模式)的推覆分析的最不利结果。此外,除非桥梁在与所考虑的地震作用分量方向正交的方向上完全对称,否则每一种侧向力模式都应在正方向和负方向上施加,并应采用所有分析中的最不利结果。

5.10.4.3 目标位移

与线弹性分析或非线性动力(时程)分析不同,后者很容易得出给定地震作用下的响应量的峰值(即地震要求),推覆分析本身仅能得到桥梁的“能力曲线”。需求需要单独估算。这是根据地震作用在桥梁参考点引起的最大位移即“目标位移”来实现的。参考点应选择为结构模型中最靠近桥面板质量中心的节点。 *条款H.1(1)~H.1(3)[2]*

Eurocode 8 第 2 部分基于“等位移准则”对目标位移进行估计,目标位移被视为等于振型反应谱分析得到的参考点的峰值位移,振型反应谱分析应采用 5% 阻尼比的反应谱,并按设计地震的两个水平分量同时作用进行分析。由地震作用两个分量引起的位移可通过式(D5.1)或式(D5.2a)和式(D5.2b)进行组合。由于在纵桥向和横桥向分别进行推覆分析,因此将纵桥向分析的目标位移取为参考点在该方向上按式(D5.1)组合得到的峰值位移分量。如果通过式(D5.2a)和式(D5.2b)进行组合,则参考点的纵向位移应采用这两个组合中的最大值。类似地,对横桥向的推覆分析也一样。在达到目标位移时,由推覆分析得到的桥梁的非弹性变形和力,可以作为结构在推覆分析方向上的局部变形需求和内力需求,并且包括了地震作用的正交分量的影响。

5.10.4.4　高阶振型效应

根据式(D5.54)确定的力的模式进行推覆分析,只能捕获单阶模态的影响,而且,只有在模态形状能够用按式(D5.54)确定的桥面板的位移模式和桥墩上的"倒三角形"很好地近似表达时,才能得到较好的结果。尽管较高阶模态对参考点的侧向位移的贡献可通过目标位移来考虑,但是,它们对整个桥梁的非弹性变形的影响可能会丢失。如果桥墩质量的影响较小,则单模态推覆分析在近似直桥的纵桥向上可能是足够精确的。如果桥面板与桥墩相比刚度较大,那么在横桥向上的分析结果也可能是足够精确的,并且桥墩为其提供相当均匀的横向支撑;但如果一个或多个桥墩的刚度远大于其余桥墩的刚度,则上述不成立。

Bardakis(2007)针对8座三跨或五跨连续梁桥进行了对比分析研究,这些桥梁桥面板与桥墩刚性连接,在桥台上横桥向约束,但纵桥向可自由滑动(参见5.9),将数百个非线性动力分析得到的地震变形需求与按Eurocode 8的单模态推覆分析得到的地震变形需求进行了比较。结果表明,采用单模态推覆分析对桥墩端部转角的预测值,一般来讲,略微偏于安全,但对在所有桥墩的同一高度上采用了双薄壁截面来协调它们的刚度的非规则桥梁除外。在这种桥墩中,单模态推覆分析明显低估了桥墩端部的转角,尤其是在横桥向地震作用下。然而,无论地震作用的方向或桥梁的规则性如何,这种分析都会显著地低估桥面板的曲率。实际上,Bardakis和Fardis(2011)以及Bardakis(2007)在研究中发现,采用5%阻尼比的线弹性振型反应谱分析估计非弹性变形需求,要比采用单模态推覆分析估计好得多。

Chopra和Goel(2002,2004)提出了模态推覆分析方法,以考虑多层建筑中高阶模态的影响。在该方法中,对每一阶感兴趣的模态分别进行了完整的推覆分析,分析时均考虑了重力荷载的同时作用。式(D5.54)中水平位移的模式Φ_i取为模态振型形状。每一阶模态对整体位移(例如在不同水平的成员端之间漂移)的贡献通过SRSS准则或考虑了振型参与系数的CQC准则进行组合。局部单元的变形,例如塑性铰转角,不是通过SRSS准则或CQC准则对每一阶模态响应的结果进行组合来求取,而是从计算得到的整体位移值出发,通过一个依赖于具体案例的变换,从整体位移求得总的局部变形。最后,通过推覆分析中采用的非线性单元的本构关系,根据局部单元变形即可计算得到单元力。Paraskeva等(2006)将模态推覆分析方法推广应用到桥梁,发现与非线性动力分析的峰值位移有很好的一致性,但是,至少在横桥向应用时,它会低估桥墩的非弹性变形,有时会显著地低估桥墩的非弹性变形。然而,模态推覆分析目前还没有在计算机程序中得到广泛的实现，也没有被普通的设计者所熟悉。

5.10.5　非线性分析建模

5.10.5.1　一般原则

由于 Eurocode 8 第 2 部分要求在进行非线性动力分析的同时进行振型反应谱分析(见 5.10.3)，静力和动力分析的一致性要求，在线性范围内建立的模型应是一致的，而非线性分析的建模应该是将线性分析的模型扩展到后弹性区域。此外，如果在地震响应过程中没有进入非线性状态，则非线性分析退化为线性分析。一致性并不意味着同等程度的离散化。它主要是指应采用相同的刚度，也就是说，在非线性分析中，到达屈服点之前，应采用一个恒定的刚度，其值等于 5.8.1 和 5.8.3 规定的有效弹性刚度。

具有隔震和/或耗能的桥梁，其上部结构和下部结构应保持弹性。因此，系统的这一部分可很好地按线性建模；非线性建模可局限于隔震和能量耗散装置(如果分析是动态的，还应包括它们的滞回特性)。如果我们要考虑一座有延性桥墩(或甚至是桩)的桥梁，其桥面板应保持弹性，桥面板也可按线性建模。如果非线性建模仅限于少数关键构件而桥梁的其余部分被视为弹性，则非线性分析的数值稳定性将会得到改善：如果非线性单元很少，一个包括数百或数千个时间步长，以及每一步可能需要迭代的分析，不太可能因为局部不收敛而导致响应的整体不稳定。请注意，由于数值问题导致的局部或整体响应的错误可能并不明显，尤其是对于缺乏经验的分析师而言。将非线性构件的数量和非线性模型的复杂性限制在必须考虑非线性的构件中，可以最大限度地减少数值问题的风险。当然，最终应确认系统模拟为线性的部分确实保持在弹性范围内。在这方面，可供鉴 5.9 中的最后部分：如果预应力混凝土桥面板的弹性范围是根据没有预应力损失和预应力筋屈服确定的，则即使在中等强度的地震作用下，刚性连接到桥墩的桥面板也可能进入非弹性。 *条款4.2.4.4(2)[2]*

5.10.5.2　桥梁结构的模型

在延性桥梁的非线性分析中采用的模型应包括延性构件的屈服强度和屈服后的应力应变关系的单调分支。应考虑屈服后的应变硬化(如在受弯的钢筋混凝土构件中，或在受弯、受剪或受拉的钢或组合构件中)，即使通过恒定的屈服后硬化比表达，也应予以考虑。屈服后的强度退化(例如在受压的钢支撑中)应该用负的屈服后刚度建模。应指出的是，当在循环荷载下接近极限变形时，即使是具有延性机制的构件也会出现严重的强度退化。然而，由于在设计地震作用下，延性构件的变形要求应远低于极限变形；因此，在为设计目的进行建模时，无须考虑循环加载的强度退化。

描述后弹性阶段的卸载和再加载循环中的力-位移关系的滞回曲线，应真实地反映构件在由设计地震作用引起的位移振幅范围内的能量耗散。这对于具有重要能量耗散作用的响应修正装置(包括隔振装置)来说是至关重要的。

条款 4.3.3.4.1 (4)[1]

非线性模型应基于材料强度的平均值,它高于相应的标准值。请注意,采用平均材料特性并不仅限于非线性分析,线性分析也是基于弹性模量的平均值的,这是唯一用于计算(有效)弹性刚度的材料特性。对于要在新结构中采用的材料的平均强度,Eurocode 8 第 1 部分引用了欧洲材料标准。然而,它只给出了混凝土的平均强度,根据 Eurocode 2,它比标准强度 f_{ck} 高 8MPa。从欧洲各地提取的统计数据表明,钢的屈服强度平均值比 f_{yk} 的特征值或标准值高出约 15%(Fardis, 2009)。如果有当地钢筋的数据可用,则应采用当地可用的数据代替标准给出的值。同样,对结构钢也是如此,由于为大多数欧洲国家服务的制造商相对较少,所以用作相关统计的数据最有可能来源于钢材供应商。

5.10.5.3　土壤模型及其与结构的相互作用

基础中的非线性可能源自几何因素,如基础滑动或抬升,或者由材料产生,例如,在桩周围或在基础边缘下方的土壤的屈服。在不对土体进行显式建模的情况下,目前还没有成熟、简化、科学合理的方法来处理和表达土或土-结构界面的非线性。最先进、最严密的模型是采用有限元法建立的,并应采用适当的土以及土-地基界面的本构关系。然而,这种建模方法要求很高,超出了大多数设计项目的范围。当土体的非线性特性被证实时,最常见的方法是采用文克尔模型,可按下面方法之一建立模型:

- 没有拉伸能力的线性弹簧-模拟基础和土壤之间的分离;
- 非线性弹簧模拟土壤屈服。

前一种类型的非线性比后一种更容易通过弹簧建模。

建在扩大基础上的高架桥,最重要的基础响应模式是摇摆,从而将基础与土壤分离,这可能对桥梁随后的整体响应产生重大影响。这方面只能通过增量非线性分析来考虑。然而,在实际应用中,为评估基础上的惯性力,忽略了基础分离及由此产生的割线扭转弹簧的"软化";仅在基础的稳定性验算中考虑了这一点。这意味着基础的抬升应受到限制,这样力就不会受到这种几何非线性的显著影响。如果基础的抬升面积不超过总面积的 30%,则通常的经验方法是采用线性分析,同时考虑基础在抬升后仍然有效。

当在扩大基础中需要考虑土体屈服时,没有简单的方法来定义分布的非线性弹簧。最方便的方法是采用将阻抗矩阵集中在基础中心的概念。然后为每个自由度定义非线性弹簧。尽管没有经过实践检验,但从理论上讲,它们应是相互耦合的(特别是对于摇摆和垂直运动)。在不同水平的竖向荷载作用下,通过对非线性地基上的基础进行多次推覆分析,可以得到弹簧参数的取值范围。图 5.20 给出了一个在基础层的力-位移和力矩-转角关系的例子。

对于桩基础,表示非线性弹簧刚度的 p-y 关系通常是在半经验曲线的基础上发展起来的,该曲线反映了在特定深度处桩周围土体的非线性局部阻力。针对不同的土体条件,众多的研究者提出了许多 p-y 模型。两种最常用的 p-y 模型,一个是 Matlock(1970)针对软黏土提出的模型,另一个是 Reese 等(1974)提出的用于

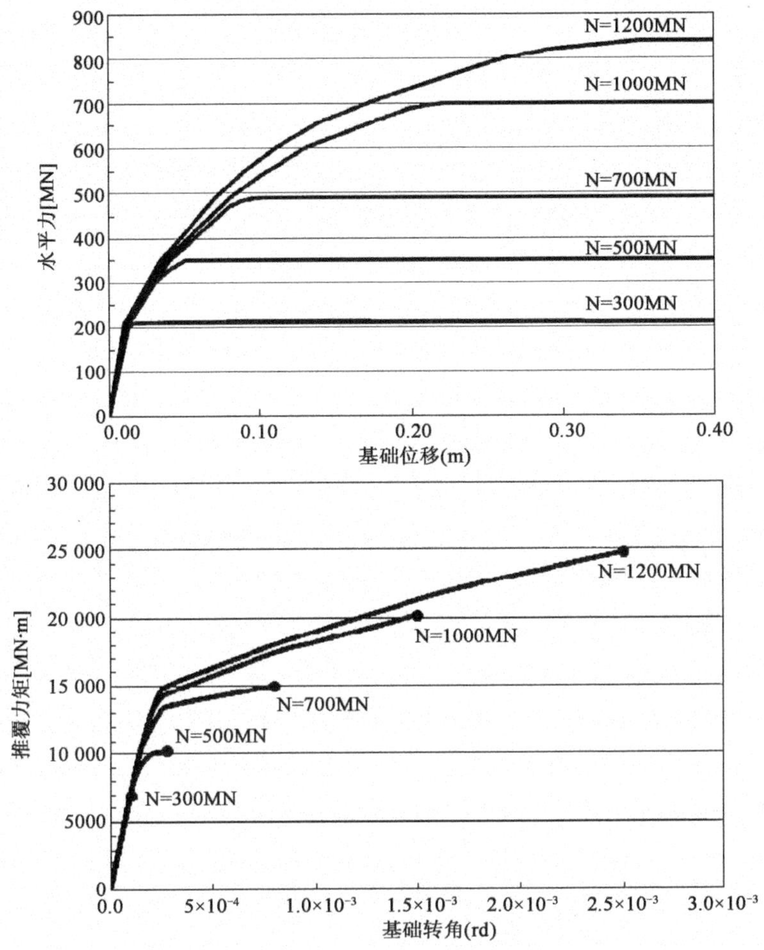

图 5.20 不同竖向荷载 N 下的非线性推覆曲线实例

砂土的模型。这些模型基本上是半经验的,并且是基于有限数量的 0.30 ~ 0.40m 的小直径桩的足尺侧向荷载试验发展起来的。将 p-y 模型推广应用到与建立该模型的条件不同的其他情况时,则需要经过判断和深思熟虑。一些现场试验结果表明,大直径钻孔灌注桩的刚度和极限侧向承载力均大于常规 p-y 准则所估算的刚度和极限承载能力。Pender(1993)认为,p-y 公式中采用的地基模量随桩径的增大呈线性增长。研究表明,Matlock(1970)和 Reese 等(1974)采用 p-y 准则给出了合理的桩设计方案。然而,基于单调静载或循环荷载试验数据的观测,最初提出的 p-y 准则是用于风浪荷载设计的。因此,Matlock 和 Reese 的静态 p-y 曲线可用于表示典型的、小直径的、孤立的钻孔灌注桩的初始单调加载路径。然而,对于大型群组来讲,群体效应变得重要。过去,在缺乏昂贵的足尺桩试验的情况下,对这种影响的分析大多是基于弹性半空间理论。最近,一些大型足尺试验或离心机模型试验研究已经得到了一些高质量的实验数据。研究表明,将 p 乘子的概念应用到标准静载 p-y 曲线,可较好地说明群桩效应和循环退化效应(Brown 和 Bollman, 1996)。p 乘子是应用于单根桩的 p-y 曲线的 p 项的折减系数,以模拟群桩效应的影响。Brown 和 Bollman(1996 年)给出的建议值见表 5.2。很明显,p 乘子取决于场地条件、土体类型、分层细节和位移幅值。

用于桩群设计的 p 乘子(Brown 和 Bollman,1996) 表 5.2

行 间 距	前 排	第 2 排	第 3 排及以上
3D	0.80	0.45	0.35
4D	0.90	0.65	0.55
5D	1.00	0.85	0.75

用于表示 Winkler 型模型中土壤屈服的弹簧定义了非线性响应的初始加载分支。卸载-再加载分支是独立构建的,通常假定 Masing 规定是适用的。

参考文献

Bardakis VG (2007) *Displacement-based seismic design of concrete bridges*. Doctoral thesis, Department of Civil Engineering, University of Patras.

Bardakis VG and Fardis MN (2011) Nonlinear dynamic v elastic analysis for seismic deformation demands in concrete bridges having deck integral with the piers. *Bulletin of Earthquake Engineering* **9**(**2**): 519-536.

Biskinis DE and Fardis MN (2010) Deformations at flexural yielding of members with continuousor lap-spliced bars. *Structural Concrete* **11**(**3**): 127-138.

Brown DA and Bollman HT (1996) Lateral load behavior of pile group in sand. *Journal of Geotechnical Engineering of the ASCE* **114**(**11**): 1261-1276.

Caltrans (2006) *Seismic Design Criteria*, version 1.4. California Department of Transportation, Sacramento, CA.

CEN (Comité Européen de Normalisation) (2004a) EN 1998-1:2004: Eurocode 8—Design of structures for earthquake resistance—Part 1: General rules, seismic actions and rules for buildings. CEN, Brussels.

CEN (2004b) EN 1998-5:2004: Eurocode 8—Design of structures for earthquake resistance—Part 5: Foundations, retaining structures, geotechnical aspects. CEN, Brussels.

CEN (2005a) EN 1998-2:2005: Eurocode 8—Design of structures for earthquake resistance—Part 2: Bridges. CEN, Brussels.

CEN (2005b) EN 1998-3:2005: Eurocode 8—Design of structures for earthquake resistance—Part 3: Assessment and retrofitting of buildings. CEN, Brussels.

Chopra AK and Goel RK (2002) A modal pushover analysis procedure for estimating seismicdemands for buildings. *Earthquake Engineering and Structural Dynamics* **31**: 561-582.

Chopra AK and Goel RK (2004) A modal pushover analysis procedure to estimate seismicdemands of unsymmetric plan buildings. *Earthquake Engineering and Structural Dynamics* **33**(**8**): 903-927

der Kiureghian A (1981) A response spectrum method for random vibration analysis of

MDF systems. *Earthquake Engineering and Structural Dynamics* **9**: 419-435.

Dobry R and Gazetas G (1988) Simple methods for dynamic stiffness and damping of floating pilegroups. *Géotechnique* **38**(**4**): 557-574.

Fardis MN (2009) *Seismic Design, Assessment and Retrofitting of Concrete Buildings* (*Based on EN-Eurocode 8*). Springer-Verlag, Dordrecht.

Gazetas G (1983) Analysis of machine foundations vibrations-state of the art. *International Journal of Soil Dynamics and Earthquake Engineering* **2**: 2-42.

Gazetas G (1991) Foundations vibrations. In *Foundation Engineering Handbook*, 2nd edn (Fang HY (ed.)). Van Nostrand Rheinhold, New York.

Katsaras CP, Panagiotakos TB and Kolias B (2009) Effect of torsional stiffness of prestressed concrete box girders and uplift of abutment bearings on seismic performance of bridges. *Bulletin of Earthquake Engineering* **7**(**2**): 363-376.

Kausel E and Roesset JM (1974) Soil structure interaction for nuclear containment structures. *Electric Power and the Civil Engineer. Proceedings of the ASCE Power Division Conference*, Boulder, CO.

Lysmer J, Ostadan F, Tabatabaie M *et al.* (2000) *A System for Analysis of Soil-Structure Interaction.* Geotechnical Engineering Division, Civil Engineering Department, University of California, Berkeley and Bechtel Power Corporation, San Francisco, CA.

Matlock H (1970) Correlation for design of laterally loaded piles in soft clay. *2nd Annual Offshore Technology Conference*, Houston, TX, paper 1204.

Novak M (1974) Effect of soil on structural response to wind and earthquake. *Earthquake Engineering and Structural Dynamics* **3**: 79-96.

Paraskeva TS, Kappos AJ and Sextos AG (2006) Extension of modal pushover analysis to seismic assessment of bridges. *Earthquake Engineering and Structural Dynamics* **35**(**10**): 1269-1294.

Pecker A (2006) Enhanced seismic design of shallow foundations: example of the Rion Antirion Bridge. *4th Athenian Lecture on Geotechnical Engineering*, Athens.

Pender MJ (1993) A seismic pile foundation design and analysis. *Bulletin of the New Zealand National Society for Earthquake Engineering* **26**(**1**): 49-160.

Reese L, Cox W and Koop R (1974) Analysis of laterally loaded piles in sand. *6th Annual Offshore Technology Conference*, Houston, TX, paper 2080.

Smebby W and der Kiureghian A (1985) Modal combination rules for multicomponent earthquake excitation. *Earthquake Engineering and Structural Dynamics* **13**: 1-12.

Wilson EL, der Kiureghian A and Bayo ER (1981) A replacement for the SRSS method in seismic analysis. *Earthquake Engineering and Structural Dynamics* **9**: 187-194.

Wolf JP and Meek AJ (2004) *Foundation Vibration Analysis: A Strength of Materials Approach.* Elsevier, Amsterdam.

6 桥梁构件抗震设计验算与细部构造设计

6.1 绪论

Eurocode 8 第 2 部分第5 章(CEN,2005a)中桥梁构件的强度和整体延性验算规则,以及第6 章中针对构件局部延性的规定,详细阐述了本设计指南第 2 节和第 2 章中规定的防倒塌要求的遵从准则。这些规定对于延性或者有限延性桥梁有所不同。采用隔振设计的桥梁,其适用的规定也不一样,Eurocode 8 第 2 部分第7 章给出了这些规定,并在本设计指南第 7 章中进行了详细阐述和举例说明。

为了更好地进行说明和比较,这里以表格形式给出了延性或有限延性性能设计这两种备选方案的规定,见表 6.1。这里强调了一些一般方面的内容和概念,并介绍了某些验证程序和规定背后的基本原理。

Eurocode 8 对桥墩及上部结构尺寸和细部构造的规定 表 6.1

<table>
<tr><th></th><th>有限延性</th><th>延性</th></tr>
<tr><td>系数 q</td><td>$q \leqslant 1.5$(见表 5.1)</td><td>$q \geqslant 1.5$(见表 5.1)</td></tr>
<tr><td colspan="3">对钢筋的要求</td></tr>
<tr><td>塑性铰区内</td><td>Eurocode 2 中 B 类或 C 类</td><td>Eurocode 2 中 C 类</td></tr>
<tr><td>塑性铰区外</td><td>Eurocode 2 中 B 类或 C 类</td><td></td></tr>
<tr><td colspan="3">上部结构的极限状态(ULS)强度验算及尺寸拟定</td></tr>
<tr><td>抗弯极限状态</td><td>$M_{Gd} + M_{Ad}{}^{(1)} \leqslant M_{yd}{}^{(2)}$</td><td>$M_{Gd} + a_{CD} M_{Ad}{}^{(1),(3)} \leqslant M_{yd}{}^{(2)}$</td></tr>
<tr><td>抗剪极限状态</td><td>$V_{Gd} + qV_{Ad}{}^{(1)} \leqslant V_{Rd}/\gamma_{Bd1}{}^{(4)}$</td><td>$V_{Gd} + a_{CD} V_{Ad}{}^{(1),(3)} \leqslant V_{Rd}/\gamma_{Bd}{}^{(5)}$</td></tr>
<tr><td colspan="3">桥墩抗弯极限状态(ULS)强度验算及尺寸拟定</td></tr>
<tr><td>(i)塑性铰区内</td><td rowspan="2">} $M_{Gd} + M_{Ad}{}^{(1)} + \Delta M_{2nd\text{-}order}{}^{(1),(6)} \leqslant M_{Rd}{}^{(7)}$</td><td>$M_{Gd} + M_{Ad}{}^{(1)} + \Delta M_{2nd\text{-}order}^{(1),(6)} \leqslant M_{Rd}^{(7)}$</td></tr>
<tr><td>(ii)塑性铰区外</td><td>$M_C \leqslant M_{Rd}{}^{(7),(8)}$</td></tr>
<tr><td colspan="3">桥墩抗剪极限状态(ULS)强度验算及尺寸拟定</td></tr>
<tr><td>(i)塑性铰区内</td><td rowspan="2">} $V_{Gd} + qV_{Ad}{}^{(1)} \leqslant V_{Rd}/\gamma_{Bd1}{}^{(4)}$</td><td>$V_{Gd} + a_{CD} V_{Ad}{}^{(1),(3)} \leqslant V_{Rd,o}/\gamma_{Bd}{}^{(9)}$</td></tr>
<tr><td>(ii)塑性铰区外</td><td>$V_{Gd} + a_{CD} V_{Ad}{}^{(1),(3)} \leqslant V_{Rd}/\gamma_{Bd}{}^{(5)}$</td></tr>
<tr><td colspan="3">延性墩柱从截面端部起算的塑性铰区长度 L_h 构造要求</td></tr>
<tr><td colspan="3">离开设置抗屈曲配筋及有效约束的端截面塑性铰长度 L_h 需满足</td></tr>
<tr><td>(i)若 $\eta_k = N_{Ed}/A_c f_{ck} \leqslant 0.3$</td><td rowspan="2">} $L_h = 0.3 L_s M_{Rd}/(1.3 M_{Ed})^{(10),(11)}$</td><td>$L_h = \max[h_c; L_s/5]^{(10),(11),(12),(13)}$</td></tr>
<tr><td>(ii)若 $0.3 < \eta_k < 0.6$</td><td>$L_h = 1.5\max[h_c; L_s/5]^{(10),(11),(12),(13)}$</td></tr>
<tr><td colspan="3">横向约束(15),(16)钢筋(14)</td></tr>
<tr><td>柱箍筋/拉结筋最大间距</td><td>—</td><td>$\leqslant \min(h_c; b_c)/5$ 或 $D_c/5^{(13)}$</td></tr>
<tr><td>矩形箍及十字拉结筋</td><td>$> 0.28\eta_k A_c/A_{cc} + 0.13(\rho_L - 0.01) f_{yd}/f_{cd}{}^{(19)}$</td><td>$> 0.37\eta_k A_c/A_{cc} + 0.13(\rho_L - 0.01) f_{yd}/f_{cd}{}^{(19)}$</td></tr>
</table>

续上表

	有限延性	延性
每个方向的配箍率 $A_{sw}/(s_h b_c)(f_{yd}/f_{cd})$[17]	>0.08	>0.12
圆形箍或螺旋箍：体积配箍率，$4A_{sp}/(s_h D_{sp})(f_{yd}/f_{cd})$[18]	$\geqslant 0.39\eta_k A_c/A_{cc}+$ $0.18(\rho_L-0.01)f_{yd}/f_{cd}$[19] >0.12	$\geqslant 0.52\eta_k A_c/A_{cc}+$ $0.18(\rho_L-0.01)f_{yd}/f_{cd}$[19] >0.18
箍筋或拉结筋肢	—	≤200mm
沿截面直边间距		$\leqslant \min(h_c;b_c)/3$[13]
$0\sim L_h$ 一半处的约束钢筋	—	距离截面端部 $L_h\sim 2L_h$
防止纵筋屈曲的横向约束钢筋		
沿桥墩最大箍筋/拉结筋间距	$\leqslant \delta d_{bL}$，其中 $\delta=2.5f_{tk}/f_{yk}+2.25,\delta\geqslant 5,\delta\leqslant 6$[20]	
沿墩柱长度每延米约束箍筋的肢面积	$\Sigma A_{sL}f_{yL}/(1.6f_{yw})$[21]	
柱高范围内的纵向钢筋（附录L）[22]		
最小配筋率，ρ_{min}[23]	$0.1N_d/A_c f_{yd}$，0.2%	
最大配筋率，ρ_{max}	4%	
直径，$d_{bL}\geqslant$	8mm	
非约束钢筋距离最近约束钢筋沿周长距离	≤150mm	
对墩柱延性无特殊要求部分的横向钢筋（附录W）[22]		
直径，$d_{bw}\geqslant$	$d_{bL}/4$	
间距，$S_w\leqslant$	400mm，$20d_{bL}$，$\min(h;b)$ 或 D	
在搭接处，若 $d_{bL}\geqslant 14$mm，$S_w\leqslant$	240mm，$12d_{bL}$，$0.6\min(h;b)$ 或 $0.6D$	

注：(1) M_{Ad}、V_{Ad}：设计地震作用 A_d 下线性分析得到的弯矩和剪力；M_{Gd}，V_{Gd}：与设计地震作用同时作用的准永久重力荷载作用下线性分析得到的弯矩和剪力。

(2) M_{yd}：考虑预应力效应，在受拉弦杆屈服时的桥面截面设计屈服弯矩。对于绕垂直轴的受弯情况，当距离桥面板边缘10%面板深度起且不超出外部腹板范围内的纵向钢筋，由于发生水平面内（比如，顶板宽度的10%）的弯曲而屈服时，可能会达到 M_{yd}。

(3) a_{CD}：能力设计放大系数。它可以近似为当每个桥墩的所有潜在塑性铰处产生超强弯矩承载时，桥墩地震剪力之和与设计地震作用线性分析得出的桥墩剪力之和的比值[式(D6.9)]。桥墩塑性铰处超强弯矩承载力下的地震剪力，是在假定准永久荷载效应与设计地震作用同时存在的前提下计算得到的。

(4) γ_{Bd1}：国家定义参数的分项安全系数，取推荐值 $\gamma_{Bd1}=1.25$。V_{Rd}：考虑所有预应力效应，根据Eurocode 2得到的设计抗剪承载力。

(5) 允许 γ_{Bd} 取与以上第(4)条中 γ_{Bd1} 相同的数值，或者由 $qV_{Ed}/V_{C,o}-1$ 得到（但最终值不低于 $\gamma_{Bd}=1$）。其中，V_{Ed} 是抗震设计状况下的剪力最大值，$V_{C,o}$ 是没有上限 $V_{C,o}\leqslant qV_{Ed}$ 情况下的能力设计剪力值。

(6) $\Delta M_{2nd\text{-}order}$ 是由于二阶效应导致的附加弯矩。它可以取 $(1+q)d_{Ed}N_{Ed}/2$，其中 N_{Ed} 是轴力，d_{Ed} 为抗震设计状况下两个桥墩端部之间的相对水平位移[见(D6.3)]。

(7) M_{Rd}：在考虑抗震设计状况分析得到的桥墩轴力与其正交方向的力矩分量同时作用下，桥墩截面的设计抗弯承载力。

(8) M_C：在可能形成塑性铰的墩柱端部的超强力矩之间的线性弯矩图（见图6.1）。

(9) $V_{Rd,o}$：根据Eurocode 2计算的45°倾斜桁架的设计抗剪承载力，并用于确定截面约束混凝土核心至周边环箍中心线的尺寸。

(10) $L_s=M/V$：根据抗震设计状况分析得到的端部截面剪跨。

(11) 采用桥墩截面两个方向的最大长度。

(12) M_{Ed}：由抗震设计状况分析得到的桥墩端截面弯矩。M_{Rd}：如上述(7)所述，用于桥墩端部截面。

(13) h_c、b_c、D_c：约束混凝土核心至周边环箍中心线的深度、宽度和直径。

(14)用135°弯钩固定。当 $\eta_k \leq 0.3$ 时,横拉钢筋的一端允许用长度为10倍直径的90°弯钩,水平和垂直地分布在相邻横拉钢筋的交替端。两端带有135°弯钩的长横拉钢筋可在两端之间重叠拼接。

(15)当存在以下情况时,这些墩柱不需要进行约束:

■ $\eta_k = N_{Ed}/A_c f_{ck} \leq 0.08$。

■ 曲率延性系数取值:

—对于延性构件取13;

—对于有限延性构件取7。

上述曲率延性系数,可在无约束的塑性铰区实现。这在具有宽受压翼缘的桥墩中是可能的,例如,在空心矩形桥墩中,或在墙式墩的弱方向上,等等。因此,当空心矩形墩 $\eta_k = N_E d/A_c f_{ck} \leq 0.2$ 时不需要采用约束。

(16)如果按上述第(15)条的第二点则沿着墙式墩的长尺寸方向的约束是不必要的,但在桥墩的强方向上是需要的,则应该提供约束,由边缘起提供至应变降到无约束混凝土的极限应变0.0035的一半以下的区域。

(17) A_{sw}/s_h:每个墩柱单位长度上与核心混凝土尺寸 b_c(测量至环箍外侧)方向成直角的环箍和系腿的总横截面积。

(18) A_{sp}:螺旋筋或箍筋的横截面面积;s_h:螺旋的节距或环箍的间距;D_{sp}:螺旋筋或箍筋的直径。

(19) A_c:混凝土截面总面积;A_{cc}:环箍中心线以内的约束核心区面积;$\eta_k = N_{Ed}/A_c f_{ck}$。$\rho_L$:竖向钢筋配筋率。

(20) d_{bL}:竖向钢筋直径。f_{tk}/f_{yk}:竖向钢筋的特征抗拉强度与特征屈服应力之比。Eurocode 2 限制了 f_t/f_y 的低10%分位值 $(f_t/f_y)k$,对于C级钢不小于1.15,对于B级钢不小于1.08;如果没有具体的钢材信息,可使用这些值作为 f_{tk}/f_{yk}。

(21) f_{yw}:拉筋的屈服应力;f_{yL}:竖向钢筋的屈服应力;$\Sigma A_s L$:约束竖向钢筋的总截面面积,包括以90°以上弯钩约束的竖向钢筋,或拉筋转角处的竖向钢筋(将钢筋以45°角固定的拉筋腿也是有贡献的,其作用横截面积需除以$\sqrt{2}$)。

(22)这些规则符合 Eurocode 2,适用于延性和有限延性设计。

(23)严格而论,墩柱的最小配筋率取自 Eurocode 2,因为 Eurocode 8 第2部分并未规定墩柱的最小配筋率。根据 Eurocode 8 第1部分,最小配筋率1%仅适用于建筑中的混凝土柱,对于桥梁墩柱而言显然过高。如果桥墩的截面相同,但地震需求差异很大,那么如此高的最小配筋率可能是引起不规则地震性能的根源(见5.10.2.1和5.10.2.2)。尽管如此,有些设计人员认为 Eurocode 2 中规定的最小配筋率对于任何类型的混凝土柱的抗震能力来说都太低,因此在实践中经常采用这种设计。需要注意的是,Eurocode 8 第2部分对所有延性构件局部延性能力最低的基本要求至关重要。在这方面,应保证钢筋数量以提供桥墩截面的设计抗弯承载能力 M_{Rd} 不小于开裂弯矩:$M_{cr} = W_c(f_{ctm} + N_{Ed}/A_c)$,式中,$W_c$ 是弹性截面模量,f_{ctm} 是混凝土的平均抗拉强度,N_{Ed} 是由抗震设计状况分析得出的轴力(以受压为正),A_c 为混凝土截面的面积。通常而言,0.5%的配筋率能够提供局部延性能力所需的最小值,同时不会带来明显的不规则性。

6.2 重力荷载与其他抗震设计作用的组合

条款 3.2.4(1)[1] 条款5.5(1), 5.5(4), 4.1.2(3)[2]

在局部(用于构件和截面的验算)和整体(用于计算质量)的层面上,对于抗震设计状况都将设计地震作用和其他作用(在 EN 1990:2002 的"设计基础"部分有详细论述,CEN,2002)进行了组合,并在 Eurocode 8 第2部分中针对桥梁进行了详细说明。该组合以公式形象地表示为:

$$E_d = G_k ' + ' P_k ' + ' A_{Ed} ' + ' \psi_{2,1} Q_{1,k} ' + ' Q_2 \quad (D6.1)$$

式中:G_k——永久作用的标准值(通常为自重和所有其他恒载);

P_k——预应力损失后的标准值;

A_{Ed}——设计地震作用(即对于"参考重现期"乘以桥梁的重要性系数);

$Q_{1,k}$——交通荷载的标准值;

$\psi_{2,1} Q_{1,k}$——交通荷载的组合值(通常为准永久组合,即任意时间点的交通荷载);

Q_2——长期可变作用的准永久值(土压力或水压力、浮力、水流等)。

系数 $\psi_{2,1}$在 EN 1990:2002 的规范性附录 A2 中被定义为国家定义参数。正如本指南 5.4 与式(D5.6)中所述,Eurocode 8 第 2 部分推荐的参数取值如下:

■ 对于人行桥及交通量正常的桥梁,$\psi_{2,1}=0$。

■ 对于“严重交通状况”的道路桥梁(注释中定义为具有国家重要性的高速公路和其他道路),$\psi_{2,1}=0.2$。

■ 对于“严重交通状况”的铁路桥梁(注释中定义为城际铁路和高速铁路),$\psi_{2,1}=0.3$。

Eurocode 8 第 2 部分建议只取荷载模型 1(LM1)均匀交通荷载(UDL)的标准值 q_k,并根据各国情况进行调整,作为“严重交通”荷载的准永久部分。需要注意的是,至少就质量计算而言,即使是 24h 交通繁忙的桥梁,$\psi_{2,1}$的小值,也与桥面上车辆作为“调谐质量阻尼器”而减弱桥梁整体反应的荷载相一致,这一点也已被振动台试验所验证。

对于只有弹性支座抵抗地震作用特殊却常见的情况,强制变形(热作用、收缩、支承沉降、地震断层引起的地面移动等)的作用效应也应包括在式(D6.1)的组合中。但请注意,这些影响仅与支座本身的设计相关,通常支座的设计是基于作用产生的变形而不是作用产生的力。此外,在此情况下,在设计地震作用下的力学性能为线弹性,$q=1.0$ 的情况也是如此。因此,正如在极限状态(ULS)设计中通常采取的那样,在自平衡作用效应假定的再分配之后,强制变形的作用效应不会消失。 *条款5.5(2), 5.5(3)[2]*

6.3 采用线性分析的延性设计验算过程

基于力的抗震设计线性分析采用的系数 q 大于 1.0,以下章节中将对验算进行概述。

6.3.1 承载能力极限状态下塑性铰抗弯承载力验算

弯曲塑性铰的尺寸应确保其设计抗弯承载力 M_{Rd},能够超过考虑二阶效应下抗震设计状况分析得出的力矩 M_{Ed},即: *条款5.4(1), 5.6.2(1), 5.6.3.1(1)[2], 条款5.2.4(1)~5.2.4(3), 6.1.3(1), 7.1.3(1)[1]*

$$M_{Ed} \leqslant M_{Rd} \tag{D6.2}$$

对式(D6.1)的作用组合进行线性分析,叠加原理是适用的,因此仅单独考虑设计地震作用分析得到的地震作用效应可以叠加到式(D6.1)中其他作用分析得到的作用效应上。抗震设计状况下的二阶效应可采用近似方法考虑,Eurocode 8 第 2 部分要求各国的国家附件中引入足够精确的方法以考虑二阶效应。这种方法应考虑到地震位移的二阶效应与持续位移产生的二阶效应的对比,由于它们具有相反的性质,因此具有较少的不利特征,在非约束性注释中,Eurocode 8 第 2 部分认为在线性分析中可忽略这些影响,只需在桥墩端部潜在塑性铰区由分析计算得到的弯矩上加上以下附加弯矩(Paulay 和 Priestley, 1992):

$$\Delta M_{2nd\text{-}order}=(1+q)d_{Ee}N_{Ed}/2 \tag{D6.3a}$$

式中:N_{Ed}——轴力;

d_{Ee}——设计地震作用下计算分析得到的桥墩顶部相对于桥墩底部的水平位移。

根据 Paulay 和 Priestley (1992)所述,如果抗弯承载力按式(D6.3a)计算的量增加,则能够补偿峰值地震位移 $\mu_{\delta}d_{Ee}$的二阶效应引起的吸收能量损失[μ_{δ}取 q,见式(2.1a)]。注意,Eurocode 8 第 2 部分错误地将抗震设计状况下的总设计位移 d_{Ed}用于式(D6.3a),而不是正确的 d_{Ee};d_{Ed}是以下数值的总和:(a)由于设计地震作用导致的位移 d_{E}(见 D5.48);(b)由于桥梁准永久作用导致的 d_{G};(c)由于抗震设计状况中存在的温度作用导致的位移 $\psi_2 d_{T}$。式(D6.3a)考虑了地震位移引起的二阶效应;为考虑位移分量(b)和(c)引起的二阶效应,则式(D6.3a)可概括如下:

$$\Delta M_{2nd\text{-}order} = [(1+q)d_{Ee}/2 + d_{G} + \psi_2 d_{T}]N_{Ed} \qquad (D6.3b)$$

在细长高墩中,d_{G}应包括:

■ 永久荷载引起的可能位移(偏心)d_0。

■ 根据 EN 1992-2(CEN,2005b)*条款5.2*,由几何缺陷引起的位移(偏心)d_{imp}。

■ 混凝土徐变效应(通过徐变系数 φ)。

根据 EN 1992-1-1(CEN,2004b)*条款5.8* 规定的名义刚度法,可采用一种方便的近似方法以反映上述三种效应,如下所示:

$$d_{G} = (d_0 + d_{imp})\left(1 + \frac{1+\varphi}{\nu - 1}\right) \qquad (D6.4)$$

式中,

$$\nu = N_{B}/N_{Ed} \qquad (D6.5a)$$

$$N_{B} = \pi^2 (EI)_{eff}/L_o^2 \qquad (D6.5b)$$

N_{B}用于表示根据 EN 1992-1-1 *条款5.8* 的名义刚度法估算的屈曲荷载,采用抗震设计状况下桥墩截面的有效刚度$(EI)_{eff}$(见 5.8.1),L_o为计算方向的桥墩等效长度。L_o取值的相关规定见本指南 4.4.3。

条款 5.6.1(1)[2]
条款4.3.3.5.1 (2)c[1]

式(D6.2)中的 M_{Rd}值应根据 Eurocode 有关材料的相关规定进行计算。应以材料强度的设计值为基础,即标准值f_k除以材料的分项系数 γ_M。作为关键安全因素,分项系数 γ_M是国家定义参数,其值在 Eurocode 8 的各个国家附件中进行说明。Eurocode 8 本身在抗震设计状况中并未推荐 γ_M的取值:它只是说明了可选择的适合偶然设计状况的值 $\gamma_M = 1$,或选择与持续和瞬态设计状况下相同的取值。后一种选项非常方便,因为塑性铰的尺寸可能是取决于持续和瞬态或抗震设计状况的作用效应的最大设计值。当 $\gamma_M = 1$ 时,对于持续和瞬态设计状况下的作用效应,必须对塑性铰进行一次尺寸设计,且对于抗震设计状况下的作用效应还需再做一次,每次对式(D6.2)的抗力一侧使用不同的 γ_M值。

采用式(D6.2)对墩柱进行验算时,M_{Ed}应取分析得出的每个单轴弯矩分量的代数最大值和最小值，设计承载力 M_{Rd} 应在抗震设计状况下桥墩的轴力及正交方向上的弯矩计算值同时作用下进行计算。如果对地震作用的每个水平分量 X 和 Y 进行单独分析，且结果通过式（D5.2）进行组合，则对由式（D5.2a）和式（D5.2b）得到的力矩分量也要分别进行验算。相比之下，式（D5.1）仅给出抗震设计状况下两个弯矩分量的绝对值峰值。这些值不会同时出现，因此将它们考虑为同时出现过于保守。Gupta 和 Singh（1977）提出了一个统计方法，并由 Fardis（2009）对此进行了详细阐述和扩展，用于估算在地震作用的两个或三个独立分量同时作用下，轴力和每个力矩分量的峰值。

6.3.2　弹性响应区域、构件或传力机制的能力设计

条款2.3.4.(1)～2.3.4(3)，2.3.6.2(2)，5.3(1)，5.6.2(2)a，5.6.3.6(1)，5.7.2(1)，5.8.2(3)，6.5.2(1)，6.5.2(2)，6.6.2.1(1)，6.6.3.1(3)[2]

弯曲塑性铰以外的区域，塑性铰内部或外部力传递的非延性机制，以及在设计地震作用下要绝对避免损坏的部件（例如，桥面、通常情况下的基础、抗震连接等），应设计为能够在桥梁所有潜在弯曲塑性铰形成之后仍保持弹性，并据此设计其尺寸。这是通过超强设计来实现的：

（a）弯曲塑性铰以外的所有区域；

（b）非延性构件或力传递机制；

（c）所有需保持弹性状态的部分（包括桥面和基础）。

而不是直接依据通过线性抗震分析得到的相应地震作用效应 E_d 来实现的。（b）中的非延性结构构件包括抗震连接、固定支座、索缆和吊杆的锚固区等；对于混凝土而言，剪力的传递是通过非延性机制实现的。在采用有限延性抗震设计的桥梁中，超强设计仅限于（b）情况和基础；通常通过将线性分析得到的地震作用效应乘以系数 q 来实现，并使用增大后的作用效应来进行承载能力极限状态的强度验算。在采用延性抗震设计的桥梁中，相比之下，“能力设计”用于防止上述（a）～（c）项下所列的构件进入非弹性状态。在能力设计中，所有潜在塑性铰都被假定为具有超强弯矩 $\gamma_o M_{Rd}$。然后，通过简单的分析来估计当完整的塑性机制形成时，在需要避免非弹性状态的区域内产生的作用效应。通常而言，采用局部隔离体模型，通过力平衡方程计算即可。

6.3.3　实现延性性能的塑性铰细部构造

受弯塑性铰区的构造被设计为能提供所需的变形，以及与结构设计在所选系数 q 值下的要求相一致的延性能力。

6.4　延性桥梁弯曲塑性铰以外区域的能力设计

6.4.1　弯曲塑性铰的超强弯矩

条款5.3(3)，5.3(4)，5.3(6)[2]

一般情况下，应分别考虑桥梁在地震作用下纵向和横向的能力设计效应，每次都应考虑作用方向为正或为负。设计弯矩承载力 M_{Rd}，以及塑性铰端截面的超强弯矩 $M_o=\gamma_o M_{Rd}$，是在假定抗震设计状况下桥墩的轴力及正交方向上的弯矩

(轴力和弯矩值通过线性抗震分析得到,抗震分析应考虑地震作用方向的正负)同时作用下进行计算的。超强系数 γ_o用以考虑材料强度的不确定性,以及截面在屈服强度和极限强度之间的硬化。该参数是国家定义参数,其推荐值如下:

■ 对于钢构件,$\gamma_o = 1.25$。

■ 对于混凝土构件:

当 $\eta_k = N_{Ed}/(A_c f_{ck}) \leqslant 0.1$ 时, $\gamma_o = 1.35$ (D6.6a)

当 $\eta_k = N_{Ed}/(A_c f_{ck}) > 0.1$ 时, $\gamma_o = 1.35[1 + 2(\eta_k - 0.1)^2]$ (D6.6b)

N_{Ed}由线性抗震分析得到,应考虑地震作用方向的正负。

6.4.2 弯曲塑性铰超强弯矩塑性机理中的能力设计效应估算

条款5.3(1),5.3(6),G.1(1)~G.1(5)[2]

Eurocode 8 第 2 部分的资料性*附录 G* 概述了假设完整塑性机制形式下的能力设计效应估计的多步骤程序。首先,计算弯曲塑性铰的超强弯矩 $M_o = \gamma_o M_{Rd}$。接着进行各塑性铰上超强弯矩和弯矩 M_G之间差异的计算,M_G是在塑性铰端截面处在抗震设计状况下由非地震作用产生的:

$$\Delta M_h = \gamma_o M_{Rd} - M_G \tag{D6.7}$$

弯矩通过其在抗震设计状况下所具有的符号代入该计算,以考虑地震作用方向的正负。相比之下,如果 $\gamma_o M_{Rd}$和 ΔM_h总是取正值,且 M_G 与 $\gamma_o M_{Rd}$在截面上作用的方向相同,那么 M_G也为正值。$\gamma_o M_{Rd}$和 ΔM_h作用的物理意义应与塑性铰转动的物理意义相同:例如,在顶部和底部转动都被约束的墩柱,则墩柱处于反弯状态。

对于通常的情况,Eurocode 8 第 2 部分要求对地震作用下各个水平方向的能力设计效应分别确定,且要考虑每个方向惯性力的方向情况(正或负)。考虑轴力的大小和截面形状或钢筋的不对称性(在墩柱中很少见)对塑性铰截面的抗弯承载力的影响。如果桥墩在地震作用分量的方向上有一根以上的柱,则该地震作用分量方向的正负将对轴向力的大小产生重大影响(例如,双薄壁墩在纵向地震作用下,见本指南 4.2.2.2)。

接下来一步是当弯曲塑性铰的弯矩由 M_G增加至 $\gamma_o M_{Rd}$时(即增加量为 ΔM_h),对塑性机制的作用效应的变化 ΔA_C进行估算。通常,这只能在内力平衡的基础上求取。在图 6.1所示的简单示例中(一个两端存在超强弯矩的反弯桥墩),ΔA_C相当于从一个线性弯矩图增加到另一个线性图,从一个恒定的剪力值上增大到另一个。在最后一步中,作用效应的增量 ΔA_C,与在抗震设计状况下非地震作用的效应 A_G进行叠加。叠加的结果是能力设计效应:

$$A_C = A_G + \Delta A_C \leqslant A_G + qA_E \tag{D6.8}$$

式中:A_E——线性分析得到的设计地震作用一般效应。

本指南的 8.2.9 举例说明了应用上述一般程序来估计在纵向地震作用下与桥墩整体连接的桥面板的能力设计效应。

条款G.2(1),G.2(2)[2]

通常情况下,采用简化的一般程序。Eurocode 8 第 2 部分的规范性*附录 G* 实际上也鼓励简化,前提是考虑内力平衡。一种很常见的简化方法需要采用内力平

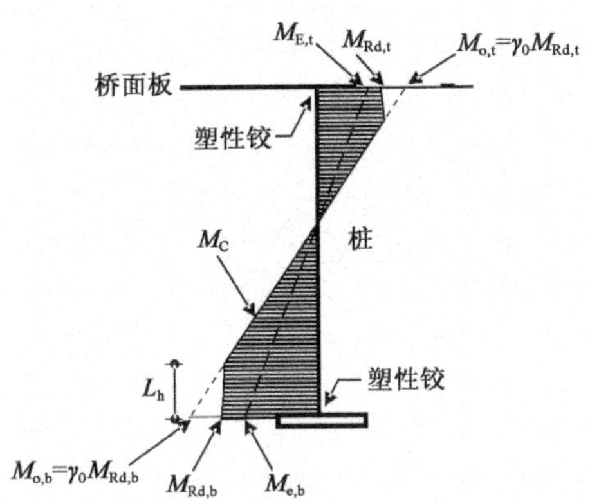

图 6.1 在顶部(标记为 t)和底部(标记为 b)形成塑性铰的桥墩的能力设计弯矩

虚线:由抗震设计状况分析得到的弯矩 M_E。

实线:能力设计弯矩 M_C,在两端处截断为设计弯矩承载力 M_{Rd}。M_{Rd}受控于端截面的配筋情况及由抗震设计状况分析得到的轴力。

衡来估算地震剪力,伴随着墩柱 i 的墩底力矩从 $M_{G,i}^{b}$增加到 $\gamma_o M_{Rd,i}^{b}$(增加 $\Delta M_{h,i}^{b}$),以及墩柱 i 的顶部力矩从 $M_{G,i}^{t}$增加到 $\gamma_o M_{Rd,i}^{t}$(增加 $\Delta M_{h,i}^{t}$)。其中,t 表示顶部,b 表示底部。如果顶部通过铰来支撑桥面,或者如果我们需处理的是横向方向,那么 $\Delta M_{h,i}^{t}=0$,按能力设计的墩柱 i 的地震剪力设计值为:

$$\Delta V_{C,i}=\frac{\Delta M_{h,i}^{b}+\Delta M_{h,i}^{t}}{H_i}\leqslant qV_{E,i} \tag{D6.9}$$

它和抗震设计状况下由于重力和其他永久作用产生的剪力 V_G叠加,给出墩柱 i 的总设计剪力为:

$$V_{C,i}=V_G+\Delta V_{C,i} \tag{D6.10}$$

式(D6.9)中的 $V_{E,i}$为仅在设计地震作用下由线性分析得到的墩柱 i 的剪力。

另一种简化方法是忽略由于重力和其他永久作用导致的墩柱 i 中的弯矩和剪力,即:$M_G=0$,$V_G=0$。在这种(通常很好的)近似下,无论地震作用的方向如何,按能力设计的剪力值都是相同的,此时不必考虑地震作用方向的差异。

迄今为止,最重要的简化方法是假设能力设计效应与桥梁所有墩柱的总剪力成比例,尽管偏离了线性,但这标志着塑性机制的发展和弯曲塑性铰逐渐形成。这一假设极大地方便了估计桥面、各种地震连接及基础和桥台等的能力设计效应,如:

$$\Delta A_C\cong\frac{\sum V_{C,i}}{\sum V_{E,i}}A_E\leqslant qA_E \tag{D6.11}$$

式中的求和是对所有墩柱进行的,A_E和 $V_{E,i}$分别代表抗震设计状况下线性分析得到的一般效应和墩柱 i 的剪力,ΔA_C 为一般性的能力设计效应,并根据式(D6.8),与抗震设计状况下非地震作用的一般效应进行叠加。

上述及桥梁能力设计的总体框架符合 Eurocode 8(第 1 部分和第 2 部分)的立场,即能力设计在纵向和横向分别进行。然而,如果对同时发生的水平地震作用分量进行单模态反应谱分析,并且(更严谨且方便地)采用式(D5.1)来估算地震作用效应的峰值,则不能将式(D6.11)中的A_E和$V_{E,i}$与单个分量联系起来:因为它们包含了两者的影响。在这种情况下,可以在桥梁的两个方向分别计算$\sum V_{C,i}/\sum V_{E,i}$的比值,然后,将这两个比值中的最小值用于式(D6.11)中以放大地震作用效应A_E。事实上,两个比值中的最小值与桥梁中全塑性机制的最初期发展确定相关。

6.4.3 延性桥墩塑性铰外的能力设计弯矩

条款
5.6.3.1(2),
5.6.3.2(1)[2]

如图6.1所示,延性墩柱的竖向钢筋沿塑性铰的名义长度L_h保持不变。如果墩柱截面从墩底向上减小,则墩柱的抗弯承载力M_{Rd}也可能在塑性铰长度范围内随着高度增加而略有减小(由墩底向上,轴力N_{Ed}的减小可能带来额外的抗弯承载力的减小)。在这段长度之外,Eurocode 8 第2部分允许根据连接桥梁墩柱的两个端部的超强弯矩$\gamma_o M^b_{Rd,i}$和$\gamma_o M^t_{Rd,i}$的能力设计弯矩M_C线性图,截断一些竖向钢筋。该图为桥墩抗弯承载力提供了一个显著的富余度,足以满足因高阶振型和分布质量的影响而导致的桥墩弯矩增加(即使分析时忽略了该质量和此类振型)。然而需要注意的是,在实际中,竖向钢筋仅在很高的墩柱两端之间截断。

6.4.4 延性墩柱与桥面接合处或与墩柱塑性铰相邻的基础构件的能力设计剪力

条款
5.6.3.5.1(1),
5.6.3.5.2(1),
5.6.3.5.2(2)[2]

墩柱与基础单元(扩大基础或承台)连接核心处的高剪应力随着墩柱底部弯矩一起向基础传递。如果墩柱与桥面整体连接,则桥面与柱顶之间的连接区域也会产生较高的剪力。接合处在这些应力作用下可能会发生脆性破坏。因此,如果桥梁是采用延性性能设计的,那么在可能的最不利情况下,应通过能力设计确定此类接合处的剪应力:当墩柱的端截面形成塑性铰,并产生超强弯矩$M_o=\gamma_o M_{Rd}$时,应根据6.4.1确定。

接下来,墩柱以“c”来表示。将与其固结连接的水平构件,无论是桥面还是基础构件,为了简单起见都称为“梁”,并以“b”表示。

让我们以xz来表示桥梁墩柱发生弯曲的垂直面(见图6.2)。名义剪应力计算为接合处核心区内的平均值;无论其是否平行于水平轴x且作用在垂直于轴z的水平面上(τ_{zx},简单表示为v_x),或平行于竖直轴z且作用在垂直于轴x的竖直面上(τ_{xz},简单表示为v_z),名义剪应力都具有相同的值。v_x是通过在接缝的水平“横截面积”上均分接缝水平剪切力V_{jx}得到的,而v_z是通过在其竖直的“横截面积”$b_j z_b$上均分竖直剪力V_{jz}得到的,垂直于墩柱的弯曲平面:

$$v_x=\frac{V_{jx}}{b_j z_c}\quad v_z=\frac{V_{jz}}{b_j z_b}\quad v_x=v_z\equiv v_j \tag{D6.12}$$

如果墩柱在弯曲平面的高度为h_c,与其正交方向的宽度为b_c(对于直径为D_c的圆形墩柱,一般而言$b_c=h_c=0.9D_c$),与墩柱弯曲平面成直角的连接处有效宽度为:

$$b_j=b_c+0.5h_c\quad b_j\leqslant b_w \tag{D6.13}$$

式中,b_w为平行于b_c的桥面或基础单元(“梁”)的物理可用宽度。式(D6.12)中的接合处横截面积的水平或竖向的“深度”尺寸为墩柱和“梁”端截面的内部杠杆臂,分别记为z_c和z_b(见图6.2)。为方便起见,z_c和z_b可取为相应有效截面深度的 90%：

$$z_{c} \approx 0.9 d_{c} \qquad z_{b} \approx 0.9 d_{b} \tag{D6.14}$$

式(D6.12)的名义剪应力 v_j 通常取决于沿屈服构件方向的剪力 V_{jx}、V_{jz}。不同于房建中通常是梁先发生屈服，桥梁的屈服构件通常是墩柱。之后，能力设计给出了连接处的设计竖向剪力 V_{jz}：

$$V_{jz} = \gamma_{o} F_{td,c} - V_{b1C} \approx \gamma_{o} M_{Rd,c}/z_{c} - V_{b1C} \tag{D6.15}$$

式中，$F_{td,c}$ 为与设计抗弯承载力 $M_{Rd,c}$ 相对应的柱截面所产生的拉力；γ_o 为 6.4.1 给出的超强系数。V_{b1c} 是靠近柱受拉面的“梁”的剪力（若为图 6.2 所示的方向，则为正值）。然后连接处的设计水平剪力 V_{jx} 可由式(D6.12)计算得出，$V_{jx} = V_{jz} z_c / z_b$。

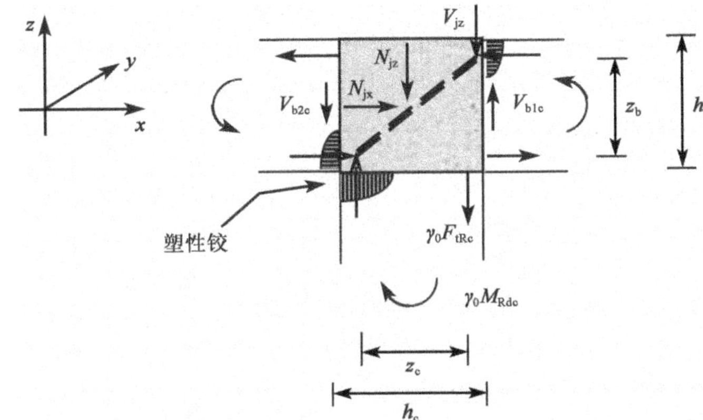

图 6.2　墩柱塑性铰上方墩柱（“c”）和桥面（“b”）之间接合处上的力

（将图片颠倒过来以查看与基础构件的连接处）

根据 6.4.2 给出的一般程序，V_{b1C} 的值应与塑性铰的能力设计效应相对应。与式(D6.15)中的第一项相比，它的幅值很小，且通常应根据具体情况进行估算。例如：

(1) 在纵向方向，在桥墩的 n_c 柱与桥面的整体连接处：$V_{b1C} \approx \gamma_o M_{Rd,c}/L_d - V_{b1G}/n_c$（通常为负值），式中 L_d 为桥墩两侧的平均跨度，V_{b1G} 为由作用在桥墩表面的准永久荷载导致的总桥面剪力。

(2) 在扩大基础与下列构件的连接处：

—横向的独柱墩；

—纵向的任意桥墩：

$V_{b1C} \approx 0$，假定在柱以外的基础上的抬升部分重量可以补偿其底部的任何土压力。

(3) 在承台与下列构件的连接处：

—横向的独柱墩；

—纵向的任意桥墩：

$V_{b1C} \approx \gamma_o M_{Rd,c}/z_{pc} - 0.5 N_{Ed}$，$N_{Ed}$ 表示抗震设计状况下的墩柱轴力；

—若 n_p 为奇数，则 $z_{pc} = (B_p/3) n_p/(n_p - 1)$；

—若 n_p 为偶数，则 $z_{pc} = (B_p/3)(n_p + 1)/n_p$。

式中,B_p 为在柱弯曲的竖直面上群桩中远端桩之间的距离,n_p 为群桩平行于垂直面的各排的桩数。

(4)在横向上,多柱墩与桥面整体连接处:$V_{b1C} \approx 0$,因为最不利的接合处是在具有最大设计抗弯承载力 $M_{Rd,c}$ 的墩柱上(即地震作用下在桥墩中产生受压轴力的外侧柱上),V_{b1C} 在外侧墩柱以外的桥面宽度上产生,因此其值很小。

(5)在横桥向多柱墩与扩大基础的连接处:需要考虑每一个独柱下方的接合处,从离基础抬升边缘最近的位置开始——此处抗弯设计承载力 $M_{Rd,c}$ 最低(因为地震作用导致了受拉的轴力),但与上述情况(2)类似的原因导致 $V_{b1C} \approx 0$,直至离基础下行边缘最近的墩柱处,此处 $M_{Rd,c}$ 最大(由于地震作用导致受压的轴力),但 V_{b1C} 可能较大;该柱旁或任何中间柱的 V_{b1C} 值可根据抗震设计状况下的柱轴力 N_{Ed} 的受力平衡来确定,且当在柱底产生超强弯矩 $\gamma_o M_{Rd,c}$ 时,还需考虑基础下部的土压力(土压力在基础上呈线性分布)。

(6)在横桥向多柱墩与承台连接处:需考虑每个墩柱底部的接合处,从最靠近承台抬升边缘的墩柱起(此处地震受拉轴力减小了 $M_{Rd,c}$,但剪力 V_{b1C} 很小或接近于0),直至承台相反一侧(此处地震受压轴力增大了 $M_{Rd,c}$,但 V_{b1C} 可能较大);其余各墩柱处的 V_{b1C} 可由抗震设计状况下墩柱中的轴力 N_{Ed},以及墩底出现超强弯矩时桩的反力的平衡而估算得到。

6.4.5　使用滑动或弹性支座支承桥面的延性桥梁桥墩或桥台能力设计效应

条款5.3(7),5.3(8)[2]

在延性桥梁中,一些桥墩与桥面采用刚性连接(包括整体连接、固定支座、无松弛或无净距的抗震连接),其他桥墩或桥台可能通过滑动或者弹性支座来支承桥面。在假设支座产生以下“承载力”的情况下,分别计算这些桥墩或桥台中的剪力和弯矩:

■ 对于滑动支座:水平力为 $\gamma_{of} R_{df}$,其中 R_{df} 为最大设计摩擦力,等于最大摩擦系数与抗震设计状况下最大竖向反力的乘积,$\gamma_{of} = 1.30$。

■ 对于橡胶支座:水平力等于 $\gamma_{of} = 1.30$ 乘以支座的水平刚度 $G_b A_b / t_q$,再乘以支座的相应于其水平方向桥面总体设计位移 d_{Ed} 的最大变形。d_{Ed} 的值由式(D6.36)计算得到,参考6.8.1.2的第(3)点。

系数 γ_{of} 取值为1.30,考虑了支座从安装(也可能是在维修更换时)至发生地震时的老化而导致的硬化现象的影响。

6.5　延性或有限延性桥梁的构造和设计原则概述

如6.1所述,表6.1列出了桥面和墩柱强度和能力设计的验算规定,以及塑性铰区延性细部构造的规定。此外,根据 Eurocode 2,其给出了适用于塑性铰区域以外的细部构造规定。在一长串脚注补充之后,该表几乎是一个独立的设计辅助工具。

表6.1中所列的 Eurocode 8 大部分细部构造规定是规范性的,不同于能力设计的重要概念,在本章的正文中没有给予太多的关注。

6.6　延性墩柱与主梁和基础单元相连处的节点验算与构造

6.6.1　连接处的应力状态

连接核心处被认为处于三轴应力状态下，剪应力 $\tau_{zx}=\tau_{xz}\equiv v_j$ 由式(D6.12)~式(D6.15)得到，正应力 $\sigma_x\equiv n_x$，$\sigma_y\equiv n_y$，$\sigma_z\equiv n_z$ 等于：

条款5.6.3.5.2(3)，5.6.3.5.2(4)[2]

$$n_x=\frac{N_{jx}}{b_j h_b}\quad n_y=\frac{N_{jy}}{h_g h_c}\quad n_2=\frac{N_{jz}}{b_j h_c}\tag{D6.16}$$

N_{jx} 和 N_{jy} 是墩柱框架中水平单元(桥面或基础单元)平面中的法向力；它们分别是在墩柱弯曲平面内以及与弯曲平面成直角(见图6.2对轴向的定义)。它们是由水平构件中可能在连接处有效的预应力产生的(在发生预应力损失之后)，再加上其他在抗震设计状况下的面内法向力(墩柱相对垂直面分析结果的平均值)。连接核心处的竖向法向力为：

$$N_{jz}=\frac{b_c}{2b_j}N_{Gc}\tag{D6.17}$$

式中，N_{Gc} 为抗震设计状况下准永久作用导致的墩柱轴力；分母中的系数2反映了由于 N_{Gc} 产生的法向应力由墩柱端截面处的 $N_{Gc}/(h_c b_c)$ 减小至水平单元对面处的0。式(D6.16)和式(D6.17)中所有的力和应力以受压为正。

6.6.2　连接处完整性验算

对连接处的主要影响来自斜压力对其核心区的挤压。Eurocode 8 第2部分认为，当超过混凝土抗压强度时，在垂直面 xz 内穿过连接核心区的斜支柱将发生受压失效，由于混凝土抗压强度会由于与支柱成直角的拉应变而减小，因此可以通过垂直于 xz 平面的任何压应力 n_y 和横贯该平面的任何闭合钢筋的约束效应来增强。在 Eurocode 2 关于抗剪钢筋混凝土构件的经典可变支柱倾斜模型中，应根据腹板横截面尺寸归一化处理的抗剪承载力来检查斜向压缩破坏：

条款5.6.3.5.3(2)，5.6.3.5.3(3)[2]

$$\frac{V_{Rd,max}}{b_w z}=0.5\times0.6\left(1-\frac{f_{ck}[\mathrm{MPa}]}{250}\right)f_{cd}\sin2\theta\tag{D6.18}$$

式中，θ 为支柱倾斜角度，括号内的计算值和系数0.6用以表示由于垂直于支柱的拉应力而导致的混凝土单轴抗压强度的降低。当 $\theta=45°$ 时承载力最大。因此，Eurocode 8 第2部分针对连接处斜向受压破坏采用以下简便验算准则：

$$v_j\leqslant0.3\left(1-\frac{f_{ck}[\mathrm{MPa}]}{250}\right)a_c f_{cd}\tag{D6.19}$$

式中，v_j 为由式(D6.12)~式(D6.15)得到的连接处平均剪应力，且有：

$$\alpha_c=1+2(n_{jy}+\rho_y f_{sd})/f_{cd}\leqslant1.5\tag{D6.20}$$

上述偏保守地解释了斜支柱由于围压[n_y，由式(D6.16)得到]和/或横向(y方向)配筋(ρ_y)而带来的抗压强度的增大；$\rho_y=A_{sy}/(h_c h_b)$ 为与接缝垂直面 xz 成直角的闭合箍筋的配筋率,为了限制平行于 xz 平面的裂缝宽度,在减小应力的情况下进行使用,取 $f_{sd}=300\text{MPa}$。式(D6.19)的计算结果与无约束梁柱节点循环试验得出的连接处抗剪强度的上限相比,更偏安全。

6.6.3 节点配筋的尺寸

条款 5.6.3.5.3(3)[2]

为了计算节点配筋,Eurocode 8 第 2 部分在连接处采用 Eurocode 2 的可变支柱倾斜模型,其同样遵循式(D6.18)和式(D6.19)。同样取 $\theta=45°$用于倾斜支柱。给出了连接核心区的墩柱弯曲竖直平面内的垂直(z)和水平(x)方向钢筋总量如下:

$$A_{sx}=(V_{jx}-N_{jx})/f_{yd},\qquad A_{sz}=(V_{jz}-N_{jz})/f_{yd} \tag{D6.21a}$$

或者,将相同的连接核心区域及相应的力进行归一化处理,以配筋率形式给出:

$$\rho_x\equiv A_{sx}/(b_jh_b)=(v_j-n_x)/f_{yd}\qquad \rho_z\equiv A_{sz}/(b_jh_c)=(v_j-n_z)/f_{yd} \tag{D6.21b}$$

6.6.4 连接节点处最大和最小配筋率

条款 5.6.3.5.3(4)[2]

节点配筋的屈服是一种延性失效模式。作为对比,当 v_j 超过式(D6.19)的限值时,混凝土斜向破坏是脆性的。如果设置的配筋量超过式(D6.21)的要求,连接核心区的剪力 v_j 可能会增大至式(D6.19)的限值,导致混凝土斜向破坏。因此,Eurocode 8 第 2 部分控制了水平节点配筋的总量,以保证即使横向压缩和约束的有利影响被忽略,v_j 也不会达到式(D6.19)的限值。

$$\rho_x\equiv A_{sx}/(b_jh_b)\leqslant\rho_{max}\quad \rho_y\equiv A_{sy}/(h_bh_c)\leqslant\rho_{max}\quad 其中\ \rho_{max}=0.3\left(1-\frac{f_{ck}[\text{MPa}]}{250}\right)\frac{f_{cd}}{f_{yd}} \tag{D6.22}$$

条款 5.6.3.5.3(1), 5.6.3.5.3(6)[2]

正常应力情况下,当由式(D6.16)得到的正应力 $\sigma_x\equiv n_x$,$\sigma_y\equiv n_y$,$\sigma_z\equiv n_z$ 和由式(D6.12)~式(6.15)得到的剪应力 $\tau_{zx}=\tau_{xz}\equiv v_j$ 下的主拉应力 σ_I,超过了抗拉强度设计值 f_{ctd} 时,连接节点处会首先开裂。根据 Eurocode 8 第 2 部分,当使 σ_I 等于 f_{ctd} 时,可以得到连接节点处斜向开裂时的剪应力为:

$$v_{j,cr}=f_{ctd}\sqrt{\left(1+\frac{n_x}{f_{ctd}}\right)\left(1+\frac{n_z}{f_{ctd}}\right)}\leqslant 1.5f_{ctd} \tag{D6.23}$$

式中,$f_{ctd}=f_{ctk0.05}/\gamma_c=0.7f_{ctm}/\gamma_c$。理论上,如果由式(D6.12)~式(D6.15)得到的 v_j 小于连接节点处的开裂应力 $v_{j,cr}$,则连接节点处可能依赖于混凝土的抗拉强度。然而,在承载能力极限状态验算中,我们通常不依赖混凝土的抗拉强度,而是用最小配筋代替。最小配筋单独提供的抗拉能力即可防止连接节点因任何原因而产生裂缝。Eurocode 8 第 2 部分根据式(D6.21b)和式(D6.23),忽略任何横向受压带来的有益效应,得出连接节点处最小配筋率为:

$$\rho_x\equiv A_{sx}/(b_jh_b)\geqslant\rho_{min}\quad \rho_y\equiv A_{sy}/(h_bh_c)\geqslant\rho_{min}\quad 其中\ \rho_{min}=f_{ctd}/f_{yd} \tag{D6.24}$$

最小和最大配筋率适用于两个水平方向(即使柱的框架作用仅发生在其中一个方向上)。

6.6.5 连接节点处的竖向钢筋构造

条款 5.6.3.5.4(1),5.6.3.5.4(2),5.6.3.5.4(4)~5.6.3.5.4(6)[2]

墩柱的竖向钢筋应完全锚定在水平构件内,即使在不需要锚定的情况下,也应延伸至其整个深度。此外,除了在两个水平弯曲方向中任一方向上都不起极限受拉钢筋作用的钢筋外,钢筋应向内有一个标准的90°弯钩或端部有一个头部[见图6.3a)]。

连接节点处的竖向钢筋端部应采用箍筋的形式,向内夹持水平构件的外层钢筋。至少50%的钢筋应为全封闭式箍筋,与水平构件的顶部和底部钢筋接合;其余钢筋可为U形钢筋,仅在外侧(远)面与钢筋接合,但不在墩柱框架进入的面内接合[见图6.3a)]。

为减少节点中心部位平面内钢筋的拥挤,可在此处减小竖向箍筋的密度,但不得低于式(D6.24)给出的最小配筋率。在中央区域平面以外但紧邻的地方可设置架立钢筋 ΔA_{sz}。如果柱与"梁"的框架作用发生在竖直平面 xz 上,在可用节点宽度 b_j 的 y 方向上可设置架立钢筋 ΔA_{sz},且在 x 方向上距离各柱表面不超过 $0.5h_b$[见图6.3b)]。如果在竖直面 yz 内同样有框架作用,则在此方向上同样分别使用该操作,且 ΔA_{sz} 和 b_j 值同样适用。重叠区域中的竖向箍筋对框架作用的两个方向都起到作用。

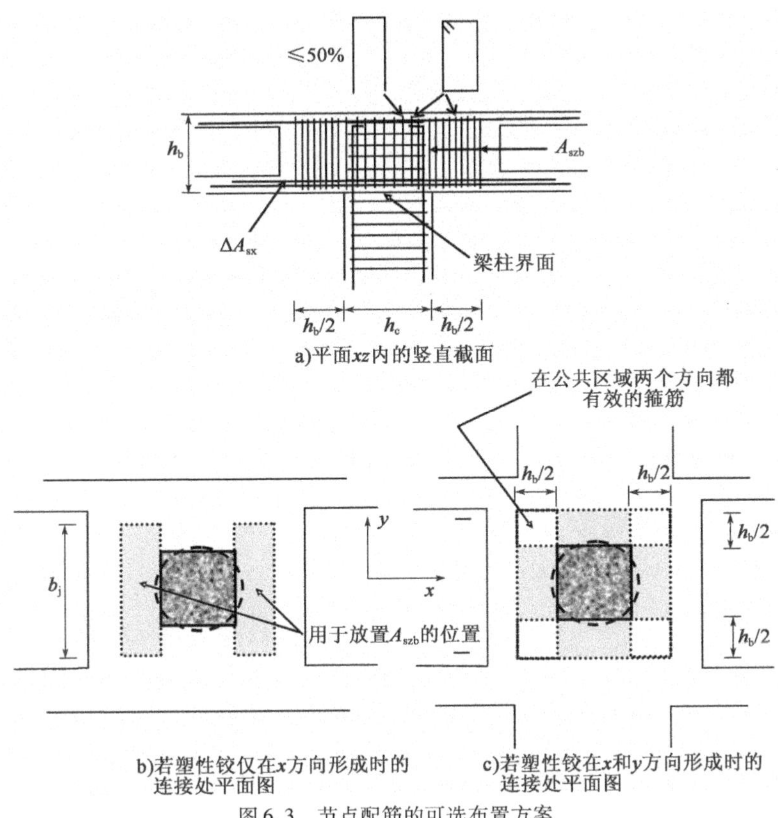

图6.3 节点配筋的可选布置方案

6.6.6 连接节点处水平钢筋细部构造

条款 5.6.3.5.4(1),5.6.3.5.4(3),5.6.3.5.4(5),5.6.3.5.4(7)[2]

水平构件中高达50%的顶部钢筋和底部钢筋可计入所要求的水平节点配筋面积 A_{sx},前提是它们连续穿过节点或完全锚定在节点之外。A_{sx} 的其余部分应包括竖向钢筋端部起箍筋作用部分和围绕墩柱竖向钢筋的箍筋(最好是与墩柱塑性铰区域中的箍筋具有相同的形状和直径),以及锚入连接节点处的“梁”水平钢筋的端部。

为减少节点中心部位立面内钢筋的拥挤,可按照 $\Delta A_{sx} \leqslant \Delta A_{sz}$ 减小水平钢筋的密度,但不得低于式(D6.24)给出的最小配筋率。之后,架立筋 ΔA_{sx} 应放置在水平构件的顶面和底面,超出其构件配筋范围,以进行能力设计效应下的受弯验算。附加钢筋应放置在节点宽度 b_j 内,并充分锚固,以便在距柱面 h_b 处完全有效[见图 6.3a)]。

6.7 基于非线性分析的延性抗震设计验算

6.7.1 验算方式

条款
4.2.4.4(2)[2]

如果对抗震设计状况的分析是非线性的,则应验证拟具有弹性性能的桥梁区域(尤其是桥面、桥墩在弯曲塑性铰之外的部分、剪力键和其他关键连接件等)保持在弹性范围内。原则上,这种验算可基于力或变形来进行。如果是基于力进行验算,它与线性分析的验证是一致的。可以通过和线性分析一样的方法验证有轴向荷载或无轴向载荷的抗弯能力,并在承载能力一侧施加材料分项系数。

为了保持弹性构件(包括基础和抗震连接)和延性构件中会导致脆性破坏模式的内力(特别是刚性连接到桥面的桥墩中的剪力),同样应基于力来进行验算。它们的设计抗力计算和线性分析一样,即使用分项系数,并除以有限延性性能桥梁抗剪强度各个国家定义参数的分项安全系数 γ_{Bd1},其建议值为 $\gamma_{Bd1}=1.25$(见表 6.1)。或者,如果采用能力设计效应,也可以选择 $\gamma_{Bd}=1.0$,这是根据 Eurocode 8 第 2 部分建议的超强度系数的最小值计算得到的(对于混凝土或钢桥墩,分别取 $\gamma_o=1.35$ 或 $\gamma_o=1.25$,见 6.4.1)。

桥墩中的弯曲塑性铰,是通过变形即塑性铰的转动能力 θ^{pl} 进行验算的。如 Eurocode 8 第 2 部分资料性*附录 E* 所指出的,桥墩端部铰转动的塑性部分可视为等同于该端部弦转动的塑性部分。类似于非线性分析的验算(包括以上两段所述),需求是抗震设计状况非线性分析得出的值(在这种情况下,计算的塑性铰转角值为 θ_E^{pl})。问题在于确定此时相应的设计能力 θ_{Rd}^{pl}。

6.7.2 塑性铰转动能力

Eurocode 8 第 2 部分对此并不是很具体。θ_{Rd}^{pl} 作为设计值,应通过将预期极限值 θ_{um}^{pl} 除以安全系数 $\gamma_{R,pl}$ 得出。该安全系数反映了材料和构件的自然变异性、模型不确定性和/或实验离散性。Eurocode 8 第 2 部分提到了 θ_{um}^{pl} 相关试验结果的可能来源或可通过极限曲率计算得到。在一个非约束性说明中,提到了资料性*附录 E* 中有 θ_{um}^{pl} 和 $\gamma_{R,pl}$ 的相关信息。

在缺少基于实际数据的具体验证的情况下,资料性*附录 E* 中的值为 $\gamma_{R,pl}=1.40$。然而,$\gamma_{R,pl}$ 同样用于反应模型的不确定性;因此,其值依赖于计算 θ_{um}^{pl} 所用的模型。

Eurocode 8 第 2 部分给出的模型是基于曲率 ϕ 和塑性铰长度 L_{pl} 的经典集中塑性铰模型:

$$\theta_u = \phi_y \frac{L_s}{3} + (\phi_u - \phi_y) L_{pl} \left(1 - \frac{L_{pl}}{2L_s}\right) \quad (D6.25)$$

式中，θ_u 为极限弦转角；L_s 为构件端部的剪切跨度（弯矩与剪力的比值）。式（D6.25）右侧的第一项是 θ_u 的弹性部分；第二项是塑性部分。

截面分析是计算屈服曲率 ϕ_y和极限曲率 ϕ_u的基础。两者都应根据抗震设计状况下的非线性分析得到的截面轴向荷载来确定。Eurocode 8 第 2 部分的资料性*附录E* 给出了计算在该轴向荷载下直至达到 ϕ_u值的全弯矩-曲率曲线的方法，以及根据由钢筋初始屈服直至极限曲率 ϕ_u［见图 5.13a）］的塑性变形能量等效原理来对该曲线进行理想弹塑性近似（即曲线下的相同面积）的方法。可将理想弹塑性曲线转角处的曲率取为 ϕ_y。ϕ_u的值是根据截面的破坏准则确定的，与全弯矩曲率曲线的构造无关（实际上，是 ϕ_u的值确定了曲线的终点），而 θ_u和 θ_u^{pl} 的值对 ϕ_y的精确值并不敏感。因此，仅仅为了得到 ϕ_y的值，构建一条敏感且烦琐的全弯矩-曲率曲线是几乎无意义的。Eurocode 8 第 2 部分进一步强调了这一点，该部分本身（在资料性*附录C* 中）建议根据 5.8.2 式（D5.57）和式（D5.58）来计算 ϕ_y的值。同样的表达式也可用于式（D6.25）。

Eurocode 8 第 2 部分的资料性*附录E* 建议在截面分析中使用钢筋的弹性线性应变硬化的应力-应变（σ-ε）关系：平均屈服应力比f_{yk}高 15%；平均抗拉强度 f_{tm}比标准值f_{tk}高 20%；f_{tm}处的应变等于最大应力下的应变标准值 ε_{uk}。如果所用特定钢筋的f_{tk}和 ε_{uk}值未知，则可将其视为等于 Eurocode 2 *附录C* 中规定的所用钢材等级的最小值。

就混凝土的 σ-ε 本构关系而言，Eurocode 8 第 2 部分的资料性*附录E* 建议采用 Mander 等（1988）提出的本构关系，无约束混凝土的极限应变取 0.35%。Mander 等（1988）采用约束混凝土的极限强度值采用 Elwi 和 Murray（1979）的研究成果：

$$f_c^* = f_c(1 + K) \quad (D6.26)$$

式中，

$$K = 2.254\left(\sqrt{1 + 7.94\frac{p}{f_c}} - 1\right) - \frac{2p}{f_c} \quad (D6.27)$$

并且认为对应的应变为（Richart 等，1928）：

$$\varepsilon_{co}^* \approx \varepsilon_{co}(1 + 5K) \quad (D6.28)$$

式中，$\varepsilon_{co} = 0.002$ 为无约束混凝土极限强度 f_c下的应变。式（D6.27）中的围压为：

$$p = 0.5 a p_w f_{yw} \quad (D6.29)$$

式中，a 为约束有效性系数（Mander 等，1988）：

■ 对于直径为 D_c、螺距为 s 的螺旋筋：

$$a = 1 - \frac{s}{2D_c} \quad (D6.30a)$$

■ 对于直径为 D_c、间距为 s 的环形箍:

$$a = \left(1 - \frac{s}{2D_c}\right)^2 \tag{D6.30b}$$

■ 对于沿边长为 b_{cx} 和 b_{cy} 的矩形周边,间距为 s 的拉杆在横向约束距离为 b_i(i 表示钢筋)的竖向钢筋:

$$a = \left(1 - \frac{s}{2b_{cx}}\right)\left(1 - \frac{s}{2b_{cy}}\right)\left(1 - \frac{\sum b_i^2/6}{b_{cx}b_{cy}}\right) \tag{D6.30c}$$

f_{yw} 为屈服应力,ρ_w 为体积配箍率:

■ 对于横截面积为 A_{sp}、螺距为 s 和直径为 D_c 的螺旋筋或环形箍筋:

$$\rho_w = \frac{4A_{sp}}{sD_c} \tag{D6.31a}$$

■ 对于总横截面积为 A_{swx}、A_{swy},间距为 s 且分别与混凝土核芯侧边 b_{cx}、b_{cy} 成直角的矩形拉杆:

$$\rho_w = 2\sqrt{\frac{A_{sx}A_{sy}}{sb_{cx}sb_{cy}}} \tag{D6.31b}$$

Eurocode 8 第 2 部分的资料性*附录 E* 采用了 Paulay 和 Priestley(1992)建议的约束混凝土的极限应变:

$$\varepsilon_{cu}^* = 0.004 + 2.8\varepsilon_{su,w}\frac{p}{f_c^*} \tag{D6.32}$$

p 见式(D6.29)~式(D6.31);f_c^* 见式(D6.26)和式(D6.27),$\varepsilon_{su,w}$ 为约束钢筋在抗拉强度下的应变。

对于上述确定的 ϕ_y 和 ϕ_u 值,Eurocode 8 第 2 部分的资料性*附录 E* 提出了以下关于 L_{pl} 的经验表达式。根据剪切跨度 L_s,垂直钢筋的特征屈服应力(单位:MPa,f_{yk})(并非其平均值,$f_{ym} = 1.15f_{yk}$,用于计算 ϕ_y 和 ϕ_u)及其直径 d_{bL}:

$$L_{pl} = 0.1L_s + 0.015f_{yk}d_{bL} \tag{D6.33}$$

如果 $L/d < 3$(其中 d 为桥墩截面的有效深度),Eurocode 8 第 2 部分的资料性*附录 E* 中将式(D6.25)右侧的第二项乘以 $\sqrt{(L/3d)}$。其结果是最终预期值 θ_u^{pl},再除以 $\gamma_{R,pl} = 1.40$,得到设计塑性转动能力 θ_d^{pl}。

图 6.4 比较了上述方法的预期值 θ_u^{pl}(但不除以 $\gamma_{R,pl} = 1.40$)与大量弯曲破坏循环试验中得出的极限总弦转角试验值 θ_u。分别对紧凑型矩形截面(构成实验数据的绝大多数)、长矩形(墙状)截面、空心矩形或其他法兰截面和圆形桥墩进行了比较。除了圆形桥墩非常低(偏安全侧)的预测值外,平均一致性很好(试验总中位数与预测值之比为 1.045,包括圆形桥墩),但预测试验结果的离散性很高(试验与预测比的总体变异系数为 66.5%)。

图 6.5a)~c)比较了图 6.4a)~c)中由 Eurocode 8 第 3 部分(CEN,2005c)以及通过 Biskinis 和 Fardis (2010)给出的公式得到的相同数据预测值,包括梁/柱矩形截面、矩形墙截面和非矩形墙或其他带翼缘的截面。图 6.5d)比较了图 6.4d)

与由 Biskinis 和 Fardis（2012）推荐的公式得到的针对圆形桥墩的预测值。图 6.5a）~c）中使用的表达式之间存在细微差异。相比之下，图 6.5d）所使用的表达式与图 6.5a）~c）所用的表达式之间的差异是基本的。由于这些差异，一致性更为均衡，同时也更适用于圆形桥墩。实验与预测值的总中位数之比为 1.00。虽然离散性很明显，但比图 6.4a）~d）中的小得多（试验值与预测值的总体变异系数为 36.5%）。

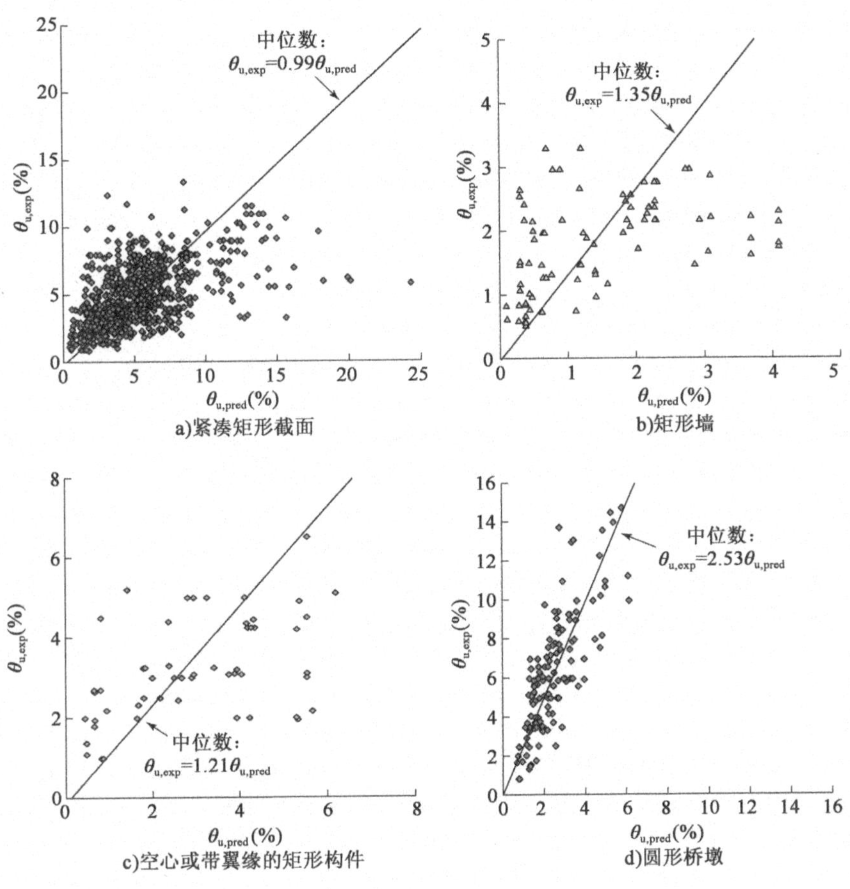

图 6.4 循环荷载试验得到的极限弦转角与 Eurocode 8 第 2 部分*附录 E* 中的方法得出的预测值对比

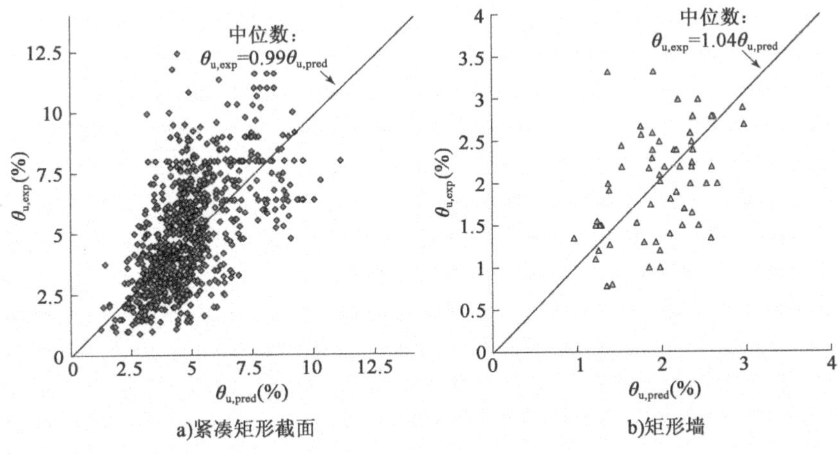

图 6.5

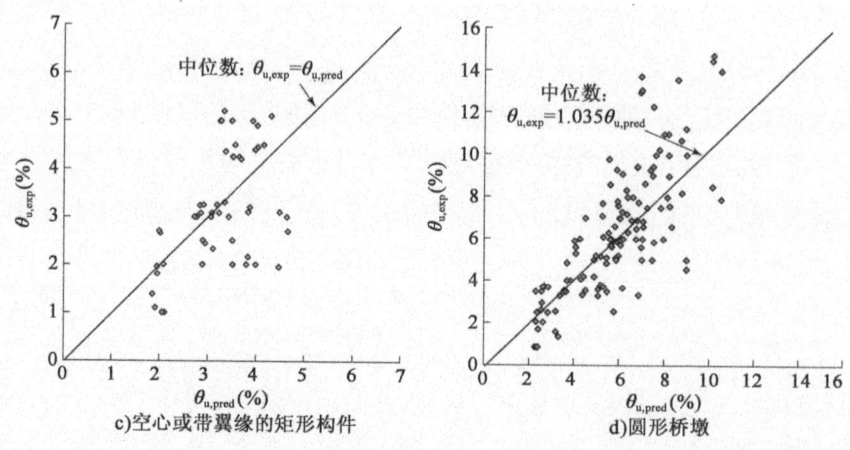

图 6.5　循环荷载试验得到的圆形桥墩极限弦转角与 Biskinis 和 Fardis(2012)给出公式的预测值对比,以及 Eurocode 8 第 3 部分的*附录A* 或 Biskinis 和 Fardis(2010)给出的针对其他类型截面的对比情况

6.8　伸缝处的搭接长度与净距

6.8.1　最小搭接长度

6.8.1.1　一般规定

条款 2.3.6.2(1), 2.3.6.2(3), 6.6.4(1), 6.6.4(2)[2]

通过水平移动装置(滑板支座、弹性支座或特殊隔震装置)支承在桥墩或桥台上的桥面,应该在桥面下部与桥台或桥墩上部之间沿着任何有可能产生相对位移的方向,都设置最小水平搭接长度,以防止桥面掉落。在相邻桥墩之间或桥墩与桥台之间使桥面分离的伸缩缝处也应这样设置,在这种情况下,其中一部分桥跨竖向支承在另一部分上(通常为短跨支承在长跨上)。

6.8.1.2　桥台最小搭接长度

条款 6.6.4(1) ~ 6.6.4(3), 2.3.6.3(2), 3.3(6)[2]

根据 Eurocode 8 第 2 部分,支承在桥台上的桥面端部的最小搭接长度(如图 6.6 所示)为:

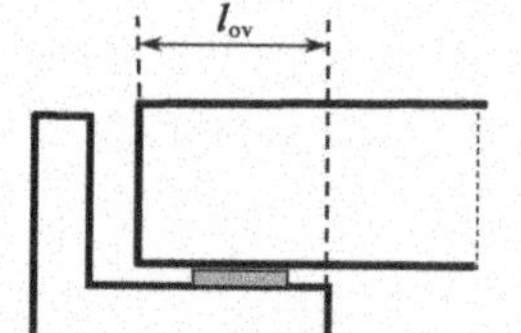

图 6.6　桥台上桥面底座的最小搭接长度

$$\min l_{ov} \geqslant l_m + d_{eg} + d_{es} \tag{D6.34}$$

式中:

(1) l_m 为竖向支座的尺寸,其最小值取 0.4m(译者注:原文有误,将最小值误写成了最大值,此处参照原标准翻译)。

(2)
$$d_{eg} = 2d_g \min\left(1; \frac{L_{eff}}{L_g}\right) \tag{D6.35}$$

是由地震地面位移的空间变化导致的桥台和桥面其他支承的(静态)相对位移。式(D6.35)中的 d_g 为本指南 3.1.2.7 中由式(D3.11)给出的地面设计位移。L_{eff} 是指从伸缩缝到桥面相对于其支承不发生水平位移的最近点的距离(译者注:

此处原文可能有误,系参照标准原文翻译):如果连续桥面沿其长度与多个支座固定连接[包括通过抗震连接,或没有限力功能的冲击传输装置(译者注:即速度锁定装置,当相对速度达到一定值之后,就转变为固定连接)],则 L_{eff} 是指到这组支座的中心点(包括沿只有一个固定连接点的特殊情况)的距离;如果在多处采用水平柔性支座(译者注:支座顶面和底面应分别与桥面底面和桥墩顶面固定连接),则 L_{eff} 为到这组支座中心点的距离。L_g 为水平距离,超过该距离的地面运动可被视为完全不相关(见本指南的表3.4)。如果该桥距已知的可产生至少6.5级地震的地震活跃断层不超过5km,除非有可用的现场地震调查,否则 d_{eg} 的取值为由式(D6.35)得出的距离的两倍。

(3) d_{es} 等于桥面与桥墩或桥台连接的抗震连接的松弛度,加上桥面在桥台支承处的水平面上由于抗震设计状况下结构变形而产生的总设计位移 d_{Ed}:

$$d_{Ed} = d_E + d_G + \psi_2 d_T \tag{D6.36}$$

式中,d_E 为由5.9中式(D5.48)得出的设计地震位移(包括根据本指南5.7得出的各种绕竖轴的扭转响应);d_G 为由永久作用产生的长期位移[对于混凝土桥面,包括预应力(应力损失后)、收缩和徐变];d_T 为由设计温度作用产生的位移;$\psi_2 = 0.5$ 为 EN 1990:2002 中*表A2.1*、*表A2.2* 或*表A2.3* 中的抗震设计状况下的温度作用的组合系数。

桥面在桥台支承处水平面高度(即在桥面底部)的设计位移 d_{Ed} 等于桥面中轴线水平面处的位移加上桥面端截面的转角乘以桥面中轴线水平面至其底部的距离。对于 d_E 和 d_T,这种位移和旋转应带有符号,以便考虑桥面底部从桥台上拉开的情况(d_G 应基于混凝土徐变、收缩和预应力的长期值来进行计算,没有其他选择)。d_T 的设计温度作用由以下组成(CEN,2003a):

(a)由桥梁最低均匀温度 $T_{e,min}$ 与桥面放置于支承时的最初温度 T_0 之间的温差 $\Delta T_{N,con}$ 导致的最大收缩量。如果 T_0 的值不可预测,则取预期施工期间的平均白天温度。$T_{e,min}$ 根据 EN 1991-1-5:2003 的各个国家附件或 EN 1995-1-5:2003 的*表6.1*所推荐的现场年最低阴凉气温 T_{min} 得到。同样,t_{min} 是从 EN 1991-1-5:2003 各个国家附件中的国家海平面等温线图中获得,并根据海拔和当地条件进行调整(比如霜袋),例如按照 EN 1991-1-5:2003 *附录A* 中的建议。

(b)当桥面的上表面比下表面热时,竖向温差分量为 $\Delta T_{M,heat}$。EN 1991-1-5:2003 *条款6.1.4.1*和*条款6.1.4.2* 中给出了两个备选方案,供各国的国家附件选择一个方案来确定 $\Delta T_{M,heat}$。同时也给出了推荐值的表或图。

均匀温度作用效应和温差作用效应采用线性叠加,而不是完全叠加。以符号表示,EN 1991-1-5:2003 中建议的最不利组合如下:

$$\Delta T_{M,heat} \text{'+'} 0.35\Delta T_{N,con} \quad \text{或者} \quad 0.75\Delta T_{M,heat} \text{'+'} \Delta T_{N,con} \tag{D6.37}$$

尽管是间接的,但 Eurocode 8 第2部分提到了桥梁的纵向落梁问题,上述因素确实是最关键的。就横向而言,在搭接能力方面,桥面底部通常相当宽;就搭接需求而言[即式(D6.36)的右侧部分]，d_G和d_T通常为0，而桥面底部水平面的d_E值不包括桥面端截面转动的贡献。根据这些条件，仅在预制梁的窄底翼缘下，可能需要检查横向搭接。在这种情况下，绕竖向轴的扭转地震反应对外梁端部横向位移的影响不可忽略。

6.8.1.3　桥墩或桥面中间伸缩缝处的搭接长度

条款
6.6.4(4)[2]

在6.8.1.2中隐含的假设条件为桥台顶部不会发生移动。这一假设条件不适用于采用支座支承桥面梁端部的中间桥墩的顶部。如果d_{Ep}表示式(D5.48)给出的桥墩顶部的设计地震位移，Eurocode 8第2部分保守地假设D_{Ep}与梁端设计地震位移d_E同时发生且方向相反；因此，通过在式(D6.34)的右侧加上D_{Ep}，可以得到梁端和桥墩顶部所需的最小搭接长度。当然，这在纵向和横向都适用。

在相邻桥墩之间或桥墩与桥台之间的桥跨内中间伸缩缝处，伸缩缝一侧的上侧桥面(被支承侧)端部应与另一侧的下侧(支承侧)桥面搭接，且采用两侧桥面端部均按式(D6.34)计算所得值的平方和的平方根作为搭接长度。需要注意的是，这种伸缩缝在欧洲并不常见。Eurocode 8第2部分要求通过抗震连接件将桥面两部分连接起来(见6.9)。

6.8.1.4　斜交桥或曲线桥的搭接长度

如果桥面轴线与桥台处的支撑线不成直角(斜交桥)，或两个桥台不平行且成一定角度，则需要特别小心。

如果桥梁的斜交角$\varphi>0$(见图5.12)，则应在支承位搭接最窄的方向检查并设置搭接长度，即在与桥面边缘成直角的方向上，而不是桥的纵向。为此，式(D6.34)的阐述方式存在一些差异：

(1)仍然要求$l_m\geqslant0.4$m，但如果平面上设置的是矩形支座，其纵向和横向的两侧边长分别为b_L和b_T，则$l_m\geqslant b_L\cos\varphi+b_T\sin\varphi$。

(2)如果桥面通过纵向和横向上松弛度分别为s_L和s_T的抗震连接和桥台或桥墩连接，则松弛度对d_{es}的贡献为$s_L\cos\varphi+s_T\sin\varphi$。

(3)如果由永久和准永久作用引起的桥面端部位移在纵向和横向分别为$d_{G,L}$和$d_{G,T}$，并且由温度作用引起的相应值分别为$d_{T,L}$和$d_{T,T}$($d_{G,T}\approx0$、$d_{T,T}\approx0$)，将这些位移代入式(D6.36)中，则$d_G=d_{G,L}\cos\varphi+d_{G,T}\sin\varphi\approx d_{G,L}\cos\varphi$，且$d_T=d_{T,L}\cos\varphi+d_{T,T}\sin\varphi\approx d_{T,L}\cos\varphi$。

(4)式(D6.36)中的设计地震位移为由式(D5.48)得到的沿着与桥面边缘成直角的局部坐标轴方向上的峰值；如果没有引入此类局部坐标轴，则纵向和横向的设计地震位移$d_{E,L}$和$d_{E,T}$分别投影到桥面边缘的法向方向上，分别为$d_{E,L}\cos\varphi$和$d_{E,T}\sin\varphi$，并通过式(D5.1)或式(D5.2)组合成一个单一值。

回顾本指南5.7.1中所述的斜交桥转动效应，以及Eurocode 8第2部分中关于附加偏心的特殊条款。如果B和L为与平面图中各边平行的宽度和长度(见图5.12)，扭转角θ在锐角处产生垂直于桥面边缘的位移为$\theta(B\cos^2\varphi+L\sin\varphi)/2$。更重要的是，正如本指南5.7.1所指出的，如果$\sin\varphi>B/L$，则桥面板的任何转动都将增加沿支承构件宽度 B 的接头宽度。为了防止当 $\sin\varphi > B/L$ 时的窄长斜交桥面由于不受控制的扭转而掉落，它们在桥台处的支承位可能必须比计算的建议值要宽得多。

如果桥梁轴线与桥台成直角但为弯曲的，且两个桥台彼此成角度 φ，则桥面也容易因不受控制地扭转而掉落：若桥面外角（凸面）在另一个桥台的支撑线上的投影超出支承宽度 B[即如果桥轴线的曲率半径 $R > 0.5B(1+\cos\varphi)/(1-\cos\varphi)$]，桥面的扭转将导致需要沿着支承宽度 B 增大接缝宽度。关于使用式（D6.34）计算搭接长度，应注意桥台在整体纵向和横向上分别与桥面轴线和桥面边缘成 $\varphi/2$ 角度。因此，在平行和垂直于桥面边缘的水平局部坐标系统中，使用式（D6.34）和式（D6.36）分析位移结果是很方便的。

6.8.2 桥面与关键或次要构件之间的间隙

6.8.2.1 与关键构件之间的间隙

关键或主要结构构件和桥面之间应提供一个间隙，以适应抗震设计状况下其相对位移的总设计值，从而防止因与桥面的硬接触或碰撞而受损。设计者应确定哪些构件为关键构件或主要构件，以便通过该间隙来完全防止损坏。除此之外，这种间隙也是避免在抗震设计状况下约束桥面的一种方法，在某种程度上，这将导致地震响应的不确定性以及分析或设计的复杂性。例如，这种间隙可纵向设置在桥面端部和桥台非牺牲性后墙之间，以使桥面在地震过程中不会接触；也可横向设置在桥面侧面和剪力键之间，该剪力键被用在超出设计地震作用之外的地震情况下的第二道防线，以防止在超出可用的搭接长度或支座的位移能力时发生落梁。该间隙不适用于桥面和设计为在抗震设计状况下允许发生碰撞的抗震连接（即剪力键）之间。提供的任何松弛都有一个设计参数。 *条款 2.3.6.3(1)～2.3.6.3(4)[2]*

间隙的最小值由式（D6.36）给出，不考虑因地震地面位移空间变化而产生的受保护构件和桥面之间（静态）相对位移的效应[式（D6.34）和式（D6.35）中的 d_{eg}]；d_E、d_G、ψ_2 和 d_T 的定义见 6.8.1.2，但只有 ψ_2 具有相同的值，$\psi_2=0.5$，因为 6.8.1.2 中式（D6.36）的应用方式不符合本节的目的。在 6.8.1.2 中，所有位移分量均为支座顶面的水平面处；而在此处，应在两个极端水平面上对其进行检查，即对桥面和要保护的构件在垂直方向上重叠部分的最低和最高位置水平面上（计算方法为桥面中心轴处的桥面位移加上桥面端截面的转角，与由计算考虑的水平面至中心轴的竖向距离之积）的位移进行检查。其次，除了 d_G 只有单个符号和方向以外，6.8.1.2 中所有位移分量的方向（正负）都按使得桥面端部和支承构件之间的水平间隙增大来确定。相反地，这里的正负符号选择则按使间距减小来考虑。在这方面最值得注意的是在设计温度作用下对 d_T 的区别。它们由以下部分组成：

(a) 由温差 $\Delta T_{N,ext}$ 而产生的最大伸展量，该温差为最大全桥均匀温度 $T_{e,max}$ 与桥面安装时的初始温度 T_0 之差，其中 $T_{e,max}$ 是由现场最大年阴凉空气温度 T_{max} 的特征值根据 EN 1991-1-5 的国家附件或根据 EN 1991-1-5:2003 本身在*图 6.1* 中的建议得出的。相应地,T_{max}从 EN 1991-1-5:2003 国家附件中的国家海平面等温线图中获得,并根据海拔和当地条件进行调整(即按照 EN 1991-1-5:2003 *附录A* 中的建议)。

(b)桥面上的竖向温差分量。对于桥面与受保护构件在垂直方向重叠部分的最高位置水平面处的位移,当桥面顶面比底面热时,该分量为 $\Delta T_{M,heat}$;对于重叠部分的最低位置水平面处的位移,当桥面顶面比底面冷时,该分量为 $\Delta T_{M,cool}$。用以确定 $\Delta T_{M,cool}$和 $\Delta T_{M,heat}$的工具或指南见 EN 1991-1-5:2003 的*条款6.1.4.1* 和*条款6.1.4.2*和/或其国家附件。

EN 1991-1-5:2003 中推荐的均匀温度作用效应和温差作用效应的组合方法与式(D6.37)类似;同样,以符号术语表示,最不利组合为:

$$\Delta T_{M,heat}\text{'+'}0.35\Delta T_{N,ext} \quad \text{或者} \quad \Delta T_{M,heat}\text{'+'}\Delta T_{N,ext} \tag{D6.38a}$$

$$\Delta T_{M,cool}\text{'+'}0.35\Delta T_{N,ext} \quad \text{或者} \quad \Delta T_{M,cool}\text{'+'}\Delta T_{N,ext} \tag{D6.38b}$$

如果受保护构件因地震作用而移动,其相对于桥面的设计地震位移 d_E可取为通过 5.9 中式(D5.48)计算的关注水平面上各个构件的设计地震位移值平方和的平方根(包括本指南 5.7 规定的绕竖向轴扭转地震响应的任何影响)。

无需多言,应在桥面和受保护构件可能最靠近处的水平方向计算并提供间隙。

6.8.2.2　次要构件的间隙

条款
2.3.6.3(5)[2]

次要构件例如可更换的道路伸缩缝、牺牲式桥台后墙等,由设计地震作用导致的可修复损坏是可以接受的。在这种情况下,Eurocode 8 第 2 部分将桥面和次要构件之间所需的间隙减小到在地震和温度作用的频遇组合下可能超过的值(将在 Eurocode 8 第 2 部分的国家附件中规定)。该建议为,在不发生损坏的情况下,间隙能适应 40% 的设计地震位移 d_E加上式(D6.36)中的其他所有位移分量。

$$d_{Ed,oc} = 0.4d_E + d_G + \psi_2 d_T \tag{D6.39}$$

式中,下角oc表示“偶发”。注意,根据 Eurocode 8 第 1 部分(CEN,2004a),该等级的保护与针对建筑物有限损伤建议的地震作用和性能要求一致。

6.9　抗震连接

6.9.1　抗震连接的定义和作用

条款6.6.1(2),
6.6.3.1(1),
6.6.3.1(2),
6.6.3.1(4),
6.6.3.1(5)[2]

Eurocode 8 第 2 部分使用的一般术语“抗震连接”,是指设计的特定目的为将水平地震力从结构的一部分传递到另一部分的任何构件,通常是从桥面传递到桥墩或桥台,以及桥跨内的中间伸缩缝,而不参与重力荷载的竖向传递。这与固定支座或橡胶支座不同,它们的主要作用是将重力荷载从桥面板传递到下部结构,有时也同时作为传递水平地震力的构件。抗震连接的另一个特点是,尽管它们被桥梁的水平地震位移所激活而发挥作用,但它们通常几乎不约束非地震位移。

剪力键通常用作横桥向的抗震连接,通过受压接触应力,将水平力通过桥跨中的分隔缝传递,或从桥面传递到桥台或桥墩(不常见)。剪力键通常具有短混凝土牛腿(有时为预应力)的形式,并且其尺寸和细节也按这种结构形式设计。如果设计了适当的连接细节，也可使用钢支架。通常情况下，横向非地震位移为零，且无需在剪力键和桥梁接收水平力的部分之间留出间隙。然而，竖向橡胶支座通常放置在它们之间，以避免冲击效应和硬接触时产生局部损伤，并允许在界面上进行无限制的相对转动。

在纵桥向，抗震连接通常为钢连接杆、螺栓或缆索，使桥跨中间伸缩缝两边的两部分桥面受拉连接，或将桥面的端部连接到桥台或桥墩上，或将两个简支梁的端部连接。它们通常具有松弛度，以允许非地震位移不受约束；一旦地震位移消除松弛后，它们就会发挥作用。如果连杆为刚性钢棒，则可在钢棒端部的钢板与桥面构件或桥台表面之间设置松弛度；沿该间隙设置橡胶圈或其他装置以进行减震。连接桥跨中间伸缩缝处桥面各部分的连接件仅作为防落梁的第二道防线；它们不应在抗震设计状况下被激活。因此，根据式(D6.38)的扩展如下，它们的松弛度应能适应两端的相对位移。

$$\Delta d_{\mathrm{Ed},12}=\sqrt{d_{\mathrm{E},1}^{2}+d_{\mathrm{E},2}^{2}}+d_{\mathrm{G},1}+d_{\mathrm{G},2}+\psi_{2}(d_{\mathrm{T},1}+d_{\mathrm{T},2}) \tag{D6.40}$$

其中，下角 1 和 2 表示由连接件连接的桥面两部分的端部。由温度作用导致的位移 $d_{\mathrm{T},1}$和 $d_{\mathrm{T},2}$是根据导致桥面两个连接部分收缩的均匀温差分量，以及任何其他可能导致两部分桥面距离增加的温差来进行计算的。以符号表示，其作用效应的最不利组合为：

$$\Delta T_{\mathrm{M,heat}}\text{‘+’}0.35\Delta T_{\mathrm{N,con}} \quad \text{或者} \quad 0.75\Delta T_{\mathrm{M,heat}}\text{‘+’}\Delta T_{\mathrm{N,con}} \tag{D6.41a}$$

$$\Delta T_{\mathrm{M,cool}}\text{‘+’}0.35\Delta T_{\mathrm{N,con}} \quad \text{或者} \quad 0.75\Delta T_{\mathrm{M,cool}}\text{‘+’}\Delta T_{\mathrm{N,con}} \tag{D6.41b}$$

正如本指南 4.5.4 和 5.5.1.1 所指出的，只有在桥面和剪力键之间的间隙闭合或受拉连接的松弛度耗尽后，抗震连接才会激活，这是其性能的非线性特征，在建模时应予以考虑。至少在线性分析的背景下，Eurocode 8 第 2 部分要求采用的线性弹簧刚度等于连接屈服时的割线刚度；即等于连接的屈服力除以间隙或松弛加上连接屈服时的弹性变形。同时指出，由于在设计的这一阶段还没有对连接进行尺寸标注，且其屈服力未知，因此这不利于分析。当然，在抗震设计状况下不被激活的连接不需要包含在模型中。

6.9.2 抗震连接尺寸确定

条款
2.3.6.2(2)，
5.3(2)，
6.6.3.1(3)[2]

正如 6.3.2 所述[要点(b)]，应根据能力设计效应确定抗震连接的尺寸。在有限延性性能的桥梁中，连接件上的地震作用效应可取为由线性分析结果乘以 q 的值。在延性性能桥梁中，能力设计效应宜通过式(D6.8)以及 6.4.2 中强调的相关程序来确定；为此，可采用式(D6.11)的简化。

作为上述一般规则的一个例外，在抗震连接为受拉连接，将桥跨中间伸缩缝两边的两部分桥面连接，或将桥面的端部连接到桥台或桥墩，或将两个简支梁的端部连接在同一个桥墩上等情况时，连接件的尺寸可按设计地震纵向力等于

$1.5a_gSM_d$ 进行设计。式中 a_g 为 A 类场地的设计地面加速度,S 为场地系数,M_d 为连接到桥墩或桥台的桥面(部分)质量,或桥跨中间伸缩缝两边的两部分桥面较轻部分的桥面质量。另外,可通过考虑由连接件连接的桥面各部分的动力相互作用进行更精确的分析,来获得设计所需的纵向力。

条款 5.6.2(2)b, 5.6.3.3(1)b[2]

一旦确定了能力设计内力,则抗震连接的尺寸就可根据承载能力极限状态下 Eurocode 的相关材料确定:牛腿式混凝土剪力键根据 EN 1992-1-1:2004 确定,钢支架或连杆、螺栓或缆索根据 Eurocode 3 的相关部分确定。混凝土剪力键的设计抗剪承载力要除以各个国家定义参数即折减系数 γ_{Bd}。Eurocode 8 第 2 部分建议对于有效延性性能桥梁取 $\gamma_{Bd}=1.25$。对于延性性能桥梁,则允许采用下列情况的一种:

- 采用与有限延性性能桥梁相同的值。
- 由式 $qV_{Ed}/V_{C,o}-1$ 得到(但最终值不低于 $\gamma_{Bd}=1$),式中:

—V_{Ed}为根据抗震设计状况分析得到的抗震连接的最大剪力。

—$V_{C,o}$为连接的能力设计剪力,无 $V_{C,o}\leqslant qV_{Ed}$的上限要求。

[另见表 6.1 中的注释(4)和(5)]。注意,由于任何抗震连接的性能通常是非延性的,因此宜谨慎地采用 Eurocode 8 第 2 部分中规定的混凝土剪力键系数 γ_{Bd} 将其设计抗力进行折减,尽管 Eurocode 8 第 2 部分对此没有明确要求。

6.10 支座尺寸

6.10.1 简介

6.10.2 ~6.10.4 介绍了在某些桥墩和/或桥台上用支座支承桥面的情况,以及其他支承(通常为桥墩)通过整体连接或固定支座与桥面连接的情况。活动支座和其他特殊装置(隔震装置)沿桥面下部与其所有支承之间的连续界面(隔震面)进行布置,见第 7 章所述。

条款 7.5.2.3.5(5)[2]

Eurocode 8 第 2 部分还允许在隔震桥梁的隔震面上使用普通滑板支座(无可控摩擦系数下限)和/或普通低阻尼橡胶支座,本节介绍的这类支座是一种特殊情况。EN 1337-2(CEN,2000)和 EN 1337-3(CEN,2005)的规定,以及 Eurocode 8 第 2 部分中的某些附加设计规定,包括了它们的全部设计要求。

6.10.2 固定支座

条款 6.6.2.1(1), 6.6.2.1(2), 6.6.3.2(2)b, 6.6.3.2(3)[2]

正如 6.3.2 所述[要点(b)],固定支座的尺寸应在抗震设计状况下考虑能力设计效应。在有限延性性能桥梁中,这只需要由线性分析得到的地震作用效应乘以 q。相比之下,在延性性能桥梁中,则应采用 6.4.2 中的一般设计过程和式(D6.8),也可能使用简化的式(D6.11)。作为例外,Eurocode 8 第 2 部分仅允许使用抗震设计状况的分析结果来确定固定支座的尺寸,前提是这些支座能够容易更换,并且配备按能力设计所需水平抗力的抗震连接(即根据能力设计放大效应确定的水平抗力设计固定支座尺寸)。

固定支座通常为非延性的。尽管 Eurocode 8 第 2 部分没有明确要求，但谨慎的做法是对于混凝土剪力键的设计抗剪承载力，通过 6.9.2 末尾提到的系数 γ_{Bd} 折减其设计水平抗力。

6.10.3 平面滑动支座

6.4.5 指出延性桥梁桥面支承构件的设计应使滑动支座的水平摩擦力等于 $\gamma_{of}R_{df}$，其中 $\gamma_{of}=1.30$，且 R_{df} 为抗震设计状况下的最大设计力。支座滑动平板的尺寸应足以应对抗震设计状况下的极限设计位移 d_{Ed}，且有足够的安全富余量。d_{Ed} 的值由式(D6.36)给出，并根据 6.8.1.2 给出的支座位置和水平高度计算。除此之外，如果滑动支座属于隔震系统，则使用值 $d_{E,a}=\gamma_{IS}d_E$ 代替分析中的地震位移 d_E，Eurocode 8 第 2 部分给出的 γ_{IS} 的推荐值为 1.50。该值可被视为能够为此类支座提供的"合理"的安全富余量。对于不属于此类系统的情况，如果 Eurocode 8 第 2 部分中没有更具体的指导，该裕度可取为 d_E 的 20% ~30%，这也取决于 d_E 估计值对分析中使用的 $(EI)_{eff}$ 值的敏感性。 *条款 5.3(7)，7.6.2(1)[2]*

6.10.4 简单低阻尼橡胶支座

6.10.4.1 适用范围和定义

橡胶支座是一块硫化橡胶体，采用天然橡胶或氯丁橡胶作为原始聚合物，内部用钢板加固，在硫化过程中化学胶结至弹性体上。由于橡胶几乎不可压缩，在竖向压缩时，橡胶表现出显著的横向膨胀。钢板通过与橡胶界面处的剪切应力来限制这种膨胀。这些应力在钢板周边最大，有可能导致钢板脱胶的情况。这些应力的大小通常通过相关的剪应变 γ 来检查。这些较大幅值的剪切应变已被每个弹性体层的膨胀所证实，且在弹性体层的周边和紧挨着钢板的地方是最大的。 *条款 6.6.2.3(1)，7.2，7.5.2.3.3(1)，7.5.2.3.3(2)，7.5.2.3.3(4)[2]*

Eurocode 8 第 2 部分根据在剪切循环下所能提供的阻尼，将橡胶支座分为两种类型。低阻尼的支座滞回环较窄，其等效黏滞阻尼比 ξ 小于 6%。因此，其剪切性能可近似为线弹性，并以弹性体的剪切模量 G 来表征，它适用于支座中弹性体的整个厚度[式(D6.43b)中的 t_q]。它们提供的阻尼与线性分析中使用的默认值 5% 一致，也与 Eurocode 8 第 2 部分中采用的系数 q 的推导基准一致。 *条款 6.6.2.3(1) ~ 6.6.2.3(4)，7.5.2.3.3(5)，7.5.2.3.3(6)，7.5.2.4(1)，7.5.2.4(5)，7.5.2.4(6)，7.6.2(1)，7.6.2(2)，7.6.2(5)[2]*

如果桥面未固定在任何桥墩或桥台上(甚至未通过抗震连接)，仅搁置在其所有支承的橡胶支座上(或在某些支承搁置在平面滑动支座上)，则在桥面和其所有支承之间形成隔震面，桥面全部的水平地震力会通过这些橡胶支座传递。这种支座在桥梁对水平地震分量的整体响应中起着决定性的作用。Eurocode 8 第 2 部分承认它们为隔震装置，并认为此时桥面是隔震的。它称之为"*简单低阻尼橡胶支座*"，定义为"*符合 EN 1337-3:2005 的叠层低阻尼橡胶支座，不受 EN 15129:2009 (抗震装置)*"(CEN,2009)或任何抗震性能特殊试验的约束。因此，它们主要包含在 Eurocode 8 第 2 部分专门针对隔震桥梁的第7章中。在这种情况下，通过将设计地震位移增加至 $d_{E,a}=\gamma_{IS}d_E$，实现了隔震系统所需的更高可靠性，Eurocode 8 第 2 部分给出的 γ_{IS} 的推荐值为 1.50。另外一项要求是应详细明确地研究隔震装置设计特性的变异性对地震反应的影响。

如果桥面直接或通过抗震连接固定在一个或多个桥墩(或桥台)的顶部,则地震作用通过这种连接传递到下部结构。桥面其他支承上使用的任何橡胶支座在桥梁的整体地震反应中都仅具有局部作用。根据 EN 1337-3:2005(CEN,2005d),此类支座设计为可抵抗所有水平和竖向的非地震作用。根据 Eurocode 8 第 2 部分的要求,该类支座还应设计为可适应抗震设计状况下由设计地震位移而产生的附加变形,如式(D6.36)所示,以 d_E 值作为设计地震位移,且不乘以 γ_{IS}。与用作隔震装置的支座相比,无需对此类支座设计特性的变异性进行详细研究。综上所述,根据这些区别,受地震剪切变形影响的低阻尼弹性支座在抗震设计状况下按照 EN 1337-3:2005 中给出的规定以及 Eurocode 8 第 2 部分给出的补充规定进行验算。

以下章节主要包括根据 EN 1337-3:2005 和 Eurocode 8 第 2 部分的规定对简单低阻尼橡胶支座进行设计和验算,并区分抗震和非抗震设计状况。本指南第 7 章介绍了高阻尼橡胶支座的相关设计内容。在本节的其余部分中,Eurocode 8 第 2 部分所指的简单低阻尼橡胶支座被简称为“橡胶支座”或“支座”。

橡胶支座通常为直径为 D 的圆形或矩形,其边长在此处表示为 b_x 和 b_y;较长的一边通常位于桥梁的横向,以最大限度地减少纵向转动约束,且如果在预制梁中使用,起到在安装期间保持侧向稳定的作用。支座的有效平面尺寸被视为其钢板的平面尺寸,此处表示为 D'、b'_x、b'_y。根据 EN 1337-3:2005,在钢板边缘横向应覆盖至少 4mm 厚的橡胶体:

$$D' \leqslant D - 8 \quad b'_x \leqslant b_x - 8 \quad b'_y \leqslant b_y - 8 \quad \text{(单位为 mm)} \tag{D6.42}$$

支座的有效平面面积 A' 由其上述有效平面尺寸确定。

如果支座具有厚度为 t_i 根据 EN 1337-3:2005,5mm ≤ t_i ≤25mm)的 n 层橡胶体和厚度为 t_s(根据 EN 1337-3:2005,t_s ≥2mm)的 $n+1$ 层钢板,且根据 EN 1337-3:2005,其顶部和底部钢板覆盖有至少 2.5mm 厚的橡胶体,支座的总名义厚度为:

$$t_b = nt_i + (n+1)t_s + 5 \quad \text{(单位为 mm)} \tag{D6.43a}$$

橡胶体总厚度为:

$$t_q = nt_i + 5 \quad \text{(单位为 mm)} \tag{D6.43b}$$

只有橡胶体在剪切时为可变形的。橡胶体总厚度为 t_q 的橡胶支座的剪切模量名义值以及通过试验确定的数值,在 EN 1337-3:2005 中分别表示为 G 和 G_g。EN 1337-3:2005 规定 G_g 的平均值为 0.9MPa(并允许设计者可指定 0.7MPa 或 1.15MPa的备选值),可接受的容许偏差范围为 ±0.15MPa(如果指定为这两个替代值中的一个,则分别为 ±0.1MPa 或者 ±0.2MPa)。加速老化(70°C 下 3d)试验后,G_g 值的增加量不应超过 0.15MPa。注意,根据 EN 1337-3:2005 *附录 F* 的规定,G_g 值应在正常温度下测量,且剪切应变 $\gamma_{q,d}$ 应在0.27 ~ 0.58 之间。这种条件下测得的值可代表非抗震设计状况下允许应变范围($\gamma_{q,d} \leqslant 1.0$)内支座的正常温度刚度。在抗震设计状况下允许的更大应变范围内($\gamma_{q,sd} \leqslant 2.0$),峰值应变下割线剪切模量的值会大幅度提高。因此,Eurocode 8 第 2 部分对于橡胶支座剪切模量的名义设计值给出了更高的值 $G_b=\alpha G_g$，其中 α 值（通常在 1.1～1.4 范围内）由试验确定。如果支座被用作隔震装置，则该值作为其下限设计特性（LBDP），$1.2G_b$ 用作抗震设计支座最低温度 $T_{min,b}$（不低于 0°C）下的上限设计特性（UBDP），或者在低于 0°C 时根据 Eurocode 8 第 2 部分*附录 JJ* 中适当的系数 λ 得出。

在 EN 1337-3:2005 中规定的各种类型的橡胶支座中，有两种值得特别提及：C 型，具有顶部和底部钢板（允许固定在支座两侧的桥梁部件上）；B 型，橡胶体的顶部或底部没有钢板或任何其他种类的板件。如果 $t_i \leqslant 8$mm，C 型支座的钢板厚度应至少为 15mm；如果 $t_i>8$mm，其最小厚度应为 18mm（CEN, 2005d）。EN 1337-3:2005 列出了 B 型支座的推荐标准尺寸（也是 C 型支座的基准）。其尺寸范围为：

■ 对于 100mm×150mm（或 ϕ200mm）至 250mm×400mm（或 ϕ350mm）的支座，对于 $n=2-7$ 个橡胶层，$t_i=8$mm，对于钢板，$t_s=3$mm。

■ 对于 300mm×400mm（或 ϕ400mm）至 500mm×600mm（或 ϕ650mm）的支座，$n=3\sim10$，$t_i=12$mm，$t_s=4$mm。

■ 对于 600mm×600mm（或 ϕ700mm）至 700mm×800mm（或 ϕ850mm）的支座，$n=4\sim10$，$t_i=16$mm，$t_s=5$mm。

■ 对于 800mm×800mm 至 900mm×900mm（或 ϕ900mm）的支座，$n=4-11$，$t_i=20$mm，$t_s=5$mm。

在这些推荐尺寸中，平均水平尺寸与总厚度 t_b 的比值范围在 3～9 之间。

形状系数 S 为支座的有效平面面积 A'，除以其有效平面尺寸的周长和内层橡胶体层厚度的乘积：

■ 对于矩形支座：

$$S=b'_x b'_y/[2(b'_x+b'_y)t_i] \quad \text{(D6.44a)}$$

■ 对于圆形支座：

$$S=D'/4t_i \quad \text{(D6.44b)}$$

如果支座顶部在水平方向 x 上相对于底部的移位 $d_{dx}\geqslant0$，在正交方向 y 上为 $d_{dy}\geqslant0$（对于矩形支座，则沿其侧边），则竖向荷载通过移位的支座顶部和底部平面重叠的区域传递。这被称为减少的有效平面面积，并表示为 A_r：

■ 对于矩形支座：

$$A_r=(b'_x-d_{dx})(b'_y-d_{dy})\approx(1-d_{dx}/b'_x-d_{dy}/b'_y)A' \quad \text{(D6.45a)}$$

■ 对于圆形支座（Constantinou 等，2011）：

$$A_r=A'(\delta-\sin\delta)/\pi \quad \text{(D6.45b)}$$

式中

$$\delta=2\cos^{-1}(d_d/D') \quad [\text{rad}] \quad \text{(D6.46)}$$

且

$$d_d=\sqrt{d_{dx}^2+d_{dy}^2} \quad \text{(D6.47)}$$

条款

6.6.2.3(1)，6.6.2.3(2)，6.6.2.3(4)，7.5.2.3.3(5)，7.5.2.3.3(6)，7.6.2(1)，7.6.2(2)，7.6.2(5)～7.6.2(7)[2]

6.10.4.2　根据 EN 1337-3:2005 和 Eurocode 8 确定的橡胶支座尺寸

6.10.4.2.1　剪应变的验算

EN 1337-3:2005 定义了由式(D6.47)定义的总设计位移 d_d 导致的橡胶体中的剪应变,表示为:

$$\gamma_{q,d} = d_d / t_q \tag{D6.48}$$

式中,t_q为式(D6.43b)中弹性体的总厚度。它进一步将支座在由 EN 1990:2002 中基本作用组合引起的总设计位移下,在承载能力极限状态时的 $\gamma_{q,d}$值限制为最大值 1.0(见 6.10.4.3 详述的有关基本组合和其导致水平位移的内容)。

对于在抗震设计状况下验算的低阻尼橡胶支座,无论其是否用作隔震装置,Eurocode 8 第 2 部分对抗震设计状况下的最大总设计应变 $\gamma_{b,Ed}$提出了以下附加要求:

$$\gamma_{b,Ed} \leqslant 2.0 \tag{D6.49}$$

式中,$\gamma_{b,Ed}$根据式(D6.47)和式(D6.48),由抗震设计状况下按式(D6.36)计算的设计水平位移确定。如果支座是隔震系统的一部分,则使用值 $d_{E,a} = \gamma_{IS} d_E$ 作为设计地震位移,Eurocode 8 第 2 部分推荐的 γ_{IS}值为 1.50。抗震设计状况下的最大总设计应变 $\gamma_{b,Ed}$的定义,同样适用于 EN 1337-3:2005 中规定的橡胶支座的所有其他验算,只要其涉及抗震设计状况下的支座剪应变。

式(D6.49)是除 EN 1337-3:2005 外,Eurocode 8 第 2 部分规定的抗震设计状况下的唯一附加验算。根据式(D6.43)、式(D6.47)和式(D6.48)或式(D6.49)可以容易得到内部橡胶体层数量的初步估计值 n。如果橡胶支座构成隔震系统的复位元件,则支座中的橡胶体厚度及其平面尺寸通常由式(D6.49)控制。

注意,Eurocode 8 第 2 部分第 7 章要求对隔震系统的上部结构和下部结构的元件进行所有的验算,以获得两个分析的最不利结果:一个基于隔震单元的 UBDP,另一个基于 LBDP。

6.10.4.2.2　屈曲验算

无侧向位移 d_d的支座屈曲荷载为(Constantinou 等,2011):

$$N_{cr} = \lambda A' r' \frac{\pi G S}{n t_i} \tag{D6.50}$$

式中,对于矩形支座 $\lambda \approx 1.5$,对于圆形支座 $\lambda \approx \sqrt{2}$(Constantinou 等,2011);A'为支座的有效平面面积;$r' = \sqrt{(I'/A')}$为支座的最小回转半径;G 是橡胶体的名义剪切模量;S 为由式(D6.44)得出的形状系数。因此有:

■ 对于矩形支座且 $b'_x \leqslant b'_y$:

$$N_{cr} = 0.68 A' \frac{b'_x b'_y G}{m t_i^2 (b'_x + b'_y)} \tag{D6.51a}$$

■ 对于圆形支座:

$$N_{cr} = A' \frac{D'^2 G}{3.6 n t_i^2} \tag{D6.51b}$$

如果支座顶部和底部用螺栓固定在安装板上,则式(D6.51)对于侧向变形构型具有良好的近似，这里使用从式（D6.45）得到的减少的有效平面面积 A_r 代替 A'。如果用销固定或放置在凹板中，侧向位移可能会导致支座滚动，则在这种情况下，式（D6.51）不是很关键的。EN 1337-3:2005 根据 EN 1990:2002 中作用的基本组合，对支座在承载能力极限状态下的屈曲稳定性进行了规定，支座很少出现较大的侧向位移，EN 1337-3:2005 并未将非栓接支座的侧向变形构型视为单独的情况，并根据式（D6.51）验算支座的屈曲稳定性，对于矩形支座安全系数约为 2，对于圆形支座为 1/0.6：

■ 对于矩形支座且 $b'_x \leqslant b'_y$：

$$\frac{N_d}{A_r} \leqslant \frac{2b'^2_x GS}{3nt_i} = \frac{b'^2_x b'_y G}{3nt_i^2(b'_x + b'_y)} \tag{D6.52a}$$

■ 对于圆形支座：

$$\frac{N_d}{A_r} \leqslant \frac{2D'GS}{3nt_i} = \frac{D'^2 G}{6nt_i^2} \tag{D6.52b}$$

如果 d_{dx} 和 d_{dy} 在量级上都很重要，则对于给定的 b'_x/b'_y，式（D6.52a）简化为 b'_x 的二次方程。近似值为：

$$b'_x \geqslant \frac{1}{2}\left[\frac{d_{dx}+d_{dy}}{2} + \sqrt{\left(\frac{d_{dx}+d_{dy}}{2}\right)^2 + 4t_i\frac{b'_x}{b'_y}\sqrt{\frac{3nN_d}{G}\left(1+\frac{b'_x}{b'_y}\right)}}\right] \tag{D6.53a}$$

如果 d_d 不可忽略，则式（D6.52b）关于 D' 是强非线性的；所需的支座直径可由式（D6.46）和下式迭代得出：

$$D' \geqslant \sqrt[4]{\frac{24nt_i^2 N_d}{G(\delta - \sin\delta)}} \tag{D6.53b}$$

上述支座屈曲荷载，应根据 EN 1990:2002 中的基本作用组合，以及抗震设计状况下对应于总设计位移［由式（D6.36）得出］的相对位移 d_{dx} 和 d_{dy}［或式（D6.47）中的 d_d］进行验算。若支座为隔震系统中的一部分，则取 $d_{E,a} = \gamma_{IS} d_E$ 作为设计地震位移，γ_{IS} 的 Eurocode 8 第 2 部分推荐值为 1.50。然而，由于这类验算受支座上的设计竖向力 N_d 控制，其在抗震设计状况下的值明显小于 EN 1990:2002 中的基本作用组合，因此抗震设计状况很少是关键性的。

6.10.4.2.3　总剪应变 $\gamma_{t,d}$ 的验算

正如 6.10.4.1 开篇所指出的，由于界面处的剪切应变 γ 较大，橡胶体可能从钢板上脱黏。橡胶体的最大应变 γ 为：

$$\gamma_{t,d} = \gamma_{q,d} + \gamma_{c,d} + \gamma_{a,d} \tag{D6.54}$$

式中：

■ $\gamma_{q,d}$ 是由总设计位移引起的橡胶体中的剪应变，在式（D6.48）中定义，或在式（D6.49）中作为 γ_b 用于抗震设计状况。

■ $\gamma_{c,d}$ 是橡胶体中由竖向压缩设计值 N_d 而产生的最大剪应变；它发生在矩形支座中部与钢板的界面处，或圆形支座周围，且：

$$\gamma_{c,d}=\frac{f_1 N_d}{A_r GS} \tag{D6.55}$$

G、A_r和 S 同式(D6.50)中含义相同。f_1的值由 Constantinou 等(2011)列出,作为支座几何结构,以及橡胶体体积模量 K($K\approx$2000 MPa)与其剪切模量 G 之比的函数,圆形支座的上限为:

$$f_1\leqslant 1+2\frac{S^2 G}{K} \tag{D6.56}$$

Stanton 等(2008)也提出了 f_1 的近似表达式,包括对于圆形支座,$f_1=1.0$。EN 1337-3:2005 将f_1修正为:

$$f_1=1.5 \tag{D6.57}$$

这对于 EN 1337-3:2005 中所规定的 G 值和推荐的支座尺寸,尤其是对于圆形和方形支座是偏安全的。

■ $\gamma_{a,d}$是橡胶体在竖向平面内绕 x 轴和 y 轴的总设计角位移产生的最大剪应变,且 $\alpha_d\, x\geqslant 0, \alpha d_y\geqslant 0$;它发生在旋转竖向平面上支座的极端受压纤维处,且其值等于(Constantinou 等,2011):

—对于矩形支座:

$$\gamma_{a,d}=f_2\frac{\alpha_{dx}b_x'^2+\alpha_{dy}b_y'^2}{nt_i^2} \tag{D6.58a}$$

—对于圆形支座:

$$\gamma_{a,d}=f_2\frac{\alpha_d D'^2}{nt_i^2} \tag{D6.58b}$$

式中:

$$\alpha_d=\sqrt{a_{dx}^2+a_{dy}^2} \tag{D6.59}$$

Constantinou 等(2011)将f_2的值作为支座几何形状和弹性体 K/G 之比的函数制成表格,而 Stanton 等(2008)提出其近似的表达式,包括对于圆形支座取 $f_2=3/8$。EN 1337-3:2005 将f_2 修正为:

$$f_2=0.5 \tag{D6.60}$$

这对于 EN 1337-3:2005 中规定的 G 值和推荐的支座尺寸也是偏安全的,尤其是对圆形和方形支座。

根据 EN 1337-3:2005 式(D6.48)、式(D6.49)、式(D6.55)和式(D6.57)~式(6.60)中 $\gamma_{t,d}$的值,对于 EN 1990:2002 中的基本作用组合,其上限为 $7/\gamma_m$,其中 $\gamma_m=1.0$。针对抗震设计状况,Eurocode 8 第 2 部分也建议,根据式(D6.49)、式(D6.54)、式(D6.55)和式(D6.57)~式(6.60)计算得到的 $\gamma_{t,d}$采用相同的上限值(即 $\gamma_m=1.0$)。$\gamma_{t,d}$的上限转化为平面尺寸或橡胶体层数 n 的附加限制。后者更容易实现:

■ 对于矩形支座:

$$n \geqslant \frac{\dfrac{d_{\mathrm{d}}}{t_{\mathrm{i}}}+\dfrac{\alpha_{\mathrm{dx}} b_{\mathrm{x}}^{\prime 2}+\alpha_{\mathrm{dy}} b_{\mathrm{y}}^{\prime 2}}{2 t_{\mathrm{i}}^{2}}}{\dfrac{7}{\gamma_{\mathrm{m}}}-\dfrac{3 t_{\mathrm{i}} N_{\mathrm{d}}\left(b_{\mathrm{x}}^{\prime}+b_{\mathrm{y}}^{\prime}\right)}{G\left(b_{\mathrm{x}}^{\prime} b_{\mathrm{y}}^{\prime}\right)^{2}\left(1-d_{\mathrm{dx}} / b_{\mathrm{x}}^{\prime}-d_{\mathrm{dy}} / b_{\mathrm{y}}^{\prime}\right)}} \tag{D6.61a}$$

■ 对于圆形支座：

$$n \geqslant \frac{\dfrac{d_{\mathrm{d}}}{t_{\mathrm{i}}}+\dfrac{\alpha_{\mathrm{d}} D^{\prime 2}}{2 t_{\mathrm{i}}^{2}}}{\dfrac{7}{\gamma_{\mathrm{m}}}-\dfrac{24 t_{\mathrm{i}} N_{\mathrm{d}}}{G D^{\prime 3}(\delta-\sin \delta)}} \tag{D6.61b}$$

其中 d_{d} 由式(D6.47)得到。对于圆形支座，α_{d} 由式(D6.59)给出，δ 由式(D6.46)给出。

注意，层数 n 由式(D6.48)和式(D6.49)得到，与支座平面尺寸无关。根据式(D6.52)和式(D6.53)，支座越高，其平面尺寸就应越大，以抵抗竖向受压下的屈曲。对比而言，如果平面尺寸增加，由式(D6.61)得出的层数减少。如果由式(D6.61)得出的第二次估算值 n 大于式(D6.48)和式(D6.49)的结果，则式(D6.53)的结果可能需要重新检查；在这种情况下，建议选择更大的平面尺寸，并应对式(D6.60)的结果进行重新检查，直到达到橡胶体厚度和平面尺寸的稳定组合。注意，如果共担竖向反力的支座数量增加，则每个支座所需的平面面积因 N_{d} 的降低而减少，但其总面积增加[见式(D6.53)]：由于支座的水平位移与支座的平面尺寸无关，根据式(D6.45)，有效平面面积的减少程度在小支座中成比例地增大。除非其受制于式(D6.48)或式(D6.49)，否则橡胶体层的数量也可能减少。

6.10.4.2.4　橡胶支座的固定

如果支座未固定在桥面底部和桥墩或桥台顶部（例如，对于 B 型支座），EN 1337-3:2005 要求通过摩擦力验算承载能力极限状态下设计剪力的传递：

$$\frac{N_{\mathrm{d,min}}}{A_{\mathrm{r}}}[\mathrm{MPa}] \leqslant 3 \tag{D6.62a}$$

$$\frac{V_{\mathrm{d}}}{N_{\mathrm{d,min}}} \leqslant 0.1+\frac{\beta}{\dfrac{N_{\mathrm{d,min}}}{A_{\mathrm{t}}}[\mathrm{MPa}]} \tag{D6.62b}$$

式中：

■ 对于放置在混凝土上的支座 $\beta=0.9$。

■ 对于放置在其他表面的支座（金属、垫层树脂砂浆等）$\beta=0.3$。

V_{d} 和 $N_{\mathrm{d,min}}$ 分别为设计剪力和支座上相应的最小轴向力，A_{r} 由式(D6.45)给出。式(D6.62)需满足：

■ 在 EN 1990:2002 中的基本作用组合下，将分项系数应用于桥跨永久作用，使其在支座上产生最小竖向压力，沿桥面布置交通荷载的方式，应使其在支座上产生最大竖向拉力。

■ 在抗震设计状况下，地震作用导致最大的可能支座拉力，和与设计剪切力

V_d一致的最大水平位移 $d_{sd,x}$及 $d_{sd,y}$。

式(D6.62b)中的比值 $V_d/N_{d,min}$在 EN 1337-3:2005 中定义为摩擦系数μ_f。虽然没有明确说明,但这种摩擦是指在 B 型支座的外部橡胶层与桥面底部、桥墩或桥台界面与其接触的材料之间的摩擦。因此,如果其他类型橡胶支座的外部钢板,与支撑在支座上或支撑支座的桥梁构件很好地黏结,则式(D6.62b)不适用。

如果式(D6.62)无法满足时,支座应在其顶部和底部固定。端板(EN 1337-3:2005 中 C 型支座的端板)应栓接或用销固定在顶部和底部安装平板上,或固定在安装平板的凹处。注意,这种固定支座的方式也可防止支座在安装过程中从其预设位置滑动,如果其通过螺栓固定,则可防止由于侧向位移和旋转的组合作用而产生的局部隆起,这种局部隆起使受压侧的剪应变可能超过式(D6.54)~式(D6.60)的预测值,甚至可能导致支座发生翻滚。

6.10.4.3　简单低阻尼橡胶支座的作用效应验算

橡胶支座应满足 EN 1337-3:2005 中给出的非地震作用下的要求,尤其是 EN 1990:2002 中式(*6.10*)的基本组合:

$$\sum_{j\geqslant 1}\gamma_{G,j}G_{k,j}\text{`}+\text{'}\gamma_P P+\gamma_{Q,1}Q_{k,1}\text{`}+\text{'}\sum_{i>1}\gamma_{Q,i}\psi_{0,i}Q_{k,i}$$

或者式(*6.10a*):

$$\sum_{j\geqslant 1}\gamma_{G,j}G_{k,j}\text{`}+\text{'}\gamma_P P+\gamma_{Q,1}\psi_{0,1}Q_{k,1}\text{`}+\text{'}\sum_{i>1}\gamma_{Q,i}\psi_{0,i}Q_{k,i}$$

或者式(*6.10b*):

$$\sum_{j\geqslant 1}\xi_{G,j}G_{k,j}\text{`}+\text{'}\gamma_P P+\gamma_{Q,1}Q_{k,1}\text{`}+\text{'}\sum_{i\geqslant 1}\gamma_{Q,i}\psi_{0,i}Q_{k,i}$$

在这种情况下,G_k为永久作用;P_k为损失后的预应力;$Q_{k,1}$为交通荷载标准值;$Q_{k,i}(i>1)$是温度作用 $T_{k,i}$的标准值。EN 1990:2002 中式(6.10)、式(6.10a)或式(6.10b)之间的选择,以及分项系数或组合系数 $\gamma_{G,j}$、$\gamma_{Q,1}$、γ_P、ξ 或 $\psi_{0,1}$是国家定义参数。关于推荐的选择,使用者可参考 EN 1990:2002,$\gamma_{Q,1}$和 $\psi_{0,1}$的选择取决于交通荷载的类型和模型。对于温度作用,推荐值为 $\gamma_{Q,i}\psi_{0,i}=0.9$。在下文中,基本组合用符号表示为 γ GP‘ + ’γQ‘ + ’$0.9T_k$,其中 γ GP代表因永久作用 G_k和 P_k而产生的基本组合的一部分,并采用合适的组合系数值 $\gamma_{G,j}$,γ_P和 ξ;γQ 代表交通作用 $Q_{k,1}$,其相关组合系数值为 $\gamma_{Q,1}$,$\psi_{0,1}$;T_k为温度作用标准值。基本组合的总效应用 FC 表示,由如上文所述,γ GP、γQ 和 T_k各自单独引起的效应分别用 γ GP、γQ 和 T 表示。注意,对于交通荷载有利的桥面平面区域,$\gamma_{Q,1}=0$。同样,在永久作用的荷载减轻的桥面长度上,$\gamma_{G,j}=1.0$,$\xi=1.0$;但是,如果作用效应对沿桥面长度的永久作用变化不太敏感(在本例中不敏感),则可在整个桥面上 $\gamma_{G,j}$和 ξ 可采用常量值。

应采用式(D6.48)验算由基本作用组合得到的支座顶部相对于底部的最大水平位移 d_{dx}、d_{dy}。相反,式(D6.52)、式(D6.53)和式(D6.62b)包括 N_d和 d_{dx}、d_{dy},因此有必要沿桥梁搜寻对相关验算最不利的重力荷载的布置方案。由基本作用组合产生的支座相对水平位移为:

$$d_{FC}=d_{\gamma GP}+d_{\gamma Q}+0.9d_T \tag{D6.63}$$

式中，$d_{\gamma GP}$为上述简写为γ_{GP}的乘了分项系数的永久作用而产生的长期相对位移，必要时，应包括损失后的预应力、收缩和徐变（对于混凝土收缩引起的变形，不使用值大于1.0的分项系数）；$d_{\gamma Q}$为由于上述乘了分项系数的交通作用（记为γQ）引起的短期相对位移；d_T是由标准温度作用引起的相对位移。

这些位移分量在横桥向通常非常小（几乎为零）。因此，在下文中假设它们是沿纵向的。它们都是指支座搁置桥面的水平高度处（即桥面底部）的位移，且等于桥面中心轴水平面处的位移加上支座上方桥面截面的转角乘以其至桥面底部的中心距离。由于进行验算的是水平位移的绝对值，为了使d_{FC}具有最大的可能绝对值，$d_{\gamma Q}$和d_T应具有$d_{\gamma GP}$的（固定）符号：

■ 由于混凝土徐变、收缩和预应力，在混凝土桥面中，$d_{\gamma GP}$朝向桥面板中部，并远离其最近端。然后，$d_{\gamma Q}$和d_T也应朝向桥面中部。对于$d_{\gamma Q}$，这意味着沿桥梁的交通荷载布置应在朝向桥面中部的一侧，以使在所述支承旁跨处得到最大上拱弯矩（负弯矩）（如果$\gamma_{G,j}$和ξ的值沿桥面有差异，则在靠近所关注支撑的朝向桥面跨中一侧上的桥跨上，取$\gamma_{G,j}=1.0$和$\xi=1.0$，其左右跨度上的非统一值与之后的统一值交替出现）。温度位移d_T，是由6.8.1.2中要点（a）和（b）强调的相同温度作用引起的。实际上，如果支座处d_T的值是根据6.8.1.2计算搭接长度得到的，则它同样适用于式（D6.57）。

■ 对非混凝土桥面，$d_{\gamma GP}$可能与上述方向相同，也可能与上述方向相反（即远离桥面跨中并朝向其最近端）。在后一种情况下，交通荷载和的最不利纵向布置也应反过来，无论桥跨的$\gamma_{G,j}$和ξ假定为统一或非统一值；就d_T而言，它与6.8.2.1要点（a）和（b）为了在最低水平面上［式（D6.38b）适用于此情况］保持间隙而计算得到的值相同。

d_{dx}和d_{dy}的值对温度作用非常敏感，但对由交通荷载决定的$d_{\gamma Q}$的值不敏感。对N_d则情况相反。因此，当需要N_d的最大值时，交通荷载的位置（以及$\gamma_{G,J}$和ξ可能假定为非统一值的桥跨）是在支座上产生最大竖向反力的位置。相比之下，温度作用应选择使d_{dx}和d_{dy}的绝对值同时达到最大［因为它们总是对验算产生不利影响，见式（D6.53）、式（D6.61）和式（D6.62）］。

当式（D6.61）在抗震设计状况下进行验算时，N_d的值是在由地震作用导致支座受压的情况下得出的。位移d_{dx}和d_{dy}与6.10.4.2.1中的式（D6.49）有关，详见该小节。如果桥面为混凝土，则纵向位移按6.8.1.2规定计算，并向跨中移动，远离其最近的端部。对于其他材料的桥面，可能还需要验算相反方向的纵向运动，并按照6.8.2.1的要点（a）和（b）计算最低水平面上间隙的位移［采用式（D6.38b）］。只有当支座在横向上的设计地震位移明显大于纵向，偏离d_G和d_T的值近似零时，在该方向上验算式（D6.49）、式（D6.53）、式（D6.61）或式（D6.62）才是有意义的。

6.10.4.4 简单低阻尼橡胶隔震支座的尺寸

6.10.4.4.1 引言

如果橡胶支座单独抵抗地震作用（Eurocode 8 第2部分将其视为隔震装置），

则橡胶体厚度和支座平面尺寸决定了侧向刚度以及地震位移和力的需求。因此,支座厚度不能简单地通过应用式(D6.49)从位移中获得。接下来,对支座平面尺寸和厚度的初步估算方法进行了介绍。假设桥墩和桥台的柔度与支座相比可以忽略,并且所有橡胶支座的橡胶体总厚度 t_q 相同。对于此类系统,可采用刚性桥面模型。进一步假设,水平支座的刚度中心与桥面质量中心重合,因此不会发生扭转响应。支座总平面面积用 $\sum A_b$ 表示,对应于抗震设计状况下的桥面总附属质量的桥面总设计竖向荷载用 $\sum N_d$ 表示。此外还引入了以下符号:

$$a=\frac{Sa_g}{g}\quad(g\text{ 为土顶部的设计地面加速度})\tag{D6.64a}$$

$$\sigma_b=\frac{\sum N_d}{\sum A_b}\tag{D6.64b}$$

$$\rho=\frac{\sigma_b}{G_b}\tag{D6.64c}$$

从以上各式可见,由于 $\sum N_d$ 被视为已知,σ_b 及其对应的无量纲量 ρ 与承担整个水平地震力的橡胶支座的平面面积之和 $\sum A_b$ 成反比。还要注意,尽管 $\sum N_d$ 由同时承担水平力的橡胶支座承载,但 σ_b 不一定等于每个支座的正应力,因为 $\sum N_d$ 对单个支座的分布取决于多种因素,而这与水平力不同,水平力的分布与每个支座的平面面积成比例。还应注意,σ_b 和 ρ 可通过改变 $1/\sum A_b$ 而发生实质性的变化,而不仅仅是通过改变单个支座的面积:σ_b 和 ρ 可通过将部分重力荷载分配给若干平面滑动支座而增加,从而减少系统的弹性恢复力。

6.10.4.4.2 支座的地震剪应变需求

总体水平刚度为:

$$K_b=\frac{G_b\sum A_b}{t_b}\tag{D6.65}$$

周期为:

$$T=2\pi\sqrt{\frac{\sum N_d}{gK_b}}=2\pi\sqrt{\frac{\sum N_d t_q}{gG_b\sum A_b}}=2\pi\sqrt{\frac{\sigma_b t_q}{G_b\,g}}=2\pi\sqrt{\frac{\rho t_q}{g}}\tag{D6.66}$$

支座地震剪应变为:

$$\gamma_{bE}=\frac{d_{dE}}{t_q}\tag{D6.67}$$

地震位移需求为:

$$d_{bE}=\frac{T^2}{4\pi^2}S_a(T)=\rho t_g\frac{S_a(T)}{g}\tag{D6.68}$$

从式(D6.67)、式(D6.68)和式(D5.3)的弹性反应谱可得到:

■ 当 $T<T_C$ 时:

$$\gamma_{bE}=2.5a\rho\tag{D6.69a}$$

■ 当 $T_C\leqslant T\leqslant T_D$ 时:

$$\gamma_{bE}=2.5a\rho\frac{T_C}{T}\tag{D6.69b}$$

■ 当 $T_D < T$ 时：

$$\gamma_{bE} = 2.5a\rho\frac{T_C T_D}{T^2} \tag{D6.69c}$$

支座的平均地震剪应力为：

$$\tau_{bE} = \frac{\Sigma V_{bE}}{\Sigma A_b} \tag{D6.70}$$

取 $\tau_{bE} = \gamma_{bE} G_b$：

■ 当 $T < T_C$ 时：

$$\tau_{bE} = 2.5a\sigma_b \tag{D6.71a}$$

■ 当 $T_C \leqslant T \leqslant T_D$ 时：

$$\tau_{bE} = 2.5a\sigma_b\frac{T_C}{T} \tag{D6.71b}$$

■ 当 $T_D < T$ 时：

$$\tau_{bE} = 2.5a\sigma_b\frac{T_C T_D}{T^2} \tag{D6.71c}$$

图 6.7 ~ 图 6.9 说明了以下因素对桥梁地震反应的影响：

■ 反应谱拐点的周期 T_C；

■ 在 40 ~ 300mm 范围内的厚度 t_q；

■ 在 2 ~ 12 范围内 ρ 的值。

注意，实际上 t_q 很少超过 250mm，而 ρ 很少超过 7 或 8，因为在这些值附近，在抗震设计状况下支座的屈曲可能变得至关重要。

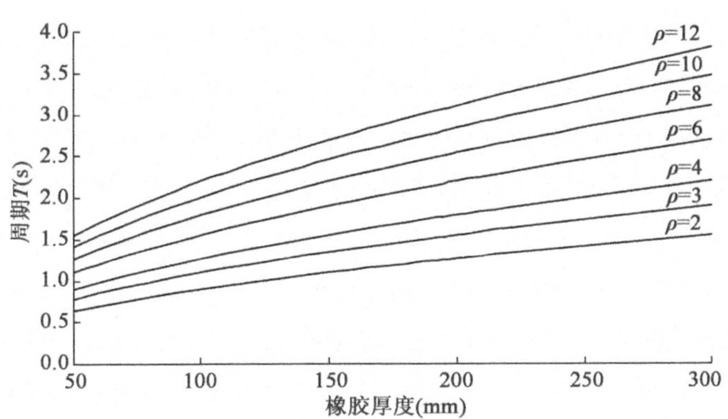

图 6.7 周期 T 作为低阻尼橡胶支座参数 t_q 和 ρ 的函数

图 6.7 和式(D6.66)表明周期 t 与 $\sqrt{(\rho t_q)}$ 成正比。在具有很高实用价值的周期范围 $T_C \leqslant T \leqslant T_D$ 内，应注意以下几点：

■ 图 6.8 表明，在给定 ρ 的最大值下，用若干对 ρ 和 t_q 可以得到相同的地震剪应变 γ_b 值。实际上，由式(D6.69b)和式(D6.66)得到的 γ_b 与 $\sqrt{(\rho/t_q)}$ 成正比。注意，由式(D6.64b)和式(6.64c)可得 $\sqrt{(\rho/t_q)}$（以及 γ_b）与 $\sqrt{(\Sigma A_b t_q)}$ 成反比（即与支座橡胶体总体积的平方根）。

■ 图 6.9 表明，在上述引起一定剪应变需求 γ_b 的 ρ 和 t_q 这对值中（即橡胶体总体积相同的一对值),提供最有效的隔震作用的(即最低力减少比率)是具有 ρ 和 t_q 最大值的一对(即,t_q 的最大值和最小值 $\sum A_b$)。

图 6.8 中不同 T_C 值的部分表明,满足式(D6.48)的地震剪应变 γ_b 所需的最大 ρ 值随着 T_C 增加到 0.8s 而大幅下降。因此,对于此 T_C 值和大的设计地面加速度,在没有附加阻尼的情况下,用低阻尼橡胶支座进行隔震在实际中似乎是不可行的。即使这样的方案被证明是可行的,其效率也非常低,如图 6.9c)所示。本设计指南第 7 章讨论了附加阻尼的可能性。

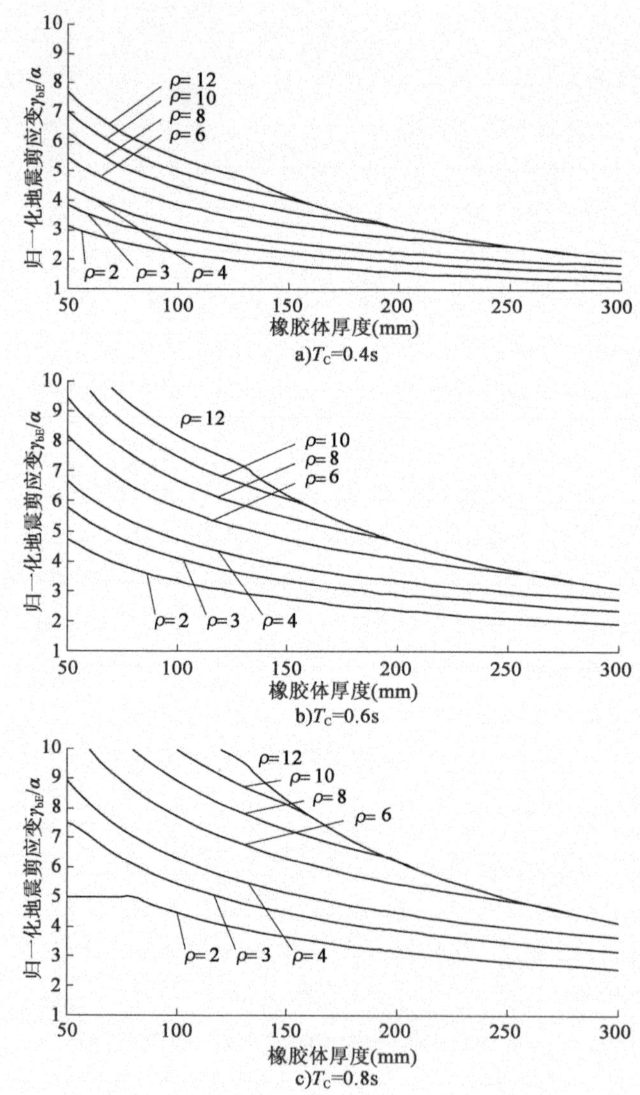

图 6.8　地震剪应变 γ_{bE} 归一化为 $\alpha = S\alpha_g/g$,作为低阻尼橡胶支座参数 t_q 和 ρ 以及弹性谱角周期的函数

6.10.4.4.3　t_q 和 $\sum A_b$ 的实际选择

式(D6.49)可扩展为:

$$\gamma_{b,sd} = \gamma_{IS}\gamma_{bE} + \gamma_{bG} + 0.5\gamma_{bT} \leqslant 2.0 \tag{D6.72}$$

式中,γ_{bG} 是由桥面收缩和徐变引起的支座中的剪应变;γ_{bT} 是由桥面和/或通过桥面的温度变化引起的剪应变。这些应变可由相关位移 d_G 和 d_T 确定为 γ_{bG} =

d_G/t_q和$\gamma_{bT}=d_T/t_q$,这些位移是支座与所有支座刚度中心的最大距离的函数。对于$\gamma_{IS}=1.50$,式(D6.72)给出了:

$$\gamma_{bE}\leq 4/3-(d_G+0.5d_T)/1.5t_q \tag{D6.73}$$

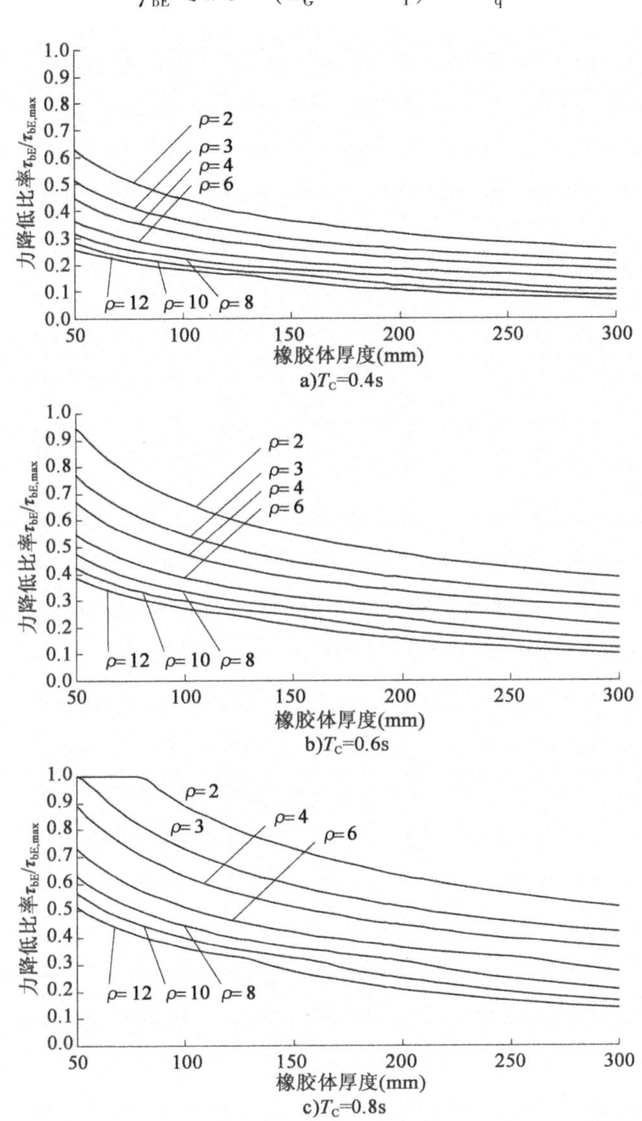

图 6.9 隔震装置的力折减比$\tau_{bE}/\tau_{bE,max}$,(其中$\tau_{bE,max}=2.5\alpha\sigma_b$)作为低阻尼橡胶支座的参数$t_q$和$\rho$以及弹性谱角周期的函数

在图 6.8 所示的T_C适用值和t_q选定值的剪应变图上,可以标出t_q对应的点和式(D6.73)要求的γ_{bE}值。它们在一条与t_q轴大致平行的线上,定义了满足式(D6.72)的ρ和t_q参数对。

从相应的剪应变图中可以看到,当ρ为最大值时,力最小(即隔震效果最佳)。这一选择使支座的周期和剪应变最大化。当然,应检查所选参数对是否符合 EN 1337-3:2005 中规定的验算,尤其是在基本作用组合和抗震设计状况下的屈曲验算(见 6.10.4.2.2),这通常比 6.10.4.2.3 中的总剪应变更为关键。

上述针对抗震设计状况的橡胶支座验算只需针对支座的 LBDP 进行(即对于G_b的名义值,因为它是支座变形控制验算的关键值)。然而,最大力是设计下部结构和锚定支座的关键因素,这两者都受力的控制。相应的设计力由 G_b 的 UBDP 确定,如果地震设计的最小支座温度 $T_{min,b}$ 不小于 0°C,则其名义值增加 20%;如果小于 0°C,则可在 Eurocode 8 第 2 部分*附录 JJ 中*的适当系数 λ 中获得。

6.11 桥台验算

6.11.1 一般规定

条款 6.7.1(1)[2]

条款 6.7.2(2), 6.7.2(3), 5.8.2(2), 5.8.2(3)[2]

桥台及其基础设计和验算为在抗震设计状况下保持弹性。由于在这些验算中,土压力作用(包括地震效应)非常重要,因此作用效应通常以土压力方向表示(即土压力作用方向与桥台侧面成直角),这可能会偏离桥梁的纵向或横向。为此,地震作用效应的峰值应沿着与土压力平行和垂直的局部坐标轴获得。如果在开始时没有引入此类局部轴,则纵向和横向地震作用影响的峰值将投影到土压力的方向上,并通过式(D5.1)和式(D5.2)组合成单值。同样的道理也适用于与土压力成直角的地震作用效应。

6.11.2 通过活动支座支承桥面的桥台

条款 7.3.2.1(1) ~ 7.3.2.1(3), 7.3.2.2(1) ~ 7.3.2.2(7), 7.3.2.3(1) ~ 7.3.2.3(12), 7.3.2.4(1), 7.3.2.4(2), E.3 ~ E.9[3]

如果桥台在活动支座上支承桥面,则其通常不包括在桥梁系统分析的整体模型中,即使该模型可能包括桥墩下的桩及其与土的相互作用。在整体模型中,此类桥台被视为刚性地面,用适当的运动约束或弹簧来支承支座。然后,分析给出了作用在支座上的力以及支座产生的反作用力,由此获得了地震作用和抗震设计状况下其他作用对桥台的作用效应,并将其用作每个桥台独立静力分析和验算中的荷载。本分析/验算中施加在桥台上的荷载/作用如下:

(1)抗震设计状况下的非地震作用:

—由桥梁系统分析得出的桥台支座(竖向)反力;

—桥台本身和桥台地基上的任何填土的重力荷载。

(2)桥面对桥台的地震作用效应,如设计地震作用引起的支座反力。在设计为延性性能的桥梁中,这些是 6.4.5 规定的能力设计效应;在设计为有限延性性能的桥梁中,它们是地震分析中支座上的反作用力乘以 q,以获得有效值 $q=1.0$ 的最终作用效应。

(3)由桥台和基础上的填土产生的拟静力惯性力。正如本指南 5.4 所述,在活动支座上支承桥面的桥台被认为是"锁定的",其惯性力计算为相关质量乘以现场地面顶部的设计地面加速度 $a_g S$(即 $q=1.0$ 且 $T=0$)。这就是应该考虑的由于桥台和基础上的填土的质量造成的地震作用效应,即使这些构件的质量和刚度已经包含在桥梁的整体分析模型中。

(4)任何静水或动水压力,包括浮力。

(5)土压力(包括地震效应)。这些压力在静力条件下和抗震设计状况下对此处所考虑的桥台类型起控制性作用。因此,用以确定自由挡土墙土压力的方法是适用的。根据 Eurocode 7 的*附录 C*(CEN,2003b),静土压力可根据土壤的两种极限平衡状态来确定：

—被动土压力，对应于土壤抵抗墙向填土的移动；

—主动土压力，挡土墙由于土压力（以及可能为其他作用）而远离填土移动。

Eurocode 8 第 5 部分（CEN，2004c）中采用的用于估算地震对土压力影响的伪静力 Mononobe-Okabe 方法方便地使用了相同的极限平衡状态。值得注意的是，在抗震设计状况下，墙相对于填土的移动（定义了土压力的被动或主动状态）与墙基础和填土的地震运动之间的区别（两者都随地面移动）。事实上，当地震运动朝向填土方向发生时，伪静态的 Mononobe-Okabe 方法的主动土压力状态随着填土和墙基的运动而逐渐发展。在这种情况下，由于挡土墙的变形，主要由于基础的旋转，墙体在填土和墙体质量的惯性力作用下远离填土。假定桥面［在上述第（2）点下］的地震力与上述力同步作用，对桥台最不利的影响是，只有当桥台远离填土时，它才可能会失效。

作用于桥台或其翼墙侧面的第（5）类土压力：

（a）朝向填土移动；

（b）远离填土。

可按如下估算。（a）项下的土压力可取为等于静止时的静土压力，因为被动土压力的发展需要非常大的位移。如果桥台或翼墙可自由产生回填土主动应力状态所需的侧向位移（见下文），则（b）项下的土压力为包括地震效应的主动土压力，并根据 Eurocode 8 第 5 部分中的伪静态 Mononobe-Okabe 方法进行计算。在该计算中，桥台可视为非重力墙，竖向加速度对土压力的影响可以忽略；水平系数 k_h 等于现场地面顶部的设计地面加速度，单位为 g：$k_h = a_g S/g$（即折减系数 r 取为 $r = 1.0$）。相比之下，如果桥台或翼墙的侧向位移受到限制，则按照 Eurocode 8 第 5 部分条款 *E.9* 对刚性结构的地震土压力（将添加到静止墙的静土压力中）进行估算更为现实和安全。在这种情况下，通常认为带有大型桥台的翼墙整体结构属于此类结构。要在土壤中形成主动应力状态，在桥台顶部必须有显著的侧向位移 d_a。根据 Eurocode 7 的*附录 C*，桥台基础的旋转，对于松散无黏结回填土取桥台高度的0.4% ~0.5%，对于密实填土则取桥台高度的 0.1% ~0.2%。对于桥台的平动则大约为这些值的一半。干土上的桥台相对其基础旋转的全被动土压力值，对于松散无黏性填土为相应值的 7% ~25%，对于密实充填体为 5% ~10%。对于全值的一半所需的侧向位移分别为桥台高度的 1.5% ~4% 和 1.1% ~2%（在地下水位以下，所有这些值都增加 50% ~100%）；这就是在静止状态下，静土压力作用于桥台表面使其朝向填土移动的原因。由于 Eurocode 8 第 2 部分允许考虑桥台面上远离回填土的主动土压力，因此需要检查桥台在其顶部的横向位移达到值 d_a之前不会失效，在此处产生 Mononobe-Okabe 主动土压力。当主动土压力在侧向位移小于 d_a 时过大，Eurocode 8 第 2 部分要求对桥台主体和基础的混凝土结构按照高于主动土压力进行尺寸确定；即，对于静土压力加上 Mononobe-Okabe 主动土压力地震部分的 1.3 倍（等于 Mononobe-Okabe 主动土压力减去静土压力）。这种增加对于地基土的验算是不需要的。此外,设计者还应提供桥面和桥台后墙之间的间隙,以适应至少为 d_a 的桥台顶部侧向位移。考虑到桥面端部为远离后墙,所需间隙为:

$$d_{ad} = d_a - d_E + d_G + \psi_2 d_T \qquad (D6.74)$$

式中,d_E、d_G、ψ_2 和 d_T 假定为与6.8.1.2 相同的值;d_a 为引自上述 Eurocode 7 第1 部分(CEN,2003b)的参考值。

对于上述列出的第(5)类荷载,如果桥台朝向桥梁的表面与水接触,则应考虑静水压力减去 Eurocode 8 第 5 部分中规范性*附录 E* 中条款 E.8 给出的动水压力,但同时桥台运动也远离填土,大致和上述地面运动保持一致。负号是因为假设地震运动远离水,而水不会移动。当桥台和地震运动朝向水时,静水压力加上桥台正面的动水压力的情况,可忽略桥台背面的被动土压力。注意,如果回填土本身在地震运动的时间尺度内是饱和的和可渗透的(Eurocode 8 第 5 部分规范性*附录 E* 中的条款 E.7),则其孔隙水可独立于填料移动。因此,应将动水压力加到土的土压力中。因此,应将静水压力加上动水压力作用于桥台背面,而其上的主动土压力与单位重量土壤的浮力成正比。但是请注意,只有非常粗的颗粒填料才可以被视为允许水在地震期间独立于填料移动。

应考虑地震作用在两个(理想情况下为正交的)水平方向上的分量,进行静力分析和验算。荷载类型(2)和(3)仅由地震作用引起,并在这两个水平方向上施加。荷载类型(4)和(5)包括固定方向的静力部分,以及在上述水平方向承受的地震作用部分。由于地震作用,荷载类型(2)~(4)中的水平力均沿相关水平方向以相同的符号(正或负)施加。只有当桥台和任何翼墙分别平行于桥梁的横向和纵向时,桥台地震力的两个水平方向才与之一致。在其他任何情况下,静态地震力的两个水平方向都是临时选择的。例如:

■ 如果桥台与桥梁纵轴斜交且没有翼墙,则应在两个方向(与桥台成直角和平行)的地震作用下进行静力分析和验算。

■ 如果桥台与纵轴成直角或斜交,则整体连接的翼墙通常沿着道路边缘与桥梁的纵向平行。水平长度达到 8m 的翼墙通常立面为三角形且没有自己的基础,而是从桥台主体的垂直边缘悬臂而来。由于成本原因,这种情况是很常见的,但不能应用于高桥台。一个高的桥台和它的翼墙通常形成沉箱的三个边,在桥台主体后面有一个共同的基础。三角形悬臂翼墙上的主要填土作用与翼墙成直角,其值等于静止土压力与交通荷载等引起的压实土压力之和。这些作用主要导致翼墙的平面外弯曲,同时在桥台体中产生平面外弯曲和水平拉力。此外,应对翼墙进行车辆撞击护墙的偶然作用下的验算。地震动土压力增量,通常依据 Eurocode 8 第 5 部分条款 *E.9*,在作用于每个翼墙时应作为单独的荷载工况。当然,台身上的土压力与台身成直角。地震土压力增量作用于翼墙倾斜内表面和斜向桥台对桥台的影响可以近似估算。例如,估算的桥台土压力增量可乘以其上的墙投影面积。

■ 对于与桥台成直角的地震作用,上述"沉箱"式桥台可采用类似的近似方法。与高、窄"沉箱"翼墙成直角的地震力(比如,宽高比小于2)可能需要根据Eurocode 8 第4 部分中的筒仓相关规定进行估算(CEN,2006)。

6.11.3　刚性连接于桥面的桥台

这里的一个重要例子是桥面与桥台整体固结("整体式")。另一种情况是,通过固定支座或设计用于代替支座承担地震作用的抗震连接件(包括剪力键)将桥面和桥台连接。对于可视为刚性的连接(以及适用Eurocode 8 第2 部分条款*6.7.3*的),应在两个水平方向上都是刚性连接。本设计指南的4.5.3 中对于整体式桥梁的长度和跨度限值也适用于通过固定支座或抗震连接件与桥台连接的桥面,这些支座或抗震连接件被设计用于承担地震作用。 *条款 6.7.3(1) ~ 6.7.3(6), 6.7.3(8)[2]*

Eurocode 8 第2 部分条款*6.7.3* 的大部分规定(即Q 值为1.50,下一段将介绍的填土反力和本节最后一段中的总设计地震位移的上限)是针对短的整体式桥梁的。如果桥面与桥台的连接至少在纵向上(长桥通常如此)是水平活动或柔性的,则这些规则均不适用。

对于刚性连接至桥面的桥台背面填土反作用力的激活,注意以下事项:

■ 在纵向上,反作用力是作用在朝向回填土的后壁表面。Eurocode 8 第2 部分建议在其上使用等效弹簧,其刚度根据实际的岩土工程条件确定。为了弥补任何桥墩和反力式桥台之间地震力分布的不确定性,它还建议使用上限和下限土壤柔度特性。填土下限刚度将导致桥墩及其基础产生最大地震力,桥台产生最大地震位移,这些位移在本节末尾将根据有限损伤进行验算。上限刚度可能仅对受弯的桥台以及桥面相邻区域至关重要。

■ 在横向,可激活填土反应的区域是翼墙的内表面,其整体连接到桥台并朝向填土移动。同样,应使用上限和下限土柔性估计。如果填土的宽度/高度比在横向上较低,则土的下限刚度可能接近于零。"主动"动土压力应考虑作用在相对的翼墙上(见6.11.2)。

通常使用整体模型进行分析,并对桥面和桥台进行相当详细的离散。使用弹簧模拟桥台和任何翼墙可能推动的土壤,并根据上述段落采用土壤刚度的上下限估计值。桥面在纵向方向上柔性支承于在桥台上,但受地震连接件(剪力键)横向约束的桥梁,应使用带有翼墙内表面土弹簧的整体模型分析横向地震作用。因需要考虑土壤刚度的上限和下限估计,这项工作是相当繁重的。但是,如果桥台没有(重要的)翼墙推动回填土,则不需要这种模型。

桥面与桥台整体式连接的桥梁,一般在满足基本振型法的应用条件时,可采用基本振型法进行线性静力分析。通过这种方式估算结构质量的惯性力,然后分析土体-结构系统在这些质量的重力载荷、土压力(静土压力,加上相关的地震作用)、静水压力和动水压力(如存在的话)同时作用下的响应。根据6.11.2 计算并应用地震土压力和动水压力,但始终在同一水平方向上,并具有与结构质量上的惯性力相同的作用方向。

条款 6.7.3(7)[2]

为了限制刚性连接至桥面的桥台后面回填土的损坏,Eurocode 8 第 2 部分要求根据式(D5.68)的分析计算结果,验算桥台朝向回填土的位移不超过一定限值。该限值是一个国家定义参数,重要性类别为Ⅱ类的桥梁的建议值为 60mm,重要性类别为Ⅲ类的桥梁的建议值仅为 30mm。重要性类别为Ⅰ类的桥梁不设限值。

6.12　基础验算

6.12.1　设计作用效应

条款 4.2.4.4(2)e, 5.8.2(2) ~ 5.8.2(4)[2]

为了验算承载力,在基础上的设计作用效应应确定如下(见 6.3.2 和 6.7.2):

■ 对于设计为有限延性性能的桥梁($q\leqslant1.5$)或隔震桥梁,设计作用效应是根据抗震设计状况分析结果直接得到的,见式(D6.1),应按弹性响应计算地震作用效应(即性能系数为 1.0)。

■ 针对设计为延性性能的桥梁($q>1.5$):

—如果采用设计反应谱进行线性分析,对桥墩中产生的弯曲塑性铰,应采用 6.4.2 中的能力设计方法。

—如果采用非线性分析,设计作用效应可直接采用分析结果,但设计抗力(用材料分项系数 γ_m 计算)要除以分项安全系数 γ_{Bd1}(国家定义参数),推荐值 $\gamma_{Bd1}=1.25$(见 6.7.2 和 6.9.2)。

6.12.2　浅基础

6.12.2.1　稳定验算

条款 5.4.1[3]

浅基础的验算涉及抗震设计状况下的滑动和地基承载力。

为验证抗滑稳定性,总设计水平力应满足以下要求:

$$V_{Ed}\leqslant F_{H1}+F_{H2}+0.3F_B \qquad (D6.75)$$

式中,F_{H1} 是基础底面上的摩擦力,等于 $N_{Ed}\tan(\delta)/\gamma_M$;$F_{H2}$ 是埋入式基础侧边上的摩擦力;F_B 是埋入式地基的极限被动承载力;N_{ED} 为作用在基础上的竖向设计力;δ 是基础与土体之间的摩擦角;γ_M 是分项系数,取值等于 γ_φ,其推荐值为 1.25。

注意,虽然可以认为基础底面和基础侧面上的全部摩擦力能够发挥作用,但是不允许依赖于总被动阻力的 30% 以上。这一约束条件的基本原理是,为了发挥全部被动承载力的作用,需要产生不符合桥梁一般性能目标规定的超大位移。F_{H2} 和 F_B 的值应与抗震设计状况下预期的地面顶层表面最低处相对应。

注意,在某些情况下,滑动可能是可以接受的,它可以作为一种有效的方式,通过限制传递到上部结构的力(如基础隔震系统)来耗散能量并保护上部结构。此外,数值模拟表明,这种滑动量一般都是有限的。为了使这种状况可以接受,在地震过程中地基土特性应保持不变。此外,滑动不应影响桥梁的使用功能。由于地下水位以下的土壤可能会产生孔隙水压力积聚,这会影响它们的抗剪强度,因此只有当地基位于地下水位以上时滑动才被允许发生。应进一步指出,当允许滑动时，预测的地基位移很大程度上取决于基础表面与土壤之间的摩擦系数，而这又取决于表面材料、排水条件和施工方法。如果需要可靠的估算，则有必要进行现场试验。

尽管 Eurocode 8 中没有要求，但通常做法是将土-基础界面水平处的合力保持在距中心 1/6 ~ 1/3 基础宽度的范围内；如果假定基础土壤应力为线性分布，则这两个限值分别对应于不允许顶升，或将其限制在基础的一半范围内。如今，基础顶升通常被容许，因为人们认识到基础的摇摆可以减少传递到结构的地震力，从而保护结构。然而，为了避免在荷载作用下基础边缘的土体屈服和基础的永久沉降和倾斜，这种摇摆必须限制在非常好的土条件下。为了评估扩大基础的这种性能，建议进行非线性静力（推覆）分析，以确定其弯矩-转角特性，包括基础顶升和地基屈服的效应。分析结果不仅提供了转动刚度参数，而且描述了极限弯矩的土工模型。尽管 Eurocode 8 允许，但对于扩大基础，顶升是最严重的非线性形式。地基不能产生比极限抗弯承载能力更高的倾覆力矩，其弯矩-转角曲线在极限弯矩之前变为典型的非线性（见图 5.20 示例）。

条款5.4.1.1，附录F[3]

除了抗滑动验算外，还应验算地震作用下基础的承载力，并考虑作用于基础上的力的倾斜和偏心，以及地震波通过土介质中时在土体产生的惯性力的影响。Eurocode 8 第 5 部分*附录 F* 中，给出了一个由条形基础的理论极限分析（Pecker，1997）得到的一般表达式，式（D6.76）。确保基础安全不发生承载力失效的条件简单地表述为，设计力 N_d（垂直）、V_{Ed}（水平）、M_{Ed}（倾覆力矩）和土体地震力应位于图 6.10 所示的表面内，并用以下公式表达：

$$\frac{(1-e\overline{F})^{c_T}(\beta\overline{V})^{c_T}}{(\overline{N})^a[(1-m\overline{F}^k)^{k'}-\overline{N}]^b}+\frac{(1-f\overline{F})^{c'_M}(\gamma\overline{M})^{c_M}}{(\overline{N})^c[(1-m\overline{F}^k)^{k'}-\overline{N}]^d}\leqslant 1 \qquad \text{(D6.76)}$$

且由以下定义表示：

$$\overline{N}=\frac{\gamma_{Rd}N_{Ed}}{N_{max}} \qquad \overline{V}=\frac{\gamma_{Rd}V_{Ed}}{N_{max}} \qquad \overline{M}=\frac{\gamma_{Rd}M_{Ed}}{BN_{max}} \qquad \text{(D6.77)}$$

■ 对于纯黏性土或饱和无黏性土：

$$\overline{F}=\frac{\gamma_{Rd}\rho a_g SB}{C_u} \qquad \text{(D6.78a)}$$

■ 对于完全干燥或饱和的，且没有明显的孔隙水压力积聚的无黏性土：

$$\overline{F}=\frac{\gamma_{Rd}a_g S}{g\tan\phi'_d} \qquad \text{(D6.78b)}$$

式中，N_{max}是基础在竖向同心力作用下的极限承载力，可由任何可靠的方法（强度参数、现场试验的经验相关性等）估算；B 是基础宽度；$\overline{F}$ 是无量纲土体惯性力；γ_{RD}为模型系数；ρ 为土的密度；a_g 是 A 类场地设计地面加速度，由3.1.2.2的式（D3.3）得出；S 为场地系数，见 3.1.2.3 的表 3.3；C_u为土壤不排水抗剪强度，对于黏性土或循环不排水抗剪强度为 c_u，对于饱和无黏性土为 $\tau_{cy,u}$（包括材料分项系数 γ_M）；ϕ'_d为无黏性土抗剪承载力设计角（包括分项系数 γ_M）。

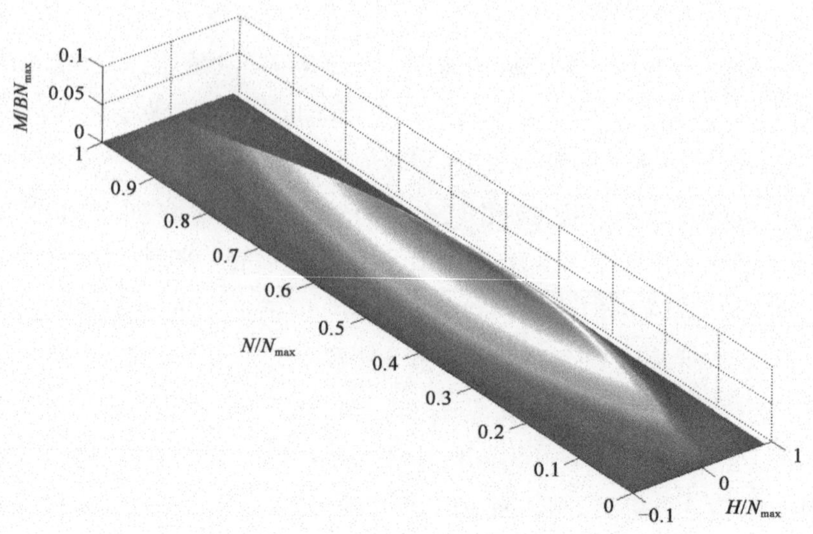

图6.10 极限承载面对基础承载力的影响

式(D6.76)中小写的系数(a,b,k,c_M和c_T)是根据表6.2(Eurocode 8第5部分)中的土壤类型确定的数值。模型系数γ_{RD}反映了地震承载力验算理论模型中的不确定性,因此其值应大于1.0;否则意味着承认某些永久性基础位移是可容忍的[在这种情况下,违反式(D6.76)],此时模型系数可能小于1.0。在Eurocode 8第5部分的附录F中提出了将两种影响综合考虑的暂定值,本节在表6.3中重复列出,从中可以看出对于最敏感的土(松散饱和土),其模型系数应高于稳定土(中密砂)。

式(D6.76)中的参数取值(Eurocode 8 第5部分) 表6.2

	纯黏性土	饱和非黏性土
a	0.70	0.92
b	1.29	1.25
c	2.14	0.92
d	1.81	1.25
e	0.21	0.41
f	0.44	0.32
m	0.21	0.96
k	1.22	1.00
k'	1.00	0.39
c_T	2.00	1.14
c_M	2.00	1.01
c'_M	1.00	1.01
β	2.57	2.90
γ	1.85	2.80

式(D6.77)和式(D6.78)的模型系数(Eurocode 8 第5部分) 表6.3

中密砂	松散干沙	松散饱和沙	非敏感黏土	敏感黏土
1.00	1.15	1.50	1.00	1.15

最近的研究表明式(D6.76)~式(D6.78)以及这些表中的数值,也同样适用于圆形基础,前提是式(D6.77)中垂直同心力下的极限垂直力N_{max}是按圆形基础计算的,并将基础宽度替换为基础直径(Chatzigogos等,2007)。岩土工程技术人

员对带有荷载倾斜度和偏心距修正系数的“经典”承载力公式更为熟悉。尽管他们对式(D6.76)不熟悉,但其反映了基础性能的相同方面。这种验算类似于在轴力和弯矩共同作用下的横截面结构设计中使用的相互作用图。

6.12.2.2 基础的结构设计

基础的设计通常将其视为在验算截面处支承的悬臂,或视为简单梁,或视为刚性框架墩柱之间的连续梁。然而,由于基础可能表现为内部应力重分布的板,因此出于设计目的,可将其视为双向梁。基础应具有足够的厚度,相对于其下伏土壤可被视为刚性。然后,可以假设土应力为线性分布或对应于适当的无张力文克尔弹簧模型的分布方式,以确定基础在其结构承载能力极限状态下的内力。

由于基础在承载能力极限状态下按梁来设计,除非使用有限元板壳模型进行分析,否则有必要在受弯承载能力极限状态下确定基础的有效宽度;(JRA,2002)将有效宽度作为桥墩宽度 h_c 和有效基础深度 d 的函数,在表 6.4 中提供了有效宽度的估计值。

根据 JRA(2002)得出的基础等效宽度 表 6.4

	基础等效宽度
底部加固基础	$b=B$
顶部加固基础	$b=h_c+1.5d\leqslant B$

6.12.3 桩基础

6.12.3.1 桩身内力

桩和桥墩应验算从上部结构传递到桩头的惯性力效应,以及地震导致的土壤变形引起的动力效应。然而,根据 Eurocode 8 第 2 部分的规定,只有当桩穿过连续几层具有明显刚度差异的土层时,才需要考虑动力相互作用。根据 Eurocode 8 第 5 部分的规定,当软弱层由分层刚度对比明显的软沉积物(如场地类别 D、S1 和 S2)组成,设计加速度超过0.10g,桥梁重要性高过普通桥梁时,需要考虑桩-土相互作用。

条款 5.4.2(1) ~ 5.4.2(6)[3]

条款 6.4.2.2(2)c[2]

对于长柔性桩,假设桩跟随地面运动,则可用地面位移评估动力相互作用的效应,该位移可通过使用计算机程序如 SHAKE(Idriss 和 Sun,1992 年)进行一维场地响应分析计算。或在基岩上均匀土层中通过简化的分析公式计算,假定土层在其基本振型下响应,并在桩端和桩头采用适当的边界条件(铰式、销式)对桩进行建模。土层基本振型响应的位移由下式得出:

$$d(z)=d\sin\left(\frac{\pi z}{2H}\right) \tag{D6.79}$$

式中,H 为土层厚度;d 为土层顶部和底部之间的相对地面位移。根据适当的剪切波速 v_s 和阻尼比(见表 3.5),可在岩石响应谱(见本指南 3.1.2.3)中土层基频($f=v_s/4H$)处读取该相对地面位移。

通过动力分析得到了惯性力的效应。如果桩被建模为文克尔基础上的梁,则这些结果可直接从分析中获得。但是,如果将土-结构相互作用建模为线性的,则应检查桩对土施加的压力是否不超过相关的极限承载力。如果确实超过,则应在超过承载力的地方应使用较弱的弹簧重新进行分析,直到计算出的位移和压力之间的相容性达到为止。如果利用本指南 5.5.1.6 中引入的阻抗矩阵的概念来模拟桩基,则桩中的内力只能通过桩的分离模型获得,并受到与上述相同的限制。

惯性荷载和动力相互作用荷载产生的作用效应值可以采用 SRSS(平方和的平方根)规则组合,除非土层和桥梁的基本周期彼此接近。如果接近,则采用它们的绝对值之和则更合适。

6.12.3.2　结构设计

条款 4.1.6(7), 6.4.2(1) ~ 6.4.2(4)[2]
条款 5.4.2(7)[3]

桩一般都被设计为保持弹性:针对被设计为有限延性性能的桥梁,系数 q 为 1.0;针对延性设计的桥梁,则通过能力设计。然而,由于桩与承台连接处会产生较大的弯矩,因此使桩保持弹性的设计可能是不可行的。因此,使该位置产生塑性铰的设计是更经济且更安全的。Eurocode 8 第 2 部分确实允许这样做,采用表 5.1 中第 3 行和第 4 行的系数 q。在这种情况下,潜在塑性铰区应进行仔细地设计:

(a)在竖向平面上受到限制而不能旋转的承台底以下长度为 3 倍桩径 D 的桩顶区域。

(b)最大弯矩位置(计算应考虑有效桩抗弯刚度、侧向土刚度和群桩桩帽处的转动刚度)以及具有明显刚度差异的土层之间界面处的上下两侧长度为 $2D$ 的区域。

此类构造细节设计,包括横向约束钢筋要求,与表 6.1 中所列的延性桥墩中的约束钢筋配筋率一致。在上述(b)类型的位置,Eurocode 8 没有减少所需的约束钢材,以考虑实验中发现的(Budek 等,1997)施加在桩的受压侧土压力的有益效果(图 6.11)。在这种位置需要不少于桩头处的桩身竖向钢筋。

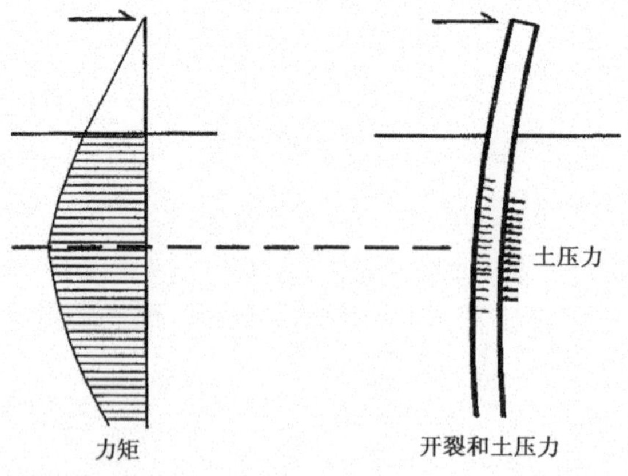

图 6.11　通过土压力限制的地下塑性铰约束区域

允许产生塑性铰的桩应按能力设计要求验算其设计抗剪能力。如果桥梁采用非线性分析设计,则桩头也应根据 6.7.2 按塑性铰要求进行验算。在这种验算中,桩的剪切跨度 L_s 可取为从反弯点到承台的距离。

6.13 液化与侧向流动

6.13.1 简介

大多数抗震标准和现行做法都反对在可液化沉积物上设置基础。根据 Eurocode 8 第 5 部分： 条款 4.1.4(12)[3]

如果发现土壤易液化，且后续效应被认为能够影响基础的承载力或稳定性，则应采取措施以保证基础稳定性。

当设计一个在潜在可液化沉积物上的基础时，需要分析三种情况：

■ 第 1 阶段：在此期间，有限的孔隙水压力已经发展，土保持了原有的刚度和强度；在这个阶段，施加到基础上的力很可能小于在没有液化的情况下地震中可能产生的最大力；桥梁-基础系统的响应纯粹是动态的。

■ 第 2 阶段：在此阶段，已经出现了相当大的孔隙水压力（通常 $\Delta u/\sigma'_v>0.5$，式中 σ'_v为竖向有效覆盖层），但还没有发生大范围的液化；在这个阶段，土刚度急剧降低，但仍然保持非零剪切刚度，允许地震波通过土传播并影响基础；桥梁-基础系统的响应仍然主要是动态的，但是产生显著的非线性，减小了输入运动，从而减小了动态力。

■ 第 3 阶段：这一过程发生在地震末期或地震结束后；已经发生了完全液化，在某些条件下可能发生液化土的侧向流动，例如土层或地面的倾斜，导致基础上产生准静态的、重力引起的荷载。其响应基本上是静态的。

6.13.2 浅基础

对于浅基础（基础或垫层），向上流向地表的水流会导致土抗力的显著（即使不是全部的）损失。由于持力层位于地表，第 2 阶段或第 3 阶段发生的强度降低导致承载力损失，不仅伴随着竖向沉降，而且在某些情况下，还伴随着显著的倾斜。伴随着孔隙水压力充分发展的基础运动是不可预知的。因此，需要采取措施处治。除了改善场地条件外，别无其他选择。

6.13.3 桩基础

6.13.3.1 设计方法的发展

对于桩基础，则情况有所不同，因为承载构件可以埋入潜在液化地层的下方。因此，设计桩基础以适应土液化是可行的。在实践中，这样做至少能够满足第 1 阶段和第 2 阶段的要求。然而，在 1995 年神户（Kobe）地震之前，并没有预见到设计桩基础时要适应侧向流动（第 3 阶段），并且需要进行显著的土质改良以保护桥墩的基础。进行土质改良可能很昂贵，尤其是当存在广阔的区域受到侧向流动的影响时。例如，希腊里翁-安梯里翁（Rion-Antirrion）大桥北引高架桥位于设计地震作用下预测可能发生大范围侧向流动的区域；成本效益分析表明，采用桩基础以抵抗土位移引起的力比改善场地条件更具成本效益。直到最近这种分析才成为可能。之后对在神户(Kobe)地震期间桩基础的破坏进行了广泛的分析,并得出了合理的设计方法(Finn,2005)。需要分析的情况如图 6.12 所示。在发生液化后,如果土的残余强度小于斜坡或河岸等自由表面引起的静态剪力,则可能发生明显的岸坡下滑。移动的土对桩施加破坏性压力,特别是存在非液化层位于液化层顶部时。总体来讲,评估这种作用力的方法有两种:基于力的方法和基于位移的方法。

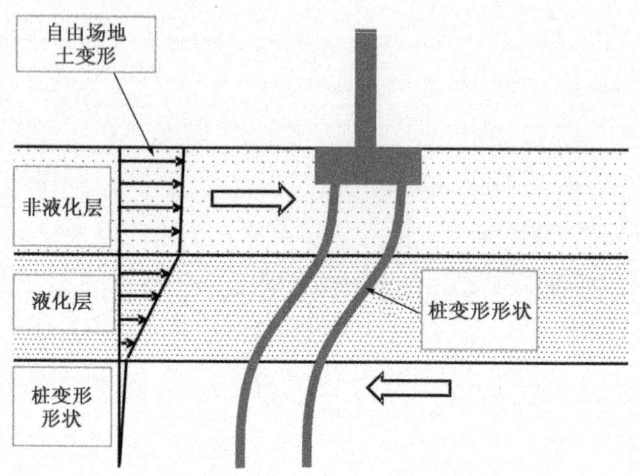

图 6.12 由于液化导致的桩受力和边形图

6.13.3.2 基于力的方法

JRA(2002)建议了一种对液化土中桩基础的基于力的分析方法(表 6.5):

■ 非液化表面层假定在基础上施加被动压力 q_{NL}。

■ 液化层施加一个小于等效静水压力的压力 q_L。

根据 JRA(2002)给出的液化引起的土弹簧折减系数 表 6.5

安全系数 F_L	地下深度 x[m]	动态抗剪强度比,$R=G_wR_L$	
		$R\leq0.3$	$R>0.3$
$F_L\leq1/3$	$0\leq x\leq10$	0	1/3
	$10<x\leq20$	1/3	1/3
$1/3<F_L\leq2/3$	$0\leq x\leq10$	1/3	2/3
	$10<x\leq20$	2/3	2/3
$2/3<F_L\leq1$	$0\leq x\leq10$	1/3	1
	$10<x\leq20$	1	1

图 6.13 说明了作用在基础上的力。研究发现,液化层施加的压力可取为其上覆盖层压力的 30%。离心试验(Dobry 和 Abdoun,2001 年)证实了这些发现,此外,离心试验还表明,桩内弯矩主要由非液化层的侧向压力决定。因此,为了将顶部非液化土施加的压力引起的桩上的弯矩降至最低,最好将承台置于地表以上,而不与地表土壤接触。

6.13.3.3 基于位移的方法

按照这种方法,不向桩上施加力。相反,在图 6.14 中的文克尔模型中,自由场位移施加在弹簧的自由端。该方法需要知道自由场位移,可通过本指南 3.4.5

中描述的预测方程进行估算。

基于位移的方法依赖于两个输入数据：给出侧向流动幅值的预测方程和桩模型中使用的弹簧刚度值。在日本的实际使用中，可在液化土中使用的弹簧刚度的折减取决于抗液化安全系数 F_L。推荐的折减系数作为抗液化指数 R_L 和参数 c_w 乘积的函数，见表6.5。对于 Eurocode 8 中定义的基准地震作用，可将参数 c_w 取为：

当 $R_L \leqslant 0.1$ 时， $c_w = 1.0$ (D6.80a)

当 $0.1 < R_L \leqslant 0.4$ 时， $c_w = 3.3R_L + 0.67$ (D6.80b)

当 $R_L > 0.4$ 时， $c_w = 2.0$ (D6.80c)

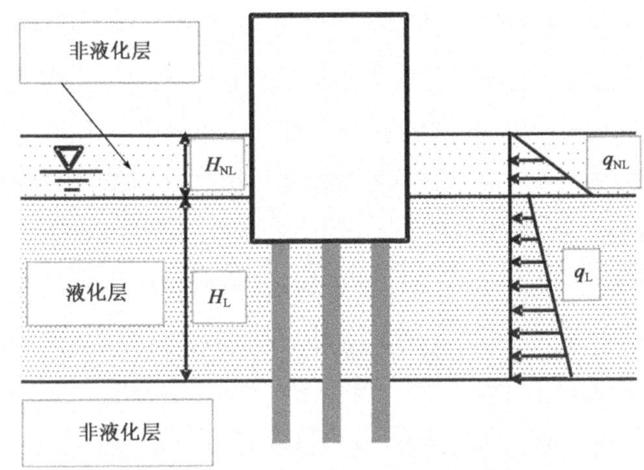

图6.13 桥梁基础抗震设计中的理想化地面流动

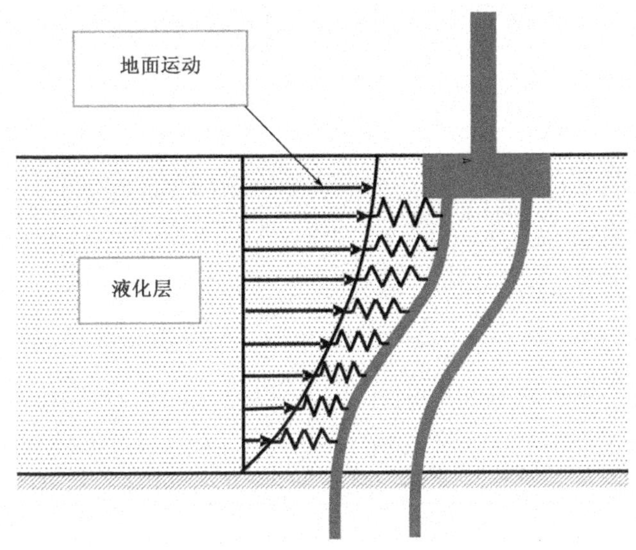

图6.14 侧向流动分析的文克尔弹簧模型

在北美，对于降低弹簧刚度适宜的建模尚无公认的实践范例。大多数分析的基础是美国石油学会给出的 p-y 曲线的退化形式(API,1993)。该实践方法是将 p-y 曲线乘以均匀退化系数 β,β 的取值范围为 0.3 ~ 0.1(Finn, 2005)。

作为分析输入数据的自由场位移的定义存在很大的不确定性。预测方程(Youd 等, 2002) 具有很强的经验性，且仅基于很少的观测结果。因此，基于力的方法往往是首选和推荐的(JRA,2002)。

参考文献

API (1993) *Recommended Practice for Planning, Designing and Constructing Fixed Offshore Platforms*. American Petroleum Institute, Washington, DC.

Biskinis DE and Fardis MN (2010) Flexure-controlled ultimate deformations of members with continuous or lap-spliced bars. *Structural Concrete* **11**(**2**):93-108.

Biskinis DE and Fardis MN (2012) Effective stiffness and cyclic ultimate deformation of circular RC columns including effects of lap-splicing and FRP wrapping. *15th World Conference on Earthquake Engineering*, Lisbon.

Budek AM, Benzoni G and Priestley MJN (1997) *Experimental Investigation of Ductility of In-Ground Hinges in Solid and Hollow Precast Prestressed Piles*. Division of Structural Engineering, University of California, San Diego, CA. Report SSRP-97.

CEN (Comité Européen de Normalisation) (2000) EN 1337-2: 2000: Structural bearings—Part 2:Sliding elements. CEN, Brussels.

CEN (2002) EN 1990:2002:Eurocode:Basis of structural design (including Annex A2:Application to bridges). CEN, Brussels.

CEN (2003a) EN 1991-1-5:2003: Eurocode 1: Actions on structures—Part 1—5: General actions—Thermal actions. CEN, Brussels.

CEN (2003b) EN 1997-1:2003: Eurocode 7: Geotechnical design—Part 1: General rules. CEN, Brussels.

CEN (2004a) EN 1998-1:2004: Eurocode 8—Design of structures for earthquake resistance—Part 1: General rules, seismic actions and rules for buildings. CEN, Brussels.

CEN (2004b) EN 1992-1-1:2004:Eurocode 2:Design of concrete structure. Part 1: General rules and rules for buildings. CEN, Brussels.

CEN (2004c) EN 1998-5:2004: Eurocode 8—Design of structures for earthquake resistance—Part 5: Foundations, retaining structures, geotechnical aspects. CEN, Brussels.

CEN (2005a) EN 1998-2:2005: Eurocode 8—Design of structures for earthquake resistance—Part 2:Bridges. CEN, Brussels.

CEN (2005b) EN 1992-2:2005: Eurocode 2: Design of concrete structure. Part 2: Bridges. CEN, Brussels.

CEN (2005c) EN 1998-3:2005: Eurocode 8—Design of structures for earthquake resistance—Part 3:Assessment and retrofitting of buildings. CEN, Brussels.

CEN (2005d) EN 1337-3:2005:Structural bearings—Part 3:Elastomeric bearings. CEN, Brussels.

CEN (2006) EN 1998-4:2006: Eurocode 8: Design of structures for earthquake resistance—Part 4: Silos, tanks and pipelines. CEN, Brussels.

CEN (2009) EN 15129:2009: Antiseismic devices. CEN, Brussels.

Chatzigogos CT, Pecker A and Salencon J (2007) Seismic bearing capacity of circular footing on an heterogeneous cohesive soil. *Soils and Foundations* **47(4)**:783-797.

Constantinou MC, Kalpakidis I, Filiatrault A and Ecker Lay RA (2011) *LRFD-based Analysis and Design Procedures for Bridge Bearings and Seismic Isolators*. Department of Civil, Structural and Environmental Engineering, State University of New York, Buffalo, NY. Technical Report MCEER-11-004:2011.

Dobry R and Abdoun T (2001) Recent studies of centrifuge modeling of liquefaction and its effect on deep foundations. *Proceedings of the 4th International Conference on Recent Advances in Geotechnical Earthquake Engineering and Soil Dynamics* (Prakash S (ed.)), San Diego, CA, pp. 26-31.

Elwi AA and Murray DW (1979) A 3D hypoelastic concrete constitutive relationship. *Journal of Engineering Mechanics Division of the ASCE* **105(EM4)**:623-641.

Fardis MN (2009) *Seismic Design, Assessment and Retrofitting of Concrete Buildings (Based on EN-Eurocode 8)*. Springer-Verlag, Dordrecht.

Finn WDL (2005) A study of piles during earthquakes: issues of design and analysis. The tenth Mallet Milne Lecture. *Bulletin of Earthquake Engineering* **3(2)**:141-234.

Gupta AK and Singh MP (1977) Design of column sections subjected to three components of earthquake. *Nuclear Engineering and Design* **41**:129-133.

Idriss IM and Sun JI (1992) *SHAKE 91: A Computer Program for Conducting Equivalent Linear Seismic Response Analyses of Horizontally Layered soil Deposits. Program Modified Based on the Original SHAKE Program Published in December* 1972 *by Schnabel, Lysmer and Seed.* Center of Geotechnical Modeling, Department of Civil Engineering, University of California, Davis, CA.

JRA (2002) *Design Specifications for Highway Bridges*, Part V. *Seismic Design*. Japanese Road Association, Tokyo.

Katsaras CP, Panagiotakos TB and Kolias B (2009) Effect of torsional stiffness of prestressed concrete box girders and uplift of abutment bearings on seismic performance of bridges. *Bulletin of Earthquake Engineering* **7(2)**:363-376.

Mander JB, Priestley MJN and Park R (1988) Theoretical stress-strain model for confined concrete. *ASCE Journal of Structural Engineering* **114(8)**:1804-1826.

Paulay T and Priestley MJN (1992) *Seismic Design of Reinforced Concrete and Masonry Buildings*. Wiley, New York.

Pecker A (1997) Analytical formulae for the seismic bearing capacity of shallow strip foundations. In *Seismic Behavior of Ground and Geotechnical Structures* (Seco e Pinto

PS (ed.)). Balkema, Rotterdam.

Richart FE, Brandtzaeg A and Brown RL (1928) *A Study of the Failure of Concrete Under Combined Compressive Stresses*. University of Illinois Engineering Experimental Station, Champaign, IL. Bulletin 185.

Stanton JF, Roeder CW, Mackenzie-Helnwein P *et al*. (2008) *Rotation Limits for Elastomeric Bearings*. Transportation Research Board, National Research Council, Washington, DC. NCHRP Report 596.

Youd TL, Hansen CM and Bartlett SF (2002) Revised multilinear regression equations for prediction of lateral spread displacement. *Journal of Geotechnical and Geoenvironmental Engineering* **128**(**12**):1007-1017.

7 隔震桥梁

7.1 简介

桥梁设计师比建筑结构或其他结构的设计师更熟悉隔振的概念。实际上，为了避免约束梁体由于温度变化引起的伸缩及混凝土的收缩变形，桥梁设计师在实践中长期采用纵向活动支座（滚动支座、滑板支座甚至橡胶支座）将上部结构与桥台及一些桥墩分离。将此设计思想稍加拓展，即可在上部结构与其支撑构件之间形成连续隔震界面，以减小地震动从地面到上部结构的传递。

7.2 目标，手段，性能要求和概念设计

7.2.1 目标和手段

如上所述，隔震的主要目的是降低桥梁主体质量上的地震惯性力。为此，在上部结构（通常是梁）和下部结构（即桥台和桥墩）之间引入一个隔震装置界面，称为“隔离界面”。Eurocode 8 第 2 部分（CEN，2005a）对隔震系统的装置使用通用术语“隔震器”。隔震器可以提供以下一项或多项功能： *条款7.1(1)[2]*

（1）高刚度的竖向支撑功能，以确保竖向反力安全传递过程中主梁无变形。

（2）水平力的传递，其水平向有效位移刚度远小于下部结构（桥墩或桥台）相应构件的刚度。这些水平力通常（但不总是）作为隔震系统的弹性恢复力。

（3）通过增加阻尼增强地震输入能量的耗散。

整个系统的总水平刚度 K_{eff}［上述(2)］的降低，使其基本周期 $T_{eff}=2\pi\sqrt{(M/K_{eff})}$ 相对于设置水平固定连接的原结构的 T_f 有所增加。从图 7.1a）中的加速度谱可以看出，这个周期的改变导致谱加速度大幅度降低，特别是当 $T_C \leq T_{eff}$ 时（译者注：原文有误），T_C 是式（D3.8）表达的弹性反应谱的恒定伪加速度段和恒定伪速度段的转折点的周期。然而，同一图中的位移谱［来自式（D3.1）］清楚地表明位移也显著增加。

由于隔震系统提供的附加阻尼，通过阻尼修正系数 $\eta=\sqrt{[10/(5+\xi_{eff})]}$［也用于式（D3.8）和式（D5.48），但允许低至 0.40 用于隔震］修正后，阻尼增加至 ξ_{eff}（高于弹性谱的默认值 5%），同时降低了位移和力，如图 7.1b）所示。同时增加阻尼和周期偏移是可以显著降低地震力的非常有效的方法，而不会过多增加位移。

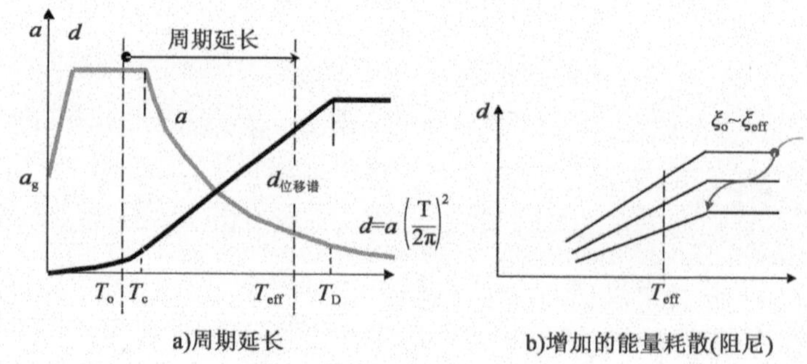

图 7.1 实现隔震的方法

7.2.2 性能要求

7.2.2.1 一般要求

条款2.2，7.3(1)[2]

具有隔震功能的桥梁必须满足 Eurocode 8 第 2 部分对所有桥梁提出的两个一般性能要求:防倒塌要求和有限损伤要求(见本设计指南的 2.2)。但是,对隔震桥梁的额外要求,详见以下各节。

7.2.2.2 提高隔震系统的可靠性

条款7.3(4)，7.6.2(1)，7.6.2(2)[2]

在位移能力和抗力方面,相比于桥梁的其他部件,隔震系统的所有部件必须具有更高的可靠性。如果隔震器的位移能力可以适应抗震设计状况下的总设计位移,则可认为其增强的可靠性能够满足要求。总设计位移 d_{Ed},可通过 6.8.1.2 的式(D6.36)计算,即用 5.9 的式(D5.48)计算的设计地震位移 d_E 乘以推荐值为 1.5 的安全系数 γ_{IS}。隔震器及其锚固结构的抗力应能适应在这种经放大的位移水平下产生的力。

通过比较定义相应极限状态(ULS)的设计参数,可看出隔震系统组件需要更高的可靠性其基本原理为:

■ 延性或有限延性构件的极限状态定义为其抗力设计标准值(也即低 5% 分位数)除以材料安全系数(混凝土材料推荐值取 1.5,钢材取 1.15)。因此,这些构件具有较大的安全余量。由于其固有的延性余量,即便短时、局部地超过他们的抗力限值,造成的影响通常是可逆的且不是灾难性的。

■ 隔震系统的组件则不具备上述有利条件。它们的极限状态实际上由其位移能力的几何条件所限定,没有余量。通常来说,超过这个位移能力将对隔震器乃至整个桥梁带来不可逆转的、灾难性的后果。

7.2.2.3 下部结构的性能

条款7.3(2)，7.6.3[2]

正如 7.2.1 所述,隔震系统的主要优点在于作为上部结构(占系统质量的绝大部分)和其支撑构件(桥墩和桥台)之间的连接部件具有较大的水平向的柔度。这使得隔震水平向的基本自振周期显著长于其他高阶振型周期。隔震模态的响应主导了桥梁的地震响应。此外,隔震系统产生的阻尼直接影响主振型的位移和力,进而对耗能及减小整体地震响应非常有效。从而,下部结构的地震响应显著减小,并且采用弹性或有限延性设计成为可能。

可能会通过允许下部结构进入延性受力状态来进一步降低地震力响应,即允许其出现塑性铰并利用其非弹性性力学性能(“部分隔震”,而不是“全隔震”)。然而,通常来说,这对桥梁不利,Eurocode 8 不允许对建筑结构[第 1 部分(CEN, 2004)]或桥梁(第 2 部分)采用部分隔震,原因如下:

■ 部分隔震系统仅将部分位移需求从隔震系统传递至下部结构,通过某些构件的非弹性变形(也即损伤)来适应剩余部分位移需求。除了损伤之外,非弹性变形还会引发超出隔震系统位移(在必要时增大)能力的不确定性。

■ 整个部分隔震系统的非弹性力-位移关系曲线不再像完全隔震结构那样具有简单的线性形状,完全隔震结构的力-位移关系曲线的主要线性分支主要取决于隔震系统的屈后刚度,受桥墩的弹性刚度影响很小。该分支从隔震系统的早期屈服开始,一直延伸至其位移能力。相比之下,在部分隔震系统中,一个新的线性分支从每个桥墩达到其屈服位移开始,一直延续到位移达到所有桥墩中极限位移能力的最小值,或者延续到所有隔震器中第一个位移达到其位移能力值(这里假设没有约束装置)。确定这种复杂的力-位移关系需要相当准确地明确许多参数,无论如何这都会带来很大的不确定性。

■ 将位移需求大量地从隔震系统转移至下部结构的塑性铰的做法将极大地降低隔震器能量消散带来的有益效应,这种降低大约与位移的平方成正比。

■ 结构选用隔震系统的一个重要原因是在地震状况下大大减少或实际上避免结构损伤,将结构受力保持在其弹性范围内。部分隔震系统失去了这个优点。

7.2.2.4　考虑隔震系统设计性能的变异性

隔震桥梁的响应在很大程度上取决于隔震系统的性能,而隔震系统的性能又取决于隔震器的相应力学性能。Eurocode 8 的第 2 部分认为设计参数分为以下类别: *条款7.5.2.4[2]*

■ 设计性能的公称值,通常由设计者以一定范围内的取值来描绘工业产品(如隔震器)的形式来定义。这些性能一般应通过特殊的原型测试来验证。Eurocode 8 的第 2 部分在其标准的附录 K 中对此类测试和相关要求进行了规定,这些规定适用于 EN 15129 (CEN, 2009)的条款不充分且没有相关的欧洲技术认可(ETA)的情形。相关标准不要求对普通低阻尼橡胶支座[EN 1337-3 (CEN, 2005b]及普通平板滑动支座[EN 1337-2 (CEN, 2000)]进行原型试验,因为它们对隔震系统阻尼的贡献可以忽略不计。

■ 根据 Eurocode 8 第 2 部分的*附录 J*,设计中应该考虑由于温度、污染、老化(包括腐蚀)或磨损(表现为车辆通行的累计磨损)等外部因素所引起的这些性能的变化。这些因素的影响要么是通过特定的测试所确定,要么(对于普通的隔震器)根据 Eurocode 8 的第 2 部分的*附录 JJ* 所示的修正系数(系数 λ)进行估算确定。以下两组设计性能应分别进行分析进而确定和应用: *附录J,附录JJ[2]*

—设计性能下限(LBDP),通常给出最大位移

—设计性能上限(UBDP),通常给出最大内力。

Eurocode 8 的第 2 部分通常以简化方式明确给出了普通低阻尼橡胶支座和滑板支座的设计性能上限值。

7.2.2.5　隔震系统复位能力

条款7.7.1 [2]

隔震系统在地震后应避免产生较大的残余位移,因为这些位移的累积会降低隔震系统的位移能力。因此,隔震系统应具备有效的自动复位能力(参见 7.6)。

7.2.2.6　非地震作用及运营工况对刚度的需求

条款7.7.2 [2]

由于隔震系统而导致的上部结构水平支撑柔度的增加不应损害运营状态桥梁的使用功能,也不应违反 Eurocode 对运营或正常使用极限状态有关水平位移限值的规定。

7.2.3　概念设计备注

隔震方案的效率通过其对桥梁下部结构承担的地震力减少程度来衡量,即 $V_{I,i}/V_{f,i}$的比值,其中 $V_{f,i}$是固结系统中第 i 个构件的地震剪力,$V_{I,i}$是隔震系统中该构件在保持位移在可控范围内时相应的剪力。

当考虑局部场地情况时,7.2.1 所述的周期偏移效应在反应谱恒定伪加速度和恒定伪速度范围之间的转折点周期 T_C较短时是最有效的。随着场地类别从 A 到 B、D、C 或 E(见第 3 章表 3.3)的变化,桥梁的隔震效率降低。此外,反应谱恒定伪速度和恒定伪位移范围之间较长的转折点周期 T_D也不利于隔震效率。回顾可知,Eurocode 8 的第 1 部分建议所有场地类型的 $T_D=2s$;但是请参阅 7.3。

周期偏移效应还取决于固定连接状态的桥梁基本周期 T_f的值。T_f比 T_C长、离 T_D更近的桥梁不需要隔震设计,因为此时地震作用产生的力已经很小。例如高墩桥梁、主梁悬吊于桥塔的斜拉桥等。此类桥梁可能需要补充阻尼器来减少地震位移,并设置水平连接系统等牺牲性构件来控制非地震作用下的水平位移,主要是风的作用。

桥梁隔震的一个非常重要的有利附带效果是,它能有效地使不同刚度的桥墩之间以及桥墩与桥台之间的水平地震力保持一致。同样地,它减少了由于附加变形而造成的上部结构约束力。这对于长的后张法预应力混凝土连续梁非常重要,因为这类桥对交替的温度作用非常敏感。在地基上施加水平位移时也有类似的优点,只要这些位移足够小,在考虑了隔震器的位移能力后就可忽略这些位移的影响。

7.3　设计地震作用

条款3.2.2.2,
3.2.5(8) [1]
条款3.2.2.3(1),
7.4 [2]

根据 Eurocode 8 第 2 部分,隔震桥梁的设计地震作用不应低于非隔震桥梁的相关规定。因此,无论第 3 章中对弹性反应谱如何描述,地震作用的时程表示、近震源效应和空间分布也适用于隔震桥梁。

隔震桥梁在设计上具有较长的基本周期,因此对低频成分丰富的地面运动十分敏感。特别地,具有 T_C和 T_D值较长的弹性反应谱对隔震桥梁的要求很高。在这方面,Eurocode 8 第 2 部分中的注释允许采用大于推荐值 2s 的 T_D值(适用于震级不超过 6.5 级的地震)。

地震构造断裂附近的近震源效应,可能会使 T_D的谱纵坐标在长周期范围内增加,使 T_D的谱纵坐标向上移动。Eurocode 8 第 2 部分中的相关规定在本指南 3.1.2.6 中重点强调,涵盖了在这方面具有特殊抗震性能需求的桥梁。

7.4 常用系列隔震器的性能

7.4.1 双线性滞回性能

7.4.1.1 一般规定

许多常用的隔震器都属于这个系列。其中最常用的几种见 7.4.1.2 ~ 7.4.1.5。该系列的隔震器受力取决于隔振器与上部结构及其与支撑构件(桥墩或桥台)的界面之间的相对位移。力-位移循环曲线的形状非常接近双线性:卸载曲线以刚度(斜率)K_e与初始弹性加载曲线平行;屈服后加载曲线的刚度(斜率)K_p明显较低。图 7.2 显示了从一个极端点(F_{max}, d_{bd})到它的相反点($-F_{max}$, $-d_{bd}$)再返回(F_{max}, d_{bd})的循环。定义比率:

条款7.5.2.3.2[2]

$$K_{eff} = F_{max}/d_{bd} \tag{D7.1}$$

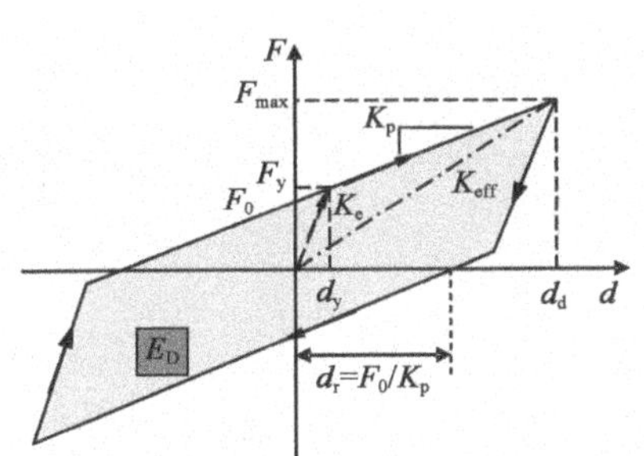

图 7.2 双线性滞回系统的力 - 位移滞回曲线

该比率称为"等效"刚度,它是以同样的 F_{max}及峰值位移 d_{bd}对应的弹性系统的刚度。为了实现 7.2 所述的周期偏移,需要由所有隔震器等效刚度之和 ΣK_{eff}组成的隔震系统刚度明显低于"固定的"上部结构的刚度。滞回环所包围区域面积 E_d,是隔震器在峰值位移 d_{bd}处的耗散能量。

双线性滞回曲线的基本参数为:

- d_y和 F_y:屈服位移和对应的屈服力。
- F_0:零位移对应的力(在美国通常称为"标准强度"):

$$F_0 = F_y - K_p d_y \tag{D7.2a}$$

- F_{max}:最大位移 d_{bd}时对应的力。

由于 F_{max}和 d_{bd}都依赖于地震需求,双线性系统的行为本质上由三个参数决定:F_0、弹性刚度 $K_e = F_y/d_y$和屈后刚度 K_p(见图 7.2)。式(D7.2a)中可将 F_y和 d_y表示为这些参数的函数:

$$F_y = F_0/(1 - K_p/K_e) \tag{D7.2b}$$

$$d_y = (F_0/K_e)/(1 - K_p/K_e) \tag{D7.2c}$$

其他有用的关系式为:

$$K_p = (F_{max} - F_y)/(d_{bd} - d_y) \tag{D7.3}$$

$$E_d = 4F_0(d_{bd} - d_y) = 4(F_y d_{bd} - F_{max} d_y) \tag{D7.4}$$

7.4.1.2 低阻尼橡胶支座

条款7.5.2.3.3 (2)[2]

低阻尼橡胶支座(如图7.3所示)提供了大幅延长系统基本周期的可能性,同时将桥墩之间或桥墩与桥台之间的巨大刚度差的影响与水平地震响应相分离。因为将先前标准(ENV)版本 Eurocode 8 应用于桥梁的最初几年中,橡胶支座是仅有的由欧洲生产、被广泛使用、价格相对低廉且被欧洲标准列为可用于隔震支座产品。Eurocode 8 的第2部分允许按 EN 1337-3(CEN, 2005b)标准生产的普通低阻尼橡胶支座直接作为隔震器使用。此外,这种支座的滞回环非常扁,不能将桥梁的阻尼比增加到默认值5%以上。因此,常规的弹性反应谱分析可用于这种低剪切刚度的支座。然而,需要注意的是,使用剪切模量值非常低的橡胶支座($G <$ 0.6MPa)时,在确定其 G 的设计值的过程中必须考虑"流变"效应的影响(见7.4.1.3)。

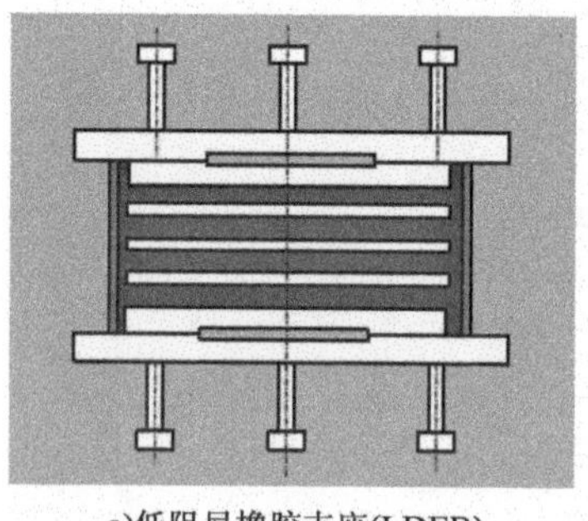

a)低阻尼橡胶支座(LDEB)

b)高阻尼橡胶支座(HDEB)

图7.3 橡胶支座

本指南第6章详细介绍了针对这类支座设计的概念性原则和规定,并在第5章中阐述了对其建模和分析的相关要求。此外,本章所述的所有有关隔震的基本原则和一般规也都适用于这类支座。对于这类隔震器,应特别注意以下几点:

■ 这些支座无法提供额外的阻尼,这会增加系统位移,该位移甚至可能超过支座的剪切变形能力和/或桥梁能承受的地震位移(见6.10.4.4),除非支座与黏滞阻尼器组合使用(见7.4.2)。由于这一缺点,加之常规低阻尼橡胶支座只是列于按 EN 1337 标准执行的生产厂家的标准支座清单中,实际上并非专门用于抗震的支座,这使得它们不适合在高地震活动区或抗震不利场地情况下使用。

■ 虽然低阻尼橡胶支座只有在抗震要求不高的情况下适用,并且不能被视为最优方案,但这的确是一种廉价而简单的方案。出于这方面考虑,即便在强震中有部分支座损坏甚至也是可以接受的,只要它们可更换。

条款7.5.2.3.3 (3)[2]

7.4.1.3 高阻尼橡胶支座

可以通过用特殊聚合物弹性体的混合物代替纯橡胶材料的方式来提高橡胶

支座的阻尼。支座的滞回曲线的宽度大幅增加，且可达到远高于5%的阻尼比。若隔震模态的等效阻尼比ξ_{eff}是根据适当试验[见EN 15129(CEN,2009)]中每个滞回环耗能E_d所确定的，则可使用多模态反应谱法分析仅由此类高阻尼橡胶支座(HDEBs)组成的隔震系统。

应当注意的是，即使仅有一个加载循环中剪切变形达到其峰值剪应变，这种隔振器在随后的加载循环中也会表现出明显的软化(剪切模量G的减小)(见图7.4)。实际上，剪切模量G在几个月内可恢复至初始值。这种效应通常称为"流变"，可能会导致从对已发生流变的支座的试验中得到错误的G的设计值。为避免出现这种情况，Eurocode 8第2部分要求试验中采用未流变试样的前三个达到剪切应变峰值的加载循环所得结果的平均值作为G的代表值。

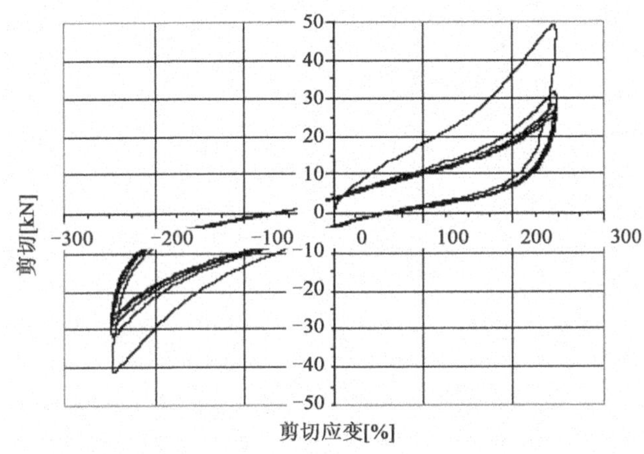

图7.4　橡胶支座的力-位移(实测原始)滞回曲线

7.4.1.4　铅芯橡胶支座

大幅提升橡胶支座耗能能力的最有效方法是用铅替换橡胶支座的核心(见图7.5)，铅芯屈服早，能显著耗能。铅芯和橡胶环的剪切刚度为： *条款7.5.2.3.3(9)[2]*

$$K_L = G_L A_L / h \tag{D7.5a}$$

$$K_R = G_R A_R / h_R \tag{D7.5b}$$

式中，G_L、A_L和h分别为铅芯的剪切模量、截面积和厚度，G_R、A_R和h_R分别为橡胶环的剪切模量、截面积和厚度。如果F_{Ly}是铅芯的屈服力，则铅芯橡胶支座(LRB)的弹性刚度为：

$$K_e = K_L + K_R \tag{D7.6}$$

其屈服力为：

$$F_y = F_{Ly}(1 + K_R/K_L) \tag{D7.7}$$

通过简单地改变铅芯橡胶支座的铅芯和橡胶环的尺寸，即可获得双线性系统的各种基本参数。康斯坦丁诺等人(2011)给出了许多关于此类支座详细设计的相关探讨。材料参数取值应符合EN 15129指定的试验或对应的欧洲技术认证(ETA)的相关要求。应根据Eurocode 8第2部分*附录J*的规定，在设计中考虑设计能力上限(UBDP)和下限(LBDP)的限值。圆形支座在任何水平方向上都具有相同的性能，因此比方形支座更优。

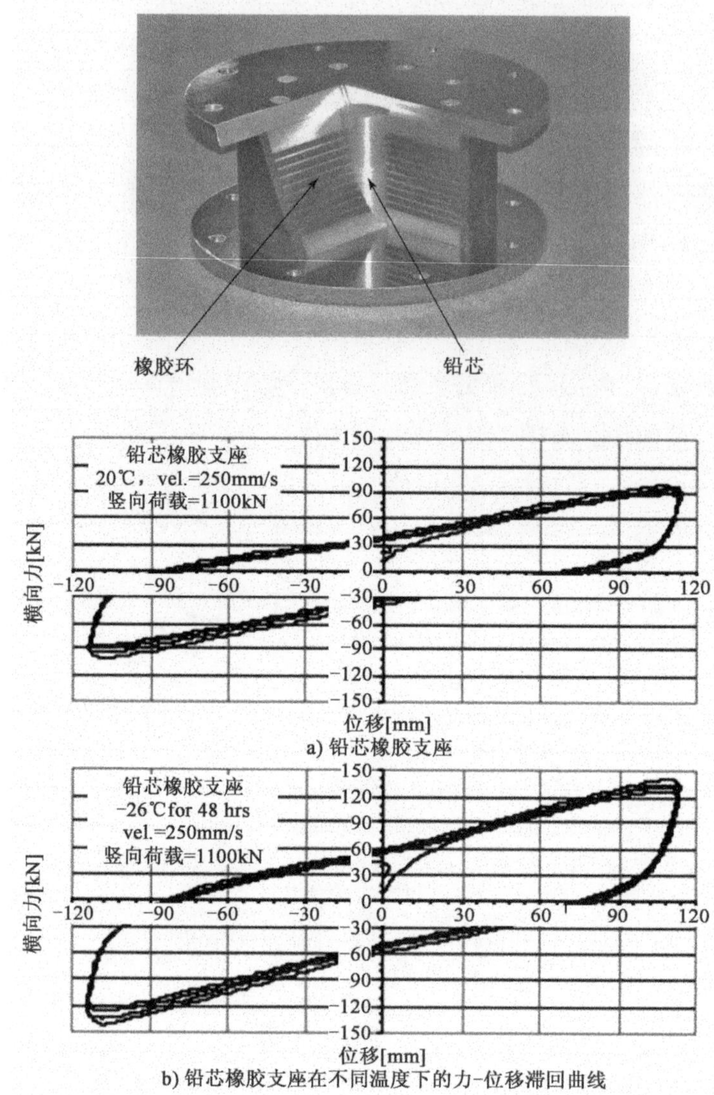

a) 铅芯橡胶支座

b) 铅芯橡胶支座在不同温度下的力-位移滞回曲线

图 7.5

7.4.1.5 钢质弹塑性耗能器

这些装置不是支座,因为它们不是用来承受重力荷载的。他们的作用是在水平地震力作用下通过延性钢构件屈服后的塑性变形来耗散能量。这种装置如图 7.6a)所示,图 7.6b)显示了该装置典型的力-位移滞回曲线。安装该装置的隔震系统的复位能力可通过以下方式提升:将这些装置与其他组件(例如常规的低阻尼橡胶支座)配合使用;或者增强系统的位移能力。

7.4.2 速度相关型装置

条款7.5.2.3.4[2]

速度相关型装置连接桥面和支撑构件(桥墩或桥台)的两个点之间,区分其激励和反作用的方向。它根据连接点之间的相对运动产生作用力 F,F 与这些点的相对速度 v 相关,但方向相反,F 的大小可由下式计算:

$$F = Cv^{\alpha_b} \tag{D7.8}$$

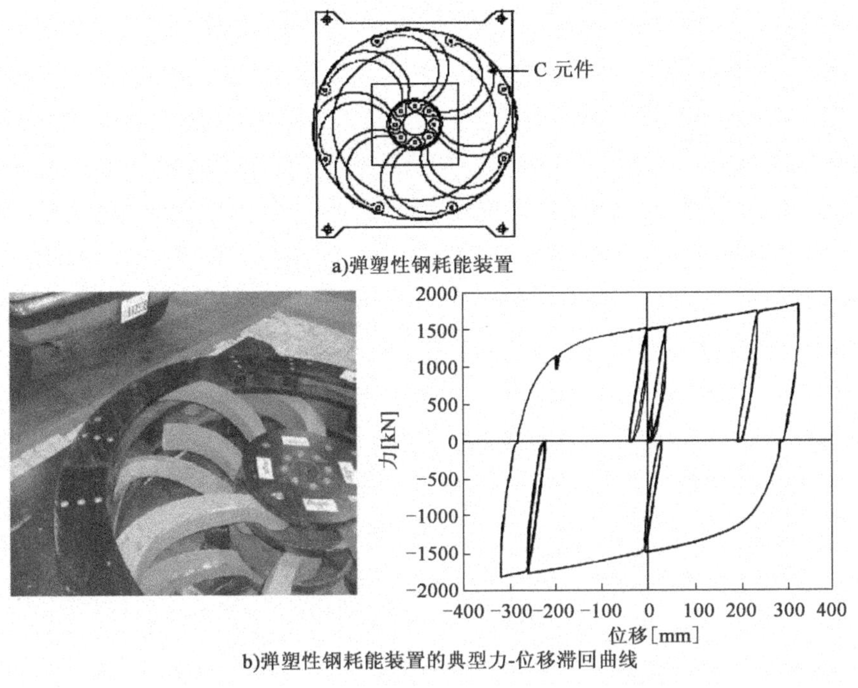

图 7.6

指数 α_b的假定值在 1 ~0.01 的范围内。C 是由试验测量得到的装置常数,其单位为 kN/(m/s)$^{\alpha b}$(见图 7.7 和图 7.8)。

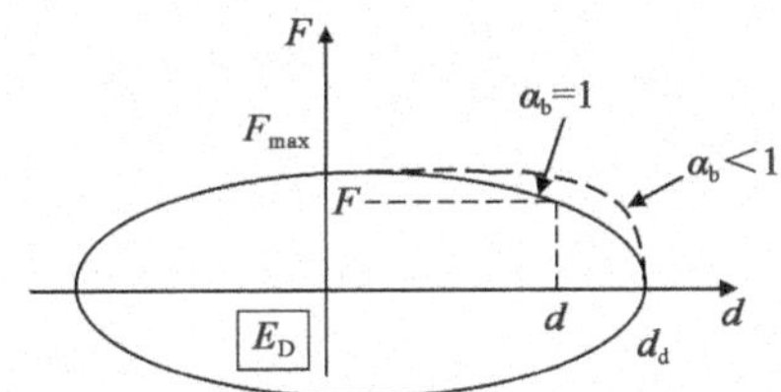

图 7.7　速度相关型装置的力-位移滞回曲线

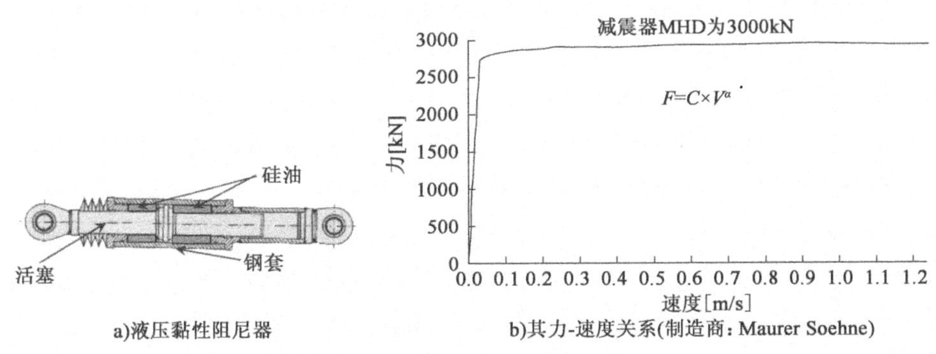

图 7.8　速度相关装置

当位移 d 在一次运动循环中变为最大值(或绝对最小值)并开始减小(或增加)时,速度 v 会随着运动方向的反转而变为零。因此,力 F 也变为零。因此,对于所有循环中的这些点,包括最大值点,由等式(D7.1)得到的 K_{eff}为零。换言之,速度相关装置将不对隔震系统的等效刚度产生贡献。

通过假设运动循环中的位移-时间关系,就可以确定速度相关型装置的力-位移关系。可将位移假设为一个运动周期内时间 t 的正弦函数,其周期为 T_{eff}或圆频率(注:原文有误)为 $\omega=2\pi/T_{eff}$。则可以得到:(见图 7.7)

$$d_b = d_{bd}\sin(\omega t) \tag{D7.9}$$

式中,d_{bd}是最大位移。速度 v 是 d 对于时间的导数:

$$v = \omega d_{bd}\cos(\omega t) \tag{D7.10}$$

由式(D7.8)得到的力变为:

$$F = Cv^{\alpha_b} = F_{max}[\cos(\omega t)]^{\alpha_b} \tag{D7.11a}$$

其中:

$$F_{max} = C(d_{bd}\omega)^{\alpha_b} \tag{D7.11b}$$

在最大位移 d_{bd}下,每次循环的耗散能量为:

$$E_D = \lambda(\alpha_b)C(d_{bd}\omega)^{\alpha_b}d_{bd} \tag{D7.12}$$

式中,系数 $\lambda(\alpha_b)$用伽马函数 Γ 确定:

$$\lambda(\alpha_b) = 2^{2+\alpha_b}\frac{\Gamma^2(1+0.5\alpha_b)}{\Gamma(2+\alpha_b)} \tag{D7.13}$$

表 7.1 给出了 $\lambda(\alpha_b)$在广泛范围下 α_b的取值。

$\lambda(\alpha)$ 的 值 表 7.1

α	0.01	0.10	0.20	0.30	0.40	0.50	0.60	0.70	0.80	0.90	1.00	1.50	2.00
$\lambda(\alpha)$	3.988	3.882	3.774	3.675	3.582	3.496	3.416	3.341	3.270	3.204	π	2.876	2.667

需注意,最大阻尼力 F_{max}及每次循环的耗散能量 E_d取决于 ω(也即运动周期 T_{eff})。其与 ω 线性相关,且当 $\alpha_b=1$ 时的相关性较强(线性阻尼),当 α_b取值较小时相关性较低[例如 $\alpha_b=0.01$, 见图 7.8(b)]。还需注意,对于 α_b的任何值,阻尼力在最大位移点时为零,在零位移点时达到最大。

7.4.3 摩擦型装置

7.4.3.1 平板滑动支座

摩擦是所有滑动支座的共同特性。库仑摩擦定律给出了由竖向荷载 N_{sd}引起的在水平滑动面上滑动的摩擦力 F_{fr}与速度$\dot{d}_b$ 之间的简单关系(见图 7.9)。其中,$\dot{d}_b$ 是相对位移 d_b关于时间的导数,即速度:

$$F_{fr} = \mu_{fr}N_{Sd}\,\text{sign}(\dot{d}_b) \tag{D7.14}$$

式中,μ_{fr}是摩擦系数;$\text{sign}(\dot{d}_b)$为速度矢量的符号,与速度的大小无关,仅取决于运动方向。然而,μ_{fr}的值取决于运动的类型和历程。因此可以区分为:

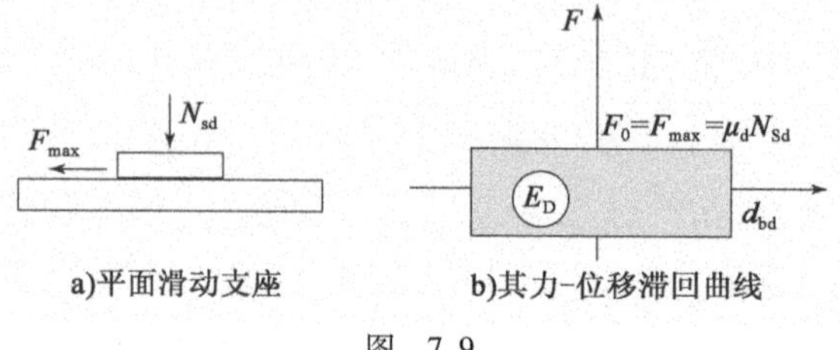

a)平面滑动支座 b)其力-位移滞回曲线

图 7.9

■ 动摩擦系数,μ_d,适用于地震运动(即较高的相对速度)。

■ 静摩擦系数μ_s,适用于非常缓慢的准静态运动。

■ 分离摩擦,用于估算在较长时间静止不动和荷载停留后开始滑动所需的摩擦力。

在地震运动循环中,摩擦系数的动态值$\mu_{fr}=\mu_d$是适用的,且取决于几个因素,如滑动面的组成、润滑使用与否、滑动面上的支承压力、滑动速度等。

摩擦力保持不变(即$F_{fr}=F_{max}$),因此式 D7.14 可写为(见图 7.9):

$$F_{max} = \mu_d N_{Sd} \mathrm{sign}(\dot{d}_b) \tag{D7.15}$$

在最大位移d_{bd}下,每次运动循环耗散的能量为:

$$E_D = 4\mu_d N_{Sd} d_{bd} \tag{D7.16}$$

上述关系适用于在滑动面开始相对滑动后,即已经达到其摩擦能力时的隔震装置。在抗震设计状况下,这点可简单地通过比较桥面和支撑构件顶部的位移峰值来验证。对于其他水平作用力(风荷载或制动荷载)或施加的桥面变形,如果相应的连接力需求(假定连接是固定的)不超过隔震装置的摩擦能力,一些滑动隔震装置,尤其是那些支撑在柔性桥墩上的隔震装置,可能会保持不活动的状态。

在桥梁隔震系统中,当采用平面滑动支座作为耗能装置时,应给出一个可靠的每周期耗散能量E_d下限值,以及更进一步地,应给出摩擦系数μ_d的可靠下限值。符合 EN 1337-2 标准且带有经过润滑的聚四氟乙烯滑动面的普通平面滑动支座,可被视为具有μ_d的受控上限,但缺乏在地震运动条件下可靠的下限值。因此,根据 Eurocode 8 第 2 部分的规定,这些支座可用作隔震装置,但不能用作耗能装置。

显然,滑动支座没有自复位能力。因此,它们仅可与能够提供自复位能力的其他设备(例如橡胶支座)一起在隔震系统中组合使用。

7.4.3.2 单球形滑动面支座

其具有一个球形滑动面的装置并包含一个关节式滑块,该滑块涂有一种具有受控低摩擦系数的特殊聚四氟乙烯材料(见图 7.10)。滑动发生在曲率半径为约 2m 的凹形不锈钢表面上。滑动界面处的摩擦系数很低,为 0.05 ~ 0.10;通过润滑可进一步降低。这种由低摩擦系数和由凹面产生的恢复力的组合使支座具有近似双线性的滞回特性,具有固有的重新对准中心能力(见图 7.10)。其力学行为为以下几部分的综合效应:

■ 滞后摩擦部分,可在零位移时提供力:

$$F_0 = \mu_d N_{sd} \tag{D7.17}$$

式中,N_{sd}是通过装置的法向力。

■ 线弹性部分,提供对应于屈服后刚度的恢复力:

$$K_p = \frac{N_{sd}}{R_b} \tag{D7.18}$$

式中,R_b是球形滑动面的半径。

■ 循环位移 d_{bd} 下每次循环的耗散能量如等式(D7.16)所示(即:$E_D = 4\mu_d N_{sd} d_{bd}$)。

位移 d_{bd} 下的最大力 F_{max} 和等效刚度 K_{eff} 为:

$$F_{max} = \frac{N_{sd}}{R_b} d_{bd} + \mu_d N_{sd} \text{sign}(\dot{d}_{bd}) \tag{D7.19}$$

$$K_{eff} = \frac{N_{sd}}{R_b} + \frac{\mu_d N_{sd}}{d_{bd}} \tag{D7.20}$$

注意,R_b 实际上是转动枢轴点在其上移动的球面的半径(见图 7.10)。如果该点位于滑动面下方距离 h 处,且滑动面是半径为 R_s 的凹面,则 $R_b = R_s + h$;如果该点位于滑动面上方(距离 h 处),则 $R_b = R_s - h$。

等效双线性系统的"弹性"刚度 K_e 在理论上是无穷大的。采用 $K = F_0/d_y$ 可避免数值上的不稳定性,其中 d_y 取小值 0.1mm。

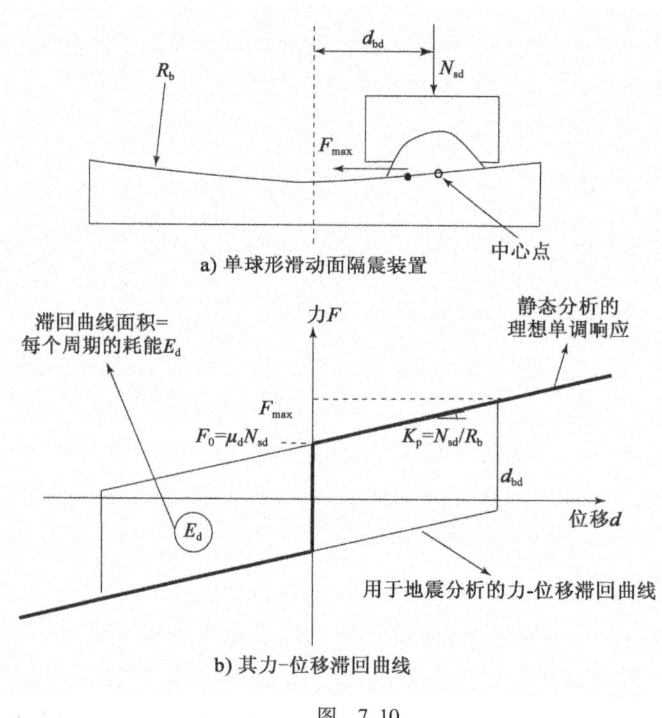

图 7.10

这类隔震装置的以下特点值得注意:

■ 各隔震装置 i 在桥面的质量分力作用下的滑动力 $F_{max,i}$ 与运动方向平行,且与相应的垂直反作用力 $N_{sd,i}$ 成比例。由于力 N_{SD} 与桥面板总重量(包括运动方向上的推覆作用效应)应保持平衡,因此所有隔震装置的水平反作用力 F_{max} 之和通过桥面板重心的水平投影处。因此,通常来说,只要桥面变形和桥墩的柔性保持较小的水平,地震运动就不会引起其绕垂直轴的转动。

■ 由于这些装置的合成水平反作用力与桥面质量成正比,与其惯性力也成正比,因此只要桥墩质量可以忽略不计,动态运动方程就与质量无关。此时该系统的力学行为非常类似于一个钟摆。

7.4.3.3　多球形滑动面支座

这类隔震装置由两个外部(主要)凹板组成,其中滑动方式分为:

■ 带有凸面外板表面的球面支座(双球面滑块,见图 7.11 所示)

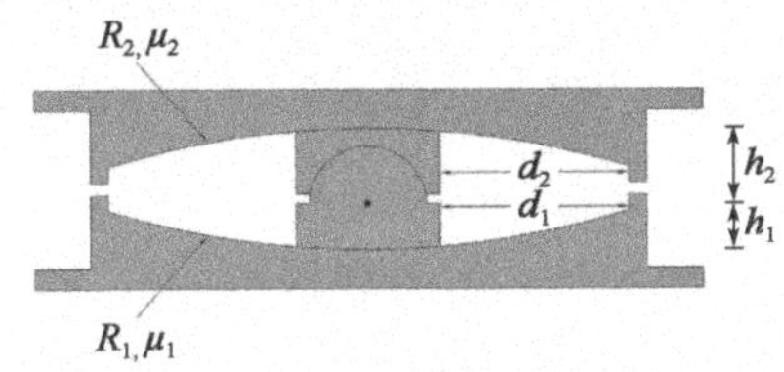

图 7.11　双球面滑动面隔振器

■ 或两个中间凸-凹滑动板,带有一个中央实心凸滑块(三球形滑动面隔震装置,如图 7.12 所示)。

典型的双球面滑块的性能与单面滑块没有显著差异,除非:

$$R_b = 2(R - h) \tag{D7.21}$$

位移能力 $d_{bd,max}$,增加到:

$$d_{lim} = 2d(1 - h/R) \tag{D7.22}$$

三球形滑动面隔震装置的力学行为更为复杂。以下针对 EPS 制造的“三重摩擦摆”支座进行简要描述。Constantinou 等人(2011)给出了此类支座的详细设计过程。通用类型的横截面如图 7.12 所示,并给出了对于典型支座的一些假设。由于滑动面与转动枢轴点之间存在距离 h_i,应使用以下的有效曲率半径值:

$$R_{eff,i} = R_i - h_i \qquad (i = 1 \sim 4) \tag{D7.23a}$$

$$d_i^* = d_i(R_{eff,i}/R_i) \qquad (i = 1 \sim 4) \tag{D7.23b}$$

其中参数由下式确定:

$$d_y^* = 2(\mu_1 - \mu_2)R_{eff,2} \tag{D7.24}$$

$$\mu = \mu_1 - (\mu_1 - \mu_2)(R_{eff,2}/R_{eff,1}) \tag{D7.25}$$

$$d_{lim} = d_y^* + 2d_1^* \tag{D7.26}$$

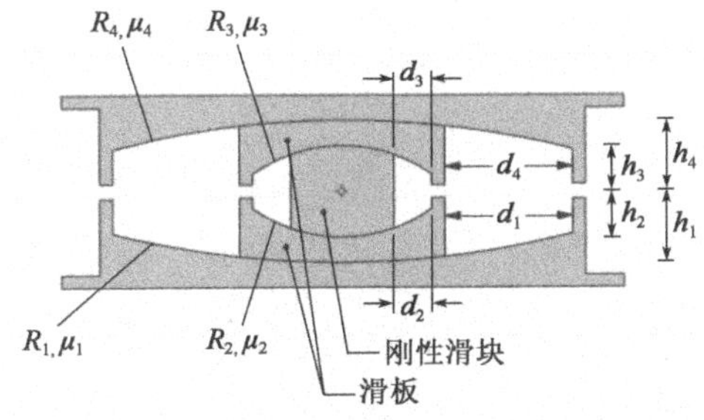

图 7.12　三重摩擦摆支座:几何与摩擦特性

假设所需的最大位移 d_{bd}保持小于 $d_{lim}(d_{bd} < d_{lim})$,则其力-位移曲线为图 7.13 中的三折线关系,其耗散的能量为:

$$E_d = 4[\mu d_{bd} - 4d_y^*(\mu - \mu_2)]N_{sd} \tag{D7.27}$$

作为一个保守的近似,可将这种力学性能视为双线性:

$$d_y = d_y^* \tag{D7.28a}$$

$$F_0 = \mu N_{sd} \tag{D7.28b}$$

$$K_p = N_{sd}/2R_{eff,1} \tag{D7.28c}$$

$$K_e = \mu_1 N_{sd}/d_y^* \tag{D7.28d}$$

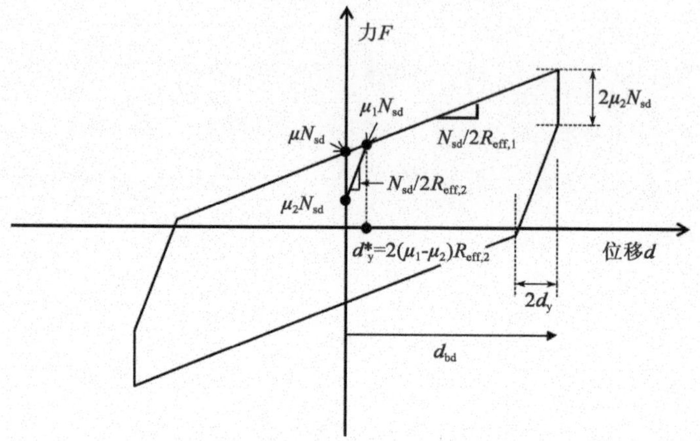

图 7.13　典型三重摩擦摆支座的设计力-位移滞回曲线

此时装置的力学性能模式如图 7.14 所示:

■ 在第一阶段和第二阶段时, $-d_y^* \leqslant d \leqslant d_y^*$(见图 7.13),对应于低于最小摩擦力 μ_2 的力或区域 d_2 和 d_3 部分内的运动(见图 7.12 所示);此种情况出现在较小强度地震活动中。

■ 在第三阶段和第四阶段时, $d_y^* \leqslant d \leqslant d_{lim}$(见图 7.13 所示),对应于主滑动区域 d_1 和 d_4 内的运动(见图 7.12 所示);这些状态下对应设计地震作用时的响应。(第二段稍陡的后屈服线反映了当 $R_4 < R_1$ 时的一般情况。)

■ 第五阶段反映了超出装置设计位移能力 d_{lim} 的额外位移余量;它对应于 d_2 和 d_3 区可用剩余部分内的运动。

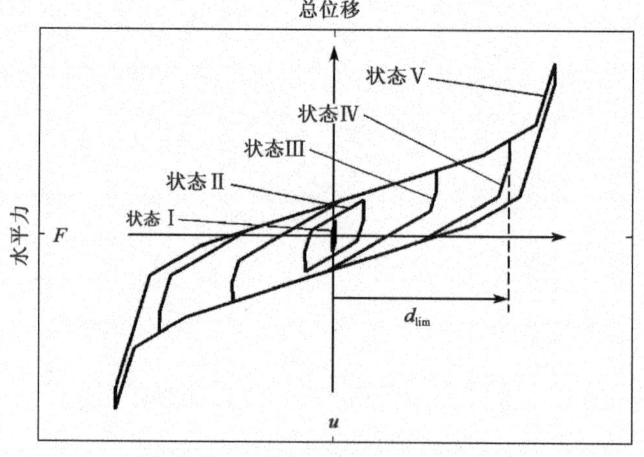

图 7.14　三重摩擦摆支座:性能状态

7.5 分析方法

7.5.1 分析方法及其应用领域

Eurocode 8 第 2 部分规定桥梁减隔震设计可采用以下分析方法： 条款7.5.3 [2]

■ 非线性时程分析法(NLTH)。

■ 基本振型分析法(FMM)。

■ 多模态反应谱分析法(MMS)。

其中第一种是最通用的分析方法，可应用于所有的情况。表 7.2 给出了两种反应谱分析方法单独应用的条件。

反应谱分析法应用条件 表 7.2

反应谱方法	适用条件		
	到活动断层距离	场地类别	有效阻尼，ξ_{eff}
基本振型法	≥10km	A、B or C	≤0.30
多模态反应谱分析法	无限制	A、B or C	≤0.30

7.5.2 非线性时程分析法

由于上部结构和下部结构基本上保持弹性，因此一般情况下，将其刚度按照未开裂情况下考虑；模型的非线性特性应反映隔震装置的非线性特性，包括： 条款7.5.6(1)，7.5.7(1) [2]

■ 在至少两个水平方向上同时响应的相互作用。

■ 倾覆力的影响。

具体来说，对于竖向地震分量的贡献，或者使用同步垂直加速度时间历程，Eurocode 8 第 2 部分允许通过线性响应谱法进行估算，并通过式(D5.2c)将其作用效应与水平分区分量的作用效应组合起来。

注意，在非线性分析中，由隔震系统构件产生的能量消耗，包括滞回阻尼（通过双线性滞回或摩擦装置）或黏性（通过液压阻尼器），将被直接考虑在内。因此，重要的是确保为系统阻尼矩阵提供的输入数据，用于表示下部结构和上部结构的标准结构阻尼，采用隔震计算方法时不应加在隔震模态（即周期最长的模态）上。还应考虑到结构中地震变形能量的主要部分是在这些模态下。另一方面，与通常的非线性分析一样，需要使用增加的阻尼来滤除由于非常短周期模态产生的可能不准确的结果（也即周期小于直接时间积分的时间步长的情况，通常为 0.01s 左右）。通常采用瑞利阻尼来满足这些限制条件，其阻尼矩阵 **C** 是刚度矩阵 **K** 和质量矩阵 **M** 的线性组合：

$$\mathbf{C} = \alpha\mathbf{K} + \beta\mathbf{M} \tag{D7.29}$$

然后，对于任何固有周期 T，有：

$$\xi = \alpha\pi/T + \beta T/4\pi \tag{D7.30}$$

上述要求可通过以下参数取值选择来满足：

$$\beta = 0 \quad \alpha = \xi T/\pi = 0.10 \times 0.05/\pi = 0.00159 \tag{D7.31}$$

则此时有(另请参见第8章中的图8.52):

对于 $T \geqslant 1.5\mathrm{s}$:$\xi \leqslant 0.0032$

对于 $T \leqslant 0.05\mathrm{s}$:$\xi \geqslant 0.01$。

7.5.3 基本振型分析法

条款7.5.4 [2]

在基本振型法中(图7.15),基于5.63和5.64的刚性桥面板模型,整个结构被视为单自由度(SDoF)系统。在其基本形式中,它一次只考虑一个水平方向上隔震系统的刚度和耗散能量特性。尽管其形式非常简单,但可得到结构地震响应的最重要内容。在7.5.5中讨论了一些修正和改进。该方法使用两个基本近似工具迭代估算系统的最大地震位移 d_{cd}:

■ 系统等效刚度 K_{eff}:隔震系统的非线性力-位移关系[该系统如图7.15a)所示]是通过将所有构件在假定位移 $d_{\mathrm{cd,a}}$时贡献的力相加得到的。等效刚度是最大位移 $d_{\mathrm{cd,a}}$处的割线刚度:

$$K_{\mathrm{eff}} = F_{\max}/d_{\mathrm{cd,a}} = \sum F_{\max,\mathrm{i}}/d_{\mathrm{cd,a}} = \sum K_{\mathrm{eff,i}} \tag{D7.32}$$

任何速度相关型装置都不会对 K_{eff}产生影响(第7.4.2)。

■ 系统等效阻尼 ξ_{eff}:这是对应于峰值位移 $d_{\mathrm{cd}} = d_{\mathrm{cd,a}}$循环时,隔震系统所有构件耗散的能量 $E_{\mathrm{D,i}}$之和的等效黏性阻尼。通过下式计算得到:

$$\xi_{\mathrm{eff}} = \frac{1}{2\pi}\left(\frac{\sum E_{\mathrm{D,i}}}{K_{\mathrm{eff}} d_{\mathrm{cd}}^{2}}\right) \tag{D7.33}$$

E_{d}值是已知的隔震装置性能,可根据隔震装置位移确定。

桥面板地震位移根据线性SDoF系统的位移得到,其质量等于桥面板的质量 M_{d},刚度为 K_{eff},等效黏性阻尼比为 ξ_{eff},其周期是:

$$T_{\mathrm{eff}} = 2\pi\sqrt{\frac{M_{\mathrm{d}}}{K_{\mathrm{eff}}}} \tag{D7.34}$$

峰值位移需求 $d_{\mathrm{cd,r}}$可由图7.15b)所示的位移响应谱得到,其由 $\xi = 0.05$ 时的弹性加速度谱乘以阻尼修正系数 η_{eff}得出。对应于 ξ_{eff}的估计值,η_{eff}可取为:

$$\eta_{\mathrm{eff}} \sqrt{\frac{0.10}{0.05 + \xi_{\mathrm{eff}}}} \tag{D7.35}$$

经过几次迭代,假设值 $d_{\mathrm{cd,a}}$收敛至地震位移需求值 $d_{\mathrm{cd,r}}$。

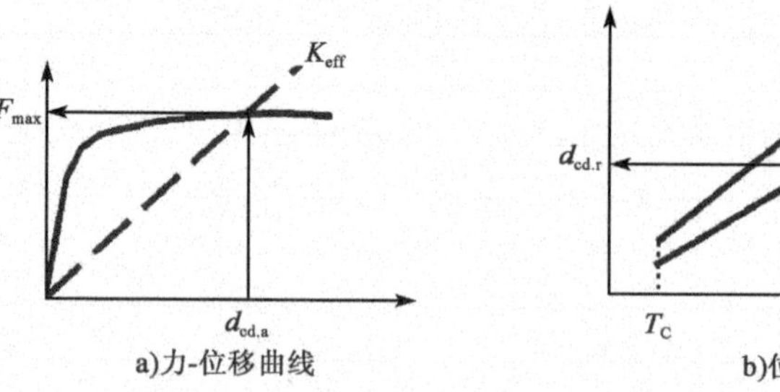

图7.15 基本振型法

这种简单的方法可很好地估算最大地震力,前提是它们与估计的最大位移同时发生。如果系统所有隔震装置的反作用力为常数(摩擦)或仅取决于位移(如弹性或滞回隔振器装置)，则通常情况下这一前提是成立的。从而有：

$$F_{\max,i} = K_{\text{eff},i} d_{\text{cd}} \tag{D7.36}$$

当隔震系统还包含反力与速度成比例的装置(液压黏性阻尼器)时，则其最大作用力不会在峰值位移的瞬间发生。在这种情况下，需要采用更复杂的方法来估算峰值力(见7.5.5)。

7.5.4　多模态反应谱分析法

多模态反应谱分析法是一种近似方法，通过5.5.4中的常用组合规定进行组合： *条款7.5.6 [2]*

(1)隔震模态响应计算采用上述的基本振型分析法。

(2)高阶模态响应计算采用默认阻尼比 $\xi=0.05$ 的多模态反应谱分析法。由于这是一种近似方法，因此最好在两个水平方向(纵向和横向)分别应用，并通过公式(D5.2)进行组合。这同样适用于竖向分量的计算效应。

上述(2)(高阶模态响应计算)在每个水平方向上应用如下：

■ 所有隔振器 i 均按照其等效刚度为 $K_{\text{eff},i}$ 进行建模，该刚度由计算方向上的基本振型法得出。

■ 下部结构和上部结构均按照无开裂的情况计算刚度，并设置足够数量的中间节点对构件进行建模以充分反映重要的高阶模态的效应。

■ 模态阻尼比按照所有周期 $T<0.8T_{\text{eff}}$ 的模态均取默认值 $\xi=0.05$ 考虑，其中 T_{eff} 是采用基本振型方法得到的隔震模态的等效周期；该模态的等效阻尼 ξ_{eff}，应用于所有周期大于 $0.8T_{\text{eff}}$ 的模态。

这种方法的应用仅对反映高阶模态可能的显著贡献有意义。7.5.3指出的关于黏滞阻尼器和滞回隔震装置组合应用时无法很好地估计最大力的局限性依然存在。

7.5.5　隔震特性对基本振型分析法结果近似值的影响

7.5.5.1　简介

Eurocode 8 第2部分及其同类规范(例如，AASHTO，2010)将基本振型分析法的结果用作多模态反应谱分析法或者甚至是非线性时程分析法结果的下限值，作为设计者的一种自我检查方法。因此应对其提供的近似值进行控制，并尽可能加以改进。

下面简要讨论了 K_{eff}、ξ_{eff} 和双向激励对基本振型分析法近似计算结果的影响，并对可能的改进提出了建议。此外，还阐述了在使用黏性阻尼器的隔震系统中估算最大力的方法。

7.5.5.2　等效刚度 K_{eff}

基本振型法的基本形式只考虑了隔震装置的刚度，忽略了桥墩的柔度。尽管这种假设在大多数情况下是可接受的，但它不适用于高墩和柔性墩。 *条款7.5.4(3)[2]*

桥台及其基础的柔性通常可忽略不计。桥墩 i 的复合刚度可由式(D2.10)得

出,这里改写为(见图 7.16):

$$\frac{1}{K_{\text{eff},i}}=\frac{1}{K_{bi}}+\frac{1}{K_{ti}}+\frac{1}{K_{si}}+\frac{H_i^2}{K_{fi}} \qquad (D7.37)$$

式中,K_{bi}、K_{ti}和 K_{si}分别为支座、基础和墩身的侧向刚度;K_{fi}为基础的转动刚度;H_i为墩身高度。最后三个总和集中在桥墩柔度 $1/K_{Pi}$中。从而得:

$$K_{\text{eff},i}=K_{bi}K_{Pi}/(K_{bi}+K_{Pi}) \qquad (D7.38)$$

如果 K_{bi}/K_{pi}很小,则公式(D7.38)可写为:

$$K_{\text{eff},i}=K_{bi}/(1+K_{bi}/K_{Pi})\approx K_{bi}(1-K_{bi}/K_{Pi}) \qquad (D7.39)$$

如果所有桥墩和桥台上的隔震器具有相同的刚度,即 $k_{bi}=k_b$,那么有:

$$K_{\text{eff}}=\sum K_{\text{eff},i}=\sum K_b-K_b^2\sum(1/K_{Pi}) \qquad (D7.40)$$

这种对公式(D7.32)的修正(在每个水平方向单独进行)很适合用于手工计算。

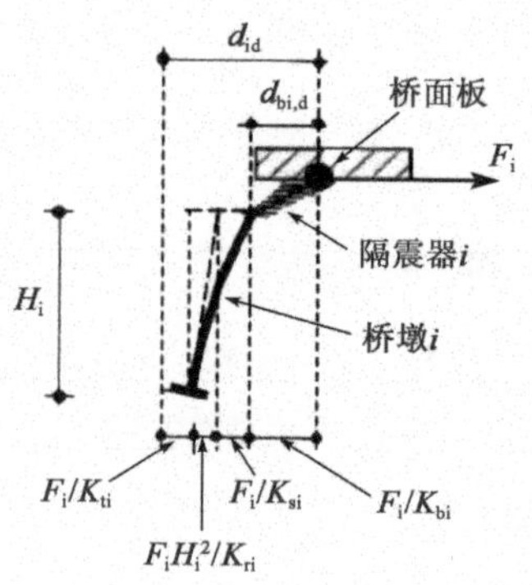

图 7.16 组合桥墩刚度(Eurocode 8 第 2 部分)

7.5.5.3 阻尼比 ξ_{eff}

在对隔震桥梁或非隔震延性桥梁进行设计加速度反应谱作用下的分析中,响应的力-位移曲线中只有很少的滞回能够达到接近峰值位移需求的位移。大多数其他滞回曲线的峰值位移都要小得多。然而,在基本振型法中,用最大位移曲线对应的 ξ_{eff}值来估计峰值位移需求。因此,研究作为给定滞回位移函数的 ξ_{eff}的变化具有一定的参考价值。

图 7.17 给出了双线性滞回系统中等效阻尼比 ξ_{eff}作为与峰值位移相除的归一化位移(位移延性比 $\mu=d/d_y$)和硬化比($\lambda=k_p/k_e$)的函数的关系曲线。图 7.18 和 7.19 描绘了等效阻尼的比值 $\xi_{\text{eff}}/\xi_{\text{eff},c}$随着响应期间位移幅值 d 与峰值位移比值 d_c的变化关系曲线。图 7.18 关注的是以最大延性比 $\mu_c=d_c/d_y$为参数的双线性滞回系统,而图 7.19 则针对弹性隔震系统(例如 LDEB)与黏性阻尼器的组合,并通过阻尼器指数 α 进行参数化。

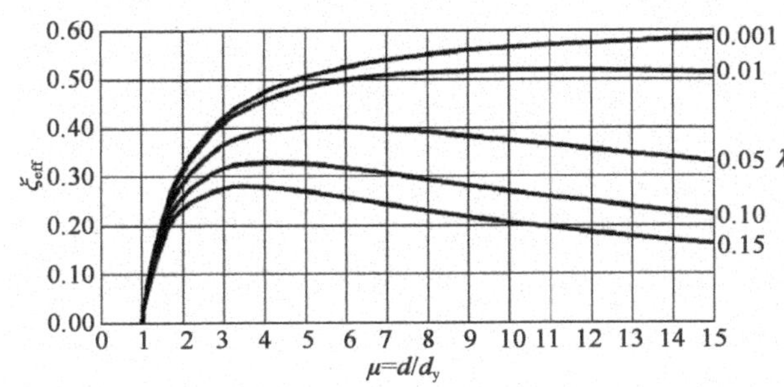

图 7.17　双线性滞回系统的等效阻尼比 ξ_{eff}，对于 $\lambda=k_p/k_e$ 的不同取值下，随延性比 $\mu=d/d_y$ 的变化情况

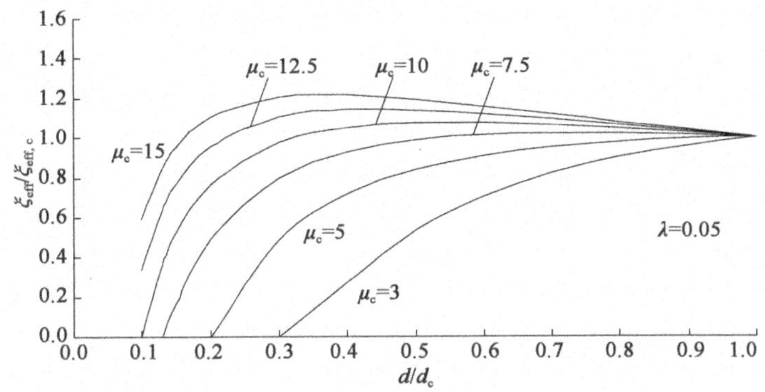

图 7.18　双线性滞回系统中，等效阻尼作为最终延性比 $\mu_c=d_c/d_y$ 的函数，与其峰值位移下的值之比 $\xi_{eff}/\xi_{eff,c}$ 随着位移循环中 d 与峰值位移 d_c 之比 d/d_c 的变化，硬化率 $\lambda=K_p/K_e$ 取 0.05

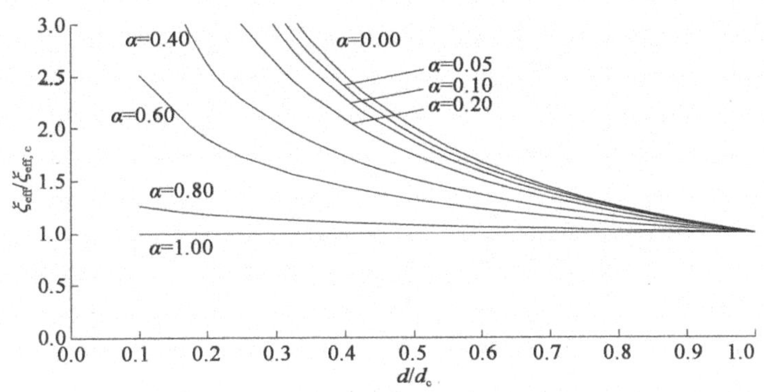

图 7.19　在只有黏性阻尼的弹性系统中，等效阻尼作为阻尼指数 α 的函数，与其峰值位移下的值之比 $\xi_{eff}/\xi_{eff,c}$ 随着位移循环中 d 与峰值位移 d_c 之比 d/d_c 的变化

从图 7.17 和图 7.18 中可清晰看到，在延性水平约为 10 或更高时，ξ_{eff} 随位移保持近似恒定，甚至在较大位移振幅时略有减小。这种随着位移振幅的减小在图 7.19 中对于小 α 值的黏性阻尼器更为明显。对于 $\alpha=1.0$（线性阻尼），ξ_{eff} 在 d/d_c 的整个范围内保持恒定，直到 1.0。因此，在隔震状况下，由于达到了较高的延性比需求，等效阻尼 ξ_{eff} 的使用得到了令人满意的结果。相比之下，图 7.17 和图 7.18 表明，对于延性比 μ_c 小于 5 ~ 7 的双线性滞回系统（典型的钢筋混凝土或钢制非隔震延性结构），在低位移幅值时，ξ_{eff} 较小。钢筋混凝土结构更精细的滞回模型也显示出类似的趋势（Fardis 和 Panagio Takos，1996）。Fardis 和 Panagiotakos（1996）的实验结果中较大的离散性也是等效阻尼 ξ_{eff} 不能可靠地应用于延性钢筋混凝土结构非线性位移需求估算的另一个原因。

7.5.5.4 双向激励

基本振型法是针对单自由度(SDoF)系统和某一方向的运动。然而,实际的隔震系统通常具有两个水平自由度,并在这两个方向上通常(但不总是)具有相同或相似的特性。Eurocode 8 第 2 部分,以及 AASHTO(2010)和最近的 Constantinou 等人(2011 年),没有明确规定在基本振型方法的背景下估计横向地震作用的影响。实际上,公式(D5.2)通常低估了这种影响。

条款3.2.3(3),3.2.3(6),3.2.3(7)[2]

修正基本振型法,使其结果与非线性时程分析结果相一致的关键在于控制水平加速度时程与弹性反应谱的匹配性的规定,如本指南 3.1.4 所强调的。这些规定通过以下选项,以实现基本振型方法和非线性时程分析之间的匹配性:

(1)基本振型方法通过将弹性反应谱乘以系数 1.25 ~ 1.30 来应用。这种放大率略微超过 Eurocode 8 的要求。

(2)采用基本振型方法严格按照 Eurocode 8 第 2 部分对每个水平分量进行计算得出的结果,通过将位移乘以 1.15 ~ 1.25 之间的系数进行修改。这相当于假定同时发生大约在估计峰值位移的 57% ~75% 之间的一个横向位移。

7.5.5.5 带有黏性阻尼器系统中最大力的估算

条款7.6.3(9)[2]

对于由弹性隔震装置(例如橡胶支座)和黏性阻尼器组成的隔震系统,Eurocode 8 第 2 部分给出了一种估算同时作用在弹性隔震器和阻尼器上的最大力的方法。然而,对于滞回隔震装置和黏性阻尼器组成的系统,并没有给出任何指导。Ribeiro 等人(2007)给出了此类系统自由振动的一般理论解。在本部分中,更强调 Constantinou 等人提出的更实用的方法。每次循环耗散能量为 $E_{D,h}$[由式(D7.3)得到]的滞回隔震装置和耗散能量为 $E_{D,v}$[由式(D7.12)和式(D7.13)得到]的黏性阻尼器,都对等效阻尼具有贡献:

$$\xi_{eff} = (\sum E_{D,h} + \sum E_{D,v})/(2\pi \sum K_{eff} d_{cd}^2) \tag{D7.41}$$

用 ξ_v 表示黏性阻尼引起的 ξ_{eff} 部分:

$$\xi_v = (\sum E_{D,v})/(2\pi \sum K_{eff} d_{cd}^2) \tag{D7.42}$$

正弦运动中的最大速度 v_m 可由准速度 ωd_{cd} 估算为:

$$v_m = \rho_v \omega d_{cd} \tag{D7.43}$$

修正系数 ρ_v 见表 7.3 所示(参考 Constantinou 等人,2011)。系统上作用的最大力 F_m 可估计为:

$$F_m = K_{eff} d_{cd}\left(\cos\delta + \frac{2\pi\xi_v}{\lambda}(\rho_v)^{\alpha_b}(\sin\delta)^{\alpha_b}\right) \geqslant K_{eff} d_{cd} \tag{D7.44}$$

式中,

$$\delta = \left(\frac{2\pi\alpha\xi_v}{\lambda}\right)^{1/(2-\alpha_b)} \tag{D7.45}$$

其他变量在式(D7.13)和式(D7.42)中定义。

修正系数 ρ_v 表7.3

有效期[s]	有效阻尼[%]									
	10	20	30	40	50	60	70	80	90	100
0.3	0.72	0.70	0.69	0.67	0.63	0.60	0.58	0.58	0.54	0.49
0.5	0.75	0.73	0.73	0.70	0.69	0.67	0.65	0.64	0.62	0.61
1.0	0.82	0.83	0.86	0.86	0.88	0.89	0.90	0.92	0.93	0.95
1.5	0.95	0.98	1.00	1.04	1.05	1.09	1.12	1.14	1.17	1.20
2.0	1.08	1.12	1.16	1.19	1.23	1.27	1.30	1.34	1.38	1.41
2.5	1.05	1.11	1.17	1.24	1.30	1.36	1.42	1.48	1.54	1.59
3.0	1.00	1.08	1.17	1.25	1.33	1.42	1.50	1.58	1.67	1.75
3.5	1.09	1.15	1.22	1.30	1.37	1.45	1.52	1.60	1.67	1.75
4.0	0.95	1.05	1.15	1.24	1.38	1.49	1.60	1.70	1.81	1.81

7.6 侧向恢复能力

Eurocode 8 第 2 部分要求隔震系统在两个水平方向都有足够的侧向恢复能力，以自动防止产生大量残余位移的累积。需要注意的是，在使用少数几组（通常为 3 ~ 10 组）与水平加速度反应谱匹配的地面加速度时程的非线性时程分析结果中没有产生残余位移，并不能充分证明隔振系统具有足够恢复能力。Eurocode 8 第 2 部分的标准具有坚实的基础：基于几十万次针对双线性滞回系统在广泛范围内的严格的远场和近场天然地震记录作用下的非线性分析（Katsaras 等，2008 年）结果得出的。 *条款7.7.1* [2]

参考文献

AASHTO(2010) *Guide Specificalions for Seismic Isolation Design*. American Association of State Highway and Transportation Officials, Washington. DC.

CEN (Comité Europé de Normalisation) (2000) EN 1337-2:2000: Structural bearings—Part 2: Sliding elements. CEN, Brussels.

CEN (2004) EN 1998-1: 2004: Eurocode 8—Design of structures for earthquake resistance—Part 1: General rules, seismic actions and rules for buildings. CEN, Brussels.

CEN (2005a) EN 1998-2: 2005: Eurocode 8—Design of structures for earthquake resistance—Part 2: Bridges CEN, Brussels.

CEN (2005b) EN 1337 -3: 2005: Structural bearings—Part 3: Elastomeric bearings. CEN, Brussels.

CEN(2009) EN 15129:2009: Antiseismic devices. CEN, Brussels.

Constantinou MC, Kalpakidis I, Filiatrault A and Ecker Lay RA (2011) *LRFD-based Analysis and Design Procedures for Bridge Bearings and Seismic Isolators*. Department of Civil, Structural and Environmental Engineering, State University of New

York, Buffalo, NY. Technical Report MCEER-11-004:2011.

Fardis MN and Panagiotakos TB (1996) Hysteretic damping of reinforced concrete e/ements. 11*th World Conference on Earthquake Engineering*, Acapulco, Paper 464.

Katsaras CP, Panagiotakos TB and Kolias B (2008) Restoring capability of bilinear hysteretic seismic isolation systems. *Earthquake Engineering and Structural Dynaics* **37**(**4**):557-575.

Ribeiro AMR, Maia NMM. Fontul M and Silva JMM (2007) *Complete Response of a SDoF System with a Mixed Damping Model*. Departamento de Engenharia Mecânica, Instituto Superior Técnico, Lisbon.

8 抗震设计案例

8.1 简介

本章列出按照 Eurocode 8 第 2 部分进行抗震设计的若干桥梁案例。案例结构形式均为连续梁桥,有一个主跨和两个较短边跨。本章包含以下案例:

■ 8.2—延性桥墩案例:桥梁的混凝土主梁与桥墩固接,桥墩设计为具有延性性能。对于中小跨度和中等长度的桥梁,此类抗震系统通常较为经济。

■ 8.3—有限延性桥墩案例:长桥高墩,桥墩设计为具有有限延性性能。

■ 8.4—隔震系统案例:长桥矮墩,采用隔震系统。

以上 3 个示例均来自本设计指南主要作者的相关工作(Bouassida 等, 2012)。

8.2 延性桥墩桥梁设计案例

8.2.1 桥梁总体布置设计构思

桥梁为三跨高架,跨径布置为 23.50m + 35.50m + 23.5m,全长 82.5m。主梁为后张法现浇混凝土空心板。桥墩为圆柱墩,直径 D = 1.2m,与主梁固接。M1 墩高 8m,M2 墩高 8.5m。主梁通过一对支座简支于桥台处,允许在水平各向发生自由滑动及转动。桥墩、桥台均采用桩基础。混凝土强度等级为 C30/37。桥梁布置及主梁和桥墩断面示于图 8.1 ~ 图 8.3 中。

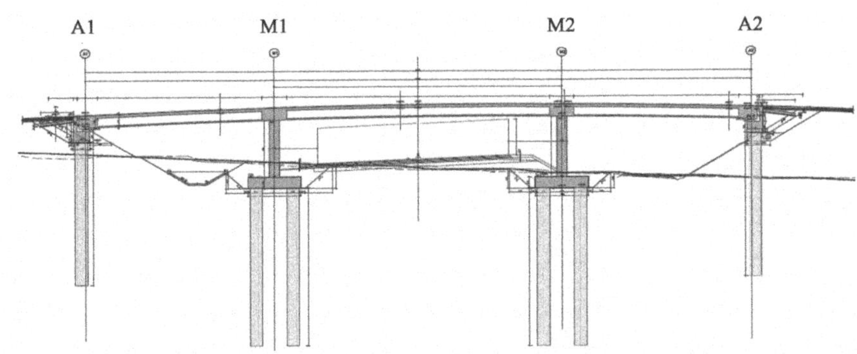

图 8.1 延性桥墩桥梁纵立面

尽管平面上存在轻微斜交,但选用独柱圆形墩可允许支承布置与纵轴垂直。在本桥尺寸条件下,桥墩与主梁间的固接省去了昂贵的支座和隔震措施(以及它们的维护费用),又不会使桥梁构件在主梁变形时受到过度约束。在 8.2.12 中的结论部分,对该抗震系统经济性能进行了若干评述。

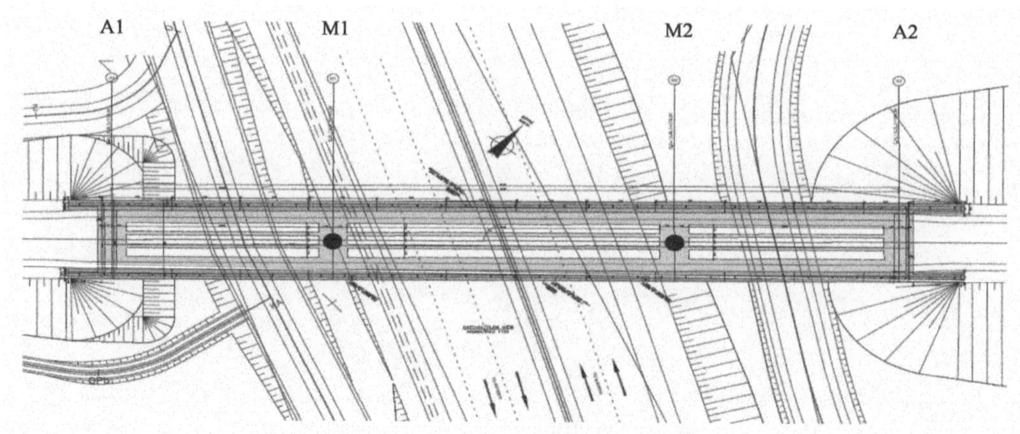

图 8.2 延性桥墩桥梁平面图

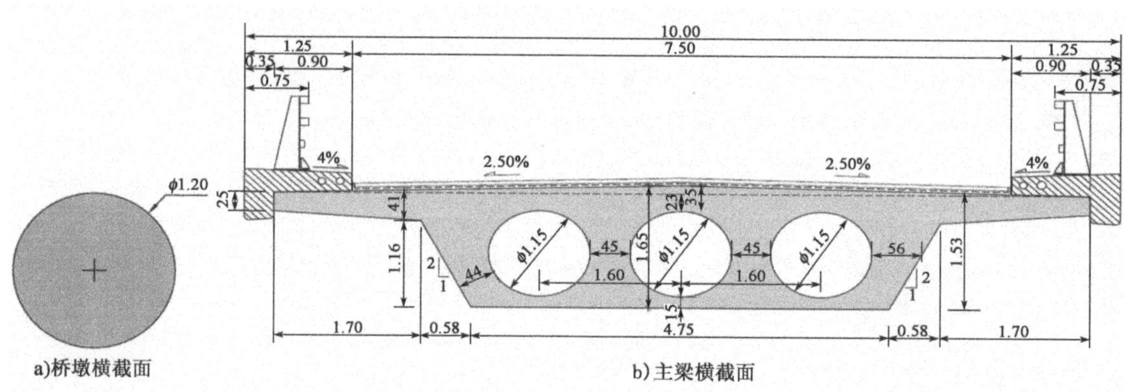

a)桥墩横截面

b)主梁横截面

图 8.3 (尺寸单位:m)

8.2.2 抗震系统

8.2.2.1 结构体系与延性

抵抗地震力的主要构件为桥墩。此类构件选用延性抗震设计。性能参数 q 的取值,如 5.4 中表 5.1 所示,取决于桥墩剪跨比 L_s/h:

■ 对于纵桥向(记为水平 X 方向),假定桥墩在基础和主梁处固接,对于最矮的桥墩 M1:$L_s = 8.0/2 = 4.0\text{m}$,则 $L_s/h = 4.0/1.2 = 3.33 > 3.0$;所以有:$q_X = 3.50$。

■ 对于横桥向(记为水平 Y 方向),假定桥墩在基础处固接,在主梁连接处可自由平移和旋转,对于最矮墩 M1:$L_s = 8.0\text{m}$,则 $L_s/h = 8.0/1.2 = 6.67 > 3.0$,则 $q_Y = 3.50$。

8.2.2.2 构件刚度

8.2.2.2.1 桥墩

抗震设计时,对桥墩的有效刚度值先进行估算,待桥墩竖向配筋确定后再进行核查。两座桥墩的刚度均假定为毛截面未开裂弯曲刚度的 40%。

8.2.2.2.2 主梁

预应力混凝土主梁采用毛截面完整未开裂弯曲刚度。考虑到空心截面为闭口形,扭转刚度取为未开裂毛截面刚度的50%。

8.2.3　设计地震作用

采用第1类反应谱计算设计地震作用。场地类别为C类,场地系数推荐值取$S=1.15$,按照表3.3,特征周期$T_B=0.2s$,$T_C=0.6s$,而另一特征周期取值较长,即$T_D=2.5s$。桥址所属地震区域的参考峰值地面加速度为$a_{gR}=0.16g$。重要性系数$\gamma_1=1.0$,水平向峰值地面加速度为:

$$a_g=\gamma_1 a_{gR}=1.0\times0.16g=0.16g$$

设计反应谱加速度值下限为$\beta=0.20$。对于纵桥向性能系数$q_X=3.5$和横桥向值$q_Y=3.5$,按5.3中式(D5.3)求得的设计反应谱(经设计峰值地面加速度a_g标准化)示于图8.4中。

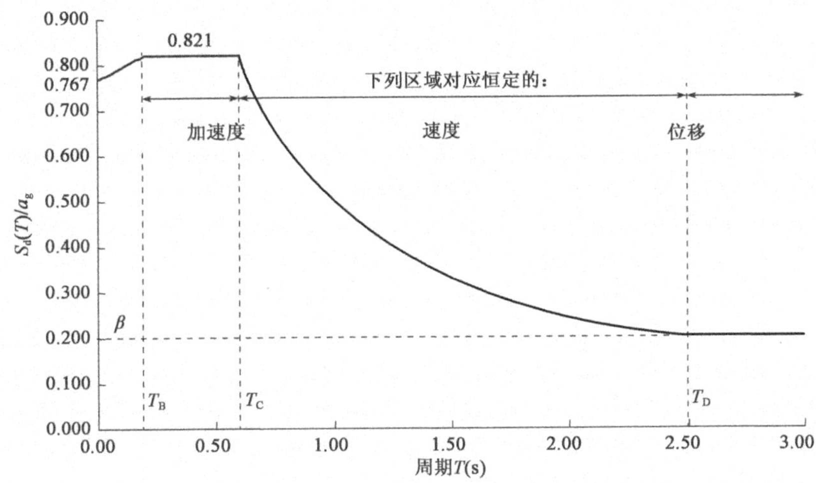

图8.4　设计反应谱(按设计峰值地面加速度a_g进行标准化)

8.2.4　抗震设计状况下的准永久作用

抗震设计状况下,桥梁上部结构荷载(如图8.5所示)如下所述。

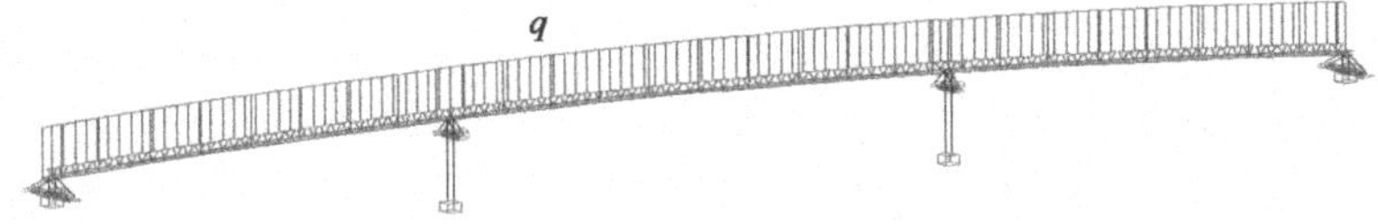

图8.5　一期、二期恒载及均布交通荷载准永久值

8.2.4.1　自重(G)

空心截面面积为$6.89m^2$,实心截面面积为$9.97m^2$,空心截面段总长为73.5m,实心截面段总长为9.0m:

$$q_G=(6.89m^2\times73.5m+9.97m^2\times9.0m)\times25kN/m^3=14903kN$$

8.2.4.2　二期恒载(G_2)

人行道板面积为$0.50m^2/m$,安全护栏重量为0.70kN/m,行车道铺装的宽度和厚度分别为7.5m和0.10m:

$q_{G2}=2\times25\text{kN/m}^3\times0.50\text{m}^2$(人行道板)$+2\times0.70\text{kN/m}$(安全护栏)$+7.5\text{m}\times23\text{kN/m}^3\times0.10\text{m}$(车道铺装)$=43.65\text{kN/m}$

8.2.4.3 交通荷载准永久值(L_E)

交通荷载准永久值取荷载模型1(LM1)中的均布交通荷载(UDL)值的20%,$q_{UDL}=45.2\text{kN/m}$,则:

$$q_{QP}=0.20q_L=0.2\times45.2\text{kN/m}=9.04\text{kN/m}$$

8.2.4.4 温度作用(T)

温度作用包括:

■ 整体升温 $\Delta T_{N,exp}=+52.5℃$,表示桥梁最大温度分量 $T_{e,max}$ 与主梁架设初始温度 $T_0=10℃$ 的差值。

■ 整体降温 $\Delta T_{N,con}=-45℃$,表示桥梁最小温度分量 $T_{e,min}$ 与主梁架设初始温度 T_0 的差值。

未考虑主梁上下翼缘竖直梯度温差 ΔT_M。

8.2.4.5 徐变和收缩(CS)

考虑总应变 -32.0×10^{-5},该值仅影响支座位移。

抗震设计状况下,桥梁上部结构的全部荷载为:

$$W_E=14903\text{kN}+(43.65+9.04)\text{kN/m}\times82.5\text{m}=19250\text{kN}$$

8.2.5 纵向基本振型分析

采用简化的单自由度(SDoF)悬臂模型分析桥梁自振周期。相关振型反应桥梁沿纵轴的振动,分析中假定桥墩上下均固接。

对于直径为1.2m的圆柱形墩,未开裂惯性矩为 $I_{un}=\pi1.2^4/64=0.1018\text{m}^4$。假定桥墩有效惯矩满足 $I_{eff}/I_{un}=0.40$(会在后续计算中进行验证)。假定桥墩两端固接,对于强度等级为C30/37的混凝土,$E_{cm}=33\text{GPa}$,桥墩纵桥向刚度为:

$$K_1=12EI_{eff}/H^3=12\times33000\text{MPa}\times(0.40\times0.1018\text{m}^4)/(8.0\text{m})^3=31.5\text{MN/m}$$

$$K_2=12EI_{eff}/H^3=12\times33000\text{MPa}\times(0.40\times0.1018\text{m}^4)/(8.5\text{m})^3=26.3\text{MN/m}$$

纵向总刚度为:

$$K=31.5+26.3=57.8\text{MN/m}$$

抗震分析的总重量为 $W_E=19250\text{kN}$,所以基本周期为:

$$T=2\pi\sqrt{\frac{M}{K}}=2\pi\sqrt{\frac{19250/9.81}{57800}}=1.16\text{s}$$

纵向加速度反应谱值为:

$$S_e=a_gS(2.5/q)(T_C/T)=0.16g\times1.15\times(2.5/3.5)\times(0.60/1.16)=0.068g$$

桥墩总剪力为:

$$V_E=S_eW_E/g=0.068\text{g}\times19250\text{kN}/g=1309\text{kN}$$

该剪力值按照M1和M2桥墩的刚度进行分配:

$$V_1 = (31.5/57.8) \times 1309\text{kN} = 713\text{kN}$$

$$V_2 = 1309 - 713 = 596\text{kN}$$

纵向地震弯矩 M_y(假定桥墩上下端均固接)为:

$$M_{y1} \approx V_1H_1/2 = 713\text{kN} \times 8.0\text{m}/2 = 2852\text{kN} \cdot \text{m}$$

$$M_{y2} \approx V_2H_2/2 = 596\text{kN} \times 8.5\text{m}/2 = 2533\text{kN} \cdot \text{m}$$

8.2.6　振型反应谱分析

主梁的有限元离散较为精细,与重力和交通荷载分析时一致。桥墩竖向也离散为较大数量单元。

表8.1列出结构在全部50阶模态中较为重要的15阶模态的相关特征参数,表8.1中的部分模态以及未列入的模态,对总响应的影响可以忽略不计。前8阶模态中最为重要的几类振型列于图8.6中。

主要模态周期和质量参与系数　　表8.1

模 态 阶 数	周期(s)	模态质量参与系数(%)		
		X方向	Y方向	Z方向
1	1.77	0	3.4	0
2	1.43	0	**94.8**	0
3	1.20	**99.2**	0	0
4	0.32	0	0	8.9
5	0.32	0	0.3	0
6	0.19	0	0.7	0
8	0.15	0	0	**63.1**
15	0.054	0	0	10.8
16	0.053	0	0	0.2
17	0.052	0	0	1.8
18	0.051	0	0	0.4
26	0.030	0.2	0	0.2
27	0.029	0	0.1	0
28	0.028	0	0	5.4
30	0.027	0.1	0	0.1

反应谱分析中共考虑前50阶模态。总的模态质量贡献分别占到X、Y、Z方向的99.6%、99.7%、92%。振型响应的组合采用完全平方组合(CQC),见5.5.4中式(D5.20)和式(D5.22b)。纵桥向基本振型分析结果和振型反应谱分析结果在表8.2中进行了罗列和对比。

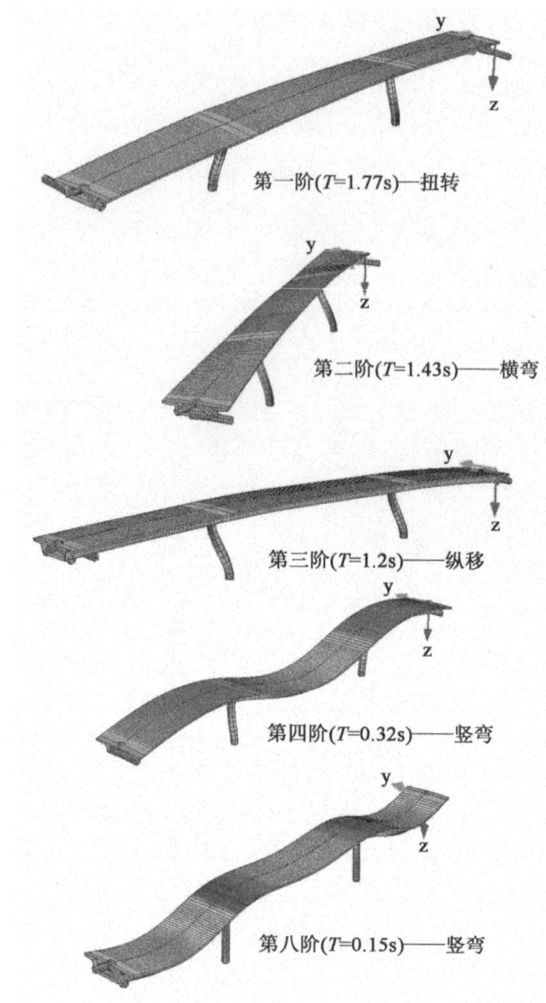

图8.6　第1、2、3、4、8阶振型

纵桥向分析对比　　表8.2

固有周期 T_1	桥墩	基本振型分析:1.16s	多振型反应谱分析:1.20s(第三阶)
地震剪力 V_z	M1	713kN	662kN
	M2	596kN	556kN
地震弯矩 M_y	M1	2852kN·m	顶部;2605kN·m;底部;2672kN·m
	M2	2533kN·m	顶部;2327kN·m;底部;2381kN·m

8.2.7　设计作用效应及验算

8.2.7.1　塑性铰弯曲和轴力验算时的设计荷载效应

地震作用各分量按照5.2中式(D5.2)进行组合。表8.3给出了M1墩底截面的设计作用效应(弯矩和轴力),并列出了各种设计组合下所需的钢筋数量。

M1墩底截面设计作用效应及钢筋需求数量　　表8.3

组合	N(kN)	M_y(kN·m)	M_z(kN·m)	A_s(mm^2)
maxM_y + M_z	-7159	4576	-1270	19870
minM_y + M_z	-7500	-3720	1296	13490
maxM_z + M_y	-7238	713	4355	17240
maxM_z + M_y	-7082	456	-4355	17000

桥墩为圆形截面，直径 $D = 1.2\text{m}$，采用 C30/37 混凝土和 S500 级 C 类钢。名义保护层厚度为 $c = 50\text{mm}$，外表面到钢筋中心距离的估计值为 82mm。M1 墩底截面钢筋数量控制值为 19870mm^2。选用 25 根 $\phi32$（20100mm^2）的钢筋，如图 8.7 所示。图 8.8 示出了各种设计组合下 M1 墩底截面的弯矩-轴力相关曲线。

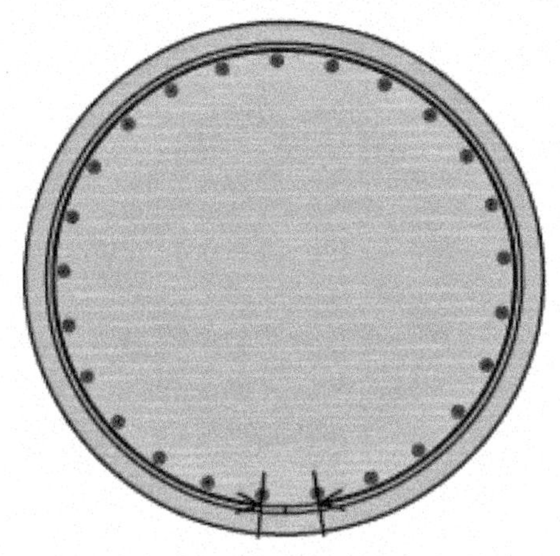

图 8.7 M1 桥墩配筋截面

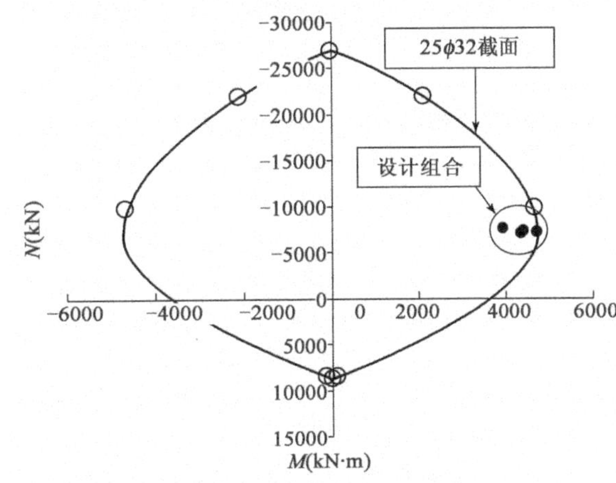

图 8.8 M1 桥墩墩底截面弯矩-轴力相关曲线

表 8.4 给出了 M2 墩底截面的设计作用效应，包括弯矩和轴力，并列出了各种设计组合下所需的钢筋数量。

M2 墩底截面设计作用效应及钢筋需求数量 表 8.4

组　合	N(kN)	M_y(kN·m)	M_z(kN·m)	A_s(mm^2)
$\max M_y + M_z$	-7528	3370	-1072	10320
$\min M_y + M_z$	-7145	-4227	1042	16800
$\max M_z + M_y$	-7317	-465	3324	8980
$\max M_z + M_y$	-7320	-674	-3324	9250

M2 墩底截面钢筋数量控制值为 16800mm^2。选用的钢筋 21 根 $\phi32$（$16880\ \text{mm}^2$）的钢筋，如图 8.9 所示。图 8.10 示出了各种设计组合下 M2 墩底截面的弯矩-轴力相关曲线。

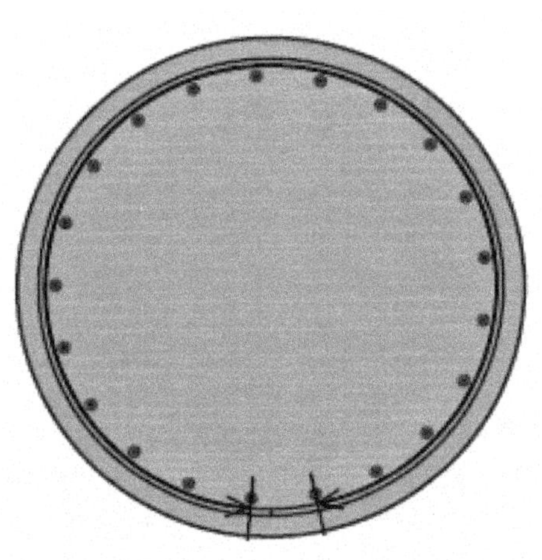

图 8.9 M2 桥墩配筋截面

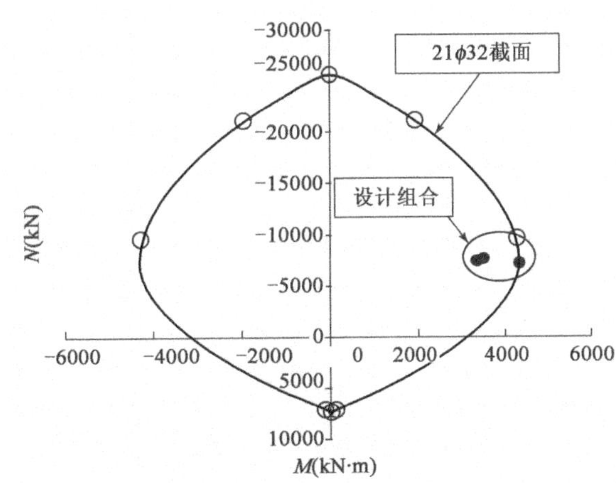

图 8.10 M2 桥墩墩底截面弯矩-轴力相关曲线

8.2.7.2 延性桥墩的刚度验证

抗震设计状况下桥墩有效刚度按 5.8.1 中式(D5.33)~式(D5.35)计算。

8.2.7.2.1 M1 桥墩

对于一层 25ϕ32 钢筋(20100mm^2),在轴力 $N=-7200$kN 作用下,采用材料特性设计值,求得设计屈服弯矩为 $M_y=4407$kN·m;钢材屈服应变为:

$$\varepsilon_{sy}=f_{yd}/E_s=500/(1.15\times200000)=0.00217$$

而相应的混凝土纤维极限应变为 $\varepsilon_{cy}=0.00272$。抗弯承载力设计值(也按材料特性设计值计算)为 $M_{Rd}=4779$kN·m。屈服时的曲率:

$$\phi_y=(0.00217+0.00272)/(1.2-0.082)=4.37\times10^{-3}\text{m}^{-1}$$

而按式(D5.35b)计算的圆形截面估计值为:

$$\phi_y=2.4\varepsilon_{sy}/d=2.4\times0.00217/(1.2-0.082)=4.66\times10^{-3}\text{m}^{-1}$$

■ 按 5.8.1 中式(D5.33a)可求得:

$$I_c=\pi\times1.2^4/64=0.1018\text{m}^4$$

$$M_y/(E_c\phi_y)=4407/(33\ 000\times4.37\times10^{-3})=0.0306\text{m}^4$$

$$I_{eff}=0.08I_c+I_{cr}=0.0387\text{m}^4$$

$$(EI)_{eff}/(EI)_c=0.38$$

■ 按 5.8.1 中式(D5.33b)可求得:

$$(EI)_{eff}=1.2M_{Rd}/\phi_y=1.2\times4779/4.37\times10^{-3}=1312000\text{kN}\cdot\text{m}^2$$

$$I_{eff}=1312000/33000=0.0398\text{m}^4$$

$$(EI)_{eff}/(EI)_c=0.39$$

可见,采用估计值 $(EI)_{eff}/(EI)_c=0.40$,对于本次分析是合理的。

8.2.7.2.2 M2 桥墩

M2 桥墩最终配筋为一层 21ϕ32(16880mm^2)钢筋。轴力 $N=-7200$kN。采用材料特性的设计值时,屈服弯矩为 $M_y=4048$kN·m,钢材屈服应变为 $\varepsilon_{sy}=0.00217$,而相应的混凝土极限应变为 $\varepsilon_{sy}=0.00273$。弯矩承载力设计值为 $M_{Rd}=4366$kN·m。

■ 按 5.8.1 中式(D5.33a):$(EI)_{eff}/(EI)_c=0.35$。

■ 按 5.8.1 中式(D5.33b):$(EI)_{eff}/(EI)_c=0.36$。

可见,采用估计值 $(EI)_{eff}/(EI)_c=0.40$,对于本次分析是较为合理的。

8.2.7.3 桥墩抗剪尺寸设计

8.2.7.3.1 超强弯矩

超强弯矩按下式计算:$M_o=\gamma_oM_{Rd}$,式中 γ_o 为超强系数;M_{Rd} 为弯矩承载力设计值[见 6.4.1 中式(D6.6)]。轴压比为:

$$\eta_k=N_{Ed}/A_cf_{ck}=7600/(1.13\times30)=0.22$$

由于 $\eta_k = 0.22 > 0.1$，γ_o 的最小值 1.35 需乘以：

$$1 + 2(\eta_k - 0.1)^2 = 1 + 2(0.22 - 0.1)^2 = 1.029$$

因此：

$$\gamma_o = 1.35 \times 1.029 = 1.39$$

桥墩超强弯矩分别为：

- $M_{o1} = 1.39 \times 4779 = 6643\text{kN} \cdot \text{m}$
- $M_{o2} = 1.39 \times 4366 = 6069\text{kN} \cdot \text{m}$

8.2.7.3.2　按能力设计的桥墩剪力值

从计算结果来看，纵桥向 M1 和 M2 桥墩的剪力值分别为 $V_1 = 713\text{kN}$ 和 $V_2 = 596\text{kN}$，而按能力设计的剪力值应由超强弯矩直接计算：

- $V_{C1} = 2M_{o1}/H_1 = 2 \times 6643/8.0 = 1661\text{kN}$
- $V_{C2} = 2M_{o2}/H_2 = 2 \times 6069/8.5 = 1428\text{kN}$

对于横桥向，每个桥墩的剪力按照 Eurocode 8 第 2 部分*附录 G* 进行简化计算（见 6.4.2）：

$V_{Ci} = (M_o/M_{Ei})V_{Ei}$

抗震计算得到的弯矩和剪力值为：

- $M_{E1} = 3061\text{kN} \cdot \text{m}$，$V_{E1} = 680.3\text{kN}$
- $M_{E2} = 2184\text{kN} \cdot \text{m}$，$V_{E2} = 450.2\text{kN}$

因此，按能力设计的剪力值为：

- $V_{c1} = (6643/3061) \times 680.3 = 1476\text{kN}$
- $V_{c2} = (6069/2184) \times 450.2 = 1251\text{kN}$

图 8.11 示出了墩底横桥向按能力设计的作用效应。

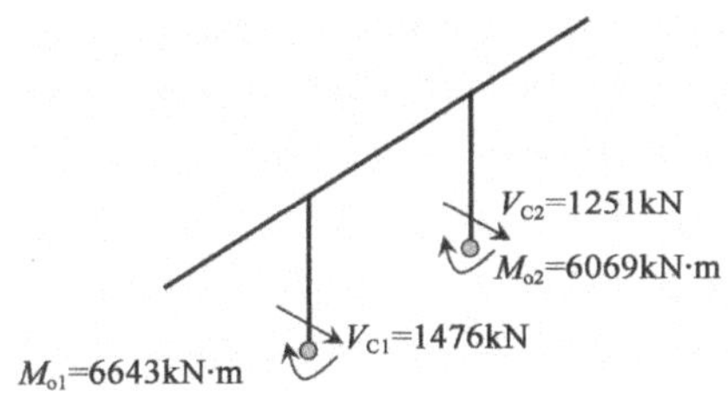

图 8.11　横桥向的能力设计作用效应

8.2.7.3.3　抗剪尺寸设计

对于圆形截面：

$$d = r + r_s = 0.60 + 0.52 = 1.12\text{m}$$

而有效高度为：

$$d_e = r + 2r_s/\pi = 0.60 + 2 \times 0.52/\pi = 0.93\text{m}$$

截面抗剪承载力按下式计算：

$$V_{Rd,s} = (A_{sw}/s)(0.9d_e)f_{ywd}\cot\theta/\gamma_{Bd} \text{ 或 } V_{Rd,s} = (\pi/4)(A_{sw}/s)(0.9d)f_{ywd}\cot\theta/\gamma_{Bd}$$

式中，A_{sw} 为抗剪箍筋的总截面积；s 为其间距；f_{ywd} 为屈服强度设计值；θ 为混凝土压杆与墩柱轴线的夹角,根据 *Eurocode* 2 第 2 部分取 $\cot\theta = 1$;γ_{Bd} 为安全系数,按照表 6.1 注 5 计算:$\gamma_{Bd} = 1.25 - (qV_{Ed}/V_{C,o} - 1) \geqslant 1$。

对于 M1 墩,设计剪力值为 $V_{C1} = 1661\text{kN}$,而计算值为 $V_1 = 713\text{kN}$。有:

$$1.25 - (qV_{Ed}/V_{C,o} - 1) = 1.25 - (3.5 \times 713/1661 - 1) = 0.75$$

故取 $\gamma_{Bd} = 1$,所需抗剪钢筋为:

$$A_{sw}/s = 1.0 \times 1661/(0.84 \times 0.5/1.15 \times 1.0) = 4550\text{mm}^2/\text{m}$$

或:

$$A_{sw}/s = 1.0 \times 1661/(0.7854 \times 0.9 \times 1.12 \times 0.5/1.15 \times 1.0) = 4827\text{mm}^2/\text{m}$$

对于 M2 墩,设计剪力值为 $V_{C1} = 1428\text{kN}$,而计算值为 $V_1 = 596\text{kN}$。有:

$$1.25 - (qV_{Ed}/V_{C,o} - 1) = 1.25 - (3.5 \times 596/1428 - 1) = 0.79$$

故取 $\gamma_{Bd} = 1$,所需抗剪钢筋量为:

$$A_{sw}/s = 1.0 \times 1428/(0.84 \times 0.5/1.15 \times 1.0) = 3910\text{mm}^2/\text{m}$$

或:

$$A_{sw}/s = 1.0 \times 1428/(0.7854 \times 0.9 \times 1.12 \times 0.5/1.15 \times 1.0) = 4150\text{mm}^2/\text{m}$$

8.2.8 桥墩延性需求

8.2.8.1 约束钢筋

轴压比为:

$$\eta_k = N_{Ed}/A_c f_{ck} = 7600/(1.13 \times 30\,000) = 0.22 > 0.08$$

因此受压区需要配置约束钢筋(见表 6.1 注 15)。

纵筋配筋率为:

■ M1 墩:

$$\rho_L = 20100/1130000 = 0.0178$$

M2 墩:

$$\rho_L = 16880/1130000 = 0.0149$$

外表面到螺旋筋中心线的距离为 $c = 58\text{mm}$($D_{sp} = 1.084\text{m}$),混凝土核心区面积为$A_{cc} = 0.923\text{m}^2$。

对于圆形螺旋箍筋及延性性能设计,约束钢筋所需的受力配筋率 $\omega_{w,req}$(见表 6.1)应满足:$\omega_{w,req} = 0.52(A_c/A_{cc})\eta_k + 0.18(f_{yd}/f_{cd})(\rho_L - 0.01)$,且 $\omega_{w,\min} = 0.18$。

■ 对 M1 墩:

$$\omega_{w,req} = 0.52 \times (1.13/0.923) \times 0.22 + 0.18 \times (500/1.15)/(0.85 \times 30/1.5) \times (0.0178 - 0.01) = 0.176$$

■ 对 M2 墩:

$$\omega_{w,req} = 0.52 \times (1.13/0.923) \times 0.22 + 0.18 \times (500/1.15)/(0.85 \times 30/1.5) \times (0.0149 - 0.01) = 0.162$$

M1 墩的最不利情况,需满足:

$$\omega_{wd,c} = \max(\omega_{w,req};\omega_{w,min}) = 0.18$$

此时，约束钢筋的体积配筋率为：

$$\rho_w = \omega_{wd,c}(f_{cd}/f_{yd}) = 0.18 \times (0.85 \times 30/1.5)/(500/1.15) = 0.0070$$

所需约束钢筋面积（单肢）为：

$$A_{sp}/s_L = \rho_w D_{sp}/4 = 0.007 \times 1.084/4 = 0.0019\text{m}^2/\text{m} = 1900\text{mm}^2/\text{m}$$

最大允许箍筋间距为（见表6.1）：

$$\max s_L = 1084\text{mm}/5 = 217\text{mm}$$

8.2.8.2 防止纵筋屈服

防止纵筋屈服所需配置的横向钢筋，其箍筋最大间距不得超过 δd_{bL}，式中：

$$\delta = 2.5(f_{tk}/f_{yk}) + 2.25 \geq 5$$

（见表6.1）。对于 S500 级钢，$f_{tk}/f_{yk} \sim 1.15$：

$$\delta = 2.5 \times 1.15 + 2.25 = 5.125$$

因此有：

$$\max s_L = \delta d_L = 5.125 \times 32\ \text{mm} = 164\ \text{mm}$$

8.2.8.3 桥墩横向钢筋——各类需求对比

各类设计验算要求下桥墩所需横向配筋对比见表8.5。横向配筋由抗剪设计控制。两个桥墩均选用 $\phi16/85$ 螺旋箍（$4730\text{mm}^2/\text{m}$）。

桥墩横向配筋需求对比 表8.5

需求	箍筋	钢筋屈服	设计剪力
$A_t/s_L(\text{mm}^2/\text{m})$	2×1900=3800	—	M1:4825;M2:4150
$\max s_L(\text{mm})$	217	164	—

8.2.9 上部结构能力设计验算

8.2.9.1 能力设计效应估算——一种备选方法

Eurocode 8 第2部分中计算能力设计效应时的一般过程包括：在主梁-桥墩整体框架系统中分别施加准永久荷载“G”和荷载 ΔA_C =“$M_o - G$”，并将二者效应叠加（见本指南6.4.2）。

在纵桥向（X 方向），一种备选方法是以上部结构连续梁体系作为分析对象，支承于桥墩和桥台处。将准永久荷载“G”和超强弯矩“M_o”在该体系上的效应叠加。图8.12 显示出了这两种方法的等效性。

准永久荷载“G”的作用效应如图8.13 所示。图8.14 则显示出了 $+X$ 方向地震作用下超强荷载“M_o”引起的荷载效应。$-X$ 方向地震作用下的效应则应反号。图8.15 则显示了两种荷载的叠加结果，以获得能力设计时 X 方向地震作用下的荷载效应。

8.2.9.2 主梁抗弯验算

对墩梁固接位置两侧的主梁截面，应根据截面中实配的普通钢筋和预应力筋（见图8.16），按能力设计效应进行验算。表8.6 列出了主梁截面验算中采用的轴力弯矩组合。图 8.17 中对比了考虑了能力设计效应的承载能力极限组合(ULS)下的弯矩-轴力相关曲线。

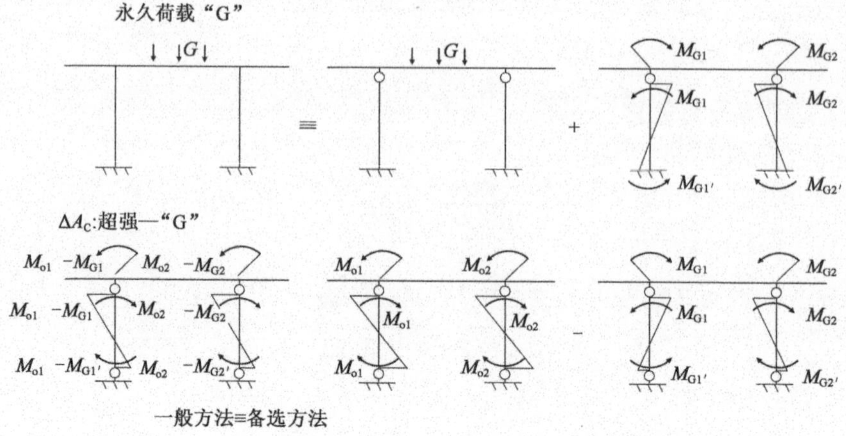

图 8.12　主梁能力设计一般方法和简化方法的等效性

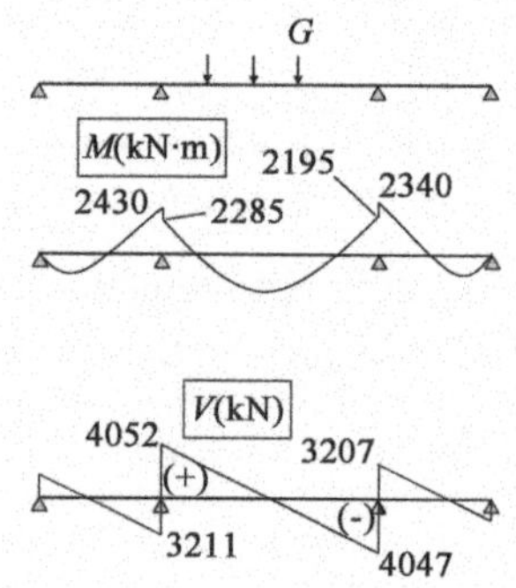

图 8.13　准永久荷载(“G”荷载)及其弯矩、剪力图

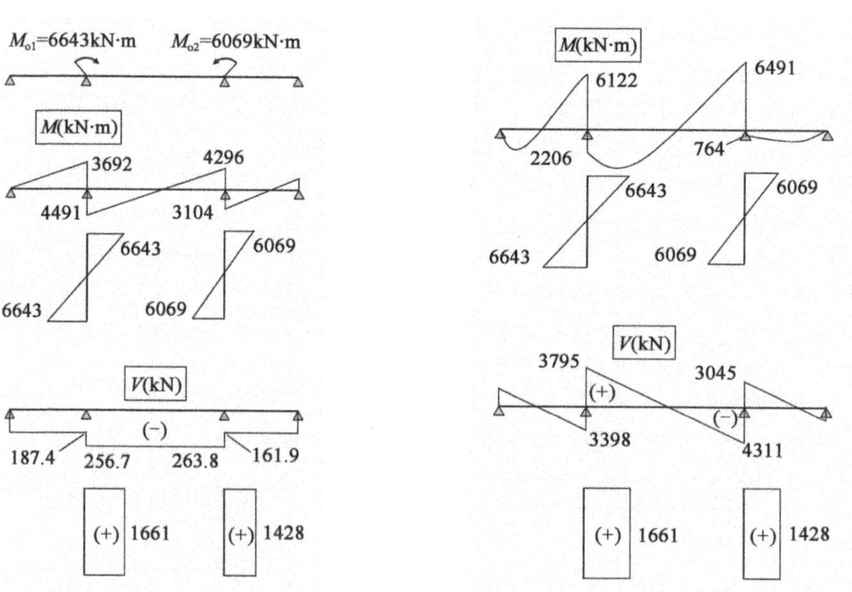

图 8.14　+X 方向的地震作用超强荷载(“M_o”荷载):弯矩和剪力图

图 8.15　+X 方向地震作用(“G”+“M_o”)下的能力设计效应:弯矩和剪力图

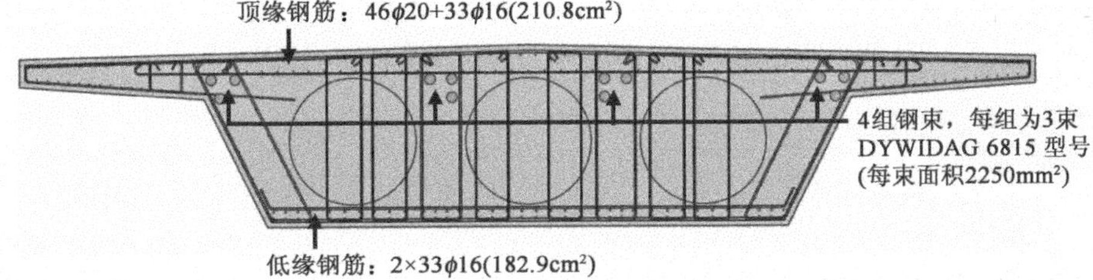

图 8.16 主梁截面，含普通钢筋及预应力筋

主梁截面荷载组合 表 8.6

截 面 位 置	地震作用方向	M_y(kN·m)	N(kN)
M1 桥墩—左侧	+X	-6122	-29900
M1 桥墩—右侧	+X	2206	-28300
M2 桥墩—左侧	+X	-6491	-29500
M2 桥墩—右侧	+X	764	-28100
M1 桥墩—左侧	-X	1262	-28100
M1 桥墩—右侧	-X	-6776	-29500
M2 桥墩—左侧	-X	2101	-28300
M2 桥墩—右侧	-X	-5444	-29900

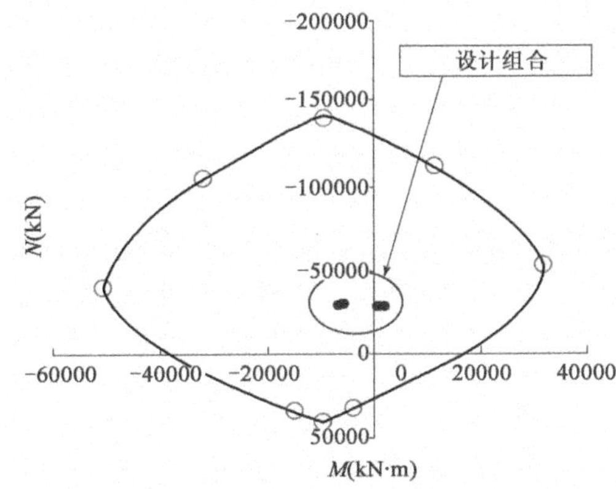

图 8.17 主梁截面弯矩轴力相关曲线

8.2.9.3 其余主梁验算项目

ULS 下的主梁抗剪验算通常并不控制设计。因此，此处并未列出。

墩梁连接点，即 6.4.4 中的“梁柱”节点，其验算完全不控制设计，所以此处也未列出。通常，只有柔性桥墩与主梁固接时，节点处的抗剪钢筋才会控制设计。

8.2.10 基础设计中的设计作用效应

图 8.18a）显示出了在纵桥负方向（-X）地震作用下，M1 墩基础的能力设计效应。图 8.18b）为横桥向的能力设计效应。横桥向反方向地震作用下的效应反号即可。

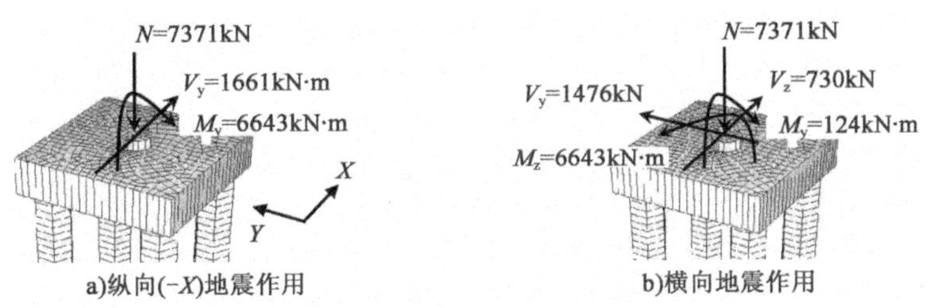

图 8.18 M1 桥墩基础能力设计效应

8.2.11　支座和伸缩缝

8.2.11.1　支座

支座设计位移 d_{Ed} 由式(D6.36)计算。

纵桥向位移示于图 8.19a)中,而横桥向位移示于图 8.19b)中。支座处的最大位移分别为 93.9mm 和 110mm。

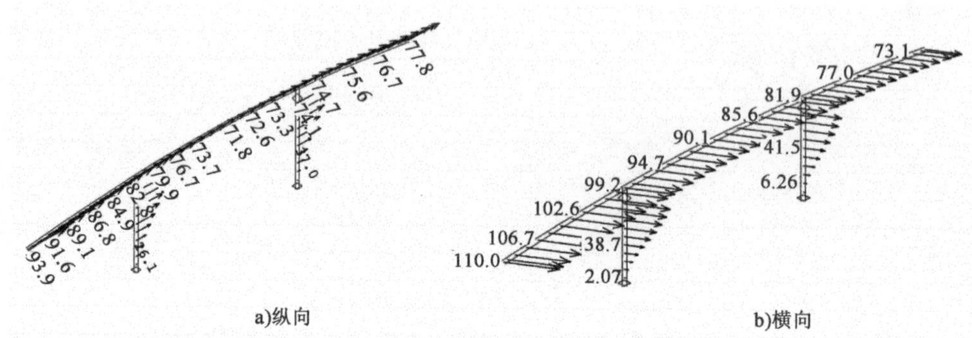

图 8.19　桥梁位移(单位:mm)

主梁通过一对支座简支于桥台处,允许沿两个水平轴自由滑动和转动。支座平面和立面视图如图 8.20 所示。

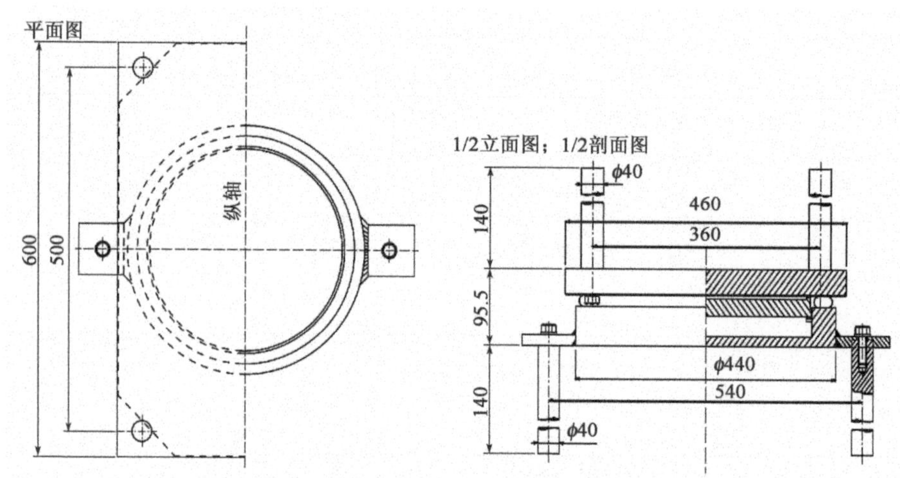

图 8.20　滑动支座平面和立面图(尺寸单位:mm)

验算支座上拔力。支座竖向最小反力示于图 8.21 中,最小值为 17.8kN(受压,故没有出现上拔力)。竖向最大反力示于图 8.22 中,最大值为 2447kN。

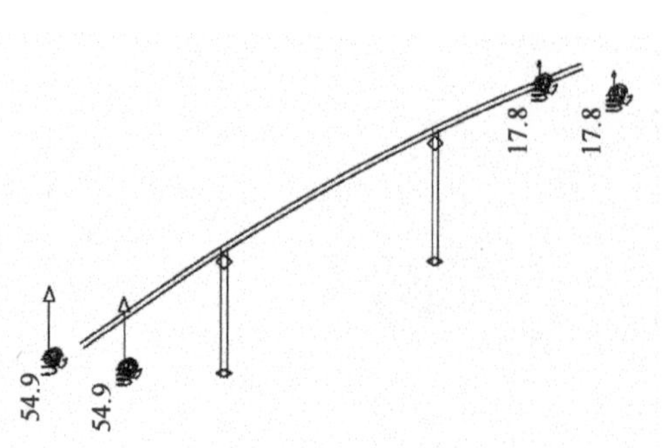

图 8.21　抗震设计状况下支座的最小反力(单位:kN)

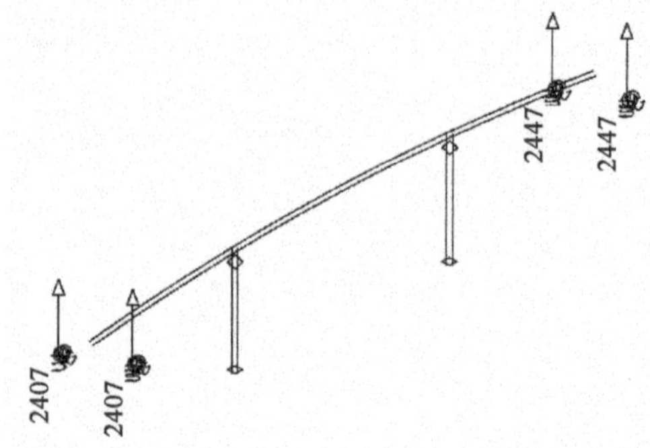

图 8.22　抗震设计状况下支座的最大反力(单位:kN)

8.2.11.2 搭接长度

伸缩缝处的最小搭接(支承座)长度按式(D6.34)计算,其中:

■ 本例支承长度 $l_m = 0.5\ m > 0.4m$。

■ 本例抗震设计状况下支承处的有效地震位移计算值 $d_{es} = 0.101m$。

■ 本例有效地面位移 $d_{eg} = (2d_g/L_g)L_{eff}$ 计算如下:

—本例设计地面位移为:

$d_g = 0.025a_gST_CT_D = 0.025 \times 0.16 \times 9.81 \times 1.15 \times 0.6 \times 2.5 = 0.068m$

—C 类场地类别的距离参数为 $L_g = 400m$。

—本例主梁有效长度为 $L_{eff} = 82.5/2 = 41.25m$。

因此,在不靠近已探明活动地震断裂的情况下,有:

$d_{eg} = (2d_g/L_g)L_{eff} = (2 \times 0.068/400) \times 41.25 = 0.014m < 2d_g = 0.136m$

因此有:

$$\min l_{ov} = 0.50 + 0.014 + 0.101 = 0.615m$$

可用支承座长度为 1.25m > $\min\ l_{ov}$。

8.2.11.3 伸缩缝

行车道伸缩缝宽度,即主梁顶板到桥台背墙顶部的距离,应通过设计使其能适应式(D6.39)求得的位移。主梁结构与桥台或其背墙间的净距,则应能适应式(D6.36)求得的较大位移值。

表 8.7 列出了用于确定行车道伸缩缝和结构净距的位移值。由于两种净距值不同,Eurocode 8 第 2 部分要求背墙设计能接受预期的(可控的)损伤。图 8.23 为此类设计细节的一个示例,可以想象行车道内的冲击力将只发生在桥头搭板内。图 8.24 显示出了所选用的行车道伸缩缝类型及其各方向的变形能力。

行车道伸缩缝位移和伸缩缝区域净距 表 8.7

位移(mm)	d_G	d_T	d_E	$d_{ED,J}$(伸缩缝)	d_{Ed}(结构)
纵向					
张开	+18.5	10.5	+76	+54.5	+100.5
闭合	0	-8.5	-76	-34.5	-80.5
横向	0	0	±110	±44.0	±110

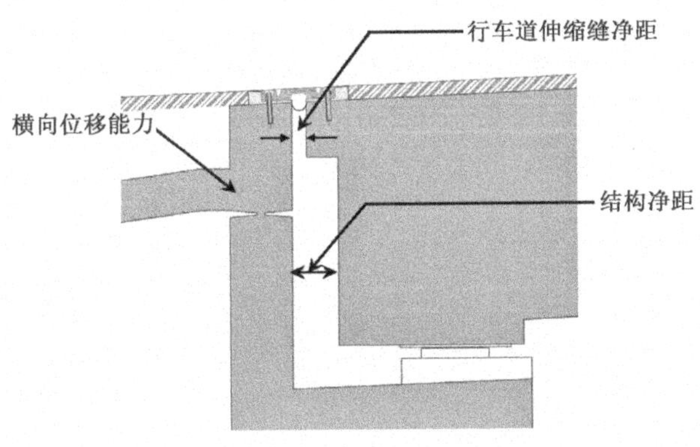

图 8.23 伸缩缝区域净距和构造细节

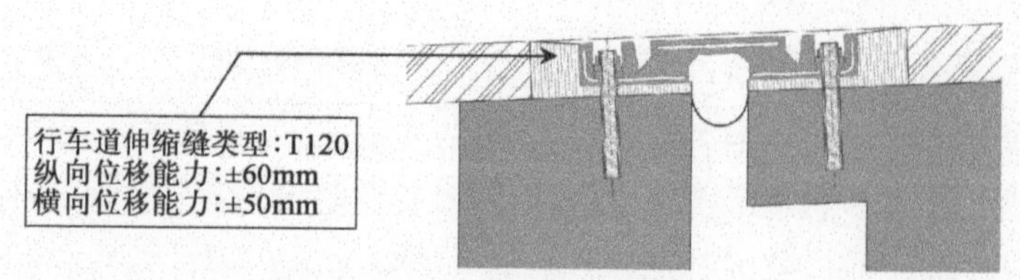

图 8.24 选用的伸缩缝类型

8.2.12 关于设计理念的几点结论

延性桥梁系统达到下述条件时经济性最优:即所有延性构件(尤其是桥墩)的尺寸可使全部关键截面的主筋均由地震需求控制,且该钢筋需求大于最小配筋率。当抗震桥墩属于下列情况时,该条件很难达到:

- 墩高变化剧烈;
- 截面大于抗震设计所需尺寸。

此类情况下,采用下述方案更为经济:

- 当设计峰值地面加速度 a_g 较小时,采用有限延性设计,或;
- 与主梁柔性连接(隔震设计)。

值得注意的是,Eurocode 8 第 2 部分并未设置最小配筋率要求(见表 6.1 注 23)。对于本例桥梁,业主要求取 $\rho_{min}=1\%$(该值相对较高),见 Eurocode 8 第 1 部分,但仅适用于建筑中的柱子。桥墩纵向配筋由抗震需求确定,并且超过最低要求(对 M1 墩:$\rho_L=1.78\%$;对 M2 墩:$\rho_L=1.49\%$)。

8.3 有限延性桥墩桥例

8.3.1 桥梁总体布置——设计理念

桥梁方案总图见图 8.25。主梁笔直、连续,跨径布置为 60m + 80m + 60m。截面为(钢混)组合形式,包括两道预制钢主梁、常规间距布置的横联以及混凝土桥面板。桥墩为钢筋混凝土结构,高 40m。沿墩高为等截面空心圆柱,壁厚 0.4m,外径 4m。双主梁通过支座支承于桥墩;一对支座布置于宽 4m、高 1.5m 的盖梁上。桥墩混凝土强度等级为 C35/45,钢材等级 S500,B 类。

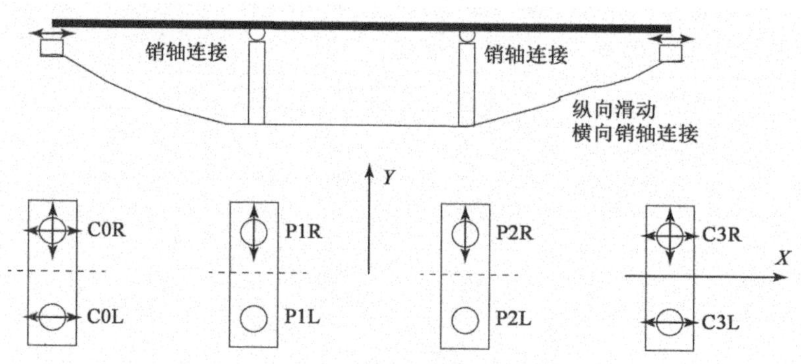

图 8.25 桥梁立面及支座布置图

高 40m 的墩非常柔,在结构上会产生下述影响:

■ 主梁与盖梁连接相对横桥轴线为铰接,主梁变形不会引起较大的约束反力。

■ 抗震体系较柔时,在两个水平方向的自振周期均较长,反应谱加速度值较低。对于此类低地震反应,桥墩采用延性设计既不方便也不经济。因此,取性能系数 $q=1.5$ 以实现有限延性受力性能(见表 5.1)。

8.3.2 设计地震作用

使用第 1 类反应谱。场地类别为 B 类,相应的场地系数推荐值为 $S=1.2$,特征周期分别为 $T_B=0.15s$,$T_C=0.50s$,$T_D=2s$(见表 3.3)。桥梁所在地震区的基准峰值地面加速度为 $a_{gR}=0.3g$。重要性系数为 $\gamma_I=1$,则水平方向设计峰值地面加速度为 $a_g=\gamma_I a_{gR}=1.0\times0.3g=0.3g$。设计加速度谱下限值系数为 $\beta=0.2$。性能系数为 $q=1.5$。按 5.3 中式(D5.3)求得的设计反应谱如图 8.26 所示。

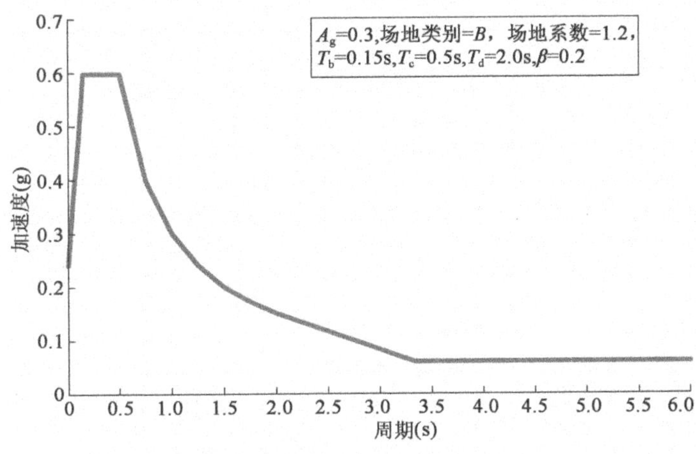

图 8.26 设计谱水平分量($q=1.5$)

8.3.3 抗震分析

8.3.3.1 交通荷载准永久值

抗震设计状况下施加 LM1 的均布荷载准永久值 $\psi_{2.1}Q_{k,1}$。对于交通量较大的桥梁,$\psi_{2.1}$ 取 0.2。

LM1 的均布荷载值,考虑调整系数 $\alpha_q=1.0$ 后为:

■ 车道 1:

$$\alpha_q q_{1,k}=3\text{m}\times9\text{kN/m}^2=27.0\text{kN/m}$$

■ 车道 2:

$$\alpha_q q_{2,k}=3\text{m}\times2.5\text{kN/m}^2=7.5\text{kN/m}$$

■ 车道 3:

$$\alpha_q q_{3,k} = 3\text{m} \times 2.5\text{kN/m}^2 = 7.5\text{kN/m}$$

■ 剩余区域:

$$\alpha_q q_{r,k} = 2\text{m} \times 2.5\text{kN/m}^2 = 5.0\text{kN/m}$$

总荷载 =47.0kN/m。

抗震设计状况下,桥梁单位长度交通荷载为:

$$\psi_{2,1} Q_{k,1} = 0.2 \times 47.0\text{kN/m} = 9.4\text{kN/m}$$

8.3.3.2　结构模型

结构模型中采用等截面3D梁单元模拟横联和双主梁。同样采用等截面棱柱单元模拟桥墩和盖梁(如图8.27所示)。桥墩在基础顶面固接。支座模型考虑主梁和盖梁节点中通过支座相连的相关自由度约束。

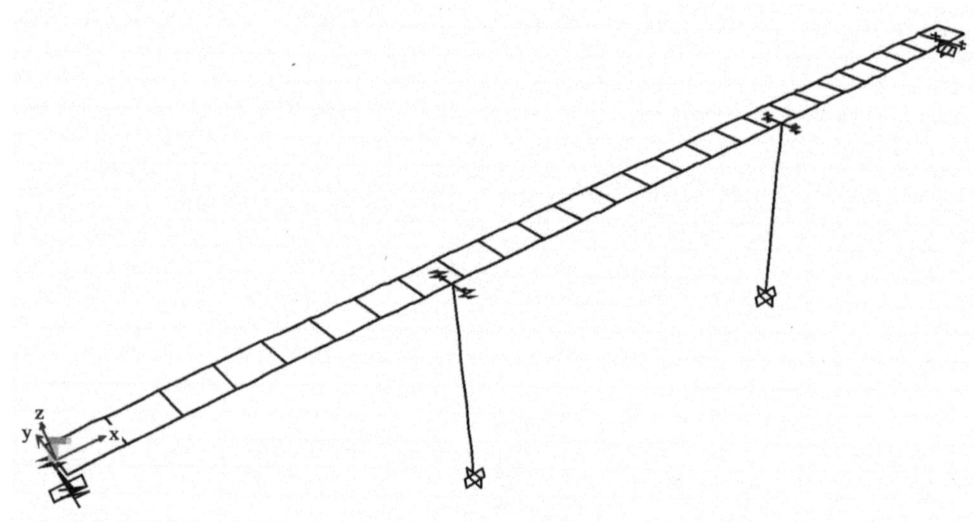

图8.27　结构模型

8.3.3.3　桥墩有效刚度

桥墩有效刚度初始假定值为未开裂毛截面刚度$(EI)_c$的50%,可得纵桥向(X向)基本周期为3.88s,横桥向(Y向)基本周期为3.27s。5.3中式(D5.3c)和式(D5.3d)给出的设计谱下限值为$S_d = \beta a_g = 0.2 \times 0.3g = 0.06g$,适用于$T \geqslant 3.3$s。因此,当$(EI)_{eff} < 0.5(EI)_c$时,$(EI)_{eff}$的精确值对于确定设计地震作用效应并无实际作用。但分析中采用的终值$(EI)_{eff} = 0.3(EI)_c$,以防止低估位移值。如图8.28~图8.31所示,轴力在15~20MN范围内,弯矩约60MN·m时,该值与配筋率最终需求值$\rho = 1.5\%$较为契合。在该值$(EI)_{eff}$下,纵向基本周期为5.02s,横向为3.84s。

8.3.3.4　反应谱分析

表8.8中列出11阶最为重要的模态参数(模态分析中的总阶数为30阶)。表中部分振型及表8.8未列出的振型对总反应的影响可忽略不计。

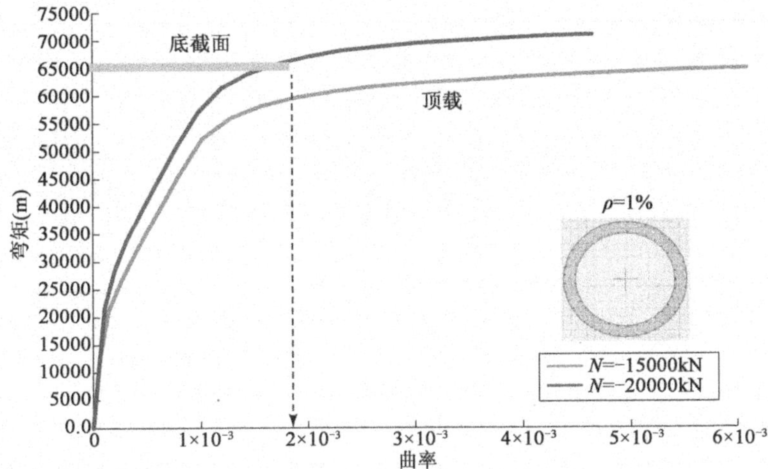

图 8.28 $\rho=1\%$ 时的桥墩截面弯矩-曲率曲线

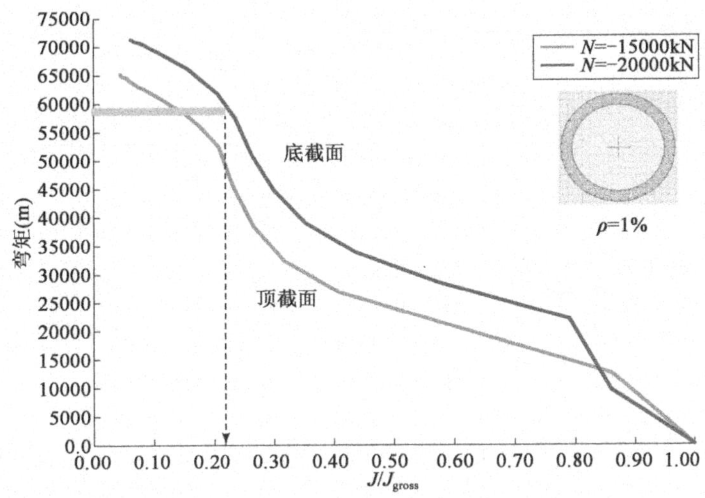

图 8.29 $\rho=1\%$ 时的桥墩截面弯矩-$(EI)_{\mathrm{eff}}/(EI)_{\mathrm{c}}$ 比曲线

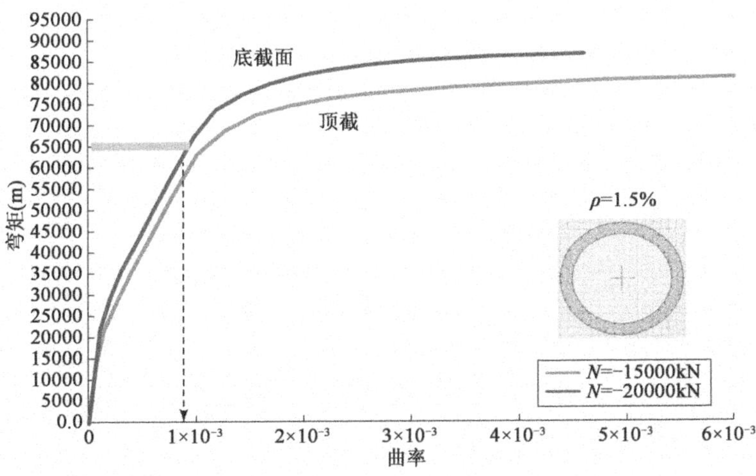

图 8.30 $\rho=1.5\%$ 时桥墩截面弯矩-曲率曲线

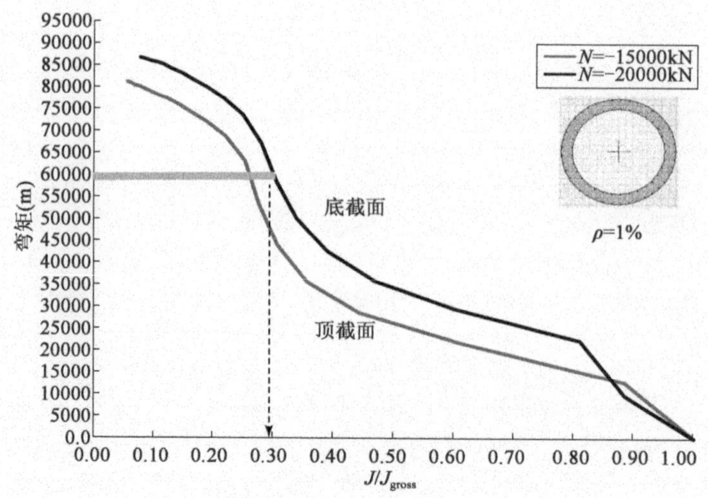

图 8.31　$\rho=1.5\%$ 时桥墩截面的弯矩-$(EI)_{eff}/(EI)_c$ 比曲线

主要振型周期及质量参与系数　表 8.8

阶　数	周期(s)	振型质量贡献(%)		
		X 方向	Y 方向	Z 方向
1	5.03	**92.5**	0.0	0.0
2	3.84	0.0	**76.8**	0.0
3	1.49	0.0	0.0	0.0
4	0.79	0.0	0.0	1.2
6	0.66	0.0	8.4	0.0
9	0.48	0.0	2.1	0.0
11	0.42	0.0	0.0	**63.2**
17	0.26	0.0	6.2	0.0
18	0.26	4.4	0.0	0.0
23	0.16	0.0	0.0	5.0
27	0.15	0.0	3.0	0.0
28	0.13	0.0	0.0	8.8

其中 4 阶振型形状绘于图 8.32 ~ 图 8.35 中。

反应谱分析中考虑了前 30 阶振型。X 和 Y 向模态质量贡献总和分别达到 97.1% 和 97.2%。通过 CQC 法进行振型反应组合。

图 8.36 显示出 P1 墩身峰值弯矩分布。

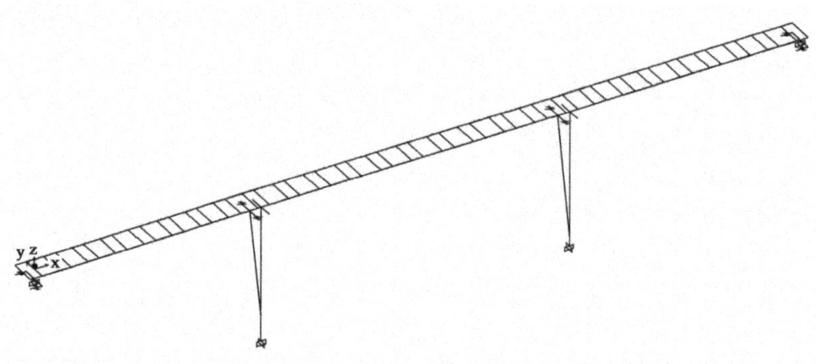

图 8.32　第 1 阶振型——纵移

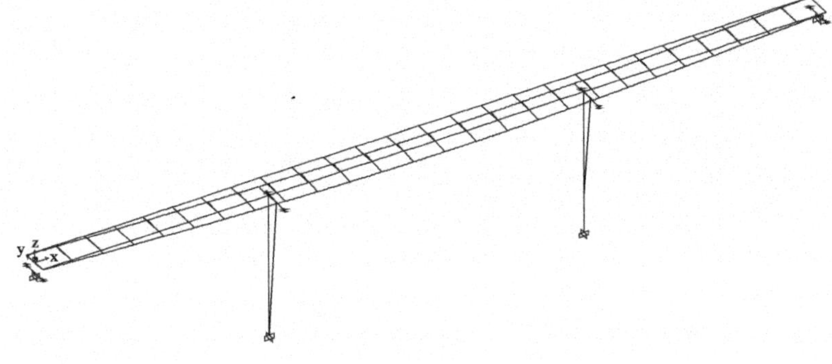

图 8.33 第 2 阶振型——横弯

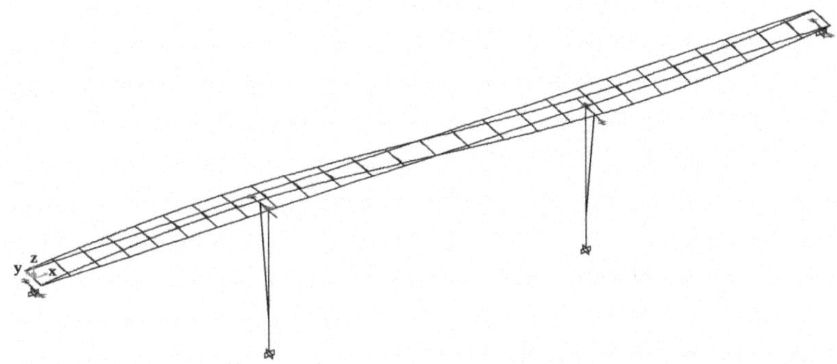

图 8.34 第 3 阶振型——扭转

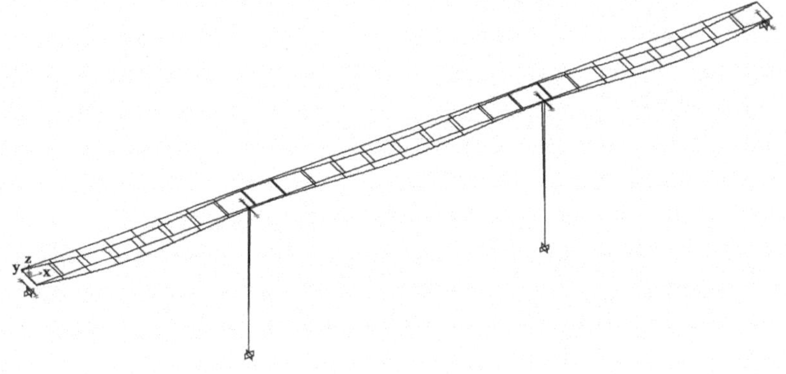

图 8.35 第 11 阶振型——竖弯

8.3.4 二阶效应

8.3.4.1 桥墩几何缺陷与二阶效应

根据 EN 1992-2:2005(CEN, 2005a)条款*5.2*,桥墩倾角 $\theta_1=\theta_0 a_h=1/200\times\sqrt{l}$,式中 l 为桥墩高度或长度($l=40$m)。由此可得 $\theta_1=1.58\times10^{-3}$ rad。依照 EN 1992-1-1:2004 (CEN, 2004a)条款*5.2(7)*,该倾角产生的偏心距为 $e_i=\theta_i l_o/2$,式中 l_o为有效长度:

■ 纵桥向,$-X$:($l_o=80$m)$e_x=0.063$m。

■ 横桥向,$-Y$:($l_o=40$m)$e_y=0.032$m。

恒载(G),包括徐变效应(徐变系数 $\varphi=2.0$)引起的偏心距,需通过 6.3.1 中式(D6.4)进行放大以考虑二阶效应,其中 $\nu=N_B/N_{Ed}$(N_B为屈曲荷载,N_{Ed}为轴力)。结果列于表 8.9 中。

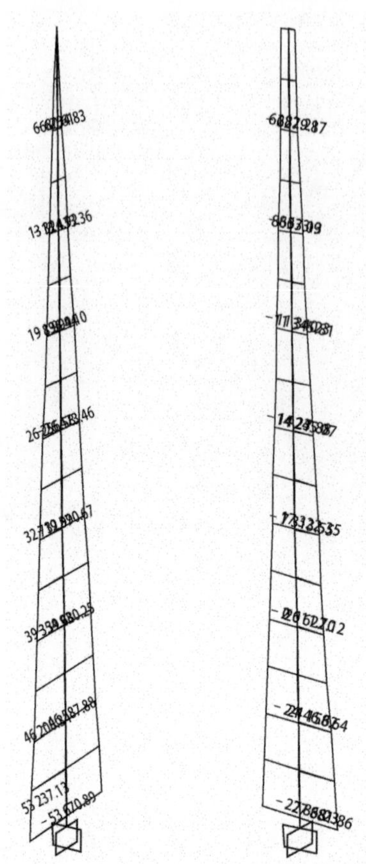

图 8.36 P1 墩截面两个方向上的峰值弯矩分布

桥墩几何缺陷引起的一阶和二阶偏心距 表 8.9

方向	e_i(m)	$v = N_B/N_{Ed}$	$e_{i,II}/e_i$	$e_{i,II}$(m)
X	0.063	19.65	1.161	0.073
Y	0.032	78.62	1.039	0.033

8.3.4.2 地震作用的二阶效应

此类效应通过两种方法进行计算。

(i)*依据 EN 1992-1-1:2004 条款 5.8*。

使用名义刚度法(Eurocode 2 第 1-1 部分条款 *5.8.7*),令 $(EI)_{eff} = 0.3(EI)$,与抗震设计状况一致。墩底截面弯矩放大系数按下式计算:$1 + \beta/[(N_B/N_{Ed}) - 1]$,式中 $\beta = 1$;N_{Ed}为轴力设计值(19538kN);N_B为屈曲荷载,计算时刚度取名义刚度,即 $N_B = \pi^2(EI)_{eff}/(\beta_1 L_0)^2$,其中 $\beta_1 = 1$。上述方法求得如下弯矩放大系数:

- 纵桥向($-X$):1.154;
- 横桥向($-Y$):1.034。

(ii)*依据 EN 1998-2:2005*。

塑性铰截面处的弯矩增量(包括桥墩自重)按 6.3.1 中式(D6.3b)第一项计算:$\Delta M = (1 + q)d_{Ed}N_{Ed}/2$,式中 d_{Ed}为墩顶地震位移;N_{Ed}为抗震分析获得的轴力,见表 8.10。Eurocode 8 第 2 部分(CEN, 2005b)提供的这种方法算出的纵桥向弯矩与 Eurocode 2 接近,而横桥向数值高很多。该值用于表 8.11 的进一步设计计算中。

墩顶位移 d_{Ed}　　表 8.10

墩顶位移	d_x(mm)	d_y(mm)
EX +0.3EY	0.373	0.065
EY +0.3EX	0.110	0.197

桥墩和桥台设计作用效应: $q = 1.50[(EI)_{eff} = 0.3(EI)_c]$　　表 8.11

作用及其组合	$F_x = V_x$ (kN)	$F_y = V_y$ (kN)	$F_z = N$ (kN)	M_x (kN·m)	M_y (kN·m)	M_z (kN·m)
P1　G	5.4	-0.2	19539.2	6.8	216.9	-0.2
P2　G	-5.4	-0.2	19539.3	6.8	-216.9	0.2
C0　G	0.0	0.2	3505.2	-0.4	0.0	0.0
C3　G	0.0	0.2	3505.2	-0.4	0.0	0.0
P1　EX +0.3EY	1254.4	187.4	28.8	7885.5	50803.5	342.8
P2　EX +0.3EY	1254.4	187.4	28.8	7885.5	50803.5	342.8
C0　EX +0.3EY	0.0	322.2	21.5	1134.3	0.0	0.0
C3　EX +0.3EY	0.0	322.2	21.5	1134.3	0.0	0.0
P1　EY +0.3EX	376.3	624.6	8.6	26285.1	15241.0	1142.5
P2　EY +0.3EX	376.3	624.6	8.6	26285.1	15241.0	1142.5
C0　EY +0.3EXY	0.0	1073.9	6.4	3781.1	0.0	0.0
C3　EY +0.3EXY	0.0	1073.9	6.4	3781.1	0.0	0.0
P1　EX +0.3EY +P-Δ EC2	1254.4	187.4	28.8	8153.6	58576.4	342.8
P2　EX +0.3EY +P-Δ EC2	1254.4	187.4	28.8	8153.6	58576.4	342.8
P1　EY +0.3EX +P-Δ EC2	376.3	624.6	8.6	27178.8	17572.9	1142.5
P2　EY +0.3EX +P-Δ EC2	376.3	624.6	8.6	27178.8	17572.9	1142.5
P1　EX +0.3EY +P-Δ EC8	1254.4	187.4	28.8	9279.0	58298.5	342.8
P2　EX +0.3EY +P-Δ EC8	1254.4	187.4	28.8	9279.0	58298.5	342.8
P1　EY +0.3EX +P-Δ EC8	376.3	624.6	8.6	30508.3	17451.4	1142.5
P2　EY +0.3EX +P-Δ EC8	376.3	624.6	8.6	30508.3	17451.4	1142.5
P1　EX +0.3EY +P-Δ EC8 + Imperf	1254.4	187.4	28.8	9826.3	59393.1	342.8
P2　EX +0.3EY +P-Δ EC8 + Imperf	1254.4	187.4	28.8	9826.3	59393.1	342.8
P1　EY +0.3EX +P-Δ EC8 + Imperf	376.3	624.6	8.6	31055.6	18546.0	1142.5
P2　EY +0.3EX +P-Δ EC8 + Imperf	376.3	624.6	8.6	31055.6	18546.0	1142.5
P1　G + EX +0.3EY +P-Δ EC8 + Imperf	1259.8	187.2	19568.0	9833.1	59610.0	342.5
P2　G + EX +0.3EY +P-Δ EC8 + Imperf	1249.1	187.2	19568.0	9833.1	59176.2	343.0
C0　G + EX +0.3EY	0.0	322.3	3526.6	1134.0	0.0	0.0

续上表

作用及其组合	$F_x=V_x$ (kN)	$F_y=V_y$ (kN)	$F_z=N$ (kN)	M_x (kN·m)	M_y (kN·m)	M_z (kN·m)
C3 G+EX+0.3EY	0.0	322.3	3526.6	1134.0	0.0	0.0
P1 G+EY+0.3EX+P-ΔEC8+Imperf	381.7	624.4	19547.9	31062.4	18762.9	1142.3
P2 G+EY+0.3EX+P-ΔEC8+Imperf	371.0	624.4	19547.9	31062.4	18329.1	1142.7
C0 G+EY+0.3EX	0.0	1074.1	3511.6	3780.8	0.0	0.0
C3 G+EY+0.3EX	0.0	1074.1	3511.6	3780.8	0.0	0.0

8.3.5 桥墩与桥台的设计作用效应

表8.10列出了抗震设计状况下各种作用的效应值及其组合。效应位置包括:

- P1和P2墩底截面;
- 桥台C0和C3两个支座的中点。

各类作用采用如下标识:

- *G*——恒载+交通荷载准永久值;
- EX——X向地震($q=1.5$时的设计谱);
- EY——Y向地震($q=1.5$时的设计谱);
- *P*-Δ EC2——附加二阶效应,依据EN 1992-1-1:2004 *条款5.8* 计算;
- P-Δ EC8——附加二阶效应,依据EN 1998-2:2005计算;
- Imperf——桥墩几何缺陷引起的一阶和二阶效应(含徐变)。

8.3.6 基础的设计作用效应

表8.12给出了基础设计时,在抗震设计状况下荷载效应的组合值。抗震荷载效应依据$q=1.0$求得。效应位置包括:

- P1和P2墩底截面。
- 桥台C0和C3两个支座的中点。

基础设计作用效应:$q=1.0$ [$(EI)_{eff}=0.3(EI)_c$] 表8.12

作用及其组合	F_x (kN)	F_y (kN)	F_z (kN)	M_x (kN·m)	M_y (kN·m)	M_z (kN·m)
P1 G+EX+0.3EY+P-Δ EC8+Imperf	1887.0	280.9	19582.4	13775.8	85011.7	513.9
P2 G+EX+0.3EY+P-Δ EC8+Imperf	569.8	936.7	19552.2	44204.9	26383.4	1713.5
C0 G+EX+0.3EY	0.0	483.4	3537.4	1701.1	0.0	0.0
C3 G+EX+0.3EY	0.0	1611.1	3514.8	5671.3	0.0	0.0

各效应标识见图8.37。剪力和弯矩符号互相一致。但是由于上述效应(除了竖向轴力F_z)主要由地震作用控制,因此其符号与方向可能相反。

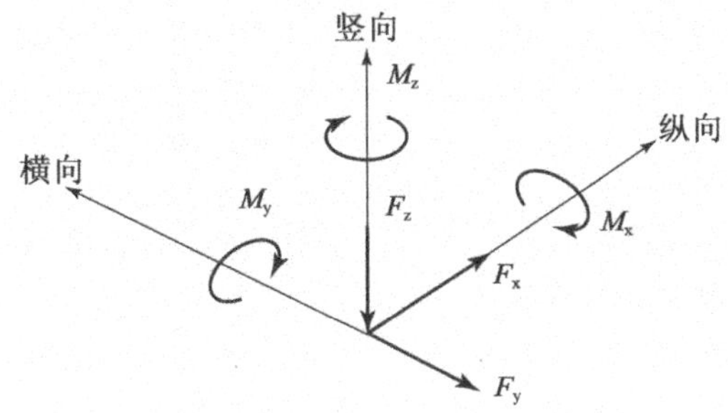

图 8.37 基础设计时的内力和弯矩正方向

8.3.7 桥墩验算

8.3.7.1 弯曲及轴力承载能力极限状态

墩底截面配筋按下述方法确定：名义保护层厚度 $c = 50$mm，钢筋中心至表面距离估计值为 80mm。设计作用效应为：$N_{\mathrm{Ed}} = 19568$kN，$M_y = 59610$kN · m，$M_x = 9833$kN · m→$A_{s,\mathrm{req}} = 67800\mathrm{mm}^2$。选用纵向配筋为：

■ 外圈：62ϕ28（38100mm^2）。

■ 内圈：49ϕ28（30100mm^2）。

图 8.38 绘制了墩底截面设计时的相关曲线。

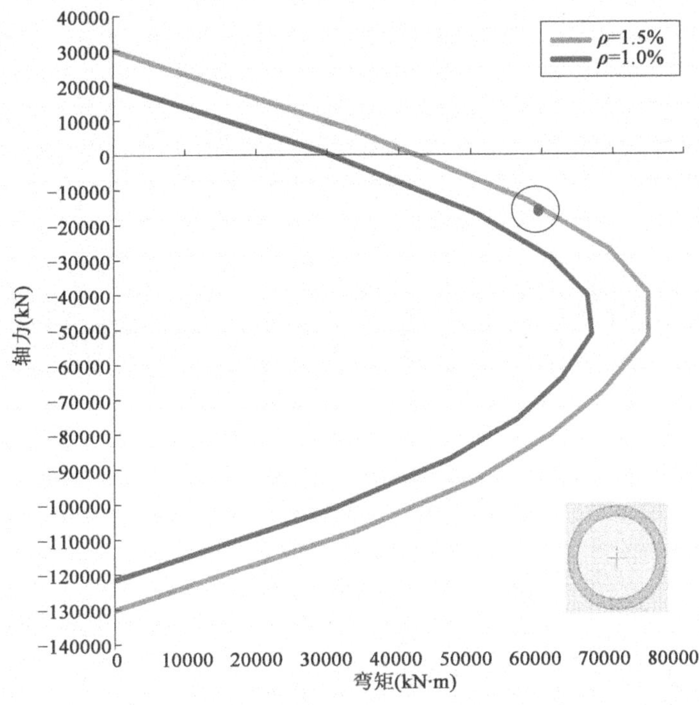

图 8.38 墩底截面设计时的相关曲线

8.3.7.2 剪切承载能力极限状态

对于有限延性性能，桥墩地震剪力计算值需要乘以 $q = 1.5$（见 6.3.2 和表 6.1），有：

$$V_{\mathrm{Ed}} = 1.5\sqrt{1259.2^2 + 187.2^2} = 1910\mathrm{kN}$$

抗力 V_{Rd} 需要除以 $\gamma_{\mathrm{Bd1}} = 1.25$（见表 6.1 注 4）。

环形截面斜压破坏抗剪承载力为:

$$V_{\mathrm{R,max}}=\frac{\pi}{4}t_{\mathrm{w}}(D-2c)(nf_{\mathrm{cd}})\sin2\delta$$

其中 $0.4\leqslant\tan\delta\leqslant1$ $(22°\leqslant\delta\leqslant45°)$,

且:

$$n=0.6\left(1-\frac{f_{\mathrm{ck}}[\mathrm{MPa}]}{250}\right)=0.6\left(1-\frac{35}{250}\right)=0.516$$

$$V_{\mathrm{R,max}}=\frac{1}{1.25}\frac{\pi}{4}\times0.4\times(4.0-2\times0.08)\times0.516\times\frac{0.85\times35000}{1.5}\sin2\delta$$

$$=9877\sin2\delta$$

$$=6811\mathrm{kN}>V_{\mathrm{Ed}}$$

判别大小关系时已除 $\gamma_{\mathrm{Bd1}}=1.25$,并考虑了下限值 $\tan\delta=0.4$。

由于桥墩较柔且受力较小,因而忽略轴力对抗剪承载力的贡献,则对于横向钢筋,V_{Rs}由下式计算:

$$V_{\mathrm{Rs}}=\frac{\pi}{2}\frac{A_{\mathrm{sw}}}{s_{\mathrm{h}}}f_{\mathrm{ywd}}(D-2c)\cot\delta$$

除以 $\gamma_{\mathrm{Bd1}}=1.25$,并考虑 $\tan\delta$ 下限值 0.4 后,可得:

$$V_{\mathrm{Rs}}=\frac{1}{1.25}\frac{\pi}{2}\frac{A_{\mathrm{sw}}}{s_{\mathrm{h}}}\frac{0.5}{1.15}(4-0.16)\times2.5\geqslant V_{\mathrm{Ed}}\rightarrow\frac{A_{\mathrm{sw}}}{s_{\mathrm{h}}}\geqslant182\mathrm{mm}^2/\mathrm{m}$$

8.3.8 延性需求

8.3.8.1 约束配筋

轴压比为:

$$\eta_{\mathrm{k}}=19560/(35000\times4.52)=0.1236>0.08$$

因此,需要配置约束钢筋(见表 6.1 注 15)。

当采用圆形螺旋箍时,对于有限延性性能,约束钢筋力学配箍率需求 $\omega_{\mathrm{w,req}}$(见表 6.1)为:

$$\omega_{\mathrm{w,req}}=0.39(A_{\mathrm{c}}/A_{\mathrm{cc}})\eta_{\mathrm{k}}+0.18(f_{\mathrm{yd}}/f_{\mathrm{cd}})(\rho_{\mathrm{L}}-0.01)$$

且:

$$\omega_{\mathrm{w,min}}=0.12$$

$$\omega_{\mathrm{w,req}}=(4.52/3.39)\times0.39\times0.1236+0.18(500/1.15)/(0.85\times35/1.5)\times(0.015-0.01)=0.085。$$

因此,力学配箍率受力配筋率应取:

$$\omega_{\mathrm{wd,c}}=\max(0.085;0.12)=0.12$$

则约束钢筋的体积配筋率需求为:

$$\rho_{\mathrm{w}}=\omega_{\mathrm{wd,c}}(f_{\mathrm{cd}}/f_{\mathrm{yd}})=0.12\times(0.85\times35/1.5)/(500/1.15)=0.005474$$

约束钢筋面积(单肢)为:

$$A_{\mathrm{sp}}/s_{\mathrm{L}}=\rho_{\mathrm{w}}A_{\mathrm{cc}}/(\pi D_{\mathrm{sp}})=0.005474\times3.39/(\pi\times3.384)=0.001746\mathrm{m}^2/\mathrm{m}$$

$$=1746\mathrm{mm}^2/\mathrm{m}$$

8.3.8.2 防止纵筋屈曲

为防止竖向钢筋屈服，箍筋最大间距 s_L 应取 δd_{bL}，其中 $\delta = 2.5(f_{tk}/f_{yk}) + 2.25 \geqslant 5$（见表 6.1）。对于 B 级钢筋，$f_{tk}/f_{yk} \geqslant 1.08$，有：

$$\delta = 2.5 \times 1.08 + 2.25 = 4.95$$

故取 $\delta = 5$，可得：

$$s_L^{req} = \delta d_L = 5 \times 28\text{mm} = 140\text{mm}$$

本指南 4.4.1.5 已指出，对于环形桥墩内侧，箍筋无法提供受拉环箍作用，因此不能有效防止竖向钢筋屈服或提供混凝土约束作用。如果在设计地震作用下，竖向钢筋受压屈服或内侧无约束混凝土达到压溃应变（本例并未发生上述现象），需要像截面边界平直时那样设置交叉拉筋。最终选择 $\phi16/110(1828\text{mm}^2/\text{m})$。

8.3.9 支座和伸缩缝

表 8.13 给出了支座在地震作用下的变形和受力需求。滑动支承和行车道伸缩缝处搭接长度的设计示例已分别在 8.2.11.2 和 8.2.11.3 中给出。

支座变形及承载力需求 表 8.13

支座	方向		U_1(m)	U_2(m)	U_3(m)	θ_1(rad)	θ_2(rad)	θ_3(rad)	N(kN)	V_2(kN)	V_3(kN)
M1a	X	Max	-0.007	0.001	0.003	0.001	0.000	0.015	-6659	674	0
M1a	X	Min	-0.007	-0.001	-0.003	-0.001	-0.001	-0.014	-7271	-669	0
M1a	Y	Max	-0.006	0.000	0.009	0.003	0.000	0.005	-6273	375	0
M1a	Y	Min	-0.008	0.000	-0.010	-0.003	-0.001	-0.004	-7657	-370	0
M1b	X	Max	-0.007	0.001	0.000	0.001	0.001	0.015	-6659	674	159
M1b	X	Min	-0.007	-0.001	0.000	-0.001	0.000	-0.014	-7271	-669	-159
M1b	Y	Max	-0.006	0.000	0.001	0.003	0.003	0.005	-3274	375	530
M1b	Y	Min	-0.008	0.000	-0.001	-0.003	-0.002	-0.004	-7657	-370	-529
A1a	X	Max	-0.002	0.396	0.000	0.001	0.001	0.003	-1532	0	174
A1a	X	Min	-0.002	-0.380	0.000	-0.001	-0.001	0.002	-1974	0	-187
A1a	Y	Max	-0.001	0.126	0.001	0.005	0.002	0.003	-1096	0	595
A1a	Y	Min	-0.002	-0.111	-0.001	-0.005	-0.002	0.002	-2409	0	-609
A1b	X	Max	-0.002	0.396	0.000	0.001	0.001	0.003	-1531	0	187
A1b	X	Min	-0.002	-0.380	0.000	-0.001	-0.001	0.002	-1974	0	-174
A1b	Y	Max	-0.001	0.126	0.001	0.005	0.002	0.003	-1096	0	609
A1b	Y	Min	-0.002	-0.111	-0.001	-0.005	-0.002	0.002	-2409	0	-596

8.4 隔震设计示例

8.4.1 简介

本节内容包括 8.3 中的桥梁，但采用特殊的隔震系统设计以抵抗较高的地震荷载。该隔震系统选用三层滑块摩擦摆支座（见 7.4.3.3）。隔震系统的分析同时采用了基本模态方法和非线性时程方法。并对两种方法计算结果进行了对比。

8.4.2 桥梁布置-设计理念

8.4.2.1 桥梁整体布置

桥梁上部结构为钢混叠合连续梁，跨径布置为 60m + 80m + 60m，两个桥墩均为实心矩形墩,高 10.0m。桥墩下部 8.0m 为实心矩形截面,尺寸为 5.0m×2.5m。隔震支座设置于墩顶加宽盖梁处,盖梁平面形状为矩形,尺寸为 9.0m×2.5m,高 2.0m。桥墩混凝土等级为 C35/45。

图 8.39 为立面图,图 8.40 为桥梁上部结构典型断面。图 8.41 和图 8.42 分别给出了隔震支座和桥墩的布置。

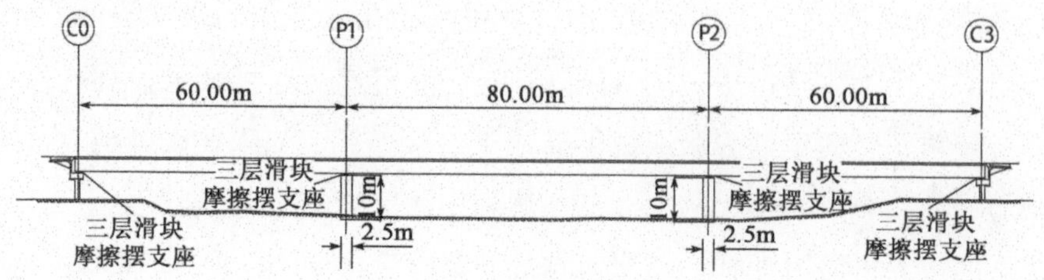

图 8.39 桥梁立面

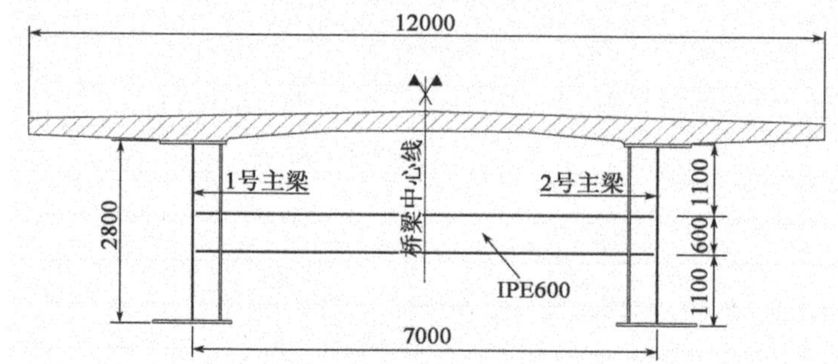

图 8.40 主梁断面(尺寸单位:cm)

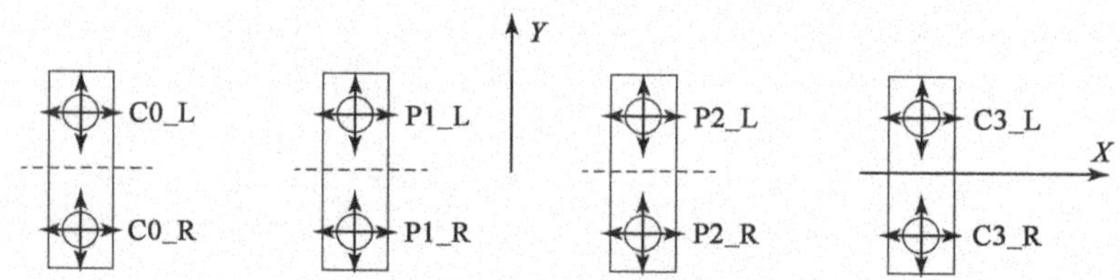

图 8.41 隔震支座布置

由于矮墩刚度较大,且岩石场地的设计地面加速度较高($a_{gR}=0.40g$),因此本桥采用隔震系统。该方案具有下述优势:

■ 有效减小了主梁变形引起的约束力;

■ 使两个桥墩的地震作用效应实际上是相等的,从而实现效应的最小化(即使桥墩高度不同也可以实现);

■ 极大地减小地震力。

此外,隔震系统的阻尼作用可使变形保持在经济范围内。

8.4.2.2 隔震系统

隔震系统由 8 个隔震支座组成,采用球型滑动面,属于三层滑块摩擦摆系统类型。每个桥台(C0 和 C3)或桥墩(P1 和 P2)处采用两个三层滑块摩擦摆支座支承主梁。三层滑块摩擦摆支座允许同时在纵向和横向产生位移,遵循一种非线性摩擦力-位移关系。支座大致尺寸为:

■ 桥墩处:平面尺寸 1.20 m×1.20 m,高 0.40m。

■ 桥台处:平面尺寸 0.90 m×0.90 m,高 0.40m。

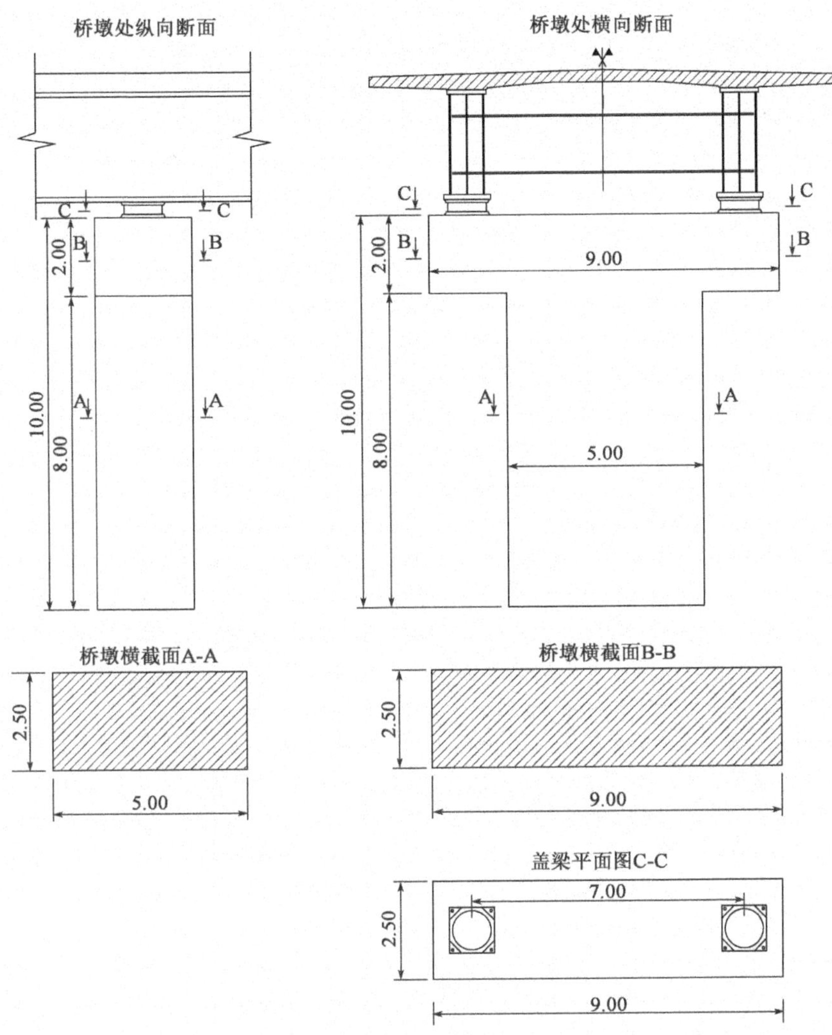

图 8.42 桥墩布置图(尺寸单位:m)

隔震支座的布置和编号如图 8.41 所示(X 为纵桥向,Y 为横桥向)。图 7.12 中绘制了典型的三层滑块摩擦摆支座,并在图 7.14 中示出了典型的力-位移关系。

选用的三层滑块摩擦摆支座在抗震分析时的名义参数如下:

■ 有效动力摩擦系数:$\mu_d = 0.061$(变动范围为名义值的 ±16%)。

■ 滑动面有效半径:$R_b = 1.83$m。

■ 有效屈服位移:$D_y = 0.005$m。

8.4.3 水平向非地震作用下的设计

8.4.3.1 附加水平荷载——制动力

通过桥梁重力荷载分析,获得了永久作用下的支承反力分布,列于表 8.14 中。收缩徐变引起的恒载反力时变性非常小。所以,可认为恒载反力是恒定的。

上部结构整体在支座处滑动引起的最小水平力通过上部结构最小重量和支座最小摩阻系数计算:

恒载作用下的支承反力(单位:MN,两片主梁) 表 8.14

	成桥自重	最小施工荷载	最大施工荷载	最小施工荷载组合	最大施工荷载组合	收缩徐变引起的时变效应
C0	2.328	0.664	1.020	2.993	3.348	-0.172
P1	10.380	2.440	3.744	12.819	14.123	0.206
P2	10.258	2.441	3.745	12.699	14.003	0.091
C3	2.377	0.664	1.109	3.041	3.396	-0.126
反力合计	25.343	6.209	9.258	31.552	34.871	0.000

$$F_{y,min} = 25\ 500 \times 0.051 \approx 1300\text{kN}$$

该值不小于制动力 $F_{br} = 900\text{kN}$。所以,制动力作用下桥墩支座不会发生滑动。由于桥台水平刚度很高,因此滑动会发生在桥台处,同时产生滑动反力 μW_a,其中 W_a 为恒载相应的反力。因此这种荷载工况下合理的静力模式为:主梁与墩顶铰接,与桥台处滑动连接且滑动面处施加前述摩擦反力(如图 8.43 所示)。桥台处的总反力由相应的主梁位移和支座力-位移关系求得[附加弹性反力 W_a/R(如图 8.44 所示)]。横向风荷载计算中也会遇到类似情况。

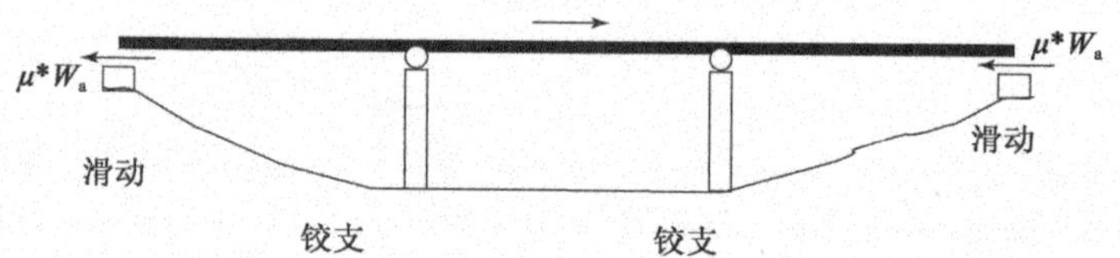

图 8.43 附加水平荷载作用下的结构受力图式

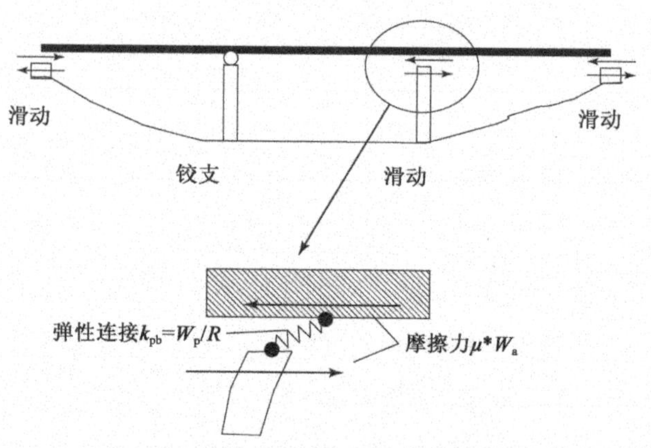

图 8.44 附加位移作用下的结构受力图式

8.4.3.2 可产生桥墩支座滑移的附加变形

假设结构水平方向受力图式与前文相同,引起桥墩支座滑移的附加变形由支座最小滑动力和桥墩刚度按下述方法计算:

■ 最小滑动力:

$$F_{y,min} = 0.051 \times 12699 = 648\text{kN}$$

■ 桥墩刚度:

$K_{pier} = 3EI/h^3 = 3 \times 34000000 \times [9 \times (2.5\text{m})^3/12]/(10)^3 = 1195313\text{kN/m}$

■ 产生滑移的墩顶主梁最小位移:

$$d_{\min} = F_{y,\min} = 648/1195313 = 0.5\text{mm}$$

该位移值很小，通常很小的温度变形就可超过该值。因此，在温度变形下，至少一个桥墩处的支座将发生滑移。

8.4.4 温度变化引起的附加变形

该工况下分析内力与位移的一种保守方法如下所述：由于两个桥墩处的支座滑动摩擦系数不可避免地存在差异，即使这种差异很小，也可假定在非地震作用下，其中一个桥墩处不会发生滑动。因此，可采用两种受力图式计算水平支承反力和位移，即分别令两个桥墩与主梁铰接。而在其他滑动支承处，在主梁和支承点间设置弹性连接，刚度为 $K_{pb} = W_p/R$（见图 7.10，$R = R_b = 1.83\text{m}$），计算中使用的 W_p 由相应的恒载计算。这些支承位置还需施加摩擦力 μW_p，式中 μ 为最小或最大摩擦力，在主梁和支承单元处反号施加，其方向与支承处对应的滑动变形一致，如图 8.44 所示。位移和内力均可由上述图式求出。

8.4.5 制动力与附加主梁变形效应的叠加

对制动力和附加变形效应进行叠加时需要谨慎，由于摩擦力的存在，这两种工况事实上涉及非线性响应。通常而言，在已发生附加位移的结构体系上施加制动力，会导致摩擦力发生重分布：即作用于一个桥墩和相应桥台处的初始摩擦力，当其与制动力同向时，会产生反向作用，从桥台开始，发生完全反向作用，相当于产生了 $2\mu W_a$ 的力。则制动力剩余值为：

$$F_{br} - 2\mu W_a = 900 - 2 \times 0.051 \times 2993 = 595\text{kN}$$

该值主要通过相关桥墩反力的减少来平衡。减小值与主梁在制动力方向上的位移有关，上限值可按下式计算：

$$\Delta d = (F_{br} - 2\mu W_a)/K_{pier} = 595/1195313 = 0.0005\text{m} = 0.5\text{mm}$$

相应地，发生于对面的桥墩和桥台处的反力增量上限值分别为：

$$\Delta d W_p/R = 0.0005 \times 12699/1.83 = 3.5\text{kN}$$

以及：

$$\Delta d W_a/R = 0.0005 \times 2993/1.83 = 0.8\text{kN}$$

可以看出，本例中位移 Δd 和反向力增量均可忽略不计。

在与抗震设计状况下的内力和位移的对比中可以看出，隔震桥梁中后者通常起到控制作用。

8.4.6 设计地震作用

8.4.6.1 设计谱

该项目中确定水平弹性谱（见本指南 3.1.2.3）的参数如下：

- 第 1 类水平弹性反应谱；
- 无近场效应；
- 重要性系数 $\gamma_I = 1.0$；
- A 类场地的基准峰值地面加速度 $a_{gR} = 0.4g$；

■ A 类场地的设计地面加速度为 $a_g=\gamma_1 a_{gR}=0.40g$;

■ B 类场地的场地系数 $S=1.20$,各周期值 $T_B=0.15s$,$T_C=0.5s$,$T_D=2.5s$。

周期 T_D的取值对隔震桥梁安全性影响较大,因为它与计算位移需求互成比例。为此,Eurocode 8 第 2 部分的国家附件特别列出了隔震桥梁设计时使用的 T_D值,比 Eurocode 8 第 1 部分的国家附件(CEN, 2004b)中给出的 T_D值更为保守(即更长)。本例中,取为 $T_D=2.5s$,长于 Eurocode 8 第 1 部分中的值 $T_D=2.0s$。

该项目确定竖向反应谱(见 3.1.2.4)的参数如下:

■ 第 1 类竖向弹性反应谱;

■ 竖向设计地面加速度与水平向设计地面加速度的比值 $a_{vg}/a_g=0.9$;

■ 周期值 $T_B=0.05s$,$T_C=0.15s$,$T_D=1s$。

水平向和竖向设计反应谱分别示于图 8.45 和图 8.46 中。

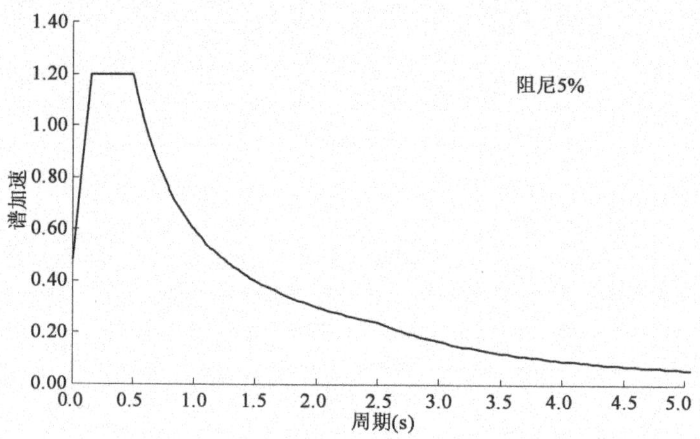

图 8.45　水平向弹性反应谱

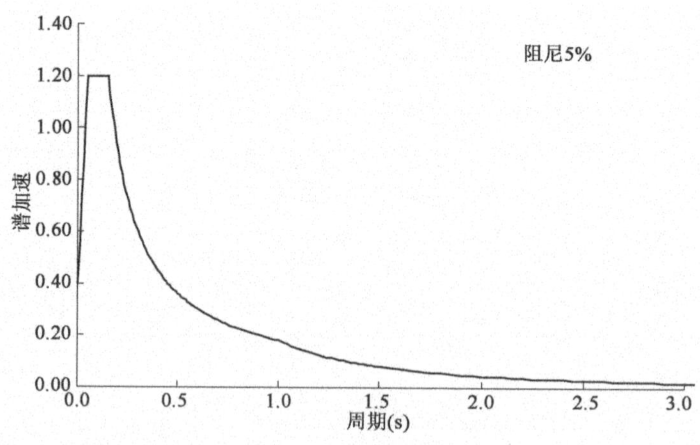

图 8.46　竖向弹性反应谱

8.4.6.2　非线性时程分析中的加速度曲线

地震作用的时程表示,采用 7 组地面运动时程记录(EQ1 ~ EQ7),每组同时包含两个水平方向的地面运动时程分量和竖向地面运动时程分量。每条分量曲线均通过对自然记录的加速度曲线进行修改而得,以使其匹配 Eurocode 8 中的弹性谱(即为半人工加速度曲线)。修改过程为施加单位脉冲函数反复迭代修正加速度曲线以使其与目标设计谱更加匹配。并不需要缩放各个分量以匹配 Eurocode 8 中的反应谱,因为通过前述修正过程,已经使得各分量与对应设计谱相容。

图 8.47 展示了一个例子。原始记录来自 Loma Prieta(美国加州)地震,Corralitos

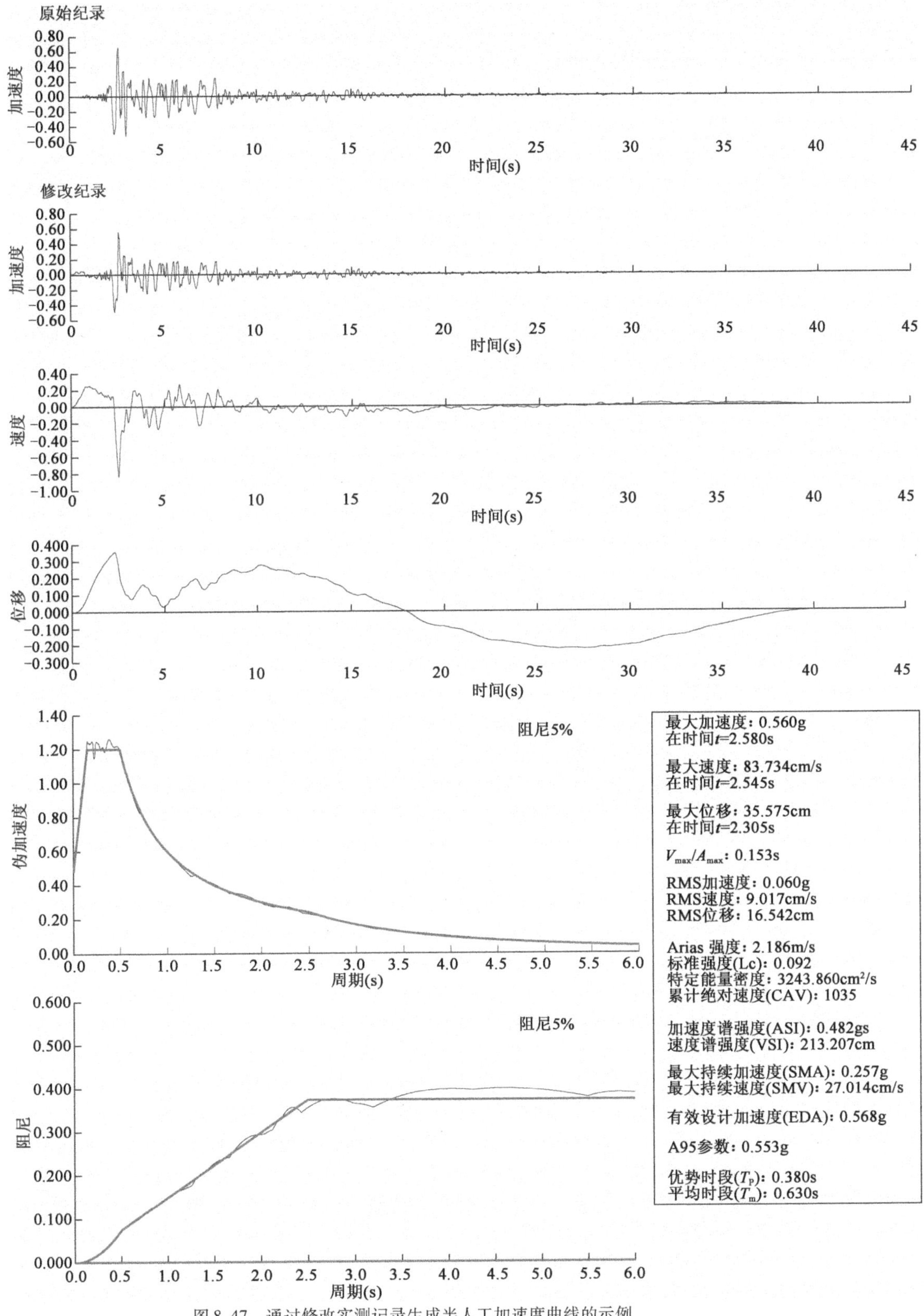

图 8.47 通过修改实测记录生成半人工加速度曲线的示例

第 000 号记录(震级 $M_s=7.1$,距断裂带 5.1km,美国地质勘探局 B 类场地)。生成人工地震波的实测加速度、速度和位移时程示于图中。通过对比原始加速度曲线和最终生成的半人工曲线,可以看出,修正方法并未大幅度修改天然波的波形。在 5% 阻尼比下通过半人工加速度曲线生成伪加速度和位移反应谱,并与 Eurocode 8 中的设计谱进行了对比,可以看出它与目标谱在整个周期范围内都吻合。

采用 3.1.4 中的方法对该组地面运动时程的匹配性进行了验证,图 8.48 和图 8.49分别示出了水平和竖向分量的验证结果。结果证明,所选用的加速度曲线与 Eurocode 8 设计谱在 0 ~ 5s 的所有周期值上水平分量匹配,而在 0 ~ 3s 区间范围内竖向分量匹配。因此,对于隔震系统,当有效周期 $T_{eff} < 5/1.5 = 3.33s$ 和竖向卓越周期 $T_v < 3/1.5 = 2s$ 时,匹配性可以满足,本例隔震系统完全满足上述条件。

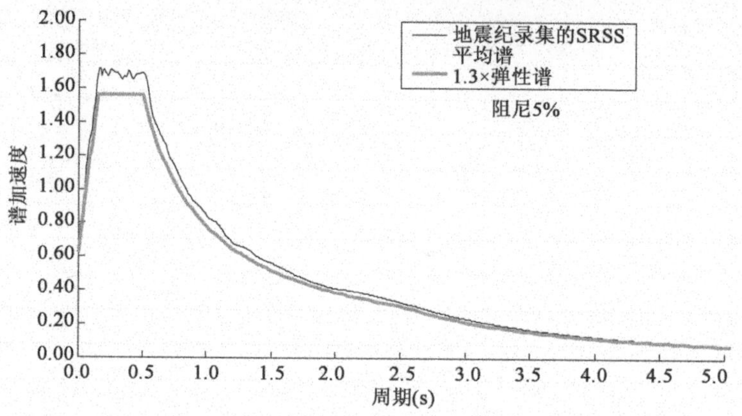

图 8.48　验证水平分量加速度曲线平均值与 Eurocode 8 设计谱的匹配性

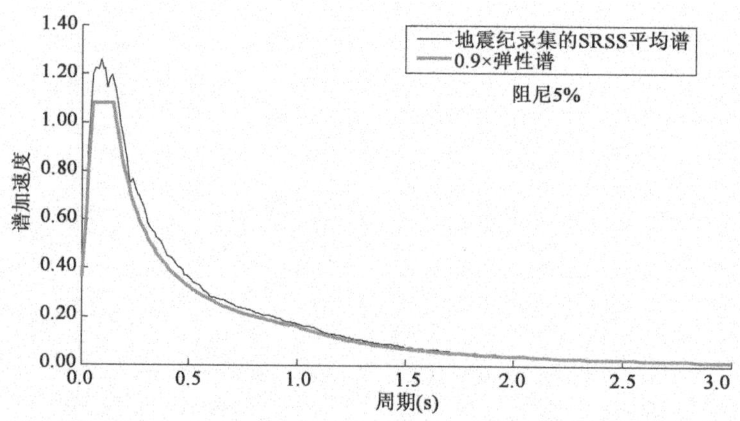

图 8.49　验证竖向分量加速度曲线平均值与目标设计谱的匹配性

8.4.7　用于抗震分析的结构系统建模

8.4.7.1　结构模型

8.4.7.1.1　桥梁模型

为进行非线性时程分析,采用 SAP 2000 程序建立桥梁 3D 模型,可充分考虑桥梁刚度和质量的几何及空间分布。桥梁上、下部结构采用线性等截面梁单元模拟,参数按照单元实际截面选取。质量集中于模型节点处。当有必要时,通过施加运动约束以合理模拟单元间的连接。忽略地基柔性,桥墩在墩底固接。时程分析桥梁模型如图8.50所示。

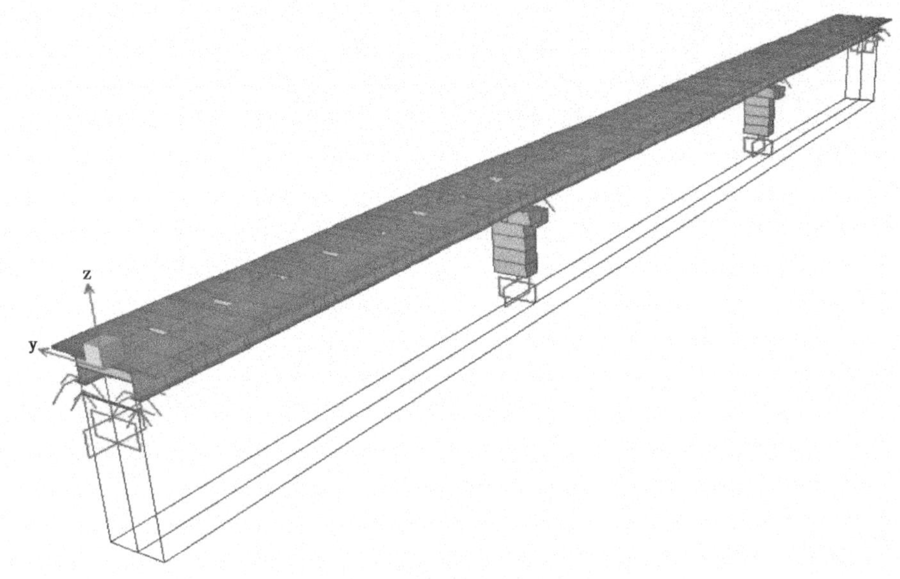

图8.50 时程分析桥梁模型

8.4.7.1.2 隔震装置模型

采用非线性滞回摩擦单元模拟三层滑块摩擦摆支座,将主梁和桥墩节点在对应位置与其连接。SAP 2000中,隔震系统的水平向受力性能满足基于Bouc-Wen模型的耦合摩擦。在竖直方向,隔震系统力学性能为只受压的弹性支承。通过考虑支座在各个时刻的实际竖向荷载,建立了支座的力-位移关系。在支座竖向荷载计算中,考虑了桥梁变形和竖向地震作用效应。

8.4.7.1.3 桥墩有效刚度

桥墩有效刚度取未开裂毛截面刚度。由于桥墩刚度远大于隔震系统有效刚度,因此假定桥墩为刚性并不会造成很大的误差。在基本振型分析中采用了这一方法,稍后将列出详细的计算过程。而在非线性时程分析中,将考虑桥墩的有效刚度。

8.4.8 抗震分析时的桥梁荷载

8.4.8.1 恒载

恒载效应由于收缩徐变而随时间仅发生微小变化(见表8.14)。由于变化较小,仅考虑收缩徐变充分发展后的作用效应。根据计算结果,恒载作用引起的纵向位移在桥台处为8mm,桥墩处为3mm,方向均指向跨中。

8.4.8.2 交通荷载准永久值

根据Eurocode 8第2部分,对于交通繁忙的桥梁(高速公路或其他对各个国家很重要的道路上的桥梁),抗震设计状况下需要考虑的交通荷载准永久值$\psi_{2,1}Q_k$,应由交通荷载模型LM1的均布荷载系统进行计算,其中组合系数取$\psi_{2,1}=0.2$。同时需根据EN1991-2:2003(CEN,2003a)条款4.2.3对名义车道进行划分,见图8.51。

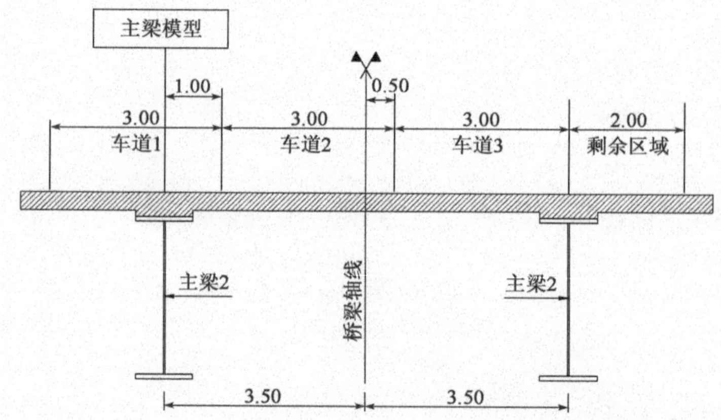

图 8.51 桥面划分为名义车道(尺寸单位:m)

LM1 的均布荷载值计算中需考虑均布荷载调整系数 $\alpha_q = 1.0$:

■ 车道 1:

$$\alpha_q q_{1,k} = 3\text{m} \times 9\text{kN/m}^2 = 27.0\text{kN/m}$$

■ 车道 2:

$$\alpha_q q_{2,k} = 3\text{m} \times 2.5\text{kN/m}^2 = 7.5\text{kN/m}$$

■ 车道 3:

$$\alpha_q q_{3,k} = 3\text{m} \times 2.5\text{kN/m}^2 = 7.5\text{kN/m}$$

■ 剩余区域:

$$\alpha_q q_{r,k} = 2\text{m} \times 2.5\text{kN/m}^2 = 5.0\text{kN/m}$$

总荷载 $= 47.0\text{kN/m}^2$。

抗震设计状况下,桥梁单位长度交通荷载准永久值为:

$$\psi_{2,1} Q_{k,1} = 0.2 \times 47\text{kN/m} = 9.4\text{kN/m}$$

交通荷载准永久值作用下主梁支承反力列于表 8.15 中,表中数据由桥梁在 LM1 均布荷载系统作用下的分析而得。

交通荷载准永久值作用下的反力(两片梁) 表 8.15

	交通荷载准永久值作用下的反力(两片梁)(MN)
C0	0.201
P1	0.739
P2	0.739
C3	0.201
反力合计	1.880

8.4.8.3 抗震设计状况下的主梁总重量

抗震设计工况下,主梁总重 W_d 包括永久荷载和交通荷载准永久值:

$$W_d = \text{恒载} + \text{交通荷载准永久值} = 34871 + 1880 = 36751\text{kN}$$

8.4.8.4 温度作用

平均重现期为 50 年时,结构所处环境最低温度等于 $T_{min} = -20℃$,环境最高温度等于 $T_{max} = +40℃$。初始温度取为 $T_0 = +10℃$。桥梁均匀升降温分量 $T_{e,min}$

和 $T_{e,max}$ 由 EN 1991-1-5:2003 (CEN, 2003b)图6.1计算,选用第2类主梁曲线(即叠合梁)。桥梁均匀温差分量升降温幅值计算结果如下:

■ 最大收缩温幅:

$$\Delta T_{N,con} = T_0 - T_{e,min} = 10℃ - (-20℃ + 5℃) = 25℃$$

■ 最大伸长温幅:

$$\Delta T_{N,exp} = T_{e,max} - T_0 = (+40℃ + 5℃) - 10℃ = 35℃$$

根据 EN 1991-1-5:2003 *条款6.1.3.3(3)注2*,设计支座和伸缩缝时,温度幅值应按下述方法增加:

■ 支座计算最大收缩温幅:

$$\Delta T_{N,con} + 20℃ = 25℃ + 20℃ = 45℃$$

■ 支座计算最大伸长温幅:

$$\Delta T_{N,exp} + 20℃ = 35℃ + 20℃ = 55℃$$

8.4.9 隔震系统的设计参数

8.4.9.1 上限和下限设计参数

隔震装置设计参数名义值已列于8.4.2.2中。分别为:

■ 有效动摩擦系数 $\mu_d = 0.061$(名义值变化范围为 ±16%);

■ 球形滑动面有效半径 $R_b = 1.83\text{m}$;

■ 有效屈服位移 $D_y = 0.005\text{m}$。

7.2.2.4 中已指出,应考虑隔震系统的两组设计参数:

■ 设计参数上限值(UBDP);

■ 设计参数下限值(LBDP)。

针对每组参数分别进行分析。对于所选的隔震系统,只考虑有效动摩擦系数设计参数值的变化。滑动面有效半径 R_b 为几何参数,不会发生变动。μ_d 的 UBDP 和 LBDP 值分别按照 Eurocode 8 第 2 部分*附录J* 和*附录JJ* 进行计算:

■ 名义值:$\mu_d = 0.061 \pm 16\% = 0.051 \sim 0.071$;

■ LBDP:$\mu_{d,min} = \min \text{DP}_{nom} = 0.051$。

■ UBDP:按照 Eurocode 8 第 2 部分*附录J* 和*附录JJ* 计算。

8.4.9.2 抗震设计时隔震装置的最低温度

$$T_{min,b} = \psi_2 T_{min} + \Delta T_1 = 0.5 \times (-20℃) + 5.0℃ = -5.0℃$$

式中,$\psi_2 = 0.5$,为抗震设计状况下温度作用的组合系数;$T_{min} = -20℃$,为桥址处的最低阴凉温度(年超越概率为0.98,EN 1991-1-5:2003 *条款6.1.3.2*);$\Delta T_1 = +5.0℃$,为叠合梁桥的修正温度(Eurocode 8 第 2 部分*表J.1N*)。

8.4.9.3 按照 Eurocode 8 第 2 部分*附录JJ* 计算 λ_{max} 系数

f1——老化:$\lambda_{max,f1} = 1.1$(*表JJ.5*,按正常环境、非润滑聚四氟乙烯、有保护层取值)。

f2——温度:$\lambda_{max,f2} = 1.15$(*表JJ.6*,按 $T_{min,b} = -5.0℃$、非润滑聚四氟乙烯取

值)。

f3——污染:$\lambda_{max,f3}$ =1.1(表JJ.7,按非润滑聚四氟乙烯、上下滑动面取值)。

f4——累计行程:$\lambda_{max,f4}$ = 1.0(表JJ.8,按非润滑聚四氟乙烯、累计行程≤1.0km 取值)。

组合系数 ψ_{fi} =0.70(按表J.2,重要性类别 II 类取值)。

λ_{max}系数的组合值为:$\lambda_{U,fi} = 1 + (\lambda_{max,fi} - 1)\psi_{fi}$[式(J.5)]。

f1——老化:$\lambda_{U,f1} = 1 + (1.1 - 1) \times 0.7 = 1.07$。

f2——温度:$\lambda_{U,f2} = 1 + (1.15 - 1) \times 0.7 = 1.105$。

f3——污染:$\lambda_{U,f3} = 1 + (1.1 - 1) \times 0.7 = 1.07$。

f4——累计行程:$\lambda_{U,f4} = 1 + (1.0 - 1) \times 0.7 = 1.0$。

8.4.9.4　有效 UBDP

$$\mathrm{UBDP} = \max\ \mathrm{DP}_{nom}\lambda_{U,f1}\lambda_{U,f2}\lambda_{U,f3}\lambda_{U,f4}$$

$$\mu_{d,max} = 0.071 \times 1.07 \times 1.105 \times 1.07 \times 1.0 = 0.071 \times 1.265 = 0.09$$

因此,有效摩擦系数 μ_d的变动范围为 0.051 ~0.09。

8.4.10　用基本振型法进行分析

8.4.10.1　一般规定

本指南 7.5.3 中介绍了基本振型分析法。在水平地震作用的两个方向上,假定上部结构为单自由度线性系统,以确定隔震桥梁的响应,相关参数包括:

- 隔震系统有效刚度 K_{eff};
- 隔震系统有效阻尼 ξ_{eff};
- 上部结构的质量 M_d;
- 有效周期 T_{eff}和有效阻尼 ξ_{eff}对应的谱加速度 $S_e(T_{eff}, \xi_{eff})$ 。

每个支承位置的有效刚度为隔震单元与下部结构的组合刚度,可通过式(D2.10)或式(D7.37)计算。本例中,桥墩刚度远大于隔震系统刚度,因此桥墩刚度的贡献可以忽略不计[参见式(D7.32)]。有效阻尼由式(D7.33)计算,取设计位移 d_{cd}处的值。d_{cd}的值由有效周期 T_{eff}和有效阻尼 ξ_{eff}计算,而这两个值又取决于尚未确定的设计位移 d_{cd}。因此,基本振型法通常需要进行迭代计算,先假定一个设计位移从而求得 T_{eff}和 ξ_{eff},进而采用上述 T_{eff}和 ξ_{eff}值从设计谱中求出更为准确的 d_{cd}近似值。新的 d_{cd}将作为下一次迭代的初始值。这一过程可以快速收敛。

本例中,将分别展示采用 LDBP 和 UBDP 进行基本振型分析的手算过程。仅示出首次和末次迭代结果。

8.4.10.2　LBDP 下的基本振型分析

下述分析对应隔震装置的 LBDP(即 μ_d =0.051)。下文列出了详细的迭代过程。其中重量 W_d =36751kN(见 8.4.8.3)。

第 1 次迭代:

给设计位移 d_{cd}赋予假定值:假设 d_{cd} =0.15m。

隔震系统有效刚度 K_{eff}（忽略桥墩）：

$$K_{eff}=F/d_{cd}=W_d[\mu_d+d_{cd}/R_b]/d_{cd}=36751\times[0.051+0.15/1.83]/0.15$$
$$=32578\text{kN/m}$$

隔震系统有效周期 T_{eff}［式(D7.34)］：

$$T_{eff}=2\pi\sqrt{\frac{m}{K_{eff}}}=2\pi\sqrt{\frac{36751/9.81}{32578}}=2.13\text{s}$$

每次循环的能量耗散 E_D：

$$E_D=4W_d\mu_d(d_{cd}-D_y)=4\times36751\times0.051\times(0.15-0.005)=1087.09\text{kN}\cdot\text{m}$$

有效阻尼 ξ_{eff}：

$$\xi_{eff}=\sum E_{D,i}/(2\pi K_{eff}d_{cd}^2)=1087.09/[2\pi\times32578(0.15)^2]=0.36$$

$$\eta_{eff}=\sqrt{[0.1/(0.05+\xi_{eff})]}=0.591$$

设计位移 d_{cd}（Eurocode 8 第 2 部分表*8.1*）：

$$d_{cd}=(0.625/\pi^2)a_gS\eta_{eff}T_{eff}T_C=(0.625/\pi^2)(0.4\times9.81)\times1.2\times0.591\times$$
$$2.13\times0.5=0.188\text{m}$$

位移假定值:0.15m。位移计算值:0.188m⇒进入第 2 次迭代。

第 2 次迭代：

给设计位移 d_{cd}赋予新的假定值:假设 $d_{cd}=0.22$m。

隔震系统有效刚度 K_{eff}：

$$K_{eff}=36751\times(0.051+0.22/1.83)/0.22\text{m}=28602\text{kN/m}$$

隔震系统有效周期 T_{eff}：

$$T_{eff}=2\pi\sqrt{\frac{m}{K_{eff}}}=2\pi\frac{36751/9.81}{28602}=2.27\text{s}$$

每次循环的能量耗散 E_D：

$$E_D=4\times36751\times0.051\times(0.22-0.005)=1611.90\text{kN}\cdot\text{m}$$

有效阻尼 ξ_{eff}：

$$\xi_{eff}=1611.9/[2\pi28602\times(0.22)^2]=0.1853$$

$$\eta_{eff}=\sqrt{[0.1/(0.05+\xi_{eff})]}=0.652$$

设计位移设计 d_{cd}：

$$d_{cd}=(0.625/\pi^2)\times0.4\times9.81\times1.2\times0.652\times2.27\times0.5=0.22\text{m}$$

位移假定值 = 位移计算值⇒收敛。

谱加速度 S_a：

$$S_a=2.5(T_C/T_{eff})\eta_{eff}$$

$$a_gS=2.5\times(0.5/2.27)\times0.652\times0.4\times1.2=0.172g$$

隔震系统剪力 V_d：

$$V_d=K_{eff}d_{cd}=28602\times0.22=6292\text{kN}$$

8.4.10.3 UBDP 下的基本振型分析

隔震装置取 UBDP:$\mu_d = 0.09$。

第 1 次迭代:

给设计位移 d_{cd}赋予假定值:假设 $d_{cd} = 0.15$m。

隔震系统有效刚度 K_{eff}:

$$K_{eff} = 36751 \times (0.09 + 0.15/1.83)/0.15 = 42133\text{kN/m}$$

隔震系统有效周期 T_{eff}:

$$T_{eff} = 2\pi\sqrt{\frac{m}{K_{eff}}} = 2\pi\frac{36751/9.81}{42133} = 1.87\text{s}$$

每次循环的能量耗散 E_D:

$$E_D = 4 \times 36751 \times 0.09 \times (0.15 - 0.005) = 1984.55\text{kN}\cdot\text{m}$$

有效阻尼 ξ_{eff}:

$$\xi_{eff} = 1984.55/[2\pi \times 42133(0.15)^2] = 0.333$$

$$\eta_{eff} = \sqrt{[0.1/(0.05 + \xi_{eff})]} = 0.511$$

计算设计位移 d_{cd}:

$$d_{cd} = (0.625/\pi^2) \times 0.4 \times 9.81 \times 1.2 \times 0.511 \times 1.87 \times 0.5 = 0.5 = 0.142\text{m}$$

位移假定值:0.15m。位移计算值:0.142m⇒进入下一次迭代。

第 2 次迭代:

将新值赋予设计位移 d_{cd}:假定 $d_{cd} = 0.14$m。

隔震系统有效刚度 K_{eff}:

$$K_{eff} = 36751 \times (0.09 + 0.14\text{m}/1.83\text{m})/0.14 = 43541\text{kN/m}$$

隔震系统有效周期 T_{eff}:

$$T_{eff} = 2\pi\sqrt{\frac{m}{K_{eff}}} = 2\pi\frac{36751[\text{kN}]/9.81[\text{m/s}^2]}{43541[\text{kN/m}]} = 1.84\text{s}$$

每次循环的能量耗散 E_D:

$$E_D = 4 \times 36751 \times 0.09 \times (0.14 - 0.005) = 1799.32\text{kN}\cdot\text{m}$$

有效阻尼 ξ_{eff}:

$$\xi_{eff} = 1799.32/[2\pi \times 43541(0.14)^2] = 0.331$$

$$\eta_{eff} = \sqrt{[0.1/(0.05 + \xi_{eff})]} = 0.512$$

计算设计位移 d_{cd}:

$$d_{cd} = (0.625/\pi^2) \times 0.4 \times 9.81 \times 1.2 \times 0.512 \times 1.84 \times 0.5 = 0.5 = 0.14\text{m}$$

位移假定值:0.14m。位移计算值:0.14m⇒达到收敛。

谱加速度 S_a:

$$S_a = 2.5 \times (0.5/1.84) \times 0.512 \times 0.4 \times 1.2 = 0.166g$$

隔震系统剪力 V_d:

$$V_d = 43541 \times 0.14 = 6096\text{kN}$$

通常,LBDP 分析可获得隔震系统的最大位移,而 UBDP 分析可得到下部结构和主梁的最大内力。但是后一项结论并非总是成立,如本例所示。在本例的特殊条件下,LBDP 分析获得的下部结构剪力($V_d=6292$kN)大于 UBDP 分析($V_d=6096$kN)。这是由于 LBDP 分析中的有效阻尼减小($\xi_{eff}=0.1853$,UBDP 中为 $\xi_{eff}=0.331$)会导致剪力增加,而有效周期增加($T_{eff}=2.27$s,UBDP 中为 $T_{eff}=1.84$s)则会导致剪力减小,前者的效应起到了控制作用。

8.4.11 非线性时程分析

8.4.11.1 分析方法

设计地震作用下地面运动的非线性时程分析,通过对方程进行直接时间积分求解,采用 Newmark 恒定加速度积分方法,其中参数 $\gamma=0.5$、$\beta=0.25$。积分时间步长为 0.01s,如果无法收敛则将其均分为一半步长。每次迭代中,收敛准则为不平衡非线性力小于总内力的 10^{-4}。

阻尼矩阵 C 由式(D7.29)确定(瑞利阻尼),其中参数按式(7.31)取值。图 8.52 示出了使用上述阻尼矩阵 C 时,阻尼比与模态周期的函数关系。当周期 $T>1.5$s 时,阻尼比非常小($\xi<0.3\%$),此时隔震系统起控制作用。在该周期范围内,能量主要通过隔震装置的非线性响应耗散。当周期很短时($T<0.05$s),阻尼迅速上升($\xi>10\%$)。这正是我们所需要的,因为如果振型周期与时间步长在同一量级时,积分精度会比较差,如果阻尼快速增长,这些振型的影响就会被过滤掉。

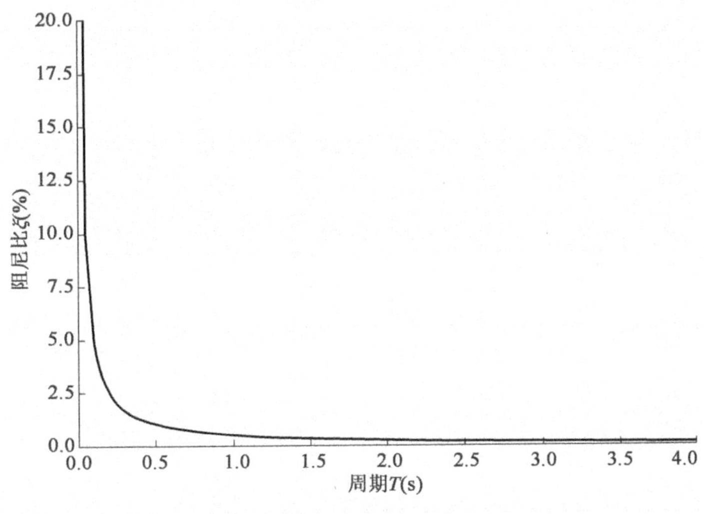

图 8.52 阻尼与振型周期的函数关系

8.4.11.2 隔震系统上的作用效应

图 8.53 ~ 图 8.56 示出了桥台支座(C0_L)和桥墩支座(P1_L)在 LBDP 和 UBDP 分析中所形成的滞回环。在表 8.16 和表 8.17 中,分别列出了各个墩(P1_L、P1_R、P2_L、P2_R)、台(C0_L、C0_R、C3_L、C3_R)处左右支座的时程分析结果。由于同时分析了七组地面运动时程(EQ1 ~ EQ7),因此最终采用各组响应的平均值作为设计值。

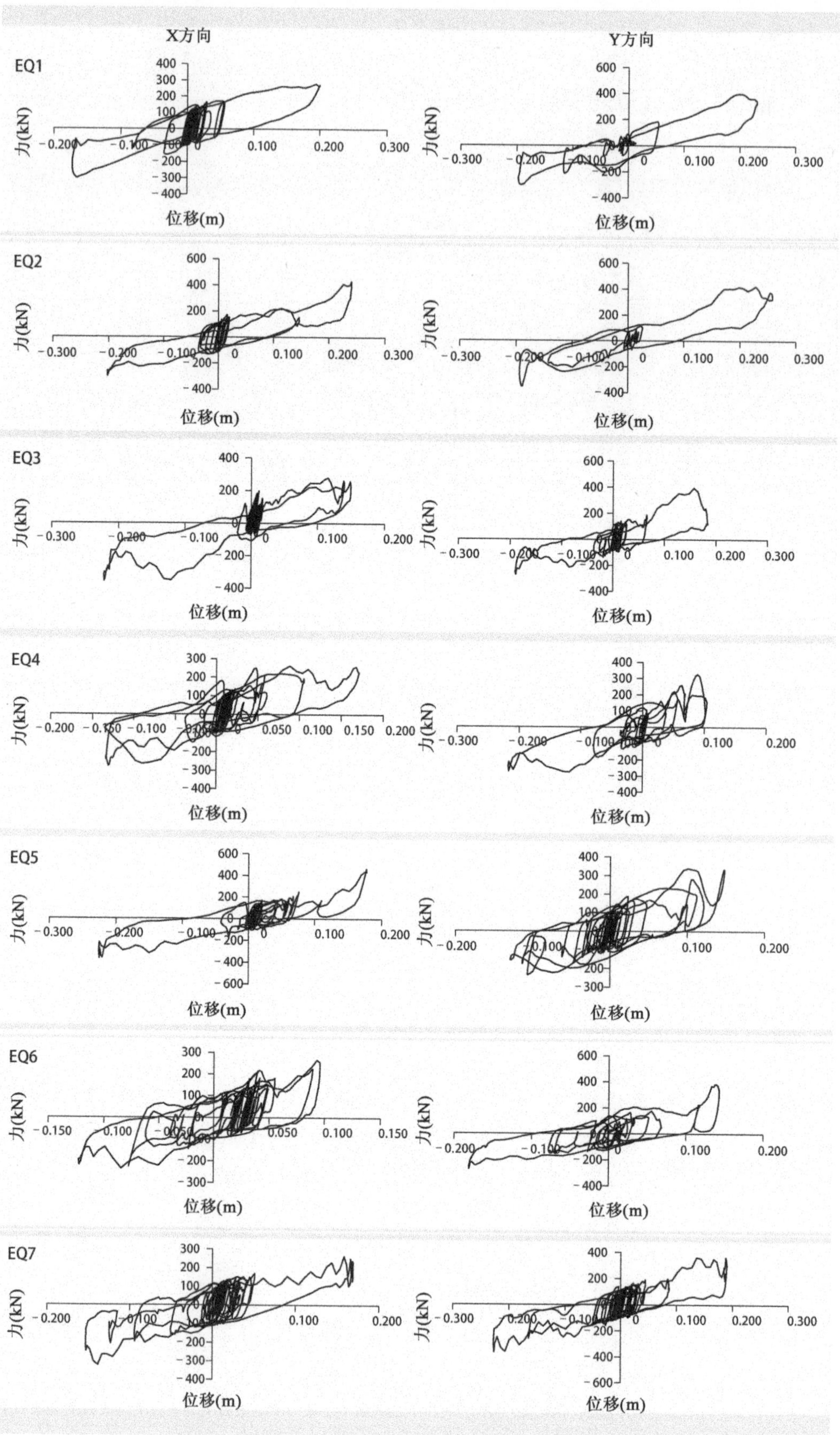

图 8.53 LBDP 分析下桥台支座 C0_L 的滞回环

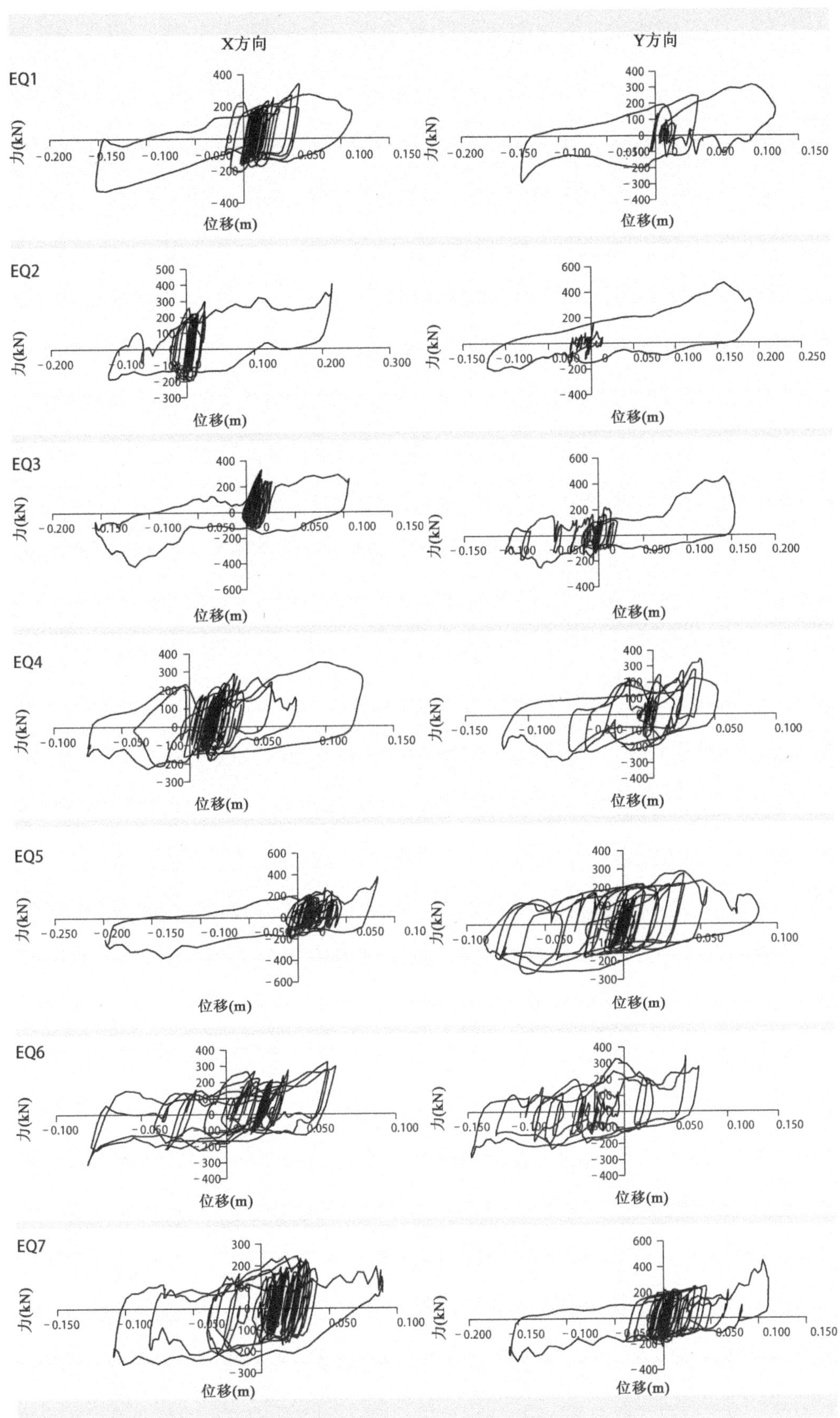

图 8.54 UBDP 分析下桥台支座 C0_L 的滞回环

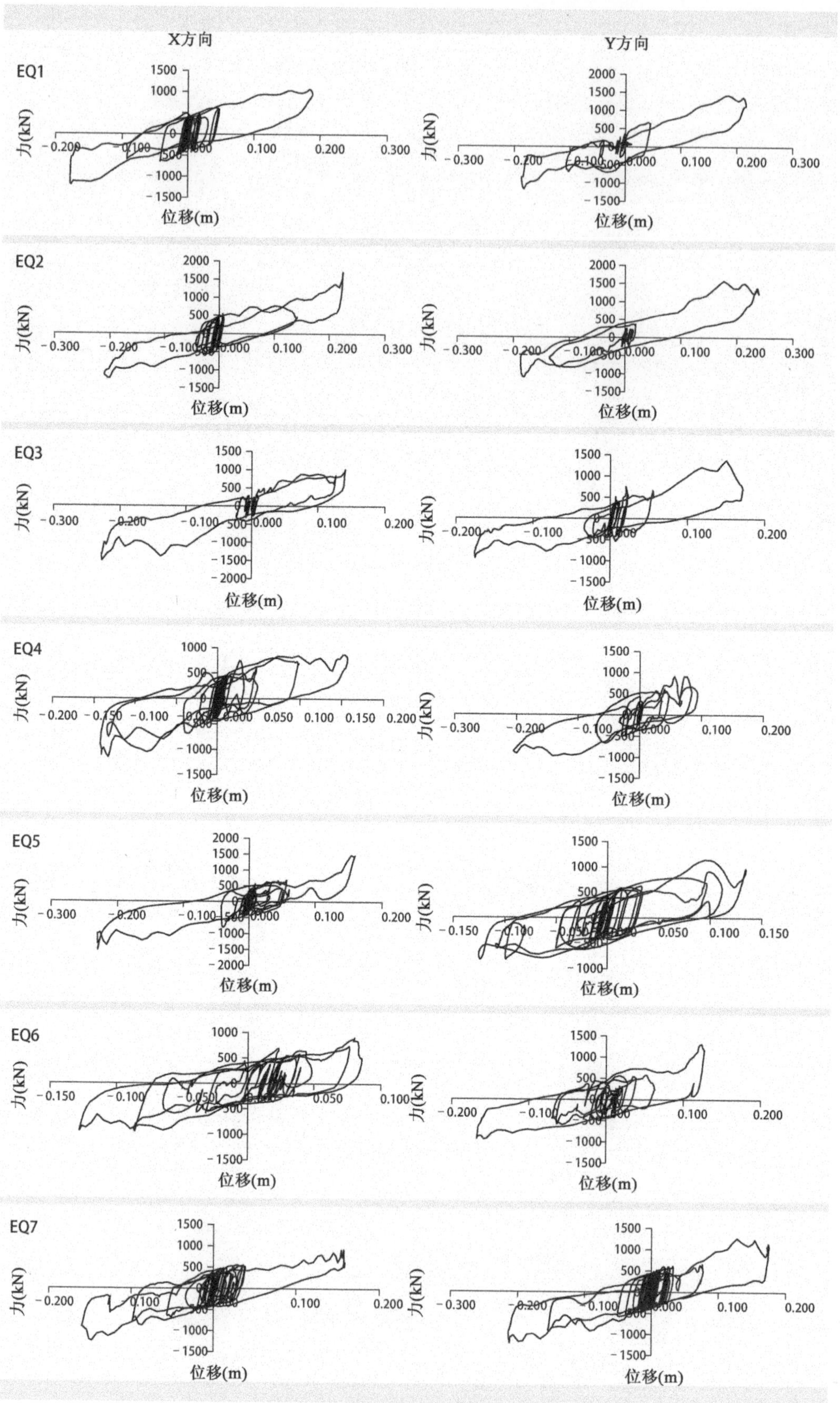

图 8.55 LBDP 分析下桥墩支座 P1_L 的滞回环

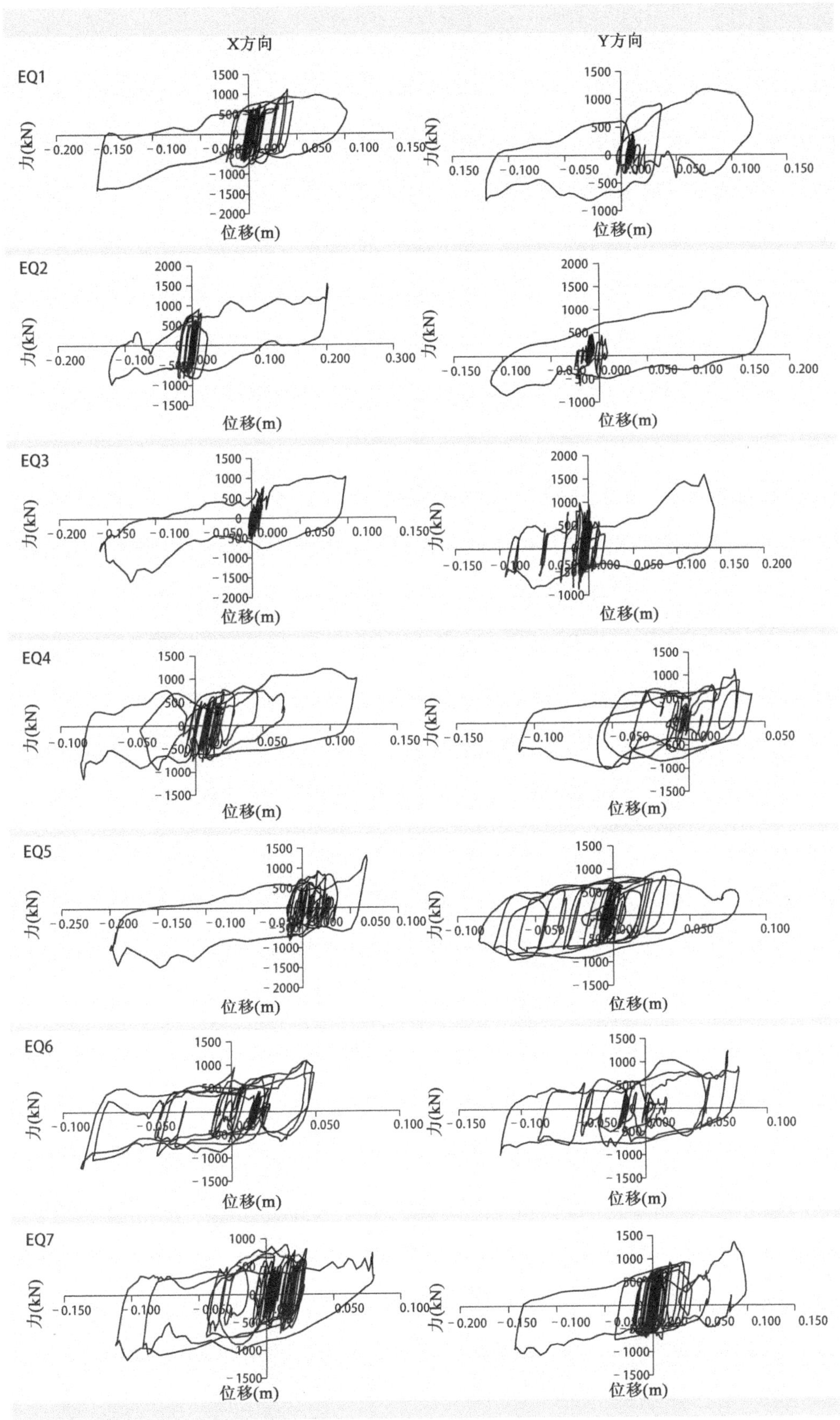

图 8.56 UBDP 分析下桥墩支座 P1_L 的滞回环

支座:LBDP 分析结果 表 8.16

支座	$d_{Ed,x}$(m)	$d_{Ed,y}$(m)	d_{Ed}(m)	∂_{Ed}(rad)	$N_{Ed,min}$(kN)	$N_{Ed,max}$(kN)	$V_{Ed,x}$(kN)	$V_{Ed,y}$(kN)	V_{Ed}(kN)
C0_L	0.193	0.207	0.255	0.00498	848.7	3310.3	346.0	375.7	469.0
C0_R	0.193	0.207	0.254	0.00509	860.4	3359.4	363.2	389.8	482.4
C3_L	0.199	0.207	0.258	0.00486	855.3	3323.9	402.5	372.0	501.4
C3_R	0.199	0.207	0.257	0.00494	858.8	3309.3	418.4	368.4	496.0
P1_L	0.188	0.193	0.244	0.00367	4541.1	12086.0	1328.5	1295.0	1654.2
P1_R	0.188	0.192	0.243	0.00381	4435.4	11994.8	1369.8	1284.5	1690.0
P2_L	0.189	0.192	0.243	0.00380	4498.0	11912.9	1365.0	1283.2	1688.5
P2_R	0.189	0.192	0.243	0.00380	4498.0	11912.9	1365.0	1283.2	1688.5
合计							6929.3	6652.1	

支座:UBDP 分析结果 表 8.17

支座	$d_{Ed,x}$(m)	$d_{Ed,y}$(m)	d_{Ed}(m)	∂_{Ed}(rad)	$N_{Ed,min}$(kN)	$N_{Ed,max}$(kN)	$V_{Ed,x}$(kN)	$V_{Ed,y}$(kN)	V_{Ed}(kN)
C0_L	0.149	0.139	0.182	0.00469	655.0	3157.9	352.6	380.4	449.8
C0_R	0.149	0.139	0.181	0.00475	624.1	3110.3	363.4	366.8	452.3
C3_L	0.157	0.139	0.185	0.00466	677.2	3112.5	400.6	368.6	489.6
C3_R	0.157	0.138	0.185	0.00461	684.8	3096.8	390.6	360.1	473.0
P1_L	0.149	0.128	0.173	0.00361	3912.7	11246.7	1361.8	1273.8	1630.8
P1_R	0.149	0.128	0.172	0.00355	3781.8	11408.5	1352.6	1185.7	1587.1
P2_L	0.150	0.128	0.173	0.00359	3793.6	11246.2	1379.7	1255.4	1605.7
P2_R	0.149	0.127	0.173	0.00354	3886.4	11378.4	1370.1	1187.1	1603.4
合计							6971.3	6377.8	

结果取为地震作用与准永久作用的组合值,其中不包括温度和收缩徐变效应。$d_{Ed,x}$表示纵桥向位移,$d_{Ed,y}$表示横桥向位移,d_{Ed}为水平面内的位移向量幅值,a_{Ed}为水平面内的转动向量幅值。N_{Ed}为支座竖向力(压为正),$V_{Ed,x}$为支座纵桥向水平力,$V_{Ed,y}$为横桥向水平力,V_{Ed}为水平力合力。

8.4.11.3 作用效应的下限值复核

根据 Eurocode 8 第 2 部分*条款7.5.6(1)*和*条款7.5.5(6)*,隔震系统刚度中心位移计算值(d_{cd})、隔震面在两个水平方向传递的总剪力计算值(V_d)不得低于下限值,该下限值分别取为隔震面在基本振型分析中所得到的设计位移(d_{cf})和剪力(V_f)的 80%。该下限值同时适用于振型反应谱分析和时程分析。下限值复核如下:

- X 方向位移:$\rho_d = d_{cd}/d_f = 0.193/0.22 = 0.88 > 0.80 \Rightarrow$满足。
- Y 方向位移:$\rho_d = d_{cd}/d_f = 0.207/0.22 = 0.94 > 0.80 \Rightarrow$满足。
- X 方向总剪力:$\rho_v = V_d/V_f = 6929.3/6292 = 1.10 > 0.80 \Rightarrow$满足。
- Y 方向总剪力:$\rho_v = V_d/V_f = 6652.1/6292 = 1.06 > 0.80 \Rightarrow$满足。

值得注意的是,时程分析与基本振型分析法结果相比,位移小了 12%,而总剪力大了 10%。位移和剪力对比中的这种差异源于竖向地震作用分量对支座内力的影响，因为在基本振型分析中并未考虑该项效应。而对于球形滑动支座，支座水平剪力总是与支座竖向反力成正比。因此，由于竖向地面运动引起的支座竖向力的不同也会影响到水平剪力。图 8.53 ~ 图 8.56 中隔震系统的力-位移滞回环呈现锯齿状，正是该效应的一种表现。

8.4.12 隔震系统验算

8.4.12.1 隔震系统位移需求

各方向位移需求为以下各项之和：

■ 地震设计位移 $d_{bi,d}$ 乘以放大系数 γ_{IS}，后者推荐值为 $\gamma_{IS}=1.50$。

■ 由于准永久作用、长期变形和 50% 温度作用引起的位移 $d_{G,i}$［见 6.8.1.2 式(D6.36)］。

50% 温度作用引起的位移按下述过程计算：温度作用中的整体升降温设计值温度范围为 −25 ~ +35℃。假定两个桥墩中的一个为温度伸缩固定点，则有效伸缩长度 L_T 对桥台支座为 140m，桥墩支座为 80m。令“+”表示指向桥台的变位，而“−”表示指向跨中的变位，则 50% 温度作用位移为：

桥台：$0.5L_T\alpha\Delta T=0.5\times140\,000\times1.0\times10^{-5}\times(-45)=-31.5\text{mm}$

$0.5L_T\alpha\Delta T=0.5\times140\,000\times1.0\times10^{-5}\times(+55)=+38.5\text{mm}$

桥墩：$0.5L_T\alpha\Delta T=0.5\times80\,000\times1.0\times10^{-5}\times(-45)=-18\text{mm}$

$0.5L_T\alpha\Delta T=0.5\times80\,000\times1.0\times10^{-5}\times(+55)=+22.0\text{mm}$

包括准永久作用、长期变形和 50% 温度作用的总变位，计算如下：

桥台处：指向跨中方向：　−8 −31.5 = −39.5mm

　　　　指向桥台方向：　+38.5mm

桥墩处：指向跨中方向：　−3 −18 = −21mm

　　　　指向桥台方向：　+22mm

根据 Eurocode 8 第 2 部分，位移需求应在主方向上计算和校核，而非在最不利方向。但是，这条规定对于各向变形能力相同的支座并不合适，如 FPS 支座。此类隔震装置的最大位移并非与两个主方向一致。最不利方向上最大位移的确定，需要考查水平面 *XY* 上总位移量值的变化时程，并同时考虑准永久作用、长期变形和 50% 温度作用引起的变位效应。

表 8.18 列出了桥台与桥墩支座处在两个主方向上的位移需求，同时列出了 *XY* 水平面上的最不利位移需求，在本例中后者要大 25% 左右。因此，隔震装置的位移需求在桥台支座处为 407mm，桥墩支座处为 382mm。

隔震装置位移需求　　表 8.18

位移需求	桥台 C0_L，C0_R，C3_L，C3_R	桥墩 P1_L，P1_R，P2_L，P2_R
纵桥向 *X*	329	305
横桥向 *Y*	311	290

续上表

位移需求	桥台 C0_L,C0_R,C3_L,C3_R	桥墩 P1_L,P1_R,P2_L,P2_R
水平面 *XY*	407	382
最大值	407	382

8.4.12.2 隔震系统恢复能力

隔震系统侧向恢复能力由 Eurocode 第 2 部分条款*7.7.1* 验算。隔震系统等效双线性模型示于图 8.57 中,式中,$F_0=\mu_d N_{Ed}$为 0 位移时的恢复力;$K_p=N_{Ed}/R_b$为屈服后刚度;d_0为隔震系统在所考虑的方向达到静力平衡时的最大残余位移。对于采用球形滑动隔震装置的隔震系统,d_0为:

$$d_0=F_0/K_p=\mu_d N_{Ed}/(N_{Ed}/R_b)=\mu_d R_b$$

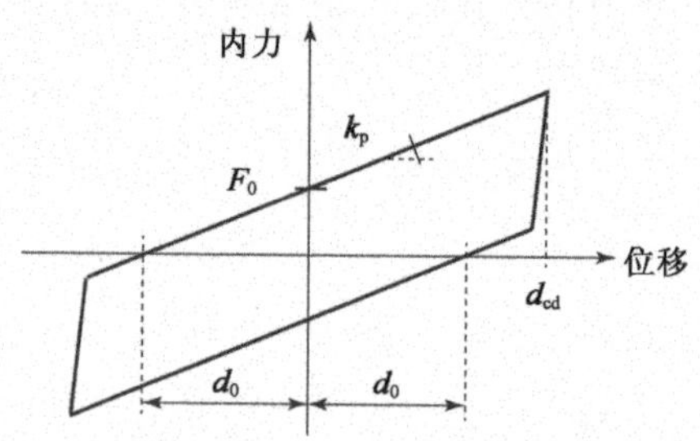

图 8.57 验算隔震装置恢复能力时采用的双线性模型参数

根据 Eurocode 8 第 2 部分条款*7.7.1(2)*,隔震系统在两个主方向均满足 $d_{cd}/d_0>\delta$ 时才具备足够的自恢复能力,式中 δ 系数推荐值为 $\delta=0.5$。根据该准则,应对隔震装置分别进行 UBDP 和 LBDP 验算。设计位移 d_{cd}较小时更偏于安全:

■ 纵桥向,L_{BDP}:

$$d_{cd}/d_0=0.193/(0.051\times1.83)=2.07>0.5$$

■ 横桥向,L_{BDP}:

$$d_{cd}/d_0=0.207/(0.051\times1.83)=2.22>0.5$$

■ 纵桥向,U_{BDP}:

$$d_{cd}/d_0=0.149/(0.09\times1.83)=0.90>0.5$$

■ 横桥向,U_{BDP}:

$$d_{cd}/d_0=0.138/(0.09\times1.83)=0.84>0.5$$

因此,即使不增加位移能力 d_m,隔震系统的恢复能力也是足够的。值得注意的是,UBDP 下计算结果更为不利,因为与 LBDP 相比,其 d_{cd}值更大,而 d_0则较小。

8.4.13 下部结构验算

8.4.13.1 桥墩作用效应包络

表 8.19 和表 8.20 中给出了下部结构作用效用的包络值,计算采用时程分析方法(取 EQ1 ~ EQ7 七条地震地面运动记录计算结果的平均值)。对 P1 和 P2 墩,计算位置为墩底,而对桥台 C0 和 C3,计算位置为两支座中点位置(支座高度处)。包络值包括永久作用效应、交通荷载准永久值效应和设计地震作用效应,但不包

括温度和收缩徐变效应。根据 Eurocode 8 第 2 部分条款7.6.3(2),仅设计地震作用时的设计内力由时程分析内力除以系数 q 获得,当受力性能为有限延性或主要为弹性时,取 $q=1.50$。此处计算值尚未进行上述处理,但会在桥墩截面设计时进行。

下部结构:LBDP 分析下的包络值 表 8.19

包络			N(kN)	V_X(kN)	V_Y(kN)	T(kN·m)	M_X(kN·m)	M_Y(kN·m)
C0	max	N	-1754.3	-18.3	158.3	-14.6	-1.8	824.8
C0	min	N	-6535.1	-347.5	123.9	23.1	-34.7	380.1
C0	max	V_X	-1930.5	616.5	-163.2	85.1	61.6	-475.4
C0	min	V_X	-3688.2	-660.5	-115.7	-82.2	-66.0	-482.2
C0	max	V_Y	-5632.1	617.2	684.1	-192.6	61.7	1933.0
C0	min	V_Y	-4124.3	-469.5	-694.6	-190.5	-47.0	-2002.9
C0	max	T	-2759.9	358.3	-393.2	183.1	35.8	-1388.7
C0	min	T	-2989.8	-341.2	-505.2	-216.0	-34.1	-1867.7
C0	max	M_X	-4930.5	616.5	-163.2	85.1	61.6	-475.4
C0	min	M_X	-3688.2	-660.5	-115.7	-82.2	-66.0	-482.2
C0	max	M_Y	-3789.3	-383.9	608.9	272.1	-38.4	2575.8
C0	min	M_Y	-4324.0	-493.4	-730.7	-312.4	-49.3	-2701.2
C3	max	N	-1787.9	-105.4	113.9	31.5	-10.5	654.5
C3	min	N	-6439.9	379.4	134.5	-32.2	37.9	446.2
C3	max	V_X	-4241.8	783.1	-110.8	56.9	78.3	-328.9
C3	min	V_X	-3389.9	-562.1	-106.0	-66.8	-56.2	-429.4
C3	max	V_Y	-5460.4	666.9	680.5	-238.2	66.7	2046.7
C3	min	V_Y	-4149.3	-401.9	-660.4	-172.9	-40.2	-1867.8
C3	max	T	-1975.2	257.9	-301.0	172.4	25.8	-1131.7
C3	min	T	-2760.7	312.5	435.8	-215.7	31.2	1809.1
C3	max	M_X	-4241.8	783.1	-110.8	56.9	78.3	-328.9
C3	min	M_X	-3389.9	-562.1	-106.0	-66.8	-56.2	-429.4
C3	max	M_Y	-4001.7	453.0	631.7	-312.7	45.3	2622.4
C3	min	M_Y	-4533.2	591.8	-690.8	395.7	59.2	-2597.2
P1	max	N	-12756.8	50.1	-236.8	60.2	254.0	-3971.0
P1	min	N	-27232.5	228.2	640.6	451.2	2143.8	7982.2
P1	max	V_X	-16241.5	3339.4	-500.1	105.8	29347.6	-4786.2
P1	min	V_X	-17636.3	-2906.9	86.6	-77.7	-22629.6	-1838.1
P1	max	V_Y	-16658.7	1112.7	2666.1	-758.9	11127.1	33869.5
P1	min	V_Y	-15829.2	-909.9	-2698.2	-450.8	-9661.0	-27964.5
P1	max	T	-8022.6	961.5	-813.0	575.0	9403.4	-12731.0
P1	min	T	-13056.5	2514.3	919.9	-768.1	22613.0	17367.8
P1	max	M_X	-16142.4	3319.0	-497.1	105.2	29168.5	-4756.9
P1	min	M_X	-18598.0	-2499.2	-1830.2	-240.9	-26831.4	-15284.0
P1	max	M_Y	-16393.7	1095.0	2623.7	-746.9	10950.1	33330.7

续上表

包络			N(kN)	V_X(kN)	V_Y(kN)	T(kN·m)	M_X(kN·m)	M_Y(kN·m)
P1	min	M_Y	-18669.2	-1073.1	-3182.3	-531.7	-11394.4	-32981.8
P2	max	N	-12560.1	-792.5	-174.2	161.5	-6724.3	4432.2
P2	min	N	-27066.2	-230.7	715.6	-339.1	-2180.8	8957.0
P2	max	V_X	-16266.7	3383.2	-506.5	156.6	29890.9	-4842.4
P2	min	V_X	-17867.1	-2879.8	84.6	-83.3	-22406.6	-1807.9
P2	max	V_Y	-16650.4	1099.1	2678.2	-777.1	11054.4	34062.3
P2	min	V_Y	-15988.2	-956.8	-2711.5	-429.9	-10018.0	-28164.0
P2	max	T	-7732.6	960.9	-781.8	575.5	9395.1	-12189.7
P2	min	T	-12784.1	2478.8	860.4	-766.8	22343.7	16575.8
P2	max	M_X	-16195.0	3368.3	-504.3	155.9	29759.0	-4821.0
P2	min	M_X	-18734.3	-2470.9	-1809.2	-255.8	-26514.7	-15186.2
P2	max	M_Y	-16276.3	1074.4	2618.0	-759.6	10806.1	332797.0
P2	min	M_Y	-18798.5	-1125.0	-3188.1	-505.5	-11778.9	-33114.5

下部结构:UBDP 分析下的包络值 表 8.20

包络			N(kN)	V_X(kN)	V_Y(kN)	T(kN·m)	M_X(kN·m)	M_Y(kN·m)
C0	max	N	-1326.0	116.0	-80.6	-12.6	11.6	62.0
C0	min	N	-6076.0	-594.2	-94.3	-38.4	-59.4	-365.0
C0	max	V_X	-3620.5	627.6	-93.9	53.1	62.8	-347.0
C0	min	V_X	-3503.1	-693.8	-158.1	-133.9	-69.4	-687.2
C0	max	V_Y	-3737.8	149.9	686.9	-105.3	15.0	2696.7
C0	min	V_Y	-3996.2	-375.4	-640.2	-176.4	-37.5	-2085.3
C0	max	T	-2699.6	-22.2	-197.0	300.3	-2.2	149.2
C0	min	T	-3260.5	479.0	471.3	-241.3	47.9	1937.6
C0	max	M_X	-3620.5	627.6	-93.9	53.1	62.8	-347.0
C0	min	M_X	-3503.1	-693.8	-158.1	-133.9	-69.4	-687.2
C0	max	M_Y	-3222.0	97.5	597.8	-89.8	9.7	2655.5
C0	min	M_Y	-4111.4	-219.5	-555.6	-199.5	-21.9	-2757.7
C3	max	N	-1417.6	-76.4	45.9	61.4	-7.6	384.7
C3	min	N	-6053.3	614.1	-86.6	37.5	61.4	-339.1
C3	max	V_X	-4215.2	768.4	-147.3	39.3	76.8	-381.3
C3	min	V_X	-3079.4	-586.3	-151.7	-96.5	-58.6	-525.6
C3	max	V_Y	-4496.6	636.9	669.0	-347.4	63.7	2340.9
C3	min	V_Y	-3930.0	-296.3	-635.4	-149.4	-29.6	-2069.0
C3	max	T	-2417.7	325.0	-359.0	233.9	32.5	-1283.0
C3	min	T	-2709.4	390.4	425.5	-285.9	39.0	1840.4
C3	max	M_X	-4215.2	768.4	-147.3	39.3	76.8	-381.3
C3	min	M_X	-3079.4	-586.3	-151.7	-96.5	-58.6	-525.6
C3	max	M_Y	-3961.3	570.8	622.0	-418.1	57.1	2690.9
C3	min	M_Y	-4233.5	-117.5	-558.0	-8.8	-11.8	-2615.1

续上表

包络			N(kN)	V_X(kN)	V_Y(kN)	T(kN·m)	M_X(kN·m)	M_Y(kN·m)
P1	max	N	-11444.7	-125.6	566.0	7.6	-1131.0	7410.2
P1	min	N	-25719.8	320.3	1735.7	382.5	3219.5	22258.8
P1	max	V_X	-15188.6	3632.5	-168.5	83.2	62565.5	-2160.6
P1	min	V_X	-17329.4	-3190.1	-282.4	-106.6	-27647.3	-3773.0
P1	max	V_Y	-16196.9	1183.0	2666.2	-949.5	12871.0	33694.2
P1	min	V_Y	-14597.6	1.4	-2828.3	-175.7	-580.6	-29913.1
P1	max	T	-12907.1	1473.0	-804.9	693.2	14798.4	-13503.0
P1	min	T	-11198.9	2406.9	983.3	-1016.0	21664.8	18338.9
P1	max	M_X	-14829.4	3546.6	-164.5	81.2	31795.4	-2109.5
P1	min	M_X	-15090.4	-3183.3	127.2	-99.0	-28584.3	-246.6
P1	max	M_Y	-15952.1	1165.1	2626.0	-935.1	12676.5	33185.2
P1	min	M_Y	-15337.1	1.4	-2971.5	-184.6	-610.0	-31428.6
P2	max	N	-11479.8	216.1	583.7	-1.8	2007.6	7643.4
P2	min	N	-25746.2	-28.7	1764.3	-409.5	-372.2	22556.9
P2	max	V_X	-15433.8	3702.6	-165.4	75.4	33190.2	-2114.8
P2	min	V_X	-15216.5	-3197.1	106.6	-115.6	-28697.8	-609.4
P2	max	V_Y	-20549.5	280.4	2618.8	-304.4	3324.9	29039.5
P2	min	V_Y	-14855.2	-49.9	-2856.8	-190.7	-930.3	-30281.5
P2	max	T	-12267.8	1464.3	-764.4	741.6	14684.7	-12727.1
P2	min	T	-11612.0	2520.1	953.8	-1006.9	22796.5	17940.3
P2	max	M_X	-15110.2	3625.0	-161.9	73.8	32494.1	-2070.5
P2	min	M_X	-15128.2	-3178.6	106.0	-114.9	-28531.2	-605.9
P2	max	M_Y	-16223.8	-340.0	2495.7	-120.7	-2377.2	32509.5
P2	min	M_Y	-15508.7	-52.1	-2982.5	-199.1	-971.2	-31613.6

采用下述计算符号：

■ N 为竖向内力(即轴力，向上为正)；

■ V_X为沿 X 轴剪力，V_Y为沿 Y 轴剪力；

■ T 为扭矩；

■ M_X为穿过 X 轴的竖平面内的弯矩(由纵桥向或 X 向地震力产生的弯矩)，M_Y为穿过 Y 轴的竖平面内的弯矩(即由横桥向或 Y 向地震力产生的弯矩)；

■ 当 V_X和 M_X方向与 X 向地震力引起的效应方向一致时，二者符号相同；当 V_Y和 M_Y方向与 Y 向地震力引起的效应方向一致时，二者符号相同。

在每个桥墩和桥台位置，均给出了最大/最小包络值及同时发生的其他内力分量。例如，包络最大值 N 表示设计工况下竖向力 N 的最大代数值。其他内力值 V_X、V_Y、T、M_X和 M_Y为 N 取得最大值时同时发生的内力值。每种包络工况下的最

大/最小及“同时发生内力”由下述方法计算:

(1)对于每条震动波 $j = 1 - 7$,计算其响应时程上所有时间步中的极大/极小值(如 max M_X,$j = 1 - 7$)。检算内力的最大/最小设计值(如 $M_{X,d}$)取 7 条时程曲线极大/极小值的平均值。

(2)这些极大/极小值中的最值(如 maxmax M_X)由某条地震波产生,以该地震波及相应的时间步计算其他“同时发生”的内力。计算结果尚需乘以一个缩放系数,该系数等于检算内力设计值($M_{X,d}$)除以最值(maxmax M_X)(即 $= M_{X,d}$/maxmax M_X)。

8.4.13.2　桥墩截面验算

8.4.13.2.1　一般规定

桥墩最大轴压比为:

$$\eta_k = N_{Ed}/(A_c f_{ck}) = 27\ 232.5/(5 \times 2.5 \times 35\ 000) = 0.062 < 0.08$$

因此,根据 Eurocode 8 第 2 部分条款*6.2.1.1(2)*,不需要配置约束钢筋。但是由于桥墩轴力较小,需要考虑对梁和柱的最小配筋率要求。

8.4.13.2.2　弯曲和轴力验算

根据 Eurocode 8 第 2 部分条款*7.6.3(2)*,对于下部结构设计,在设计地震作用下的地震力 E_E需要由计算内力除以系数 q 而得,系数 q 则由有限延性/基本弹性受力性能确定,$q \leq 1.50$。

Eurocode 8 第 2 部分条款*6.5.1* 规定了一些弱化的延性措施(包括约束配筋和防屈曲失稳约束筋)。同时也规定,当桥墩满足 $M_{Rd}/M_{Ed} < 1.3$ 时,应避免采用上述措施。本例采用后一种方案,其原因在后文可见。因此,设计地震力 F_{Ed}下,纵筋的设计内力由时程分析结果 $F_{E,A}$按下式计算:$F_{Ed} = 1.3F_{E,A}/1.5$。在最不利组合下,由设计地震作用计算效应 N_{Ed}、M_X和 $M_{Y,ed}$确定的纵筋需求量为 $A_s = 21370\text{mm}^2$,沿截面周边均匀布置。

8.4.13.2.3　最小纵向配筋

Eurocode 8 第 2 部分并未对纵向最小配筋率做出明确规定。Eurocode 2 中对柱(包括桥梁中涉及的柱构件)的最小配筋率要求为:

$$A_{s,min} = \max(0.1N_{Ed}/f_{yd}, 0.002A_c) = \max[0.1 \times 27232.5/(500000/1.15), 0.002 \times 5 \times 2.5] = 0.025\text{m}^2 = 25000\text{mm}^2$$

(即 $\min\rho = 0.2\%$)。

Eurocode 2 中规定了梁构件的最小受拉钢筋配筋率,以防止截面弯矩超过开裂弯矩(即由混凝土受拉强度确定)后可能产生的脆性破坏。对于单向弯曲,受拉钢筋最小配筋率(即截面受拉侧配筋率)为 $\rho_{1,min} = \max(0.26f_{ctm}/f_{yk}, 0.0013)$,计算面积为 bd。对于 C35/45 混凝土,$f_{ctm} = 3.2\text{MPa}$,500 级钢筋,$f_{yk} = 500\text{MPa}$,则有 $\rho_{1,min} = 0.001664$,截面每个长边的配筋量:

$$A_{s1,min} = 0.001664 \times 5000 \times (2500 - 80) = 20134\text{mm}^2$$

（即沿长度配筋率为 20134/5.0 = 4027mm²/m）。如果截面短边也采用相同的配筋密度（其中部分由长边末端钢筋提供），则矩形截面的最小总配筋量为 60400mm²，最小配筋率为 ρ_{min} = 0.00483 = 0.483%。

总结如下：

■ 截面 ULS 设计纵筋需求量：21373mm²（ρ = 0.17%）。

■ 纵向最小配筋量要求：60400mm²（ρ_{min} = 0.483%）。

■ 实际配置：1 层 ϕ28/135 = 4560mm²/m，或截面总计 64000mm²（ρ = 0.51%）。

注意桥墩净截面积可能大幅度减小。

8.4.13.2.4 抗剪 ULS 验算

根据 Eurocode 8 第 2 部分条款 *5.6.2(2)*，应根据 Eurocode 2 以及以下附加规则进行抗剪钢筋设计：

■ 设计作用效应需要乘以线性分析中采用的性能系数 q。

■ 抗力值 $V_{Rd,c}$、$V_{Rd,s}$ 和 $V_{Rd,max}$，由 Eurocode 2 计算后，尚需除以附加安全系数 γ_{Bd1}，以防止脆性破坏，推荐值为 γ_{Bd1} = 1.25。因此，进行 ULS 抗剪设计时的地震内力设计值 F_{Ed}，可通过时程分析内力计算值 F_{EA} 由下式计算：F_{Ed} = 1.25$F_{E,A}$。

由上述过程计算的抗剪钢筋如下所述：

■ 纵向抗剪钢筋需求量：5903mm²/m。

■ 横向抗剪钢筋需求量：2366mm²/m。

■ 纵向实际抗剪钢筋配置（沿周边 ϕ16/150，另有 4ϕ12/150 双肢拉结筋）：4 × 2 × 754mm²/m + 2 × 1340mm²/m = 8710mm²/m（ρ_w = 0.174%）。

■ 横向实际抗剪钢筋配置（仅沿周边 ϕ16/150）：2 × 1340mm²/m = 2680mm²/m（ρ_w = 0.107%）。

实际配置的抗剪钢筋也满足 Eurocode 2 中对柱的最小配筋要求：

■ 最大间距 = 0.6 × min（20 × 28mm，2500mm，400mm） = 240mm；实际间距 = 150mm。

■ 最小钢筋直径 = max（6mm，28mm/4） = 7mm；实际直径 = 12mm。

上述抗剪钢筋甚至可以满足 Eurocode 2 中对梁的最低要求：

■ 最大纵向间距 $s_{l,max}$ = 0.75d = 0.75 × 2420 = 1815mm；实际纵向间距 = 150mm。

■ 最大横向间距 $s_{t,max}$ = min（0.75d，600mm） = min（0.75 × 2420mm，600mm） = 600mm；实际横向间距 = 530mm。

■ 抗剪钢筋最小配筋率 $\rho_{w,min} = 0.08\sqrt{f_{ck}/f_{yk}} = 0.08\sqrt{35/500}$ = 0.095%；实际纵向配筋率 ρ_w = 0.174%，实际横向配筋率 ρ_w = 0.107%。

墩底配筋断面如图 8.58 所示。

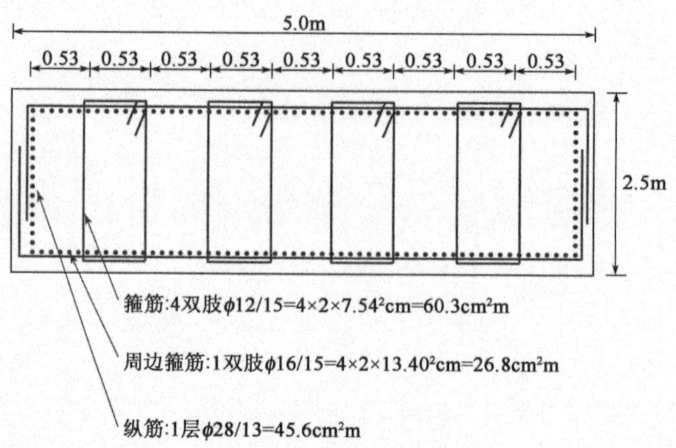

图 8.58 桥墩钢筋布置

8.4.14 基础设计中的设计作用效应

8.4.14.1 基于时程分析的设计作用效应

表 8.21 列出了基础设计时基于时程分析结果的作用效应包络值。基础设计时的作用效应按照 Eurocode 8 第 2 部分中关于隔震桥梁的*条款 7.6.4* 和*条款 5.8.2(2)*计算。基础设计时的地震作用效应按分析计算值乘以下部结构系数 q($q=1.5$,即实际上对应 $q=1$)。

抗震设计状况下基础设计时的作用效应 表 8.21

位置	包络	F_x(kN)	F_y(kN)	F_z(kN)	M_x(kN·m)	M_y(kN·m)	M_z(kN·m)
C0,C3	F_x最大值包络	783	111	4242	329	78	57
	F_y最大值包络	470	695	4124	2003	47	191
P1,P2	M_y最大值包络	3625	162	15110	2070	32494	74
	M_x最大值包络	1095	2624	16394	33331	10950	474

基础设计时的控制内力,对桥台基础而言,为最大/最小剪力包络;对桥墩基础而言,为墩底最大/最小弯矩包络。抗震设计状况下的各分析结果对应的计算位置,对桥墩 P1 和 P2 为墩底,对桥台 C0 和 C3 为支座连线中点(支座标高处)。这些作用效应包含永久作用,交通荷载组合作用及设计地震作用。基础设计时各内力符号规定见图 8.37。

8.4.14.2 与基本振型分析法的对比

由时程分析法计算的桥台和墩底内力和位移值,与基本振型分析法计算结果进行了对比。LDBP 情况下下部结构内力最为不利。

进行对比之前,需要指出 7.5.5.4 中双向激震结论也适用于本例:

■ 根据第二条建议,最大位移有效值 $d_{cd,e}$(同时发生的正交位移的总向量幅值)假定取 $d_{cd,e}\approx 1.15d_{cd}$。

■ 增加后的 $d_{cd,e}$也应用来计算通过隔震装置在各个方向传递的最大力,因为隔震装置没有首选方向。

■ 竖向地面运动分量对隔震装置的摩擦力变化也有影响。这种效应大致以零均值为中心波动，正负值基本接近。对于本例中所使用的部分地面运动时程（如 EQ7 和 EQ3），该效应也可在图 8.53～图 8.56 中的滞回曲线中看到。与水平地面运动相比，这种波动发生在非常短的周期上，对应于竖向分量的极高频率（参见两类分量的弹性谱）。因此，这一影响可以忽略不计，或者至少是在计算最大位移时可以忽略。对于内力，前文所述对摩擦力乘以系数 1.15 的做法是一种方便易行的近似方法。

表 8.22 中列出了桥台支座位移需求和桥台总剪力需求。如上所述，表中对比了时程分析计算结果和乘以 1.15 的基本振型法计算结果。由基本振型分析法获得的位移需求比时程分析法大 3%。而基本振型分析法获得的总剪力与时程分析法相比，在纵桥向小 13%、在横桥向小 3%。

两种分析方法下桥台支座处的纵向位移和总剪力 表 8.22

	位 移 需 求	纵向总剪力	横向总剪力
时程分析	407	783	695
基本模态分析	419	683	683

参考文献

CEN (Comité Europé de Normalisation) (2003a) EN 1991-2:2003: Eurocode 1: Actions on structures—Part 2: Traffic loads on bridges. CEN, Brussels.

CEN (2003b) EN 1991-1-5:2003: Eurocode 1: Actions on structures—Part 1-5: General actions—Thermal actions. CEN, Brussels.

CEN (2004a) EN 1992-1-1:2004: Eurocode 2: Design of concrete structures—Part 1-1: General rules and rules for buildings. CEN, Brussels.

CEN (2004a) EN 1998-1: 2004: Eurocode 8—Design of structures for earthquake resistance—Part 1: General rules, seismic actions and rules for buildings. CEN, Brussels.

CEN (2005a) BS EN 1992-2:2005: Eurocode 2. Design of concrete structures—Part 2: Concrete bridges—Design and detailing rules. CEN, Brussels.

CEN (2005a) EN 1998-2: 2005 Eurocode 8—Design of structures for earthquake resistance—Part 2: Bridges. CEN, Brussels.

Bouassida Y, Bouchon E, Crespo P *et al.* (2012) *Bridge Design to Eurocodes Worked examples. Worked examples presented at the Workshop 'Bridge Design to Eurocodes', Vienna, 4-6 October 2010.* JRC European Commission (Athanasopoulou A *et al.* (eds)).